21 世纪高等院校电气工程与自动化
21 century institutions of higher learning materials of Electrical Engineering and A

Programmable Logic Controller

可编程控制器原理及应用——S7-300/400

王文庆 沈建冬 魏秋月 张英 编著

人 民 邮 电 出 版 社
北 京

图书在版编目（C I P）数据

可编程控制器原理及应用 ： S7-300/400 / 王文庆等编著. -- 北京 ： 人民邮电出版社, 2014.8
21世纪高等院校电气工程与自动化规划教材
ISBN 978-7-115-35360-3

Ⅰ. ①可… Ⅱ. ①王… Ⅲ. ①可编程序控制器－高等学校－教材 Ⅳ. ①TM571.6

中国版本图书馆CIP数据核字(2014)第098436号

内 容 提 要

本教材以普通高校自动化、电气工程及自动化、机电一体化等相关专业的本科生为对象，以国内市场占有率较高的 SIEMENS 公司的 S7-300/400 系列 PLC 为样机，从实践应用出发，本着培养工程应用型人才的目标，通过更加合理的工程实例和表现形式，由浅入深地讲授了可编程控制器的基本结构、工作原理、指令系统、最新编程软件的使用、程序设计方法、通信技术、工程应用实例及选型等内容。

本书精心编写了大量的例题及其实现程序，每一个程序都用仿真软件 PLCSIM 或在 PLC 上做了验证。精心挑选的各个工程实例都有较为详细的设计步骤，对从事自动化系统设计、系统成套的工程师也有一定的帮助。同时，本书每章都附有习题，并提供课件与习题答案。

本书可作为大专院校自动化、机电一体化、电气工程及自动化及其相关专业的教材，也可供有关技术人员学习和参考。

◆ 编　　著　王文庆　沈建冬　魏秋月　张　英
　责任编辑　张孟玮
　执行编辑　税梦玲
　责任印制　彭志环　杨林杰

◆ 人民邮电出版社出版发行　　北京市丰台区成寿寺路 11 号
　邮编　100164　　电子邮件　315@ptpress.com.cn
　网址　http://www.ptpress.com.cn
　北京鑫正大印刷有限公司印刷

◆ 开本：787×1092　1/16
　印张：16.5　　2014 年 8 月第 1 版
　字数：413 千字　　2014 年 8 月北京第 1 次印刷

定价：38.00 元

读者服务热线：(010)81055256　印装质量热线：(010)81055316
反盗版热线：(010)81055315

前 言

可编程控制器（PLC）是为工业控制应用而设计制造的一种新型的、通用的自动控制装置。它以微处理器为核心，综合了计算机技术、自动控制技术和通信技术，具有可靠性高、配置灵活、使用方便、易于扩展等优点，成为现代工业自动化的三大支柱（PLC、CAD/CAM、机器人）之一，在工业控制领域和许多其他行业得到了迅猛的发展。

本教材以 S7-300/400 系列 PLC 为背景，系统地介绍了可编程控制器的基本结构、工作原理、最新版本编程软件 STEP 7 V5.5、指令系统、程序设计和调试方法、通信技术以及工程应用实例等内容。为了便于教学和自学，本教材精心编写了大量的例题及其实现程序，并且每一个程序都用仿真软件 PLCSIM 进行了仿真，或在 PLC 上做了验证。此外，本教材精心挑选的工程实例都有较为详细的设计步骤，对从事自动化系统设计、系统成套的工程师也有一定的帮助。

在编写过程中，编者力求讲解清楚、浅显易懂，注重实际操作，并融入编者的经验和成果。全书共分为 9 章。第 1 章介绍了 S7-300/400 系列 PLC 的产生、特点、分类、功能、基本结构和工作原理，第 2 章介绍了 S7-300/400 系列 PLC 的系统结构和硬件组态，第 3 章详细说明了 STEP 7 编程软件的安装、开发步骤以及程序的调试运行，第 4 章以梯形图程序为主介绍了 S7-300/400 系列 PLC 的指令系统和指令应用实例，第 5 章介绍了 S7-300/400 系列 PLC 的程序结构与程序设计，第 6 章介绍组态软件 WinCC 及其应用实例，第 7 章介绍网络与通信，第 8 章是控制实例，第 9 章介绍 PLC 的选型与可靠性设计。

本教材的特点在于：

（1）以在我国的 PLC 市场上占有量超过 30%的 SIEMENS S7-300/400PLC 为对象，本着培养工程应用型人才的目标，突出实践特色，强化工程意识；

（2）精心编写例题及其实现程序，每一个程序都用仿真软件 PLCSIM 或在 PLC 上做验证；

（3）精心挑选工程实例，每个工程实例都有较为详细的设计步骤；

（4）对 S7-300/400PLC 控制系统的网络通信技术、软件组态进行适当篇幅的讲解，并给出实例；

（5）提供教学课件及习题答案。

本教材第 1、2 章由王文庆编写，第 3、4、5 章由魏秋月编写，第 6、7 章由张英编写，第 8、9 章由沈建冬编写。并由王文庆对全书进行统稿。

本书在编写过程中参考了西门子公司的数据手册以及书末所列的一些著作和实验系统，编者在此一并表示感谢。

由于编者学识有限，书中错漏之处在所难免，恳请读者批评指正。

编 者

2014 年 3 月

目　录

第 1 章　概述…………………………………1
1.1　PLC 的产生、定义和特点……………1
1.2　PLC 的分类和功能……………………3
1.3　PLC 的基本结构和工作原理…………5
1.4　习题……………………………………8
第 2 章　西门子 S7-300/400PLC 的系统结构……………………………………9
2.1　西门子公司的 S7 系列 PLC……………9
2.2　CPU 模块………………………………10
2.2.1　CPU 模块的分类…………………10
2.2.2　CPU31x 的技术特性………………12
2.2.3　CPU31x 的工作模式和状态指示…………………………………13
2.2.4　CPU41x 的技术特性………………14
2.2.5　CPU41x 的特殊功能………………15
2.3　数字量模块……………………………17
2.3.1　数字量输入模块 SM321…………17
2.3.2　数字量输出模块 SM322…………18
2.3.3　数字量输入输出模块 SM323/SM327……………………………20
2.4　模拟量模块……………………………20
2.4.1　模拟量输入模块 SM331…………21
2.4.2　模拟量输出模块 SM332…………25
2.4.3　模拟量输入输出模块 SM334………………………………………27
2.4.4　模拟量通道的量程设置和测量方法…………………………………28
2.4.5　传感器和 AI 的连接………………28
2.5　电源模块………………………………31
2.5.1　系统功率计算………………………32
2.5.2　供电与接地…………………………32
2.6　其他模块………………………………32
2.6.1　通信模块……………………………33
2.6.2　接口模块……………………………36
2.6.3　功能模块……………………………38
2.7　S7-300/400 PLC 控制系统组成……42
2.7.1　系统模块结构………………………42
2.7.2　模块地址分配………………………43
2.7.3　SIMATIC S7-300 的硬件组态·44
2.7.4　安装一个典型的 S7-300 PLC 硬件系统……………………………46
2.8　习题……………………………………47
第 3 章　编程软件——STEP 7 的使用…48
3.1　STEP 7 编程软件简介…………………48
3.1.1　编程通信方式………………………48
3.1.2　STEP 7 的安装和卸载……………49
3.1.3　STEP 7 的授权……………………51
3.2　STEP 7 软件开发步骤…………………51
3.2.1　项目的建立与编辑…………………52
3.2.2　通信设置……………………………53
3.2.3　硬件组态和参数设置………………53
3.2.4　程序编写……………………………55
3.2.5　下载与上传…………………………56
3.3　仿真软件 S7-PLCSIM…………………57
3.3.1　仿真软件 S7-PLCSIM 的使用步骤…………………………………57
3.3.2　仿真 PLC 与实际 PLC 的区别…………………………………61
3.4　习题……………………………………61
第 4 章　指令系统…………………………63
4.1　CPU 的存储区…………………………63
4.1.1　数据类型……………………………63
4.1.2　CPU 中的寄存器…………………65
4.1.3　CPU 的存储器……………………66
4.2　寻址方式………………………………68
4.3　位逻辑指令……………………………69
4.3.1　位逻辑运算指令……………………69
4.3.2　比较指令……………………………74
4.3.3　状态位指令…………………………76
4.4　定时器和计数器指令…………………77

4.4.1 定时器指令 ……77
4.4.2 计数器指令 ……85
4.5 数学运算指令 ……87
4.5.1 数据转换指令 ……87
4.5.2 数据传送（赋值）指令 ……91
4.5.3 整数数学运算指令 ……91
4.5.4 浮点数运算指令 ……93
4.5.5 字逻辑指令 ……93
4.5.6 移位和循环移位指令 ……94
4.6 控制指令 ……97
4.6.1 逻辑控制指令 ……97
4.6.2 程序控制指令 ……98
4.7 指令应用实例 ……100
4.7.1 自保持（自锁）程序实例 ……100
4.7.2 互锁程序实例 ……100
4.7.3 基本延时程序实例 ……101
4.7.4 分支程序实例 ……101
4.7.5 洗衣机控制实例 ……101
4.8 习题 ……103
第5章 程序结构与程序设计 ……104
5.1 用户程序的基本结构 ……104
5.2 数据块 ……106
5.2.1 数据块的数据类型 ……106
5.2.2 数据块的建立与访问 ……107
5.3 逻辑块 ……108
5.3.1 符号定义与变量声明 ……108
5.3.2 功能（FC）的结构与编程 ……112
5.3.3 功能块（FB）的结构与编程 ……114
5.4 组织块与中断处理 ……121
5.4.1 组织块的类型与优先级 ……121
5.4.2 循环执行的组织块 OB1 ……123
5.4.3 日期时间中断组织块（OB10 ~ OB17） ……123
5.4.4 延时中断组织块（OB20 ~ OB23） ……125
5.4.5 循环中断组织块（OB30 ~ OB38） ……126
5.4.6 硬件中断组织块（OB40 ~ OB47） ……128
5.4.7 异步错误中断组织块（OB80 ~ OB87） ……131
5.4.8 同步错误中断组织块（OB121 ~ OB122） ……131
5.4.9 启动组织块（OB100 ~ OB102） ……131
5.5 程序调试 ……132
5.5.1 用变量表调试程序 ……132
5.5.2 用程序状态功能调试程序 ……134
5.6 设计实例 ……136
5.6.1 十字路口交通信号灯的控制 ……136
5.6.2 搅拌系统控制 ……139
5.7 习题 ……145
第6章 组态软件初步 ……146
6.1 组态软件 ……146
6.1.1 常用组态软件简介 ……146
6.1.2 组态软件的发展趋势 ……148
6.2 WinCC 组态软件 ……149
6.2.1 WinCC 组态软件简介 ……149
6.2.2 WinCC v7.0 组态软件的安装 ……150
6.2.3 WinCC 系统构成 ……155
6.2.4 WinCC 选件 ……156
6.2.5 组态一个工程的基本步骤 ……156
6.2.6 钢包底吹氩系统组态工程文件的建立 ……157
6.2.7 钢包底吹氩系统组态变量的建立 ……159
6.2.8 钢包底吹氩系统组态画面的创建 ……162
6.3 习题 ……180
第7章 网络与通信 ……181
7.1 网络通信简介 ……181
7.2 PROFIBUS-DP 通信 ……182
7.2.1 点对点通信（1 个 CPU 对 1 个 CPU） ……182
7.2.2 一点对多点通信（1 个 CPU 对多个 CPU） ……188

7.2.3 1 个 CPU 对 1 个 ET200 ……188
7.2.4 1 个 CPU 对多个 ET200 ……190
7.3 PROFINET 通信 ……191
7.4 习题 ……195
第 8 章 控制实例 ……196
8.1 S7-300 控制系统设计概述 ……196
8.1.1 PLC 控制系统的设计原则 ……196
8.1.2 PLC 控制系统的设计内容 ……197
8.1.3 PLC 控制系统的设计方法与过程 ……200
8.2 S7-300PLC 的开关量控制 ……201
8.3 S7-300 PLC 的模拟量控制 ……206
8.3.1 模拟量 I/O 模块 ……206
8.3.2 模拟量控制系统设计 ……208
8.4 乒乓控制和 PID 控制 ……213
8.4.1 乒乓控制 ……213
8.4.2 PID 控制 ……214
8.5 单回路液位控制系统 ……222
8.5.1 系统组成 ……222
8.5.2 硬件系统设计 ……223
8.5.3 软件系统设计 ……224
8.6 钢包底吹氩控制系统 ……227
8.6.1 工艺流程分析 ……228
8.6.2 控制方案的确定 ……228
8.6.3 硬件系统设计 ……229
8.6.4 软件系统设计 ……231
8.7 伺服电机控制系统 ……237
8.7.1 控制方案的确定 ……237
8.7.2 硬件系统设计 ……238
8.7.3 软件系统设计 ……240
8.8 习题 ……242
第 9 章 PLC 选型与可靠性设计 ……244
9.1 选型的基本原则 ……244
9.2 选型实例 ……247
9.3 PLC 系统可靠性设计 ……251
9.3.1 PLC 系统中干扰的主要来源 ……251
9.3.2 PLC 系统的抗干扰设计 ……252
9.3.3 提高 PLC 控制系统可靠性的有效措施 ……252
9.3.4 系统通信网络的搭建 ……253
9.4 常见故障分析 ……254
9.5 习题 ……255
参考文献 ……256

第 1 章 概述

1.1 PLC 的产生、定义和特点

可编程逻辑控制器（Programmable Logic Controller）是在继电器控制和计算机技术的基础上开发出来的，并逐渐发展成以微处理器为核心，集计算机技术、自动控制技术及通信技术于一体的一种新型工业控制装置。

早期工业生产中广泛使用的电气自动控制系统是继电器接触器控制系统，随着 20 世纪工业生产的迅速发展，市场竞争越来越激烈，工业产品更新换代的周期日趋缩短，新产品不断涌现，传统的继电器控制系统难以满足现代社会小批量、多品种、低成本、高质量生产方式的生产控制要求，因此，迫切需要一种新的、更先进的自动控制装置来取代传统的继电器控制系统。

1969 年美国数字设备公司（DEC）研制出了世界上第一台 PLC，并在 GM 公司汽车生产线上首次应用成功。当时人们把它称为可编程逻辑控制器，简称 PLC，只是用它来取代继电器控制，其仅具备逻辑控制、定时、计数等功能。随着电子技术和计算机技术的发展，20 世纪 70 年代中期出现了微型计算机，微机技术被应用到 PLC 中，使得 PLC 不仅具有逻辑控制的功能，而且还增加了运算、数据传送和处理等功能，成为具有计算机功能的工业控制装置。

1980 年美国电气制造商协会（NEMA）正式将其命名为可编程控制器，现在人们普遍称可编程控制器为 PLC，而不是 PC，是为了避免与广泛使用的个人计算机的简称 PC 相混淆。国际电工委员会（IEC）于 1982 年 11 月和 1985 年 1 月颁布了可编程控制器标准第一稿和第二稿，对可编程控制器做了如下的定义："可编程控制器是一种数字运算操作的电子系统，专为在工业环境下应用而设计，它采用可编程的存储器，用来在其内部存储执行逻辑运算、顺序控制、定时、计数和算术运算等操作的命令，并通过数字式和模拟式的输入和输出，控制各种类型的机械或生产过程。可编程控制器及其有关设备，都应按易于与工业控制系统联成一个整体、易于扩充功能的原则而设计。"

总之，可编程控制器是一台计算机，是专为工业环境应用而设计制造的计算机。它具有丰富的输入/输出接口，并且具有较强的驱动能力。可编程控制器产品并不针对某一具体工业应用，其灵活、标准的配置能够适应工业上的各种控制。在实际应用时，其硬件可根据需要选用配置，其软件则需要根据控制要求进行设计。

PLC 作为一种通用的工业控制器，它有如下的特点。

1. 可靠性高

PLC 必须能够在各种不同的工业环境中正常工作。对工作环境要求低、抗干扰能力强、平均无故障工作时间长是 PLC 在各行业得到广泛应用的重要原因之一。

PLC 的可靠性与生产制造过程的质量控制及硬件、软件设计密切相关。

一般来说，国外 PLC 的主要生产厂家通常都是大型、知名企业，其技术力量雄厚、生产设备先进、工艺要求严格、质量控制与保证体系健全，从而在根本上保证了产品的生产制造质量。

在硬件设计上，为了提高抗干扰性能，PLC 开关量 I/O 线路一般均采用光耦器件，PLC 内部与外部电路之间做到了电隔离，较好地消除了外部干扰对 PLC 产生的影响。PLC 的电源与 I/O 回路还设计有多重滤波电路；PLC 的主要部件（如 CPU、存储器等）与干扰源（如电源变压器等）均采取了严格的电磁屏蔽措施，可以有效抑制电磁干扰。

PLC 一般采用开关电源，它对电网的要求较低，可在电网大范围波动时可靠地工作。PLC 的主要元器件一般都采用高可靠性的产品，如 ROM、EPROM、EEPROM 等，为系统的正常工作提供了基本保证。

在软件设计上，PLC 采用了特殊的循环扫描工作方式，对输入信号进行的是一次性采样，在 PLC 程序循环周期内，即使是信号的输入状态发生变化，也不会影响到 PLC 程序的正确执行，从而大大地提高了程序执行的可靠性。

PLC 的程序采用的是面向用户的专用编程语言，如梯形图、语句表等，其程序编制简单，直观，方便。PLC 在用户程序的编译过程中，还可以对语法、重复线圈等错误进行自动检查，保证了用户程序的正确性。

PLC 的用户程序与系统程序相对独立，用户程序通常很难影响系统程序的运行，因此，PLC 一般不会出现在计算机中常见的死机类故障。以上这些都是保证 PLC 软件可靠运行的有效措施。

2. 通用性好

通用性好，使用方便、灵活是 PLC 之所以能够得到普及的重要原因之一，它主要体现在硬件使用和软件使用两个方面。

在硬件方面，PLC 主要有以下特点。

（1）大多数 PLC 都采用了基本单元加扩展，或是模块化的结构形式，I/O 信号的数量、形式、驱动能力等都可根据实际控制要求选择与确定，需要时还可随时更换或增加 I/O 模块。

（2）可以满足不同控制要求的特殊功能模块越来越多，使得 PLC 的使用更加灵活与多变，应用范围日益增大。

（3）PLC 的动作控制完全由内部程序决定，I/O 连接简单，连线的工作量与接线错误的可能性小，在生产设备或者控制系统需要变更动作的场合，一般不需要改变原系统的外部连接（或仅需要做少量调整）。

（4）通过编程器或 PC，可以在生产现场随时对 PLC 程序进行调整和修改，对系统的工作状态进行动态监控，调试、维修非常方便。

在软件方面，PLC 采用了独特的、面向广大工程设计人员的指令表、梯形图、逻辑功能图、顺序功能图等编程语言，程序简洁、明了，适合各类技术人员的传统习惯。特别是梯形图与逻辑功能图，程序形象、直观，动态监测效果逼真，即使是没有计算机知识的人也非常容易掌握，在企业推广与普及方面比其他工业计算机控制装置容易。

3. 丰富的I/O接口模块

PLC针对不同的工业现场信号，如交流或直流、开关量或模拟量、电压或电流、脉冲或电位、强电或弱电等，有相应的I/O模块与工业现场的器件或设备，如按钮、行程开关、接近开关、传感器及变送器、电磁线圈、控制阀等直接连接。

另外，为了提高操作性能，它还有多种人-机对话的接口模块；为了组成工业局部网络，它还有多种通信联网的接口模块等。

4. 采用模块化结构

为了适应各种工业控制需要，除了单元式的小型PLC以外，绝大多数PLC均采用模块化结构。PLC的各个部件，包括CPU、电源、I/O等均采用模块化设计，由机架及电缆将各模块连接起来，系统的规模和功能可根据用户的需要自行组合。

5. 编程简单易学

PLC的编程大多采用类似于继电器控制线路的梯形图形式，对使用者来说，不需要具备计算机的专门知识，因此很容易被一般工程技术人员所理解和掌握。

6. 安装简单，维修方便

PLC不需要专门的机房，可以在各种工业环境下直接运行。使用时只需将现场的各种设备与PLC相应的I/O端相连接，即可投入运行。各种模块上均有运行和故障指示装置，便于用户了解运行情况和查找故障。

其采用模块化结构，因此一旦某模块发生故障，用户可以通过更换模块的方法，使系统迅速恢复运行。

1.2 PLC的分类和功能

1. PLC的分类

PLC发展到今天，已经有了多种形式，而且功能也不尽相同。分类时，一般按以下原则来考虑。

（1）按I/O点数容量分类。

一般而言，处理I/O点数越多，控制关系就越复杂，用户要求的程序存储器容量越大，要求PLC指令及其他功能越多，指令执行的过程也越快。按PLC的输入、输出点数的多少可将PLC分为以下3类。

① 小型PLC。

小型PLC的I/O点数一般在128点以下，其特点是体积小、结构紧凑，整个硬件融为一体，除了开关量I/O以外，还可以连接模拟量I/O以及其他各种特殊功能模块。它能执行包括逻辑运算、计时、计数、算术运算、数据处理和传送、通信联网以及各种应用指令。

② 中型PLC。

中型PLC采用模块化结构，其I/O点数一般在256～1024点之间。I/O的处理方式除了采用一般PLC通用的扫描处理方式外，还能采用直接处理方式，即在扫描用户程序的过程中，直接读输入，刷新输出。它能联接各种特殊功能模块。通信联网功能更强，指令系统更丰富，内存容量更大，扫描速度更快。

③ 大型PLC。

一般I/O点数在1024点以上的称为大型PLC。大型PLC的软、硬件功能极强，具有极强的自诊断功能，通信联网功能强，有各种通信联网的模块，可以构成三级通信网，实现工厂生产管理自动化。大型PLC还可以采用3 CPU构成表决式系统，使机器的可靠性更高。

（2）根据PLC结构形式的不同，PLC主要可分为整体式和模块式两类。

① 整体式结构。

整体式结构的特点是将PLC的基本部件，如CUP板、输入板、输出板、电源板等紧凑地安装在一个标准的机壳内，构成一个整体，组成PLC的一个基本单元（主机）或扩展单元。基本单元上设有扩展端口，通过扩展电缆与扩展单元相连，配有许多专用的特殊功能的模块，如模拟量输入/输出模块、热电偶、热电阻模块、通信模块等，以构成PLC不同的配置。整体式结构的PLC体积小，成本低，安装方便。

微型和小型PLC一般为整体式结构，如西门子的S7-200。

② 模块式结构。

模块式结构的PLC由一些模块单元构成，这些标准模块如CUP模块、输入模块、输出模块、电源模块和各种功能模块等，将这些模块插在框架上和基板上即可。各个模块功能是独立的，外型尺寸是统一的，可根据需要灵活配置。

目前大、中型PLC都采用这种方式，如西门子的S7-300和S7-400系列。

整体式PLC每一个I/O点的平均价格比模块式的便宜，在小型控制系统中一般采用整体式结构。但是模块式PLC的硬件组态方便灵活，I/O点数的多少、输入点数与输出点数的比例、I/O模块的使用等方面的选择余地都比整体式PLC大得多，维修时更换模块、判断故障范围也很方便，因此较复杂的、要求较高的系统一般选用模块式PLC。

（3）按功能分类。

根据PLC所具有的功能不同，可将PLC分为低档、中档、高档3类。

低档PLC具有逻辑运算、定时、计数、移位以及自诊断、监控等基本功能，还可有少量模拟量输入/输出、算术运算、数据传送和比较、通信等功能，主要用于逻辑控制、顺序控制或少量模拟量控制的单机控制系统。

中档PLC除具有低档PLC的功能外，还具有较强的模拟量输入/输出、算术运算、数据传送和比较、数制转换、远程I/O、子程序、通信联网等功能。有些还可增设中断控制、PID控制等功能，适用于复杂控制系统。

高档PLC除具有中档机的功能外，还增加了带符号算术运算、矩阵运算、位逻辑运算、平方根运算及其他特殊功能函数的运算、制表及表格传送功能等。高档PLC机具有更强的通信联网功能，可用于大规模过程控制或构成分布式网络控制系统，实现工厂自动化。

2. PLC的功能

可编程控制器在国内外广泛应用于钢铁、石化、机械制造、汽车装配、电力、轻纺、电子信息产业等各行各业。目前典型的PLC功能有下面几点。

（1）数字量逻辑控制。

这是PLC最经典的应用。PLC用“与”、“或”、“非”等逻辑指令来实现触点和电路的串、并联，代替继电器进行组合逻辑控制、定时控制和顺序控制。数字量逻辑控制可以用于单台设备，也可以用于自动生产线。这项功能虽然简单，但应用十分广泛，几乎在所有的应用中都会用到。

（2）顺序控制。

这是可编程控制器最广泛应用的领域，取代了传统的继电器顺序控制，例如，注塑机、印刷机械、订书机械，切纸机、组合机床、磨床、装配生产线，包装生产线，电镀流水线及电梯控制等。

（3）程控。

在工业生产过程中，有许多连续变化的量，如温度、压力、流量、液体、速度、电流和电压等，称为模拟量。可编程控制器有 A/D 和 D/A 转换模块，这样，可编程控制器可以作为模拟控制用于程控。

（4）数据处理。

一般可编程控制器都设有四则运算指令，可以很方便地对生产过程中的资料进行处理。用 PLC 可以构成监控系统，进行数据采集和处理、控制生产过程。较高档次的可编程控制器都有位置控制模块，用于控制步进电动机，实现对各种机械的位置控制。

（5）分布式控制系统。

PLC 的通信功能越来越强，能支持 RS-485、以太网、现场总线等多种通信方式。PLC 的通信包括主机与远程 I/O 之间的通信、多台 PLC 之间的通信、PLC 与其他智能设备（例如计算机、变频器、数控装置）之间的通信。通信联网能力的加强，使 PLC 可以组成大规模的“集中管理、分散控制”的分布式控制系统。

（6）通信联网。

某些控制系统需要多台 PLC 连接起来使用或者由一台计算机与多台 PLC 组成分布式控制系统。可编程控制器的通信模块可以满足这些通信联网要求。

（7）显示打印。

可编程控制器还可以连接显示终端和打印等外围设备，从而实现显示和打印的功能。

1.3 PLC 的基本结构和工作原理

可编程控制器可以有各种不同的结构。这里以通用型可编程控制器为例，说明 PLC 的基本结构和工作原理。

1. PLC 的基本结构

PLC 系统与微型计算机结构基本相同，也是由硬件系统和软件系统两大部分组成的。

（1）通用型 PLC 的硬件结构。

通用型可编程控制器 PLC 的硬件基本结构主要由中央处理单元 CPU、存储器（RAM、ROM）、输入/输出（I/O）模块、编程器及电源组成。通用型 PLC 的基本结构如图 1-1 所示。

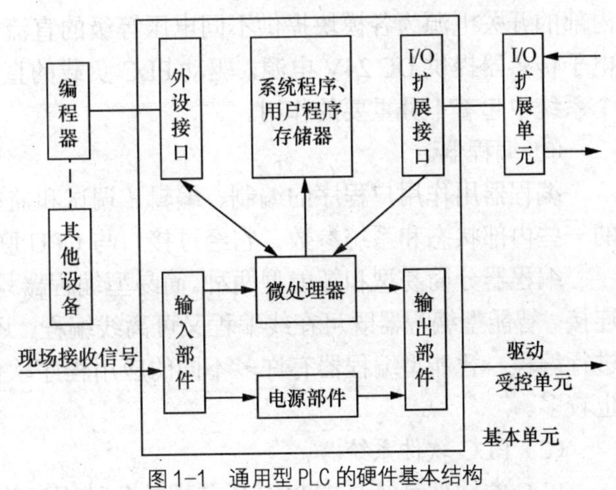

图 1-1 通用型 PLC 的硬件基本结构

主机内各部分之间均通过总线连接。总线分为电源总线、控制总线、地址总线和数据总线。各部件的作用如下。

① 中央处理单元 CPU。

PLC 的 CPU 与通用微机的 CPU 一样，是 PLC 的核心部分。它按 PLC 中系统程序赋予的功能，接收并存储从编程器键入的用户程序和数据；用扫描方式查询现场输入装置的各种信号状态或数据，并存入输入过程状态寄存器或数据寄存器中；诊断电源及 PLC 内部电路工作状态和编程过程中的语法错误等；在 PLC 进入运行状态后，从存储器逐条读取用户程序，经过命令解释后，按指令规定的任务产生相应的控制信号，去启闭有关的控制电路；分时、分渠道地去执行数据的存取、传送、组合、比较和变换等动作，完成用户程序中规定的逻辑运算或算术运算等任务；根据运算结果，更新有关标志位的状态和输出状态寄存器的内容，再由输出状态寄存器的位状态或数据寄存器的有关内容实现输出控制、制表打印、数据通信等功能。以上这些都是在 CPU 的控制下完成的。PLC 常用的 CPU 主要采用通用微处理器、单片机或双极型位片式微处理器。

② 存储器。

存储器（简称内存），用来存储数据或程序。它包括随机存取存储器（RAM）和只读存储器（ROM）。

PLC 配有系统程序存储器和用户程序存储器，分别用以存储系统程序和用户程序。系统程序存储器用来存储监控程序、模块化应用功能子程序和各种系统参数等，一般使用 EPROM；用户程序存储器用作存放用户编制的梯形图等程序，一般使用 RAM，若程序不经常修改，也可写入到 EPROM 中；存储器的容量以字节为单位。系统程序存储器的内容不能由用户直接存取。因此一般在产品样本中所列的存储器型号和容量，均是指用户程序存储器。

③ 输入/输出（I/O）模块。

I/O 模块是 CPU 与现场 I/O 设备或其他外部设备之间的连接部件。PLC 提供了各种操作电平和输出驱动能力的 I/O 模块供用户选用。I/O 模块要求具有抗干扰性能，并与外界绝缘，因此，多数都采用光电隔离回路、消抖动回路、多级滤波等措施。I/O 模块可以制成各种标准模块，根据输入、输出点数来增减和组合。I/O 模块还配有各种发光二极管来指示各种运行状态。

④ I/O 扩展接口。

对于整体式 PLC 而言，当本机的 I/O 数量不能满足要求时，通过 I/O 扩展接口，可以扩展一定数量的 I/O。对模块式 PLC 而言，各个模块通过总线连接，总线相当于 I/O 扩展接口。

⑤ 电源。

PLC 一般用 AC 220V 电源或 DC 24V 电源，电源单元包括系统的电源及后备电池。PLC 内部的开关电源为各模块提供不同电压等级的直流电源。小型 PLC 可以为输入电路和外部的电子传感器提供 DC 24V 电源，驱动 PLC 负载的直流电源一般由用户提供。PLC 的电源在整个系统中起着十分重要的作用。

⑥ 编程器。

编程器用作用户程序的编制、编辑、调试和监视，还可以通过其键盘去调用和显示 PLC 的一些内部状态和系统参数。它经过接口与 CPU 联系，完成人机对话。

编程器分简易型和智能型两种。简易型编程器只能在线编程，它通过一个专用接口与 PLC 连接。智能型编程器既可在线编程又可离线编程，还以远离 PLC 插到现场控制站的相应接口进行编程。智能型编程器有许多不同的应用程序软件包，功能齐全，适应的编程语言和方法也较多。

（2）PLC 软件系统。

PLC 的软件系统是指 PLC 所使用的各种程序的集合。它包括系统程序和用户程序。

① 系统程序。

系统程序包括监控程序、编译程序及诊断程序等。监控程序又称为管理程序，主要用于管理全机。编译程序用来把程序语言翻译成机器语言。诊断程序用来诊断机器故障。系统程序由PLC生产厂家提供，并固化在EPROM中，用户不能直接存取，故也不需要用户干预。

② 用户程序。

用户程序是用户根据现场控制的需要，用PLC的程序语言编制的应用程序，用以实现各种控制要求。用户程序由用户用编程器键入到PLC内存。小型PLC的用户程序比较简单，不需要分段，是顺序编制的。大中型PLC的用户程序很长，也比较复杂，为使用户程序编制简单清晰，可按功能结构或使用目的将用户程序划分成各个程序模块。按模块结构组成的用户程序，每个模块用来解决一个确定的技术功能，能使很长的程序编制得易于理解，还使得程序的调试和修改变得很容易。

对于数控机床来说，数控机床PLC中的用户程序由机床制造厂提供，并已固化到用户EPROM中，机床用户不需进行写入和修改，只是当机床发生故障时，根据机床厂提供的梯形图和电气原理图，来查找故障点，进行维修。

2. PLC的工作原理

（1）PLC的工作方式采用循环扫描方式。PLC处于运行状态时，从内部处理、通信操作、程序输入、程序执行到程序输出，一直循环扫描工作。PLC经过这一循环扫描过程称为一个扫描周期。

由于PLC是扫描工作过程，在程序执行阶段即使输入发生了变化，输入状态映像寄存器的内容也不会变化，要等到下一周期的输入处理阶段才能改变。PLC循环扫描工作方式如图1-2所示。

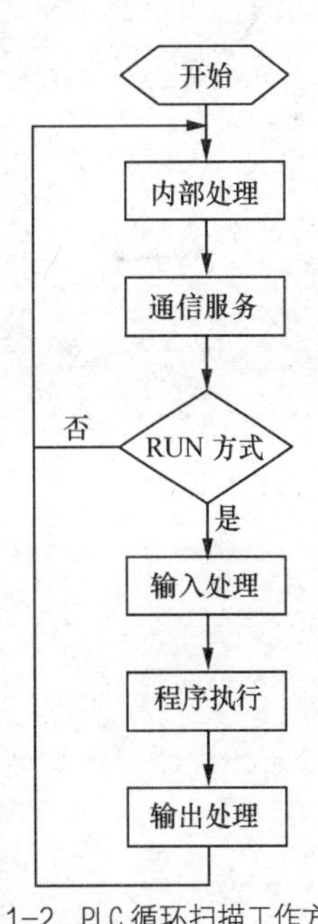

图1-2 PLC循环扫描工作方式

（2）工作过程主要分为内部处理、通信操作、输入处理、程序执行、输出处理几个阶段。

① 内部处理阶段：在此阶段，PLC检查CPU模块的硬件是否正常，复位监视定时器，以及完成一些其他内部工作。

② 通信服务阶段：在此阶段，PLC与一些智能模块通信，响应编程器键入的命令，更新编程器的显示内容等，当PLC处于停止状态时，只进行内容处理和通信操作等内容。

③ 输入处理：输入处理也叫输入采样。在此阶段顺序读入所有输入端子的通断状态，并将读入的信息存入内存中所对应的映像寄存器。在此输入映像寄存器被刷新，接着进入程序的执行阶段。

④ 程序执行：根据PLC梯形图程序扫描原则，按先左后右、先上后下的步序，逐句扫描，执行程序。遇到程序跳转指令，则根据跳转条件是否满足来决定程序的跳转地址。若用户程序涉及到输入输出状态时，PLC从输入映像寄存器中读出上一阶段采入的对应输入端子状态，从输出映像寄存器读出对应映像寄存器的当前状态。根据用户程序进行逻辑运算，运算结果再存入有关器件寄存器中。

⑤ 输出处理：程序执行完毕后，将输出映像寄存器，即元件映像寄存器中的Y寄存器的状态，在输出处理阶段转存到输出锁存器，通过隔离电路，驱动功率放大电路，使输出端

子向外界输出控制信号，驱动外部负载。

（3）PLC 的运行方式。

运行工作模式：当处于运行工作模式时，PLC 要进行内部处理、通信服务、输入处理、程序处理、输出处理，然后按上述过程循环扫描工作。

在运行模式下,PLC 通过反复执行反映控制要求的用户程序来实现控制功能,为了使 PLC 的输出及时地响应随时可能变化的输入信号，用户程序不是只执行一次，而是不断地重复执行，直至 PLC 停机或切换到 STOP 工作模式。PLC 的这种周而复始的循环工作方式称为扫描工作方式。

停止模式：当处于停止工作模式时，PLC 只进行内部处理和通信服务等内容。

1.4 习题

1．通用可编程控制器 PLC 具有什么特点？

2．可编程控制器 PLC 如何分类？

3．简述可编程控制器 PLC 的系统结构及工作原理。

第2章 西门子S7-300/400PLC的系统结构

2.1 西门子公司的S7系列PLC

SIMATIC S7系列的PLC模块由西门子公司研发并陆续推出，其下包括S7-200、S7-300、S7-400 3个子系列。其中，S7-200属于低档型CPU系列，其可扩展2～7模块；S7-300属于中档型模块系列，其最多可扩展32个模块；S7-400属于高档型模块序列，其最多可扩展模块数达300多个。

本章主要介绍S7-300和S7-400模块系列的硬件组成，其中包括CPU模块、输入模块、输出模块、电源模块、通信模块。以S7-300系列模块为主，重点介绍PLC的CPU模块以及输入和输出模块。CPU模块相当于PLC的“大脑”，所有信息都要通过它来判断，并下达命令；PLC只有通过输入模块接收到信息，PLC才能做出控制判断，再通过输出模块发出控制命令；电源模块和通信模块则相当于PLC的后勤保障和人际网。

S7-300是SIEMENS公司生产的中型PLC。产品采用了模块式结构，可控制的I/O点数多，功能强，扩展性能好，使用灵活方便，既能用于机电设备的单机控制，又能组成大中型PLC网络系统，可满足工业自动控制领域的中、小规模的控制要求。产品的主要特点如下。

（1）运算速度快。SL-300PLC采用了先进的高速处理器，基本逻辑指令的执行时间最快可达0.05μs。

（2）软件功能强。S7-300PLC可用于复杂功能的编程和控制，且可采用STEP7、STEP7-Lite等编程软件，使用多种编程语言。

（3）通信性能好。CPU模块集成有1～2个标准通信接口，支持MPI多点通信，可方便地连接编程器、文本显示器、触摸屏等外设。MPI接口还兼容了PROFIBUS-DP功能，部分CPU模块能够同时连接2条PROFIBUS-DP总线，以构成PLC网络系统，大量的集成功能使它功能非常强劲。

（4）适用范围广。当控制任务增加时，其可自由扩展。S7-300PLC不仅有规格众多的I/O扩展模块，而且还有众多的网络连接、模拟量I/O、温度测量、定位控制模块可供选择，可以用于各种不同的控制场合。

S7-400PLC是目前西门子公司功能全、性能好、规格大、I/O点数多的大型PLC产品，用于中、高档性能范围的可编程序控制器，适用于各种大型复杂控制系统。S7-400PLC的主要特点如下。

（1）功能强大。可以安装多个 CPU 模块组成多 CPU、安全性、冗余控制系统。

（2）扩展性能好。PLC 可控制的 I/O 点可达 262144 点，可构成大规模控制系统。

（3）通信能力强。CPU 模块集成接口可达 4 个，便于构成大型分布式系统与网络系统。

（4）运算速度快。基本逻辑指令的执行时间可达 0.03μs，可用于高速处理。

（5）兼容性好。PLC 可与 SIEMENS 公司早期的 S5-155U、S5-135U、S5-115 兼容，通过 S5 扩展接口，实现对 S5 系列 PLC 的控制。

2.2 CPU 模块

PLC 中的 CPU 是 PLC 的核心，起神经中枢作用，每台 PLC 至少有一个 CPU，它按 PLC 的系统程序赋予的功能接收并存储用户程序和数据，以扫描的方式采集由现场输入装置送来的状态或数据，并存入指定的寄存器中，同时，诊断电源与 PLC 内部电路的工作状态和编程过程中的语法错误等，进入运行状态后，从用户程序存储器中逐条读取指令，经分析后再按指令规定的任务产生相应的控制信号，去指挥有关的控制电路。

与通用计算机一样，PLC 中的 CPU 主要由运算器、控制器、寄存器及实现它们之间联系的数据总线、控制总线及状态总线构成，还有外围芯片、总线接口及有关电路。它确定了进行控制的规模、工作速度、内存容量等。内存主要用于存储程序及数据，是 PLC 不可缺少的组成单元。

CPU 的控制器控制 CPU 的工作，由它读取指令、解释指令并执行指令。但工作节奏由振荡信号控制。CPU 的运算器用于进行数字或逻辑运算，在控制器的指挥下工作。CPU 的寄存器参与运算，并存储运算的中间结果，它也是在控制器的指挥下工作。

CPU 模块的外部表现就是它的工作状态的显示、接口及设定或控制开关。一般来讲，CPU 模块会有相应的状态指示灯，如电源显示、运行显示、故障显示等。箱体式 PLC 的主箱体也有这些显示。它的总线接口用于接 I/O 模版或底板，内存接口用于安装内存，外设口用于接外部设备，有的还有通信接口，用于进行通信。CPU 模块上还有许多设定开关，用以对 PLC 做设定，如设定起始工作方式、内存区等。

2.2.1 CPU 模块的分类

S7-300PLC 的规格众多，且在不断扩充中。PLC 的性能通过 CPU 模块区分，其余的 I/O 模块、电源模块、特殊功能模块均可通用。S7-300CPU 主要有标准型、紧凑型、故障安全型、技术功能型 4 大系列。CPU 规格多达 10 多种，标准型与紧凑型是常用的产品。

1. 标准型

标准型 CPU 主要有 CPU312、CPU313、CPU315-2DP、CPU315-2PN/DP、CPU317-2DP、CPU317-2PN/DP、CPU318-2DP 等规格。标准型 CPU 无集成 I/O 点，其中的 CPU312 不可连接扩展机架，最多只能安装 8 个模块，其最大 I/O 点数为 256 点；其余的 CPU 均可连接 3 个扩展机架，每一机架可安装 8 个模块，PLC 的最大 I/O 点数为 1024 点。

2. 紧凑型

紧凑型 CPU 主要有 CPU312C、CPU313C、CPU313C-2PtP、CPU313C-2DP、CPU314C-2PtP、CPU314C-2DP 等规格。紧凑型 CPU 本身有数量不等的集成 I/O 点，可以用于 10～60kHz 的

高速计数与脉冲输出。紧凑型中的 CPU312C 不能连接扩展机架，连同集成 I/O，其最大的 I/O 点数为 266 点；其余 CPU 均可连接 3 个扩展机架，每一机架可安装 8 个模块，由于 CPU 的集成 I/O 点需要占用地址，因此 PLC 的最大 I/O 点数略少于 1024 点。

3. 故障安全型

故障安全型 CPU 常用的有 CPU315F-2DP、CPU317F-2DP 两种，基本性能与同规格的标准型 CPU 类似，但此类 PLC 安装有德国技术监督委员会认可的功能块与安全型 I/O 模块参数化工具，可用于锅炉、索道、矿山等安全要求极高的特殊设备控制，它能在系统发生故障时立即进入安全模式，确保人身与设备的安全。

4. 技术功能型

技术功能型 CPU 常用的是 CPU317T-2DP。这是一种专门用于运动控制的 PLC，最大可控制 16 轴，内部集成了位置同步控制、固定点定位等特殊功能，CPU 除可控制定位外，还具有插补与同步控制功能，可用于简单的轮廓控制。技术功能型 CPU 模块带有集成 I/O 点，但不能使用扩展连接，最大 I/O 点数为 256 点。

此外，还有一种户外型 CPU，它在早期的产品上带有后缀“IFM”，现在一般以前缀“SIPLUS”代替。户外型 CPU 的技术性能与同规格的紧凑型与标准型类似，但其防护等级更高，可以在−25℃～+70℃或含有氯、硫气体的恶劣环境下使用。

S7-400PLC 分为标准型（简称 S7-400）、冗余型（简称 S7-400H）与故障安全型（S7-400F/FH）三大系列，其主要特点和用途如下。

1. 标准型

S7-400 标准型 PLC 是常用产品，可用于绝大多数对安全型无特殊规定的一般控制，产品涵盖 S7-400PLC 的全部系列，其规格最全。

标准型 S7-400PLC 的性能通过 CPU 模块分区，不同的 CPU 模块在运算速度与存储器容量上的差别较大。

2. 冗余型

S7-400H 冗余型 PLC 用于可靠性要求极高、不允许 PLC 停机的控制场合。冗余系统配置有一套正常工作时并不需要的“多余”系统作为备件（称为备用系统），且始终处于待机状态（称为“热待机”），一旦工作系统发生故障（称为“宕机”），备用系统可立即取代工作系统投入运行，保证系统的不间断工作。

在备用系统运行期间，可进行故障系统的整机更改或维修处理，完成后再装入系统，并成为新的备用系统。

冗余系统既可以采用两套完整的 PLC 系统，也可将一个机架分割为两个区域后安装两套模块，两个 CPU 模块间需要通过跟踪电缆（一般为光缆）连接，并通过切换指令实现工作系统的备用系统的切换。

冗余系统的规模可大可小，PLC 可以是包括机架、电源、CPU 及全部模块的整机冗余，也可以是仅 CPU、电源等重要模块进行冗余。大型、复杂控制系统，还可以进行多层次、重复冗余。

冗余系统必须使用 S7-400H 冗余型 CPU 模块，系统组成包括如下基本组件。

（1）2 个 S7-400H 系列 CPU 模块。

（2）2 套机架或是 1 个可分割为 2 个相同区域的机架。

（3）根据冗余要求配置的各类模块。

3. 故障安全型

故障安全型PLC有S7-400F和S7-400FH两种规格。S7-400F为单纯的故障安全型PLC，CPU模块安装有德国技术监督委员会认可的安全功能块与安全型I/O模块参数化工具，CPU可通过自检、结构检查、逻辑顺序流程检查等措施，进行实时故障诊断与检测，当系统出现故障时能够立即进入安全模式，确保人身和设备的安全。

S7-400FH兼有故障安全与冗余两方面的功能，它可以在系统故障时切换PLC，在确保人身与设备安全的同时，保持系统的不间断运行。

S7-400F/FH 系列安全型 PLC 可达到 DIN V 19250/DIN V VDE0801-AK1～AK6、IEC61508-SIL～SIL3、EN954-1等标准要求。

安全型PLC的程序设计需要采用S7-F系统工具软件，并对软件版本有较高的要求。

2.2.2 CPU31x的技术特性

CPU 模块分为标准型 CPU（CPU31x）、紧凑型 CPU（CPU31xC）、技术功能型 CPU（CPU21xT），另外还有针对高安全标准的应用场合设计的故障安全型S7-300F。

由S7-300PLC的各CPU主要技术指标可见，其主要差别在运算能力、存储器容量、I/O点数、系统配置规模、内部逻辑功能单元数量、程序调用块的数量等方面。S7-300PLC的CPU主要技术指标如表2-1所示。

表2-1　　S7-300PLC的CPU主要技术指标

技术指标		CPU314	CPU315-2DP	CPU317-2DP	CPU315-2PN/DP	CPU319-3PN/DP
工作存储器		96KB	128KB	512KB	256KB	1400KB
装载存储器		8MB	8MB	8MB	8MB	8MB
处理时间	位指令（μs）	0.1	0.1	0.5	0.1	0.01
	字指令（μs）	0.2	0.2	0.2	0.2	0.02
	整数运算（μs）	2	2	0.2	2	0.02
	浮点运算（μs）	3	3	1	3	0.04
定时器（个）		256	256	512	256	2048
计数器（个）		256	256	512	256	2048
位存储器		256B	2KB	4KB	2KB	8KB
最大系统		32个模块	32个模块	32个模块	32个模块	32个模块
数字量通道		1024	16384	65536	16384	65536
模拟量通道		256	1024	4096	1024	4096
块	功能块FB	2048	2048	2048	2048	2048
	功能调用块FC	2048	2048	2048	2048	2048
	数据块DB	511	1024	2047	1024	4096
功耗（W）		2.5	2.5	4	3.5	14

各CPU模块的通信功能也有较大差异，有1～3个通信接口，但都支持MPI（多点接口）通信。DP子系列支持PROFIBUS-DP协议。带有“PN”后缀名的CPU支持PROFINET通信。带有“PtP”名称后缀的CPU支持点对点通信。

CPU 的存储器分为系统存储器、工作存储器、装载存储器 3 种。

系统存储器集成在 CPU 中，不可扩展。它包含地址区存储器位、定时器和计数器的地址区、I/O 过程映像、本地数据。

工作存储区是指集成在 CPU 模块内的 RAM 单元，用于执行程序指令，处理用户程序数据，程序仅在 RAM 和系统存储器中运行。

装载存储器位于 SIMATIC 微存储卡上。它用来存储代码块、数据块和系统数据。

2.2.3 CPU31x 的工作模式和状态指示

CPU31xC 的外部结构如图 2-1 所示，它主要有 7 个功能部分。

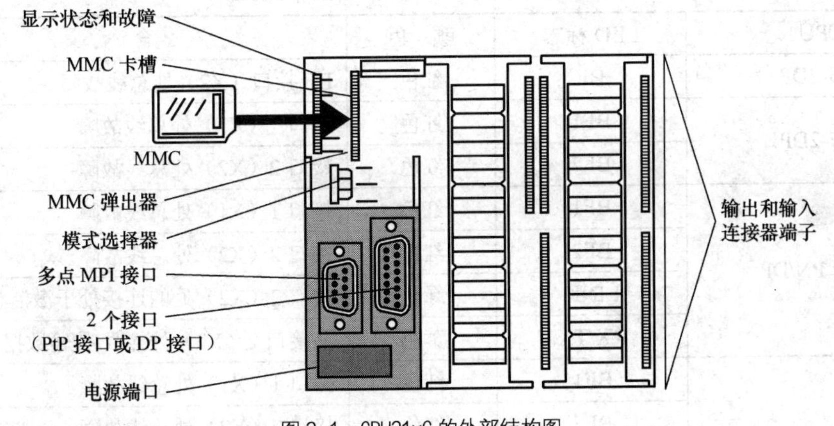

图 2-1　CPU31xC 的外部结构图

（1）状态和错误指示灯；
（2）微存储卡（MMC）插槽；
（3）集成 I/O；
（4）电源接口；
（5）X2 接口（PtP 或 DP）；
（6）X1 接口（MPI）；
（7）模式选择开关。

标准型 CPU31x 一般不具有集成 I/O，其余部分与紧凑型 CPU31xC 类似。

状态和错误指示灯的功能是显示 PLC 的运动状态和指示故障，可以帮助进行系统诊断和故障排除。CPU31xC 状态和错误指示灯的含义如表 2-2 所示。

表 2-2　**CPU31xC 状态和错误指示灯的含义**

LED 标志	颜　色	含　义
SF	红色	硬件或软件错误
BF（带 DP 接口的 CPU）	红色	总线错误
DC5V	绿色	对于 CPU 的 S7-300 总线，5V 电源正常
RUN	绿色	RUN 状态下的 CPU STARTUP 期间 LED 以 2Hz 的频率闪烁， HOLD 状态下以 0.5Hz 的频率闪烁

续表

LED 标志	颜　色	含　义
STOP	黄色	STOP 和 HOLD 或 STARTUP 状态下的 CPU 当 CPU 请求存储器复位时，LED 以 0.5Hz 的频率闪烁，在复位期间以 2Hz 的频率闪烁
FRCE	黄色	强制作用已激活

标准型 CPU31x，由于通信功能不同，总线状态指示灯的数量及含义与表 2-2 不同。标准 CPU31x 状态和错误指示灯的含义如表 2-3 所示。

表 2-3　　标准型 CPU31x 状态和错误指示灯的含义

CPU	LED 标志	颜　色	含　义
315-2DP	BF	红色	DP 接口（X2）处总线故障
317-2DP	BF1	红色	接口 1（X1）处总线故障
	BF2	红色	接口 2（X2）处总线故障
31x-2 PN/DP	BF1	红色	接口 1（X1）处总线故障
	BF2	红色	接口 2（X2）处总线故障
	LINK	绿色	接口 2（X2）处的连接处于激活状态
	RX/TX	黄色	在接口 2（X2）处接收/传输数据
319-3 PN/DP	BF1	红色	接口 1（X1）处总线故障
	BF2	红色	接口 2（X2）处总线故障
	BF3	红色	接口 3（X3）处总线故障
	LINK	绿色	接口 3（X3）处的连接处于激活状态
	RX/TX	黄色	在接口 3（X3）处接收/传输数据

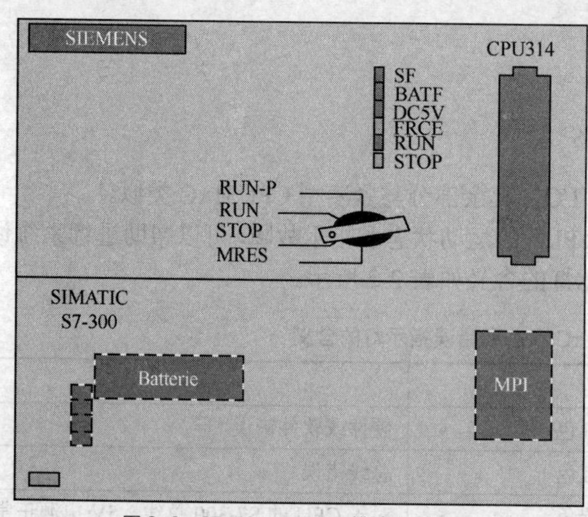

图 2-2　S7-300 PLC CPU 模块面板布置

模式选择开关有 3 种工作方式可选择。

（1）RUN-P：可编程运行方式。

（2）RUN：运行方式。

（3）STOP：停止方式。

（4）MERS：CPU 存储器复位。带有 CPU 存储器复位功能的模式选择器开关位置。通过模式选择器开关的暂时接通，清除 CPU 的存储器。

S7-300 PLC CPU 模块面板布置如图 2-2 所示。

2.2.4　CPU41x 的技术特性

CPU41x 在功能上与 CPU31x 类似，在性能上有进一步的提高，主要体现在 4 个方面。

（1）处理速度显著提高：例如，417 型 CPU 最快高达 0.03 微秒/位指令。执行复杂数学运算的速度更是提高了上百倍。

（2）CPU 的资源裕量显著增加：工作内存加倍，最高达 20MB，S7 定时器和计数器个数提高到 2048 个。

（3）CPU 通信性能显著增强：由于等时模式工作中循环周期更短，现场级通信连接性能有了显著提高，特别是与驱动装置的通信能力进一步增强。数据传输速率提高，垂直集成通信及 PLC-PLC 的通信响应时间大大缩短。

（4）硬件冗余 CPU 同步速率更快，同步光缆最高可达 10km。

S7-400 的 CPU 模块有 CPU412-1、CPU412-2、CPU414-2、CPU414-3、CPU414-3PN/DP、CPU416-2、CPU416-3、CPU416-3PN/DP、CPU417-4 等几种型号。其中型号为 CPU412-2、CPU414-3、CPU416-3、CPU417-4 的主要技术指标如表 2-4 所示。

表 2-4　　CPU412-2、CPU414-3、CPU416-3、CPU417-4 的主要技术指标

技术指标	CPU412-2	CPU414-3	CPU416-3	CPU417-4
工作存储器	集成代码区和数据区各 256KB	集成代码区和数据区各 1.4MB	集成代码区和数据区各 5.6MB	集成代码区和数据区各 15MB
装载存储器	集成 512KB，可扩展 64MB	集成 512KB，可扩展 64MB	集成 1MB，可扩展 64MB	集成 1MB，可扩展 64MB
处理时间（ns）： 位指令 字指令 整数运算 浮点预算	 75 75 75 225	 45 45 45 135	 30 30 30 90	 18 18 18 54
定时器（个）	2048	2048	2048	2048
计数器（个）	2048	2048	2048	2048
位存储器	4KB	8KB	16KB	16KB
数字量通道	32768	65536	131072	131072
模拟量通道	2048	4096	8192	8192
块： 功能块 FB 功能调用 FC 数据块 DB	 1500 1500 3000	 3000 3000 6000	 5000 5000 10000	 8000 8000 16000
功耗（W）	4	4.5	5.5	6

现在普遍采用的分布式控制系统及新发展的现场总线控制系统，依靠设备间的联网通信实现。S7-400PLC 的通信能力更强，可以组建复杂的大规模的控制系统。

2.2.5　CPU41x 的特殊功能

1. 多值计算

多值计算是指在 S7-400 的中央机架中同时运行多个（最多 4 个）CPU 的工作模式。每个 CPU 上的用户程序都独立运行。各 CPU 会自动切换模式以便彼此同步，使各项控制任务能够同时执行。

注意在 CR2 分段机架中不能进行多值计算。分段机架中的每个 CPU 构成是一个独立的子系统。

多值计算适用于下述几种情况。

（1）当用户程序相对于一个 CPU 而言过大且内存开始不足时，可将程序分布在多个 CPU 上。

（2）当需要快速处理设备的某个部分时，将相关程序部分从整个程序分离出来，然后在单独的 CPU 上快速运行此部分。

（3）当设备由几个界线分明的部分组成，从而能够相对独立地进行控制时，使用多个 CPU 来分别控制各个部分。

用 STEP7 软件进行系统配置时，给每个 CPU 分配一组模块，一个模块的地址区只能对应一个 CPU。

若多值计算与某个事件同步，可以输出中断（OB60），多值计算中断通过调用 SFC35 “MP_ALM” 来触发，并且多值计算中断只能由 CPU 输出。

2. 运行期间的系统修改

CPU 允许在运行时对组态配置进行修改。要在运行期间执行系统修改，在调试期间必须满足下列硬件要求。

（1）如果希望在运行期间通过外部 DP 主站（扩展 CP 443-5）将系统更改为 DP 主站系统，则固件版本必须至少为 V5.0。

（2）如果希望向 ET200M 添加模块，则要使用 MLFB 6ES7153-2BA00-0XB0 开始的 IM153-2 或自 MLFB 6ES7153-2BB00-0XB0 开始的 IM153-2FO，还必须使用激活的总线元件设置 ET200M，并为计划的扩展预留足够的空闲空间。不能将 ET200M 作为 DPV0 从站链接（使用 GSD 文件）。

（3）如果希望添加所有站，则要保留必要的总线连接器、中继器等。如果希望添加 PA 从站（现场设备），则可在合适的 DA/PA 链接中，使用自 MLFB 6ES7157-0AA82-0XA00 开始的 IM157。不允许使用 CR2 机架。在希望于运行期间执行系统更改的站中不允许使用模块 CP444 和 IM467。无多值计算。在同一 DP 主站系统中无同步操作。不能对 PROFINET IO 系统进行系统更改。

在运行模式下执行组态更改，用户程序必须满足下列要求，即必须将其编程为在发生站故障、模块故障或超时等情况时不会导致 CPU 切换至 STOP 模式。

CPU 上必须具有以下 OB：硬件中断 OB（OB40～OB47）、时间跳跃 OB（OB80）、诊断中断 OB（OB82）、可插拔 OB（OB83）、CPU 硬件故障 OB（OB84）、程序执行错误 OB（OB85）、机架故障 OB（OB86）、I/O 访问错误 OB（OB122）。

在系统运行期间可以对以下内容做出修改。

（1）如果 ET200M 模块化 DP 从站未作为 DPV0 从站链接，则可以向它添加模块。

（2）可更改 ET200M 模块的参数分配。

（3）在 ET200M、ET200S、ET200iS 模块化从站的模块或子模块中使用以前未使用的通道。

（4）向现有 DP 主站系统添加 DP 从站。

（5）向现有 PA 主站系统添加 PA 从站（现场设备）。

（6）从 IM157 下行添加 DP/PA 耦合器。

（7）向现有 DP 主站系统添加 PA 链接（包括 PA 主站系统）。

（8）将添加的模块分配到过程映像分区。

（9）为现有 ET200M 站重新分配参数（标准模式下的标准模块和故障安全信号模块）。

（10）恢复更改：可删除添加的模块、子模块、DP 从站和 PA 从站（现场设备）。

3. 不使用存储卡更新固件

对于在线能访问到的 CPU，例如，通过 PROFIBUS、MPI 或工业以太网，可以在 HWConfig 中更新固件。在线更新时，必须能在 PG/PC 文件系统中获得包含当前固件版本的文件。对于带有后缀（PN/DP）的 CPU，可通过工业以太网更新 PROFINET 接口处的固件。如果 CPU 通过 CP 连接至工业以太网，则可以通过工业以太网更新其他 CPU 的固件。一般来说，通过工业以太网进行更新比通过 MPI 或 DP 更新要快得多。

4. 保存数据服务

有关 CPU 状态的一些特殊信息存储在诊断缓冲区及实际服务数据中。使用菜单命令“PLC”→“保存服务数据”可以读取此信息，然后将其保存在两个文件中。在“SIMATIC 管理器”→“可访问的节点”菜单命令选择要保存服务数据的 CPU。然后选择“PLC”→“保存服务数据”菜单命令即可保存。在 CPU 故障时，这些信息有助于故障诊断。

2.3 数字量模块

数字量信号是指具有两个状态的信号量，电气技术中最常用到的数字量是电路的接通和断开，所以也叫开关量，一般用“1”和“0”来表示。在指令系统中，通常用逻辑指令中的触点指令来表示这类器件，有常开和常闭两种。

按照与 PLC 的连接关系，数字量信号分为输入和输出两种，数字量输入信号通常来自发送控制命令的开关、按钮以及过程检测信号，数字量输出信号用来控制输出设备。

相应的，S7-300/400PLC 有 3 类数字量模块，即数字量输入模块、数字量输出模块、数字量输入/输出模块，每种模块具有多个型号。S7-300 和 S7-400 系列的数字量模块，编号分别为 SM3XX 和 SM4XX，其原理相同。

2.3.1 数字量输入模块 SM321

数字量输入模块将现场过程送来的数字“1”信号电平转换成 S7-300 内部信号电平。数字量输入模块有直流输入和交流输入两种方式。对现场输入元件，仅要求提供开关触点即可。输入信号进入模块后，一般都经过光电隔离和滤波，然后才送至输入缓冲器等待 CPU 采样。采样时，信号经过背板总线进入到输入映像区。

输入电路中一般设有 RC 滤波电路，以防止由于输入触点抖动或外部干扰脉冲引起的错误输入信号，输入电流一般为数毫安。

数字量输入模块的内部电路和外部接线如图 2-3 和图 2-4 所示，图中只画出了一路输入电路，两图中的 M 是同一输入组内各输入信号的公共点。

在图 2-3 中，当外接触点接通时，光耦合器中的发光二极管点亮，光敏三极管饱和导通；外接触点断开时，光耦合器中的发光二极管熄灭，光敏三极管截止，信号经背板总线接口传送给 CPU 模块。

交流输入模块的额定电压分为 AC 120V 或 AC 230V。在图 2-4 中，用电容隔离输入信号中的直流成分，用电阻限流，交流成分经桥式整流电路转换为直流电流。外接触点接通时，光耦合器中的发光二极管和显示用的发光二极管点亮，光敏三极管饱和和导通；外接触点断开时，光耦器中的发光二极管熄灭，光敏三极管截止，信号经背板总线接口传送给 CPU 模块。

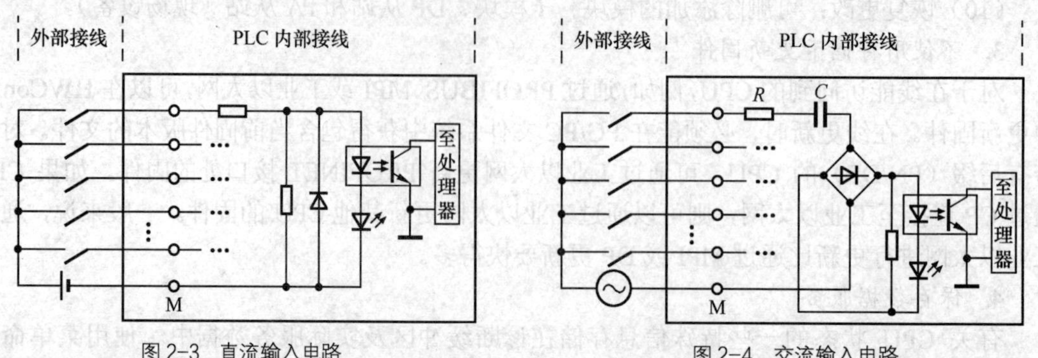

图 2-3　直流输入电路　　图 2-4　交流输入电路

直流输入电路的延迟时间较短，可以直接与接近开关、光电开关等电子输入装置连接，DC 24V 是一种安全电压。如果信号线不是很长，PLC 所处的物理环境较好，电磁干扰较轻，应优先考虑选用 DC 24V 的输入模块。交流输入方式适合于在有油雾、粉尘的恶劣环境下使用。

数字量输入模块可以直接连接两线式接近开关（BERO），两线式 BERO 的输出信号为 0 时，其输出电流（漏电流）不为 0。在选型时应保证两线式 BERO 的漏电流小于输入模块允许的静态电流，否则将会产生错误的输入信号。

数字量模块的 I/O 电缆最远距离为 1000m（屏蔽电缆）或 600m（非屏蔽电缆）。

数字量输入模块 SM321 有 4 种型号模块可供选择，即直流 16 点输入、直流 32 点输入、交流 16 点输入、交流 8 点输入模块。

数字量输入模块 SM321 的每个输入点有一个绿色发光二级管显示输入状态，输入开关闭合，即有输入电压时，二极管点亮。

2.3.2　数字量输出模块 SM322

数字量输出模块 SM322 将 S7-300 内部信号电平转换成控制过程所要求的外部信号电平，同时有隔离和功率放大的作用，可直接用于驱动电磁阀、接触器、小型电动机、灯和电动机启动器等，输出电流的典型值为 0.5～2A，负载电源由外部现场提供。

按负载回路使用的电源不同，它可分为直流输出模块、交流输出模块和交直流两用输出模块。

按输出开关器件的种类不同，它又可分为晶体管输出方式、晶闸管输出方式和继电器触点输出方式。晶体管输出方式的模块只能带直流负载，属于直流输出模块；晶闸管输出方式属于交流输出模块；继电器触点输出方式的模块属于交直流两用输出模块。从影响速度上看，晶体管响应最快，继电器响应最慢。从安全隔离效果及应用灵活性角度来看，以继电器触点输出型最佳。

图 2-5 所示的是晶体管或场效应晶体管输出电路，只能驱动直流负载。输出型号经光耦合器送给输出元件，输出元件的饱和导通状态和截止状态相当于触点的接通和断开。这类输出电路的延迟时间小于 1ms。晶体管或场效应晶体管输出电路如图 2-5 所示。

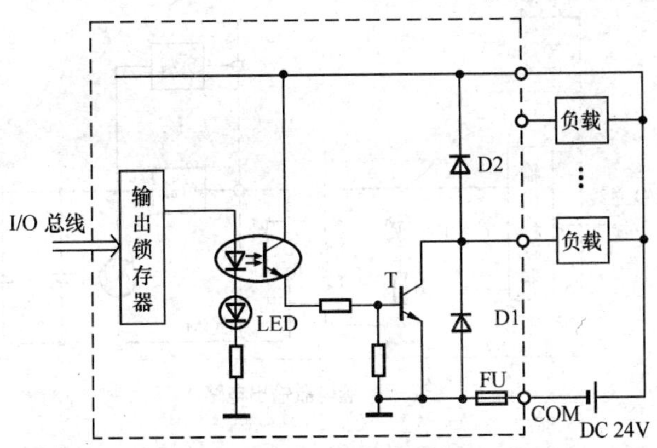

图 2-5 晶体管或场效应晶体管输出电路

图 2-6 所示的是晶闸管输出电路，小框内的光敏晶闸管和小框外的双向晶闸管等组成固态继电器（SSR）。SSR 的输入功耗低，输入信号电平与 CPU 内部的电平相同，同时又实现了隔离，并且有一定的带负载能力。梯形图中某一输出点为“1”状态时，其线圈“通电”，光敏晶闸管中的发光二极管点亮，光敏双向晶闸管导通，使另一个容量较大的双向晶闸管导通，模块外部的负载得电工作。图 2-6 中所示的 RC 电路用来抑制晶闸管的关断过电压和外部的浪涌电压。这类模块只能用于交流负载，因为是无触点开关输出，其开关速度快，工作寿命长。

双向晶闸管由关断变为导通的延迟时间小于 1μs ，由导通变为关断的最长延迟时间为 10ms（工频半周期）。如果因负载电流过小，晶闸管不能导通，可以在负载两端并联电阻。晶闸管输出电路如图 2-6 所示。

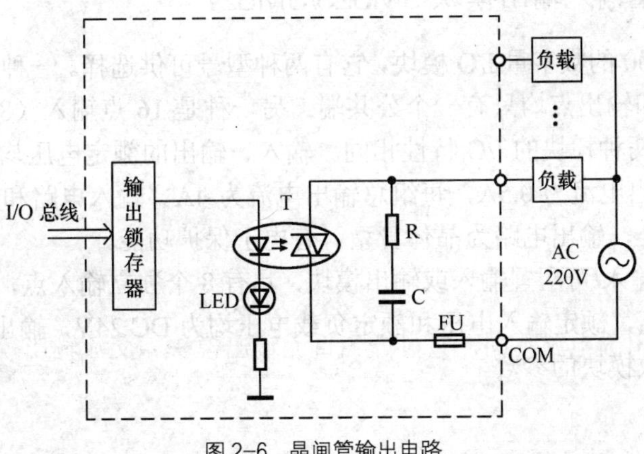

图 2-6 晶闸管输出电路

继电器输出电路的某一输出点为“1”状态时，梯形图中的线圈“通电”，通过背板总线接口和光电耦合器，使模块中对应的微型硬件继电器线圈通电，其常开触点闭合，使外部的负载工作。输出点为“0”状态时，梯形图中的线圈“断电”，输出模块中的微型继电器的线圈也断电，其常开触点断开。继电器输出电路如图 2-7 所示。

晶体管型输出模块没有反极性保护措施，输出具有短路保护功能，适用于驱动电磁阀和直流接触器。

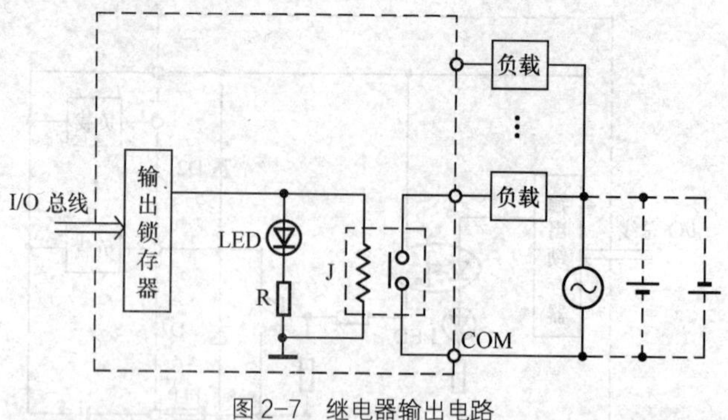

图 2-7　继电器输出电路

继电器输出模块的额定负载电压范围较宽，直流可以为 24～120V，交流可以为 48～230V。继电器触点容量与负载电压有关，电压越高，触点容量越低。当电源切断后约 200ms 内电容器仍蓄有能量，在这段时间内用户程序还可以暂时使继电器动作。

晶闸管输出模块上的 LED 用于指示故障或错误，当用于输出短路保护的熔断器熔断或负载电源一端（L1/N）没接时，可使 LED 变红。该模块适用于驱动交流电磁阀、接触器、电动机启动器和灯。

数字量输出模块 SM322 有多种型号输出模块可供选择，常用的模块有 8 点晶体管输出、16 点晶体管输出、32 点晶体管输出、8 点可控硅输出、16 点可控硅输出、8 点继电器输出和 16 点继电器输出。

数字量输出模块的每个输出点有一个绿色发光二极管显示输出状态，输出逻辑“1”时，发光二极管点亮。

2.3.3　数字量输入输出模块 SM323/SM327

SM323 是 S7-300 的数字量 I/O 模块，它有两种型号可供选择。一种是 8 点输入和 8 点输出的模块，输入点和输出点均只有一个公共端；另一种是 16 点输入（8 点 1 组）和 16 点输出（8 点 1 组）。这两种模块的 I/O 特性相同。输入、输出的额定电压均为 DC 24V，输入电流为 7mA，最大输出电流为 0.5A，每组总输出电流为 4A。输入电路和输出电路通过光电耦合器与背板总线相连，输出电路为晶体管型，有电子保护功能。

SM327 数字量输入/可配置输入或输出模块，具有 8 个独立输入点，8 个可独立配置为输入或输出点，带隔离，额定输入电压和额定负载电压均为 DC 24V，输出电流 0.5A，在 RUN 模式下可动态地修改模块的参数。

2.4　模拟量模块

在实际生产过程中，有大量连续变化的模拟量需要用 PLC 来测量和控制，有的是非电量，如温度、压力、流量、液位、物体的成分（例如气体中的含氧量）和频率等，有的是强电电量，如发电动机组的电流、电压、有功功率和无功功率、功率因数等。

模拟量输入模块支持各种传感器，如电压、电流以及电阻传感器，具体取决于所用的测量方法。连接模拟量信号时应该使用屏蔽双绞线电缆，把电缆屏蔽层接地，这样会减少干扰。电缆两端的任何电位差都可能导致在屏蔽层产生等电位电流，进而干扰模拟信号。为防止发生这种情况，应只将电缆一端的屏蔽层接地。

2.4.1 模拟量输入模块 SM331

模拟量输入（AI）模块 SM331 目前有很多种规格型号，如 8AI×12 位模块、2AI×12 位模块和 8AI×16 位模块，分别为 8 通道的 12 位模拟量输入模块、2 通道的 12 位模拟量输入模块、8 通道的 16 位模拟量输入模块。它们除了通道数和转换精度不一样外，其工作原理、性能、参数设置等各方面都一样。

SM331 模块中的各个通道可以分别使用电流输入或电压输入，并选用不同的量程（量程的设置可通过量程卡来设置；没有量程卡的模块，通过不同的端子接线方式设置），有多种分辨率可供选择（9～15 位+符号位，与模块有关），分辨率不同，则转换时间也不同。模拟量转换是顺序执行的，每个模拟量通道的输入信号是被依次轮流转换的。

SM331 模块主要由 A/D 转换器、多路开关、补偿电路、内部电源、光电隔离部件和逻辑电路组成。其 8 个模拟量输入通道共用一个 A/D 转换器，通过多路开关切换被转换的通道，模拟量输入模块各输入通道的 A/D 转换和转换结果的存储与传送是顺序进行的。各个通道的转换结果被保存到各自的存储器，直到被下一次的转换值覆盖。可以用装入指令“L PIW…”来访问转换的结果。

通道的转换时间由基本转换时间、模块的电阻测试和断线监控时间组成，基本转换时间取决于模拟量输入模块的转换方法（如积分法和瞬时值转换法）。对于积分转换法，积分时间直接影响转换时间，积分时间可在 STEP7 中设置。

某一通道从开始转换模拟量输入值起，一直持续到再次开始转换的时间称为 AI 模块的循环时间，它是模块中所有被激活的模拟量输入通道的转换时间的总和。实际上，循环时间是对外部模拟量信号的采样间隔。为了缩短循环时间，应该使用 STEP7 组态工具屏蔽掉不用的模拟量通道，同时应在硬件上将未用通道的输入端短路，从而使其不占用循环时间。

SM331 的每两个输入通道构成一个输入通道组，可以按通道组任意选择测量方法和测量范围。模块上需接 DC 24V 的负载电压 L+，有反接性保护功能，对于变送器或热电偶的输入具有短路保护功能。模块与 S7-300CPU 及负载电压之间是光电隔离的。S7-300 的模拟量输入模块极具特色，它可以接入热电偶、热电阻、4～20mA 电流、0～10V 电压等 18 种不同的信号，输入量程范围很宽。SM331 模拟量输入模块主要由 A/D 转换部件、模拟切换开关、补偿电路、恒流源、光电隔离部件、逻辑电路等组成。SM331 8×12 位模拟量输入模块的端子接线方式如图 2-8 所示。

SM331 8×12 模拟量输入模块的电气原理如图 2-9 所示。SM331 的 8 个输入通道通过模拟切换开关共用一个积分式 A/D 转换部件。

SM331 与传感器、变送器的连接有以下几种。

（1）与电压型传感器的连接，如图 2-10 所示。

（2）与 2 线或 4 线电流变送器的连接。输入模块与 2 线电流变送器的连接如图 2-11 所示，输入模块与 4 线电流变送器输入的连接如图 2-12 所示。

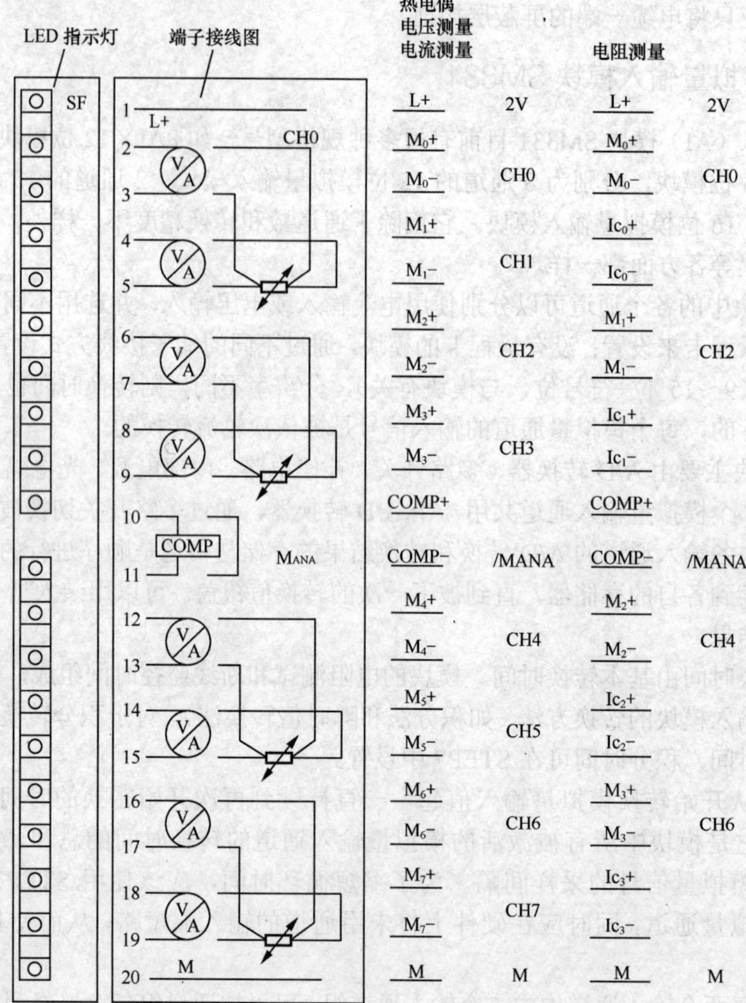

图 2-8 SM331 8×12 位模拟量输入模块的端子接线方式

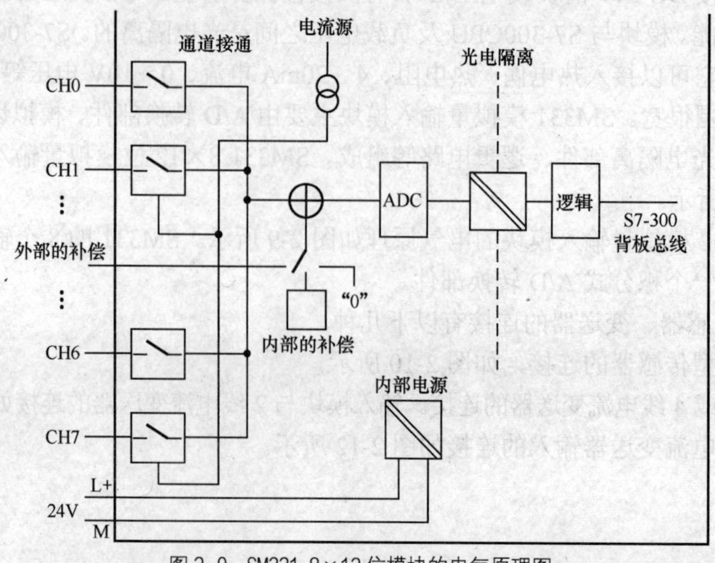

图 2-9 SM331 8×12 位模块的电气原理图

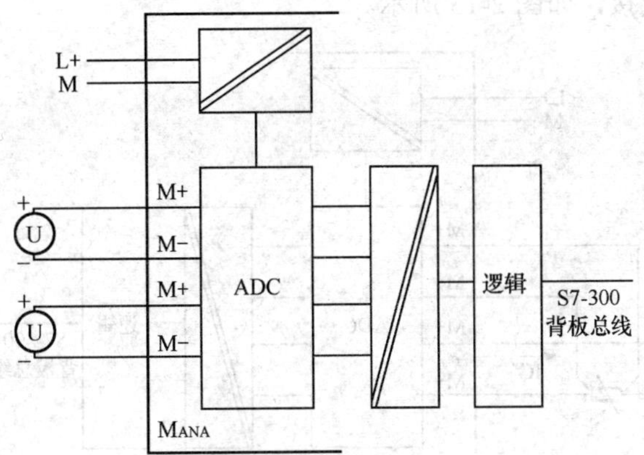

图 2-10　输入模块与电压传感器的连接

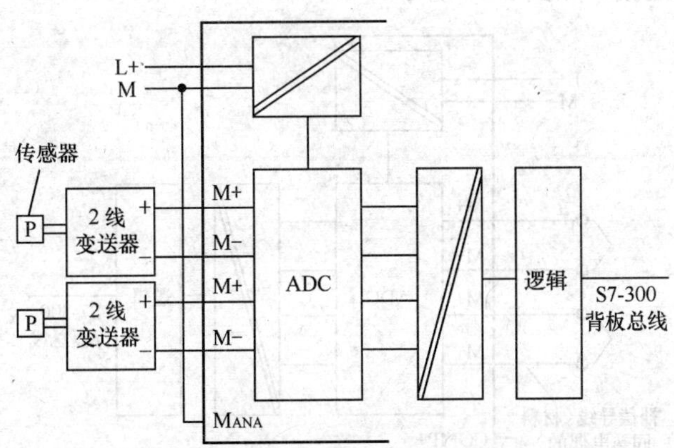

图 2-11　输入模块与 2 线电流变送器输入的连接

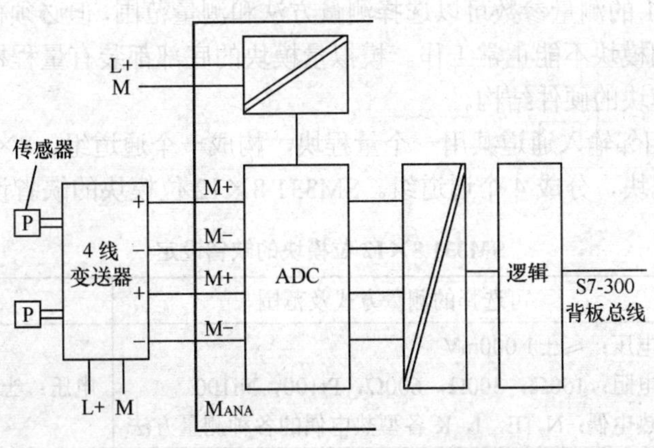

图 2-12　输入模块与 4 线电流变送器输入的连接

（3）与热电阻的连接，如图 2-13 所示。

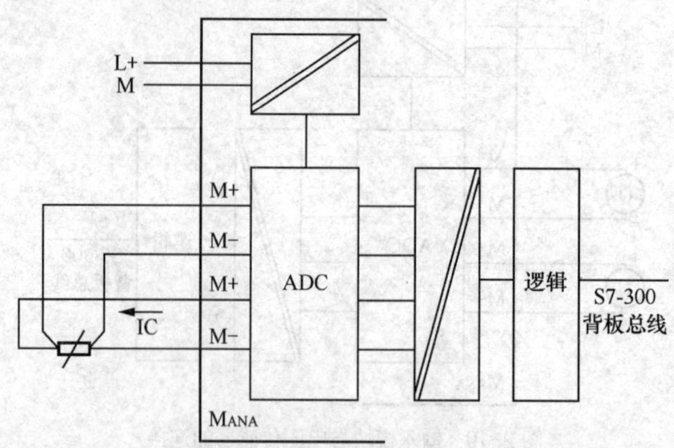

图 2-13　热电阻（如 Pt100）与输入模块的 4 线连接

（4）与热电偶的连接，如图 2-14 所示。

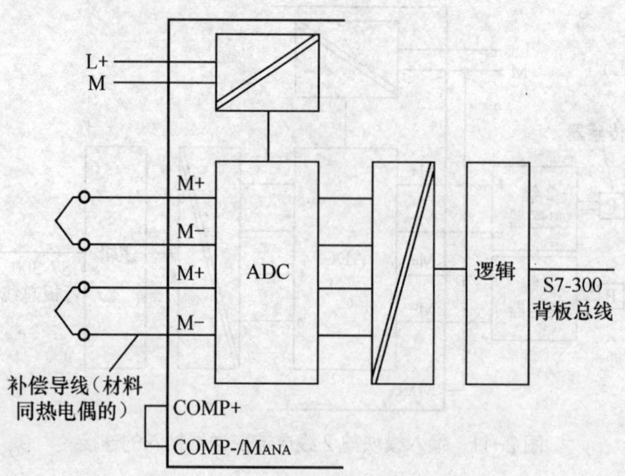

图 2-14　输入模块与热电偶的连接

通过设置 SM331 的测量参数可以选择测量方法和测量范围，但必须保证 SM33 的硬件结构与之相适应，否则模块不能正常工作。模拟量模块的底部都装有量程模块，调整量程块的插入方位可以改变模块的硬件结构。

SM331 每两个相邻输入通道共用一个量程块，构成一个通道组。8×12 位模块有 8 个输入通道，配 4 个量程块，分成 4 个通道组。SM331 8×12 位模块的缺省设定如表 2-5 所示。

表 2-5　　SM331 8×12 位模块的缺省设定

量程块的设定	可选择的测量方式及范围	缺 省 设 置
A	电压：≤±1 000mV 电阻：150Ω，300Ω，600Ω，Pt100，Ni100 热电偶：N，E，J，K 各型热电偶的各种测量方法	电压：±1 000mV
B	电压：≤±10V	电压：±10V
C	电流：≤±20mA（4 线变送器）	电流（4 线）：4～20mA
D	电流：4～20mA（2 线变送器）	电流（2 线）：4～20mA

2.4.2 模拟量输出模块 SM332

模拟量输出（AO）模块 SM332 用于将 CPU 送给它的数字信号转换为成比例的电流信号或电压信号，对执行机构进行调节或控制，其主要组成部分是 D/A 转换器，可以用传送指令“T PQW…”向模拟量输出模块写入要转换的数值。

SM332 有多种不同型号，如 4AO×12 位模块、2AO×12 位模块和 4AO×16 位模块，分别为 4 通道的 12 位模拟量输出模块、2 通道的 12 位模拟量输出模块、4 通道的 16 位模拟量输出模块。

模拟量输出模块未通电时输出一个 0mA 或 0V 的信号。处于 RUN 模式，模块有 DC24V 电源，且在参数设置之前，将输出前一个数值。进入 STOP 模式，模块有 DC 24V 电源时，可以选择不输出电流电压、保持最后的输出值或采用替代值。在上、下溢出时，模块的输出值均为 0mA 或 0V。

AO 模块的转换时间包括内部存储器传送数字化输出值的时间和 D/A 转换的时间，模拟量输出各通道的转换是按顺序进行的。

AO 模块的循环时间是所有被激活模拟量输出通道的转换时间的总和。应关闭未使用的模拟量通道，以减小循环时间。

AO 模块的响应时间是一个比较重要的指标，响应时间就是在内部存储器中出现数字量输出值开始到模拟输出达到规定值所用时间的总和。它和负载特性有关，负载不同（容性、阻性和感性负载），响应时间也不一样。

模拟量输出模块 SM332 的额定负载电压均为 DC 24V；模块与背板总线和负载电压均有光电隔离，使用屏蔽电缆时最远距离为 200m；都有短路保护，短路电流最大 25mA，最大开路电压 18V；每个通道都可单独编程为电压输出或电流输出，输出精度为 12 位。

使用 STEP7 组态工具或 SFC 系统功能调用，可以设定诊断中断允许、输出诊断、输出类型、输出范围及 L+掉电或模块故障后的替代值等参数。输出模块的一个通道组即一个通道，如果模块中的一个通道不使用，则可以通过设定输出类型撤出该通道，并让输出保持开路。

在模拟量模块具有诊断能力和赋有适当参数的情况下，故障和错误产生诊断中断，板上的 SF LED 灯闪烁。SM332 能对电流输出做断线检测，对电压输出做短路检测。

SM332 AO 4×12 位模块的端子接线方式如图 2-15 所示。该模块的电气原理如图 2-16 所示。

SM332 4×12 位模块上有 4 个输出通道，每个通道都可单独编程为电压输出或电流输出，输出精度为 12 位，模块对 CPU 背板总线和负载电压都有光电隔离。在输出电压时，可以采用 2 线回路和 4 线回路两种方式与负载相连，采用 4 线回路能获得比较高的输出精度。

SM332 与负载/执行装置的连接如图 2-17 所示。

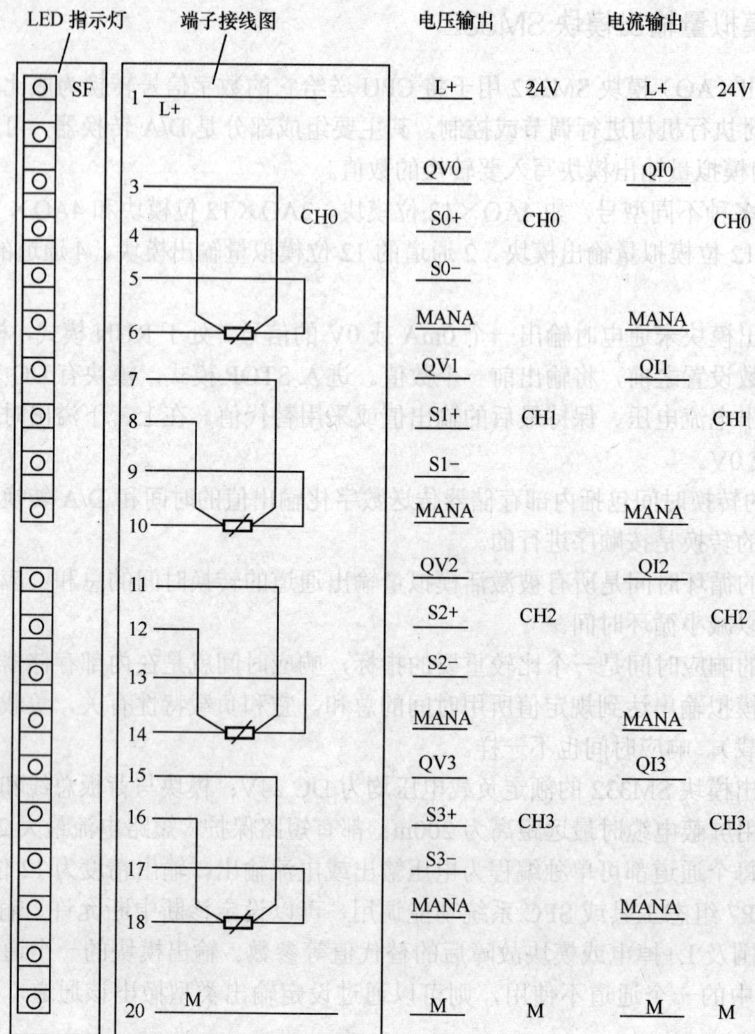

图 2-15　SM332 AO 4×12 位模块的端子接线方式

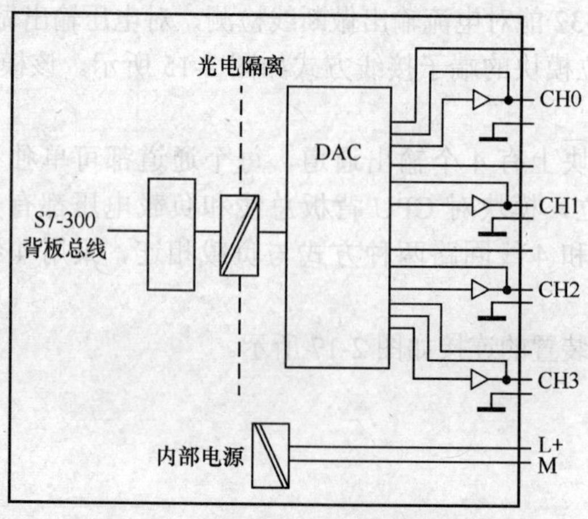

图 2-16　SM332 AO 4×12 位模块的电气原理图

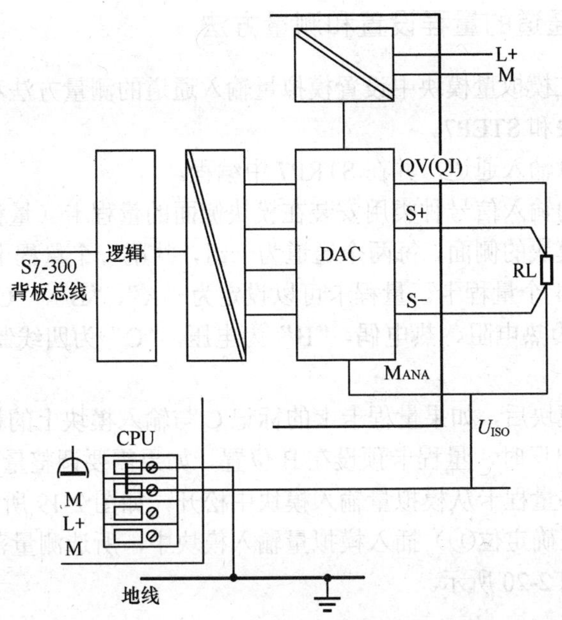

图 2-17　通过 4 线回路将负载与隔离的输出模块相连

2.4.3　模拟量输入输出模块 SM334

SM334 在一块模块上同时具有模拟量 I/O 功能，目前主要有两种规格，都是 4AI/2AO，一种是 I/O 精度为 8 位的模块，另一种是 I/O 精度为 12 位的模块。输入测量范围为 0～10V 或 0～20mA，输出范围为 0～10V 或 0～20mA。SM334 模拟量输入/输出模块的接线方式如图 2-18 所示。

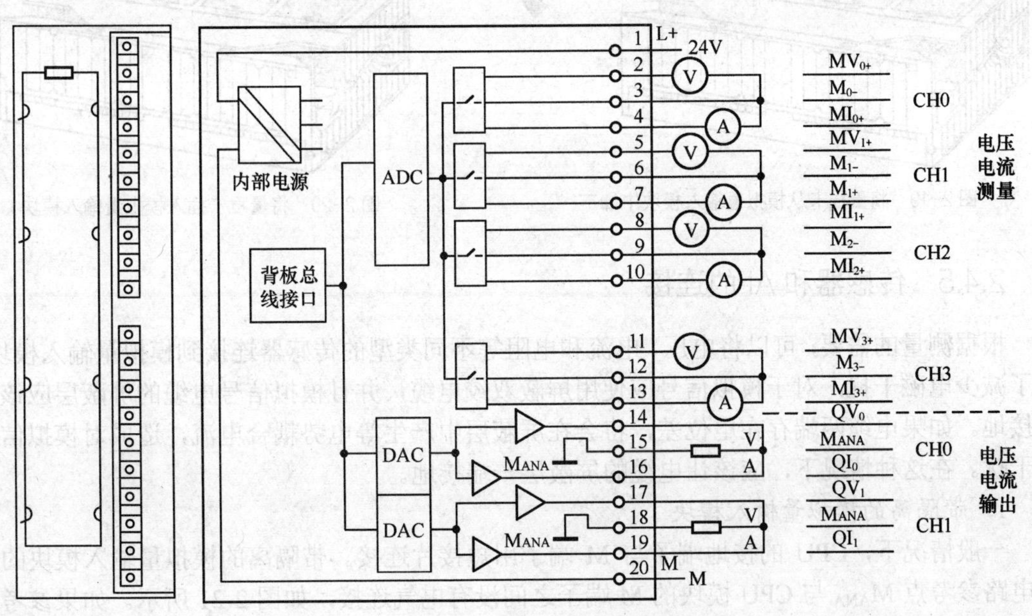

图 2-18　SM334 模拟量输入/输出模块的接线方式

2.4.4 模拟量通道的量程设置和测量方法

有两种方法可以在模拟量模块中设置模拟量输入通道的测量方法和量程。

（1）使用量程模块和 STEP7。

（2）硬连线模拟量输入通道，并在 STRP7 中编程。

模拟量输入模块的输入信号种类用安装在模块侧面的量程卡（量程模块）来设置，量程卡安装在模拟量输入模块的侧面，每两个通道为一组，共用一个量程卡，图 2-19 中的模块共用 8 个通道，因此有 4 个量程卡。量程卡可以设定为“A”、“B”、“C”、“D” 4 个位置，其常见的含义是：“A”为热电阻、热电偶，“B”为电压，“C”为四线制电流，“D”为两线制电流。

量程卡插入输入模块后，如果量程卡上的标记 C 与输入模块上的标记相对，则量程卡被设置在 C 位置。模块出厂时，量程卡预设在 B 位置。如果需要调整量程卡，步骤如下。

（1）使用改锥，将量程卡从模拟量输入模块中松开，如图 2-19 所示。

（2）将量程卡（正确定位①）插入模拟量输入模块中，所选测量范围为指向模块上标记点②的测量范围，如图 2-20 所示。

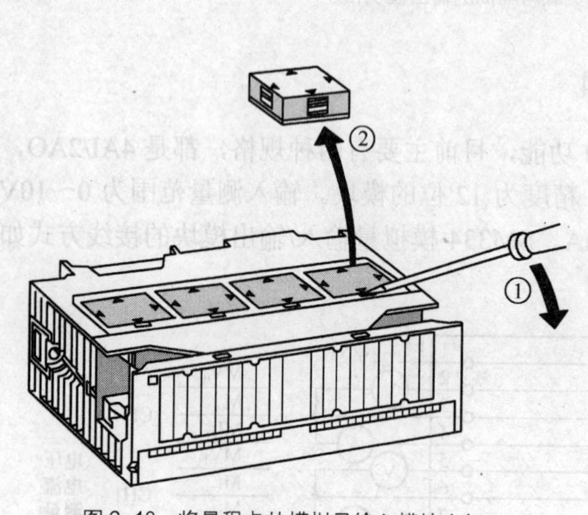

图 2-19 将量程卡从模拟量输入模块中卸下

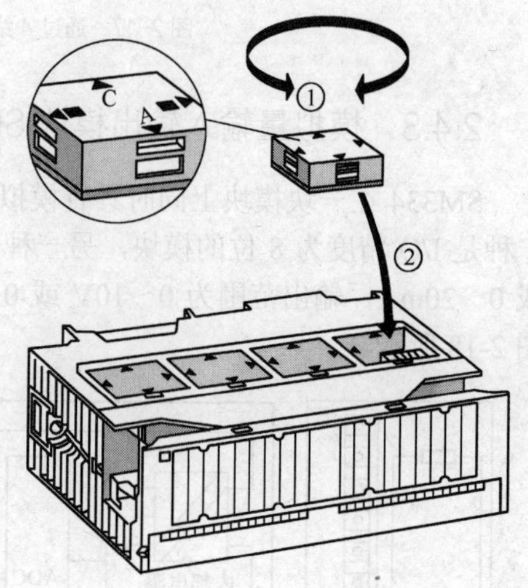

图 2-20 将量程卡插入模拟量输入模块

2.4.5 传感器和 AI 的连接

根据测量的需要，可以将电压、电流和电阻等不同类型的传感器连接到模拟量输入模块。为了减少电磁干扰，对于模拟信号应使用屏蔽双绞电缆，并且模拟信号电缆的屏蔽层应该两端接地。如果电缆两端存在电位差，将会在屏蔽层中产生等电势耦合电流，造成对模拟信号的干扰。在这种情况下，应该让电缆的屏蔽层一端接地。

1. 带隔离的模拟量输入模块

一般情况下，CPU 的接地端子与 M 端子用短接片连接。带隔离的模拟量输入模块的测量电路参考点 M_{ANA} 与 CPU 模块的 M 端子之间没有电气连接，如图 2-21 所示。如果参考电压 U_{ANA} 和 CPU 的 M 端存在一个电位差 U_{ISO}，则必须选用带隔离的模拟量输入模块，通过在 M_{ANA} 端子和 CPU 的 M 端子之间使用一根等电位连接导线，可以确保 U_{ISO} 不会超过允许值。

2. 不带隔离的模拟量输入模块

对于不带隔离的模拟量输入模块，在 CPU 的 M 端子和测量电路参考点 M_{ANA} 之间，必须建立电气连接，应连接 M_{ANA} 端子与 CPU 或者 IM153 的 M 端子，否则这些端子之间的电位差会破坏模拟量信号。

在输入通道的测量线 M_和模拟量测量电路的参考点 M_{ANA} 之间只会发生有限的电位差 U_{CM}（共模电压）。为了防止超过允许值，应根据传感器的连线情况，采取不同的措施。

3. 连接带隔离的传感器

带隔离的传感器没有与本地接地电位连接（M 为本地接地端子）。不同的带隔离的传感器之间会引起电位差。这些电位差可能是因为干扰或传感器的布局造成的。为了防止在具有强烈电磁干扰的环境中运行时超过 U_{CM} 的允许值，建议将测量线的负端 M_与 M_{ANA} 连接。在连接用于电流测量的两线式变送器、阻性传感器和没有使用的输入通道时，禁止将 M_连接至 M_{ANA}。

4. 连接不带隔离的传感器

不带隔离的传感器与本地接地电位连接（本地接地）。如果使用不带隔离的传感器，必须将 M_{ANA} 连接至本地连接。

由于本地条件或干扰信号，在本地分布的各个测量点之间会造成静态或动态电位差 E_{CM}。如果 E_{CM} 超过允许值，必须用等电位连接导线将各测量点的负端 M_连接起来。

如果将不带隔离的传感器连接到不带隔离的输入模块，CPU 只能在接地模式下运行（M_{ANA} 与 M 点相连），也可以在不接地模式下运行。

如果将不带隔离的传感器连接到不带隔离的输入模块，CPU 只能在接地模式下运行。必须用等电位连接导线将各测量点的负端 M_连接后，再与接地母线相连。

不带隔离的双线变送器和不带隔离的阻性传感器必须与不带隔离的模拟量输入模块一起使用。

以下为推荐的连接方式。

（1）连接带隔离的传感器与带隔离的模拟量输入模块，如图 2-21 所示。

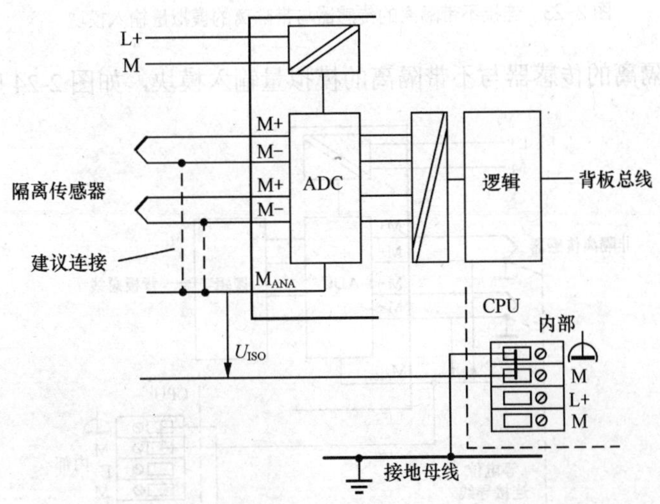

图 2-21 连接带隔离的传感器与带隔离的模拟量输入模块

（2）连接带隔离的传感器与不带隔离的模拟量输入模块，如图 2-22 所示。

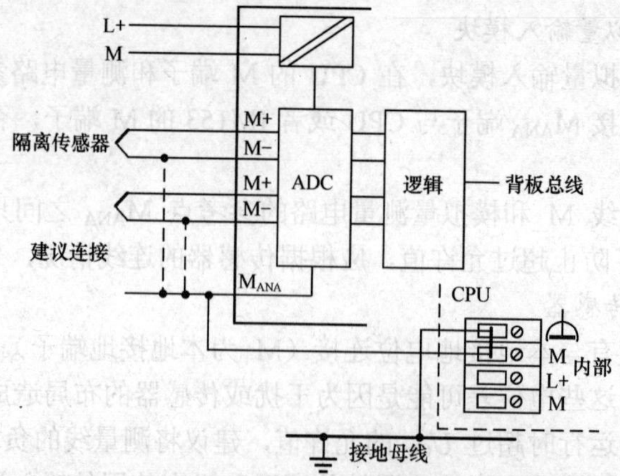

图 2-22　连接带隔离的传感器与不带隔离的模拟量输入模块

（3）连接不带隔离的传感器与带隔离的模拟量输入模块，如图 2-23 所示。

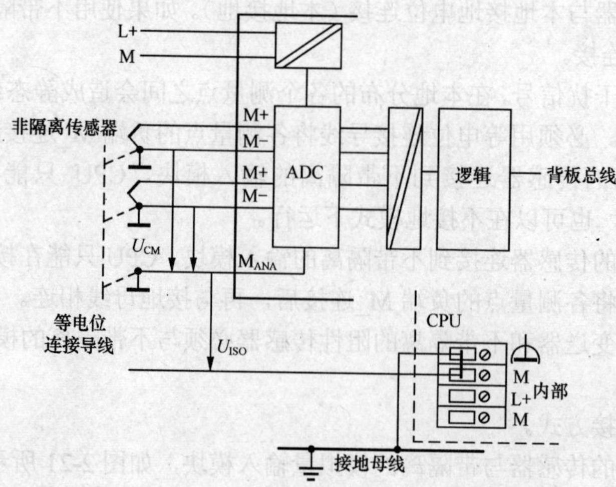

图 2-23　连接不带隔离的传感器与带隔离的模拟量输入模块

（4）连接不带隔离的传感器与不带隔离的模拟量输入模块，如图 2-24 所示。

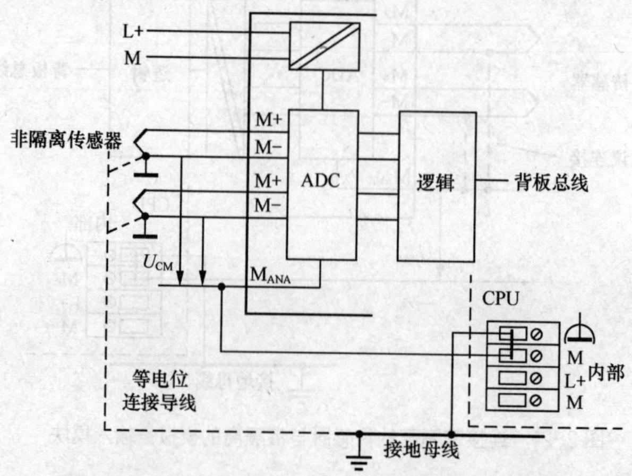

图 2-24　连接不带隔离的传感器与不带隔离的模拟量输入模块

2.5 电源模块

S7-300PLC 的电源模块有 PS305（直流输入）与 PS307（交流输入）两种。PS307 为单相 AC 120/230V 输入，PS305 为 DC 24～110V 输入。

电源模块的输入容量有 DC 24V/2A、DC 24V/5A、DC 24V/10A 3 种，可根据实际需要选择。在小型 PLC 系统中，电源模块也可用于 PLC 的输入驱动，但原则上不宜作为 DC 24V 输出的负载驱动电源。

PS307 系列模块是 S7-300 PLC 专配的 24V DC 电源，有 2A、5A、10A 3 种。PS307 的 24V DC 电源如图 2-25 所示。

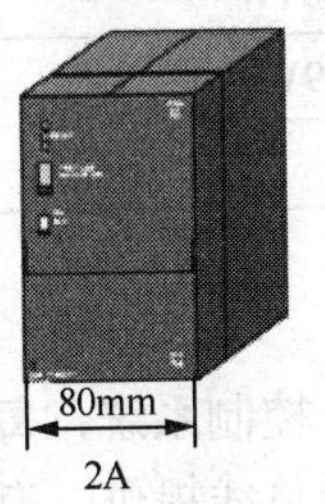

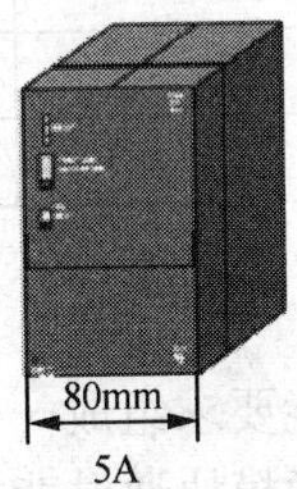

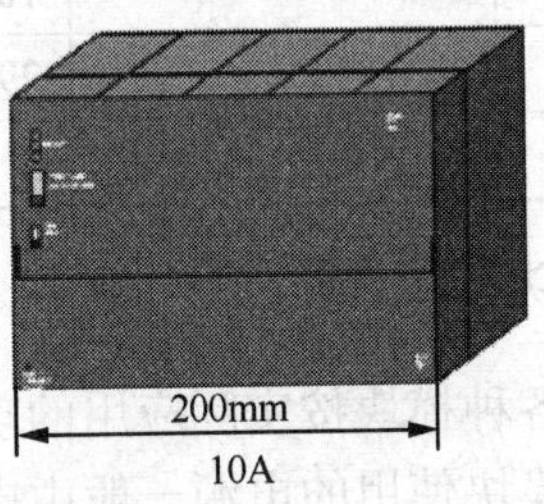

图 2-25 PS307 的 24V DC 电源

电源模块的型号与主要技术参数如表 2-6 所示。

表 2-6 电源模块的型号与主要技术参数

项目	模块型号（订货号）6ES7				
	305-1BA80-0AA0	307-1BA00-0A00	307-1EA00-0AA0	307-1EA80-0AA0	307-1KA01-0AA0
额定输出	DC 24V/2A	DC 24V/2A	DC 24V/5A	DC 24V/5A	DC 24V/10A
额定输入电压	DC 24～110V	AC 120V 或 230V（开关设定）			
输入电压范围	DC 16.8～138V	AC 85～132V/170～264V			
输入频率范围	—	47～63Hz			
额定输入电流	0.6～4A	0.9/0.6A	2.1/1.3A	2.1/1.2A	4.1/1.8A
内部熔断器	6.3A/150V	1.6A/250V	4A/250V	3.15A/250V	6.3A/250V
进线熔断器	≥10A	≥3A	≥6A	≥6A	≥10A
模块功耗	16～24W	10W	18W	23W	34W
输出电压范围	DC 24V（1±3%）（在额定输入电压±15%时）				
输出过电压保护	DC 30V 时关断，自动重新启动				
输出过电流保护	3.3A～3.9A	2.2A～2.6A	5.5A～6.5A	5.5A～6.5A	11A～12A

S7-400PLC 的电源模块分 PS405 直流输入型与 PS407 交流输入型两种规格，PS405 的额定输入电压为 DC 24/48/60V，PS407 的额定输入电压为 AC 120/230V，DC 5V 输出有 4A、10A、20A 3 种规格。

电源模块的容量应根据系统需要选择，在小型 PLC 中，电源模块的 DC 24V 可用于 PLC 的输入驱动，但不宜作为 DC 24V 负载驱动电源。这里只列出直流输入型电源模块 PS405 的主要技术参数，如表 2-7 所示。

表 2-7　　　　直流输入型电源模块 PS405 的主要技术参数

项　　目	电压规格			
	4A	10A	10A 冗余型	20A
模块订货号（6ES7）	405-0DA01-0AA0	405-0KA01-0AA0	405-0KR00-0AA0	405-0RA01-0AA0
DC5V 额定输出电流	4A	10A	10A	20A
DC24V 额定输出电流	0.5A	1A	1A	1A
额定输入电压	DC 24V	DC 24/48/60V	DC 24/48/60V	DC 24/48/60V
输入电压范围	DC19.2～30V	DC19.2～72V	DC19.2～72V	DC19.2～72V
额定输入电流	2A	4.5/2.1/1.7A	4.5/2.1/1.7A	7.3/3.45/2.75A
额定输入功率	48W	104W	104W	175W
模块功耗	16W	29W	29W	51W
占用槽位	1	2	2	3

2.5.1　系统功率计算

S7-300PLC 的各种模块按实际应用的功能要求组成一个控制系统，每个模块工作时需要消耗一定的电能。模块使用的电源一般由电源模块通过背板总线提供，有些模块还可以从外部负载电源供电。背板总线提供的总电流不能大于 1.2A。系统的功率损耗估算主要考虑以下 3 个条件。

（1）各模块从背板总线吸取的电流总和应小于背板总线的最大允许电流（1.2A）。

（2）各模块从负载电源吸取的电流总和应小于电源的额定电流，并有一定的余量。

（3）系统的总功耗在机柜的额定范围内。

功率计算见第 2.7.4 节的例 2-1。

2.5.2　供电与接地

接地和屏蔽技术是系统抗干扰的重要手段。S7-300PLC 系统中，有几个不同标记的“接地”，需要区别处理。

M 是系统参考电位，一般情况下，它是通过一条跨接线接地的。也许在一些系统中不需要 M 接地，这时应把跨接线拆下。

在带隔离的模块中，模块内、外电路的参考电位是隔离的。比如，带隔离的模拟量输入模块，测量电路的参考电位 M_{ANA} 和 M 端子是电气隔离的，它们之间可能出现电位差 U_{ISO}，U_{ISO} 的值有严格限制，如果超限，则应把 M_{ANA} 和 M 端子短接。而使用不带隔离的模拟量输入模块时，必须把 M_{ANA} 和 M 端子短接。输入通道的 M_端与 M_{ANA} 端子的情况也类似，它们之间也可能出现电位差超限，此时应把它们短接。

模拟量输入中未使用的通道应与 M_{ANA} 端子相连，补偿输入端 COMP 不使用时，也要将其短路，以提高抗干扰能力。

2.6　其他模块

在 S7-300/400 中，其他模块包括通信模块、接口模块、功能模块。

2.6.1　通信模块

1. S7-300 PLC 通信模块

在西门子 S7-300 中，所有的 CPU 模块都有一个多点接口 MPI，有的 CPU 模块有一个 MPI 和一个 PROFIBUS-DP 接口，有的 CPU 模块有一个 MPI/DP 接口和一个 DP 接口。

通信处理器用于 PLC 之间、PLC 与计算机和其他智能设备之间的通信，可以将 PLC 接入 PROFIBUS-DP、AS-I 和工业以太网，或用于实现点对点通信等。通信处理器可以减轻 CPU 处理器的通信任务，并减少用户对通信的编程工作。

西门子 S7-300 的通信处理器模块主要是 CP 340、CP 341、CP 343-1Advanced、CP 343-1、CP 343-1 IT、CP 343-1 PN、CP 343-2、CP 343-2P、CP342-5、CP 342-5 FO、CP 343-5 等。西门子 S7-300 的主要通信模块及其技术特性（规范）如下。

（1）通信处理器模块 CP340。

CP340 用于执行点到点串行通信的低速连接，最大传输速率为 19.2kb/s，具有 3 个不同通信传输接口，即 RS-232C（V.24）、20mar（TTY）、RS-422/RS-485(X.27)。可通过 ASCII、3964（R）（不适用于 RS-458）通信协议及打印机驱动软件，实现与各系列 PLC、计算机及其他厂家的智能控制系统、扫描仪等设备的通信连接。通过集成在 STEP 7 中的硬件组态参数化工具，可以简化对通信处理器 CP 的参数设定。CP340 的主要技术特性如表 2-8 所示。

表 2-8　　　CP340 的主要技术特性

CPU340 型号	6ES7 340-1AH02-0AE0	6ES7 340-1BH02-0AE0	6ES7 340-1CH02-0AE0
电源消耗			
• 从背板总线	165mA	190mA	165mA
5V DC 消耗，最大			
• 功率消耗，最大	0.85W	0.85W	0.85W
接口			
• 数量	1；电隔离	1；电隔离	1；电隔离
• 物理接口，20mA(TTY)		√	
• 物理接口，RS-232C(V.24)	√		
• 物理接口，RS-458(X.27)			√
• 最大传输速率	19.2kb/s	19.2kb/s	19.2kb/s
• 最小传输速率	2.4kb/s	2.4kb/s	2.4kb/s
点到点			
• 电缆长度，最长	15m	1000m(100m 有源，1000m 无源)	1200m
• 所支持的打印机	HP-Desktop，HP-Layered，IBM-Programmer，用户定义	HP-Desktop，HP-Layered，IBM-Programmer，用户定义	HP-Desktop，HP-Layered，IBM-Programmer，用户定义

续表

CPU340 型号	6ES7 340-1AH02-0AE0	6ES7 340-1BH02-0AE0	6ES7 340-1CH02-0AE0
帧长度，最长 • 3964(R) • ASCII	 1024 字节 1024 字节	 1024 字节 1024 字节	 1024 字节 1024 字节
传输速率 20mA(TTY) • 使用 3964（R）协议，最大 • 使用 ASCII 协议，最大 • 带打印机驱动程序，最大		 19.2kb/s 9.6kb/s 9.6kb/s	
传输速率（RS-422/485） • 使用 3964（R）协议，最大 • 使用 ASCII 协议，最大 • 带打印机驱动程序，最大			 19.2kb/s 9.6kb/s 9.6kb/s
传输速率（RS-232） • 使用 3964（R）协议，最大 • 使用 ASCII 协议，最大 • 带打印机驱动程序，最大	 19.2kb/s 9.6kb/s 9.6kb/s		
尺寸和重量 • 重量，约 • W×H×D(mm)	 300g 40×125×120	 300g 40×125×120	 300g 40×125×120
块 工作存储器中 FB 长度，最大	 2700 字节； 数据通信， 发送和接收	 2700 字节； 数据通信， 发送和接收	 2700 字节； 数据通信， 发送和接收

（2）通信处理器模块 CP341。

CP341 用于执行点到点串行通信的低速连接，最大传输速率为 76.8kb/s，当 CPU 没有通信任务时，可用于高速数据交换。其具有 3 个不同通信传输接口，即 RS-232C(V.24)、20mar(TTY)、RS-422/RS-485(X.27)，可通过 ASCII、3964(R)、RK512 及用户指定的通信协议，实现与各系列 PLC、计算机及其他厂家的智能控制系统、扫描仪等设备的通信连接。通过集成在 STEP 7 中的硬件组态参数化工具，可以简化对通信处理器 CP 的参数设定。

（3）通信处理器模块 CP343-1 Advanced/CP343-1。

CP343-1 Advanced/CP343-1 主要用于实现 S7-300 与工业以太网之间的连接。它是 10/100Mb/s 全/半双工传输的，具有自适应功能与可调节的 Keep Alive 功能，具有 RJ45 接口，可对 TCP 与 UDP 实现多协议运行，可用于 UDP 的多点传送。通过网络进行远程编程与首次调试，通过 S7 路由可实现交叉网络编程器/操作员面板通信。

（4）通信处理器模块 CP343-2/CP343-2P。

CP343-2/CP343-2P 是用于 SIMATIC S7-300 PLC 和分布式 I/O 设备 ET 200M 的 AS-Interface 的主站，是实现 S7-300 到 AS-I 接口总线的连接。CP343-2 最多可连接 62 个 AS-I 从设备，并进行集成模拟值传输和支持所有 AS-I 主站（符合扩展 AS-I 接口技术规范 V2.1），通过前面板上的 LED 可显示运行状态和所连接从设备的运行准备情况，可使用前面板上的

LED 显示错误，具有紧凑型外壳设计，用于与 SIMATIC S7-300 相匹配。

（5）通信处理器模块 CP342-5/CP342-5 FO。

CP342-5/CP342-5 FO 是带有电气接口/光学接口的 PROFIBUS DP 主站或从站，用来将 SIMATIC S7-300 和 SIMATIC C7 连接到最大传输速率为 12 Mb/s（包括 45.45 kb/s）的 PROFIBUS 上。其可实现 PROFIBUS DP-VO、PG/OP 通信，可与 S7 通信，与 S5 兼容通信，容易实现对 PROFIBUS 的组态和编程。通过 S7 路由，可实现交叉网络编程器通信，且不需 PG 即可更换模块。

（6）通信处理器模块 CP343-5。

CP343-5 是 SIMATIC S7-300 和 SIMATIC C7 与 PROFIBUS（12 Mb/s，包括 45.45 kb/s）的主站连接。它分担 CPU 的通信任务，为用户提供各种 PROFIBUS 总线系统服务，可以通过 PROFIBUS-FMS 对系统进行远程组态和编程，容易集成到 S7-300 系统内，经过 S7 路由进行 PG 网络通信。

2. S7-400 PLC 通信模块

西门子 S7-400 具有很强的通信功能，CPU 模块集成有 MPI 和 DP 通信接口，有 PROFIBUS-DP 和工业以太网的通信模块，以及点对点通信模块。通过 PROFIBUS-DP 或 AS-I 现场总线，可以周期性自动交换 I/O 模块的数据。在自动化系统期间、PLC 与计算机和 HMI（人机界面）站之间，均可以交换数据。数据通信可以周期性地自动进行或基于事件驱动，由用户程序块调用。

西门子 S7-400 的通信处理器模块主要是 CP441-1、CP441-2、CP443-5 基本型、CP443-5 扩展型、CP443-1、CP443-1 Advanced、CP444。

（1）通信处理器模块 CP441-1/CP441-2。

CP441-1/CP441-2 通过点对点链接进行高速大容量串行数据交换，其中，CP441-1 有一个可变接口，用于简单的点对点链接，CP441-2 有两个可变接口，用于高性能的点对点链接。当减轻 CPU 的通信任务显得很重要时，需应用通信处理器。插入式接口模板可用于不同的传送接口，如 RS 232C（V.24）、20mA(TTY)或 RS 422/485(X.27)，其实施的协议包括 ASCII、3964(R)、打印机驱动器、RK512 和可更新定制的协议。CP441-1 和 CP441-2 通信处理器易于参数化，用户可通过集成在 STEP7 中的通信组态工具来规定处理器的特征，及通过 CPU、组态包（在 CD-ROM 上）参数化屏幕表对参数进行赋值。

（2）通信处理器模块 CP443-5 基本型/CP443-5 扩展型。

CP443-5 基本型/CP443-5 扩展型可实现 S7-400 到 PROFIBUS-DP 的连接；实现 PROFIBUS-FMS、PG/OP 通信，可与 S7 通信，与 S5 兼容通信；具有时间同步化功能，容易实现对 PROFIBUS 的组态和编程；通过 S7 路由网络，可实现 PG/OP 通信，且不需 PG 即可更换模块；容易集成到 SIMATIC S7-400 的系统之中，可在 SIMATIC H 系统中操作实现冗余的 S7 通信。

（3）通信处理器模块 CP443-1/CP443-1 Advanced。

CP443-1/CP443-1 Advanced 主要用于将 SIMATIC S7-400 连接到（工业）以太网。它是 10/100 Mb/s 自适应全双工连接、可自动切换的通信处理器，可用于 ITP、RJ45 和 AUI 的全球连接。可实现具有 ISO 和 TCP/IP 传输协议的通信、PG/OP 通信、可与 S7 通信与 S5 兼容通信；通过网络可以进行远程编程和调试；通过利用 S7 路由网络，可实现 PG/OP 通信。其中，CP443-1 Advanced 还可以实现 IT 通信，具有使用 Web 浏览器存取过程数据的 Web 功能和从 S7-400 发送电子邮件的 E-mail 功能。

（4）通信处理器模块 CP444。

目前，西门子公司推出了依据 MAP3.0 通信标准提供 MMS（制造业信息规范）服务的 CP444 通信处理器。CP444 实现连接到工业以太网功能，用于减轻 CPU 的通信任务和实现深层的连接。

2.6.2 接口模块

1. S7-300 PLC 接口模块

在西门子 S7-300 中，接口模块为 IM 360/361/365。接口模块是用于连接多层 SIMATIC S7-300 配置中的机架，其中，IM 360/361 用于配置一个中央控制器和 3 个扩展机架，而 IM 365 用于配置一个中央控制器和一个扩展机架。IM 360/361/365 的主要技术特性如表 2-9 所示。

表 2-9　　IM 360/361/365 的主要技术特性

接口模块型号	6ES7 360 -3AA01-0AA0	6ES7 360 -3CA01-0AA0	6ES7 360 -0BA01-0AA0
电源电压			
• 额定值：-24 V DC		√	
电流消耗			
• 从背板总线 5 V DC 消耗，最大	350mA		100mA
• 从电源 L+供电，最大		500mA	
• 功率消耗，典型值	2W	5W	0.5W
组态			
• 每个 CPU 接口模块数，最大	1	3	1；1 对
尺寸和重量			
• 尺寸 W×H×D(mm)	225g	505g	580g
• 重量，约	40×125×120	80×125×120	40×125×120

图 2-26　IM365 的外形图

如果只扩展两个机架，可选用比较经济的 IM365 接口模块对（不需要辅助电源，在扩展机架上不能使用 CP 模块），这一对接口模块由 1m 长的连接电缆相互固定连接。IM365 的外形如图 2-26 所示。

IM360 用于发送数据，IM361 用于接收数据。IM360 和 IM361 最大传输距离为 10m。IM360、IM361 是用于多机架 S7-300 PLC 连接的接口模块（最多可扩展至 4 层机架）。IM360、IM361 的外形如图 2-27 所示，多机架 S7-300 PLC 的连接如图 2-28 所示。

图 2-27　IM360（左）和 IM361（右）的外形图

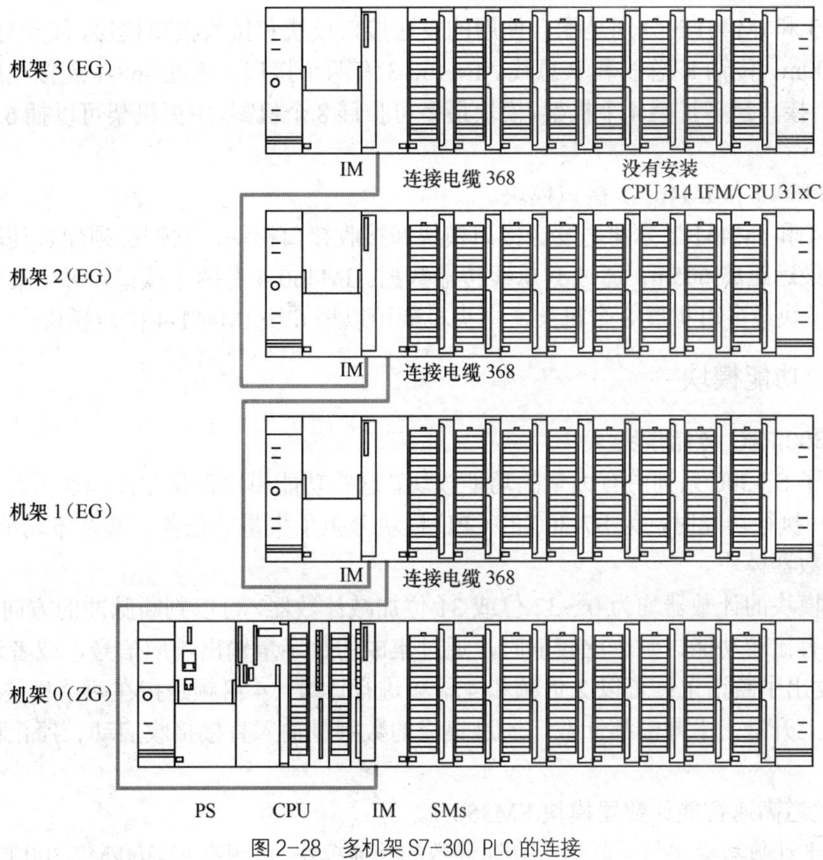

图 2-28　多机架 S7-300 PLC 的连接

2. S7-400 PLC 接口模块

在西门子 S7-400 中，IM460-X 是用于中央机架 UR1、UR2 和 CR2 的发送接口模块，IM461-X 是用于扩展机架 UR1、UR2 和 ER1、ER2 的接收接口模块。其中，IM460-X 和 IM461-X 分为集中式扩展和分布式扩展。集中式扩展又分为用于发送的简易扩展 IM460-1 和标准扩展 IM460-0，以及用于接收的简易扩展 IM461-1 和标准扩展 IM461-0。同样地，分布式扩展又分为用于发送的简易扩展 IM460-4 和标准扩展 IM460-3，以及用于接收的简易扩展 IM461-4 和标准扩展 IM460-3。

（1）IM460-0 和 IM461-0 接口模块。

IM460-0 和 IM461-0 分别是配合使用的发送接口模块和接收接口模块，属于集中式扩展，最远距离 3m。IM460-0 有两个接口，每个接口最多扩展 4 个机架，模块最多可扩展 8 个机架，中央机架可以插 6 块 IM461-0 接口模块。M460-0 接口模块将 P 总线和 K 总线传输到扩展单元，它有 3 个 LED，用于故障指示，有 2 个接口，通过 468-1 连接电缆连接扩展线路。

（2）IM460-1 和 IM461-1 接口模块。

IM460-1 和 IM461-1 分别是配合使用的发送接口模块和接收接口模块，属于集中式扩展，最远距离 1.5m。中央控制器通过接口模块给扩展机架提供 5V 电源（最大 5A），最多能连接两个扩展机架，每个接口 1 个扩展单元，中央控制器最多使用两块 IM460-1，只传输 P 总线。它有 3 个发光二极管，用于故障指示，有 2 个接口，通过 468-3 连接电缆连接扩展线路。

（3）IM460-3 和 IM461-3 接口模块。

IM460-3 和 IM461-3 分别是配合使用的发送接口模块和接收接口模块，属于分布式扩展，最远距离 100m，传输 K 总线和 P 总线。IM460-3 有两个接口，通过 468-1 连接电缆连接到扩展线路，每个接口最多扩展 4 个机架，模块最多可扩展 8 个机架，中央机架可以插 6 块 IM461-3 接口模块。

（4）IM460-4 和 IM461-1 接口模块。

IM460-4 和 IM461-1 分别是发送接口模块和接收接口模块，它们必须配合使用，属于分布式扩展，最远距离 605m，通过 P 总线传输数据。IM460-4 有两个接口，每个接口最多扩展 4 个机架，模块最多可扩展 8 个机架，中央机架可以插 6 块 IM461-4 接口模块。

2.6.3 功能模块

1. S7-300 PLC 功能模块

在西门子 S7-300 系列中有大量的功能模块，这些功能模块都是智能模块（大部分自身带有 CPU），在执行功能时，为 S7-300 的 CPU 模块分担了大量的任务。其基本功能模块如下。

（1）计数器模块。

计数器模块的计数器均为 0～32 位或 31 位加减计数器，可以判断脉冲的方向，模块给编码器供电；有比较功能，到达比较值时，通过集成的数字量输出响应信号，或者通过背板总线向 CPU 发出中断请求；可以 2 倍频和 4 倍频进行计数，4 倍频是指在两个相差 90° 的 A、B 相信号的上升沿、下降沿都计数；通过集成的数字量输入直接接收启动、停止计数器等数字信号。

① 单通道高速智能计数器模块 FM350-1。

FM350-1 计数器模块是一款用于高速计数的功能模块，可用在 s7-300/M7-300 控制系统中。FM350-1 上有一个计数通道，可以实现周期计数、单次计数、连续计数和频率、转速、周期的测量。可以连接源型、漏型以及推挽式接口的编码器，最高计数频率是 500kHz，根据编码器信号的不同，能够支持的最大脉冲频率也有所不同。具有通过 2 个可选择的比较值进行比较的功能，等达到比较值时，通过集成的数字量输出进行输出响应。可通过门控制功能控制计数器的启动/停止。另外 FM 350-1 还具有两个特殊的功能，即计数器设置和计数器锁存。

② 8 通道高速智能计数器模块 FM350-2。

FM350-2 是智能化的 8 通道高速设计器模块，用于通用的计数和测量任务，其功能有以下几点。

- 8 个通道可进行增计数或减计数，计数范围为 32 位。
- 可直接连接增量编码器，如 24V 启动器、24V 编码器、24V 方向传感器、RS-422 编码器（5V）和 NAMUR 编码器，接收来自 24V 编码器的最大计数频率为 20kHz。
- 可进行 1 次或周期性计数。
- 可进行单倍频、双倍频或 4 倍频的计数。
- 可通过电平、脉冲（在数字输入端）或软件进行门控。
- 可通过集成的数字输入端进行设定。
- 可装入预定义的起始值。
- 可判断脉冲的方向，并将实际值与两个可选的基准值进行比较。
- 当达到基准值、过零或超出范围时，可通过集成的背板总线向 CPU 模块发出中断请求，也可选择由集成的数字输出端进行控制。

- 具有一个组态软件包，可采用STEP 7的参数化格式赋值。

（2）定位模块。

定位模块可以用编码器来测量位置并向编码器供电。

① 定位模块FM351。

FM351是用于快速进给和慢速驱动的双通道定位模块，每个通道具有4个数字输出点，用于电动机控制，可进行增量或同步串行位置检测。该模块最好通过接触器或变频器控制的标准电动机为调整轴或设定轴定位。

FM351具有以下特性。

- 每个通道配置有4个数字输入端，用于控制快速进给、慢速进给、顺时针转动和逆时针转动。
- 根据与控制目标的距离，确定慢速进给或快速/慢速进给。
- 当达到关断电，模块监测目标运转达到目标区域之后，向CPU发送1个信号。

FM351具有以下定位功能。

- 设定点动方式：按点动键来移动快速进给轴或慢速进给轴。
- 绝对增量方式：轴移动到一个绝对的目标位置，数值存储在FM351的表格中。
- 相对增量方式：轴移动到一个预先设定的距离。
- 参考点方式：通过增量编码器，使模块接通控制器后保持同步。

FM351具有以下特殊功能。

- 设定实际点。
- 设定参考点。
- 删除剩余行程。

② FM352 电子凸轮控制器。

FM352是非常高速的电子凸轮控制器模块，可以低成本地替代机械式凸轮控制器，用于增量或同步串行位置检测。FM352有32个凸轮轨迹，13个内置数字输出端，用于直接输出。FM352具有增量或同步连续位置解码器的功能，可以用参数设置凸轮个数为32、64、128，可以通过参数设置凸轮的特性，凸轮可以被定义为位置凸轮或时间凸轮，凸轮可用参数赋值到数字输出端等。FM352还具备特殊功能，如长度测量、设定参考点、设定实际值，以及在运行过程中设定实际值、零点偏移、改变凸轮沿、进行仿真。

③ FM352-5 高速布尔处理器。

FM352-5可以进行高速的布尔控制（即二进制数字量控制），以及提供最快速的切换处理（循环周期1μs），可以用LAD或FBD编程，指令集包括位指令、定时器、计数器、分频器、频率发生器和移位寄存器。其具有源极和漏极数字量输出的两种型号，可以为编码器提供DC 24V电源。

（3）闭环控制模块。

① FM355闭环控制模块。

FM355具有闭环控制通道，可以满足通用的闭环控制任务，用于温度、压力、流速、物位的闭环控制，方便用户的在线自适应温度控制，有自优化温度控制算法和PID控制算法。FM355C是具有4个模拟量输出端的连续控制器，FM355S是具有8个数字输出量的步进或脉冲控制器，用于通用类型的执行器，当CPU停机或故障之后仍可以进行控制任务。

② FM355-2闭环温度控制模块。

FM355-2 是适用于温度闭环控制的 4 通道闭环控制模块，方便用户的在线自适应温度控制，可实现加热、冷却和加热冷却组合控制。其具有两种型号，其中 FM355-2C 是具有 4 个模拟量输出端的连续控制器，FM355-2S 是具有 8 个数字量输出端的步进或脉冲控制器，当 CPU 停机或故障之后仍可以进行控制任务。

（4）输入模块（位置解码器模块）。

SM338 POS 输入模块可以提供最多 3 个绝对值编码器（SSI）和 CPU 之间的接口，将 SSI 的信号转换为 S7-300 的数字值，可以为编码器提供 DC 24V 电源。其还可以提供位置编码器数值，用于 STEP 7 程序进一步处理，并允许可编程控制器直接响应运动系统中的编码值。

（5）称重模块。

SIWAREX U 称重模块式紧凑型电子称，用于化学工业和食品工业等行业测定料仓和储斗的料位，对起重机载荷进行监控，对传送带载荷进行测量或对工业提升机、轧机超载进行安全防护等。

（6）前连接器。

前连接器用于将传感器和执行元件连接到信号模块，有 20 针和 40 针两种。它被插入到模块上，有前盖板保护，更换模块时只需拆下前连接器，不用花费很长时间重新接线。模块上有两个带顶罩的编码元件，第一次插入时，顶罩永久地插入到前连接器上。前连接器以后只能插入同样类型的模块。

（7）TOP 连接器。

TOP 连接器包括前连接器模块、连接电缆和端子块。所有部件均可以方便地连接，并可以单独更换。TOP 全模块化端子允许方便、快速和无误地将传感器和执行元件连接到 S7-300，最长距离 30m。模拟信号的负载电源 L+和地 M 的允许距离为 5m。超过 5m 时，前连接器一端和端子块一端均需要加电源。前连接器模块代替前连接器插入到信号模块上，用于连接 16 通道或 32 通道信号模块。

（8）仿真模块。

仿真模块 SM374 用于调试程序，用开关来模拟实际的输入信号，用 LED 显示输出信号的状态。模块上有一个功能设置开关，可以仿真 16 点输入/16 点输出，或 8 点输入/8 点输出，具有相同的起始地址。

（9）占位模块。

占位模块 DM370 为模块保留一个插槽，如果用一个其他模块代替占位模块，整个配置和地址都保持不变。只有当为可编程信号模块进行模块化处理时才能在 STEP 7 中组态 DM370 占位模块。如果该模块为某个接口模块预留了插槽，则可在 STEP 7 中删除模块组态。

（10）模拟器模块。

模拟器模块 DM374 的 16 个开关可以被设置为 16 路输入/16 路输出或 8 路输入/8 路输出。

2. S7-400 PLC 功能模块

与 S7-300 PLC 一样，S7-400 也有许多功能模块，最常见的主要有以下几种。

（1）计数器模块。

FM450-1 是智能的双通道计数器模块，用于简单的计数任务，可减轻 CPU 的负担。它检测从增量型编码器传输来的脉冲（最高频率 500kHz），作为直接可用的门信号函数，它有两种可选择的过程响应输出：a.数字量输出，这种输出基于共享的寄存器，组态用户定义的最小脉冲或基于电平的切换，这些数字量输出均可组态；b.背板总线，它通过集成的背板总线，将中断信号发送给 CPU。

（2）定位模块。

① FM451 定位模块。

FM451 定位模块是 3 通道定位模块，用于快速移动、爬行速度驱动，还可用于电机控制，每通道为 4 数字量输出。其具有增量型或同步序列的位置编码器的功能。FM451 处理实际的定位任务是：a.将 4 个数字量输出控制功能，即快速移动、爬行速度、顺时针方向和逆时针方向，分配给每个通道；b.快速移动或爬行速度是根据到目标距离的远近来规定的；③到达截止点后，模块监视对目标的趋近，到达目标区后，向 CPU 发送一个信号。

② FM452 电子凸轮控制器。

FM452 是超高速的电子凸轮控制器，以低廉的价格实现机械凸轮控制器。FM452 有 32 个凸轮轨迹，16 个内置的数字量输出端，用于直接输出。FM352 具有动作增量或同步序列的位置编码器的功能。在传送了机床数据和凸轮数据后，FM452 自动地进行操作，然后，CPU 和 FM452 之间只交换控制和返回的检验信号。电子凸轮控制器用于凸轮轨迹的 16 位数字量输出，将控制信号高速传送给过程控制机械，同时为每个凸轮提供与速度有关的动态补偿，用于所连接的执行器的停滞时间的自动补偿。

③ FM453 定位模块。

FM453 定位模块是智能的 3 通道模块，用于宽范围的定位任务。它可以控制 3 个独立的伺服电动机或步进电动机，以高时钟频率控制机械运动，用于简单的点到点定位，以及对响应、精度和速度有极高要求的复杂运动控制。从增量式或绝对式编码器输入位置信号，步进电动机做执行器时可以不用编码器。控制伺服电动机时输出−10～+10V 模拟信号，控制步进电动机时输出的是脉冲和方向信号。每个通道有 6 个点数字量输入，4 点数字量输出。

（3）闭环控制模块。

FM455 是智能的 16 通道闭环控制模块，适用于闭环控制任务，控制任务包括温度控制、压力控制、流量控制和液位控制等。FM455 有两种类型，FM455C 和 FM455S。FM455C 作为连续控制器，有 16 位路模拟量输出，用于控制模拟量执行器；FM455S 作为步进或脉冲控制器，有 32 路数字量输出，用于控制电机驱动（集成）的执行器或二进制控制的执行器。另外，FM455 可用于 SIMATIC S7-400 系统内。

（4）FM458-1 DP 应用模块。

FM458-1 DP 是为高性能和在 SIMATIC S7-400 中自由组态闭环控制任务而设计的。它有包含 300 个功能块的函数库，例如 AND、ADD 和 OR 等，有用户友好的图形化组态软件 CFC 连续功能图，可用编译器对程序代码的生成进行优化，不需要 SCL。本机带有 PROFIBUS DP 接口。

① FM458-1 DP 基本模块。

FM458-1 DP 基本模块可以进行计算、开环控制和闭环控制任务，PROFIBUS DP 接口可以连接到分布式 I/O 和驱动系统，通过扩展模块可以对 I/O 和通信进行模块化扩展。

② EXM438-1 I/O 扩展模块。

EXM438-1 I/O 是用于 FM458-1 DP 基本模块的可选的插入式扩展模块，用于读取和输出有时间要求的信号，具有数字量和模拟量的输入/输出模块，可连接增量和绝对值编码器，有 4 个高分辨率的模拟量输出，且无风扇运行，最高 40℃。

③ EXM448 通信扩展模块。

EXM448 是用于 FM458-1 DP 基本模块的可选的插入式扩展模块，EXM448 使用 PROFIBUS DP 或 SIMOLINK 可以进行高速通信，它带有一个备用的插槽，用于插入 MASTERDRIVES 可选模块。EXM448-1 带一个插好的 MASTERDRIVES 可选模块，用于建立一个 SIMOLINK 光纤电缆连接。

2.7 S7-300/400 PLC 控制系统组成

一个 S7-300/400 PLC 控制系统包括：电源模块、中央处理单元（CPU）模块、各种信号模块（SM）、通信模块（CP）、功能模块（FM）、接口模块（IM）、SIMATIC S5 模块。S7-300 PLC 的中央控制器最多可以连接 32 个扩展单元，S7-400 PLC 的中央控制器最多可以连接 21 个扩展单元。系统还可以通过以下方式扩展：通过接口模块连接，集中式扩展，用 EU 分布式扩展，用 ET 200 进行远程扩展。S7-00 PLC 的扩展能力比 S7-300 PLC 强。

S7-300 PLC 的各种模块安装在 DIN 导轨上。S7-400 PLC 的各种模块安装在机架上。机架是一种可提供工作电压，并通过背板总线连接模块的机械框架。机架设计为壁挂式，可以安装在框架内或机柜内，具有多种型号。

2.7.1 系统模块结构

1. S7-300 PLC 的系统模块结构

S7-300 PLC 采用紧凑的、无槽位限制的模块化组合结构，根据应用对象的不同，可选用不同型号和不同数量的模块，并可以将这些模块安装在同一个机架（导轨）或多个机架上。导轨是一种专用的金属机架，只需将模块装在 DIN 标准的安装导轨上，然后用螺栓紧固即可。各个模块以搭积木的方式在机架上组成系统，灵活性好，便于维修。

电源模块总是安装在机架的最左侧，CPU 模块紧靠电源模块；如果有接口模块，则接口模块放在 CPU 的右侧；除了电源模块、CPU 模块和接口模块外，一个机架上最多只能再安装 8 个信号模块、通信模块或功能模块。

也就是说，导轨上的模块通过 U 形背板总线连接起来，每个模块占用一个槽位。每个导轨上最多分配 11 个槽位，自左至右依次为 1 号槽位、2 号槽位……11 号槽位。其中，电源模块、CPU 模块和接口模块的位置分别固定在 1、2、3 号槽位，其余模块可任意占用 4～11 号槽位。一个 S7-300 PLC 的系统模块结构如图 2-29 所示。

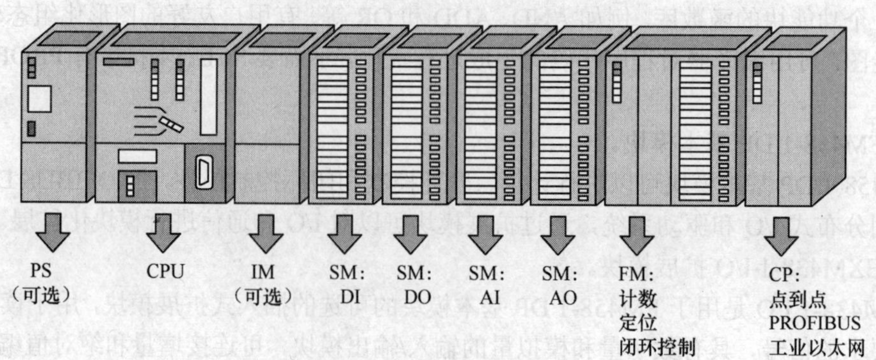

图 2-29 S7-300 的系统结构模块

需要注意的是，因为模块是用总线连接器连接的，而不是用焊在背板上的总线插座来安装模块的，所以，槽位号是相对的，每一机架的导轨并不存在物理的槽位。

如果系统任务需要的信号模块、通信模块和功能模块的数量超过 8 块，则可以通过增加扩展机架（ER）来进行系统的扩展。S7-300 PLC 的中央控制器最多可以连接 32 个扩展单元。

2. S7-400 PLC 的系统模块结构

S7-400 由于具有很高的电磁兼容性和抗冲击、耐振动性能，因而能最大限度地满足各种工业标准，是一种通用的控制器。

S7-400 PLC 自动化系统采用模块化设计。它所具有的模块的扩展和配置功能使其能够按照每个不同的需求灵活组合。一个 S7-400 PLC 系统一般包括：一个机架（CR），一个电源模块和一个 CPU 模块，以及各种信号模块、通信模块和功能模块。在实际应用中，若一个机架（CR）上的插槽不够或用户希望将信号模块与机架（CR）分开（如信号模块需尽量靠近现场的情况），需要使用扩展机架（ER）。在使用 ER 时，还需使用接口模块（IM）和附加的基板，必要时还需要另加电源模块，为了使接口模块能工作，必须在 CR 中插入一个发送接口 IM，而在每个 ER 中各插入一个接收接口 IM。

S7-400 系统的机架构成一个用以安插各模块的基本框架，各模块间的数据和信号交换及电源供电是通过背板总线来实现的。当一个机架（CR）构成的 S7-400 系统不能满足需求时，需要扩展机架（ER）。机架（CR）与扩展机架（ER）的连接方式有两种，即局部连接和远程连接。

2.7.2 模块地址分配

S7-300 PLC 的信号模块能插在每个机架的第 4～11 槽位里，这样就给每个信号模块确定了一个具体的模块起始地址，该地址取决于它所在的槽位和机架。实际 PLC 系统应根据控制对象及控制要求选取模块，并将机架数量和槽位号相应缩减。表 2-10 给出了 S7-300 的最大配置的各 I/O 模块的地址分配。

（1）数字量 I/O 地址分配。

S7-300 的数字量地址由地址标示符、地址的字节部分位部分组成，一个字节由 0～8 这 8 位组成。地址标示符 I 表示输入，Q 表示输出，M 表示寄存器位。例如，I2.1 是一个数字量输入地址，其中，小数点前面的 2 是地址的字节部分，小数点后面的 1 表示输入点是 2 号字节中的第 1 位。

数字量除了按位寻址，还可以按字节、字和双字寻址。

除了带 CPU 的中央机架，S7-300 最多可以增加 3 个扩展机架，每个机架最多只能安装 8 个信号模块、功能模块或通信模块，它们可任意安装在 4～11 号槽位里。

S7-300 的信号模块的字节地址与模块所在的机架号和槽位号有关。位地址与信号线接在模块上的哪一个端子有关。对于数字量模块，从 2 号字节开始，S7-300 给每个数字量信号模块分配 4B（4 个字节）的地址，相当于 32 个 I/O 点，M 号机架（M=0～3）的 N 号槽位（N=4～11）的数字量信号模块的起始字节地址为：32×M+(N−4)×4。S7-300 最多可能有 32 个数字量模块，共占用字节 32×4B=128B。

（2）模拟量 I/O 地址分配。

模拟量模块以通道为单位，模拟量输入通道或输出通道的地址是一个字（2 个字节）地址，通道地址取决于模块的起始地址。一块模拟量 I/O 模块，它的输入和输出通道有相同的起始地址。S7-300 为模拟量模块保留了专用的地址区域，字节地址范围为 IB256～767。一个模拟量最多有 8 个通道，从 256 号字节（第一块模拟量模块插在第 4 号槽位里）开始，S7-300 给每一个模拟量模块分配 16B 的地址（如 256～271）。M 号机架的 N 号槽位的模拟量的起始字节地址为 128×M+(N−4)×16+256。S7-300 数字量和模拟量 I/O 模块的最大地址分配如表 2-10 所示。

表 2-10　S7-300 数字量和模拟量 I/O 模块的最大地址分配

机架号	模块类型	槽位号							
		4	5	6	7	8	9	10	11
0	数字量	0～3	4～7	8～11	12～15	16～19	20～23	24～27	28～31
	模拟量	256～ 271	272～287	288～303	304～319	320～335	336～351	352～367	368～383
1	数字量	32～35	36～39	40～43	44～47	48～51	52～55	56～59	60～63
	模拟量	384～399	400～415	416～431	432～337	448～463	464～479	480～495	496～511
2	数字量	64～67	68～71	72～75	16～79	80～83	84～87	88～91	92～95
	模拟量	512～527	528～543	544～559	560～575	576～591	592～607	608～623	624～639
3	数字量	96～99	100～103	104～107	108～111	112～115	116～119	120～123	124～127
	模拟量	640～655	656～671	672～687	688～703	704～719	720～735	736～751	752～767

2.7.3 SIMATIC S7-300 的硬件组态

1. S7-300 PLC 的硬件组态

硬件组态就是在 STEP 7 中对 S7-300 PLC 控制方案中使用的硬件（模块）进行配置和参数设置。

如果是本地组态，那么应该在机架中挨着 CPU 布置模块，随后可将模块排列在附加的扩展机架中。可以组态的机架的数目取决于所使用的 CPU。和在实际设备中的操作数一样，可以使用 STEP 7 排列模块。区别在于，在 STEP 7 中，机架是用“组态表”来表示的，该表的行数等于机架中用于插入模块的插槽数。

系统硬件组态包括硬件组态和通信组态。

硬件组态是从组态表的目录中选择硬件机架，并将所选模块分配给机架中相应的插槽，同时可以设置 CPU 模块的多种属性(如启动特性、扫描监视时间等)，输入的数据存储在 CPU 的系统数据块中。对于所选用的模块，用户可以在屏幕上定义所有硬件模块的可调整参数，包括功能模块（FM）与通信模块（CP）。在参数设置屏幕中，有的参数由系统提供若干个选项，有的参数只能在允许的范围输入，因此可以防止输入错误的数据。

通信组态包括连接的组态和显示。设置用 MPI 或 PROFIBUS-DP 连接的设备之间的周期性数据传送的参数，选择通信的参与者，在表中输入数据源和数据目的地后，通信过程中数据的生成和传送均是自动完成的。设置用 MPI、PROFIBUS 或工业以太网实现的事件驱动的数据传输，包括定义通信链路。从集成块库中选择通信块（CFB），用通用的编程语言（如梯形图）对所选的通信块进行参数设置。

S7-300 PLC 的硬件组态步骤如下。

（1）生成一个站，如：SIMATIC 300。

（2）在“SIMATIC Manager-band”窗口选中该站，单击“Insert”→“Station”→“SIMATIC

300 Station”，进入中央机架硬件组态界面，开始硬件组态，如图 2-30 所示。

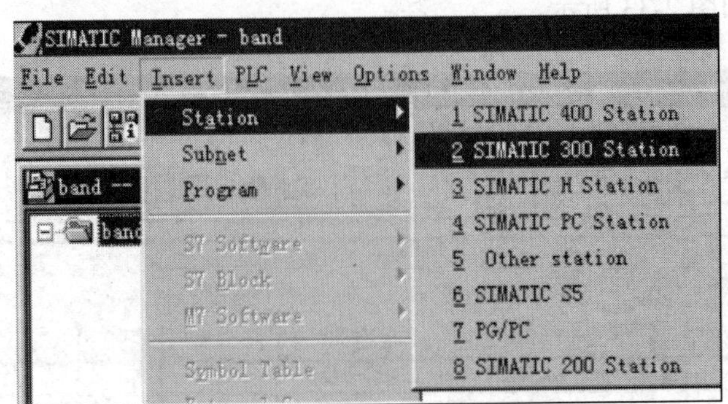

图 2-30 S7-300 PLC 的硬件组态界面

（3）打开 S7-300 的组态项目，根据实际硬件进行组态，如图 2-31 所示。

HW Config - [SIMATIC 300(1) (Configuration) -- band1]

Station Edit Insert PLC View Options Window Help

(0) UR

S...	Module ...	Order number ...	Fi...	M...	I...	Q...
1	PS 307 5A	6ES7 307-1EA00-0AA0				
2	**CPU 315-2 DP**	**6ES7 315-2AF03-0AB0**	**V1.2**	2		
X2	DP				1023*	
3	IM 360	6ES7 360-3AA00-0AA0			2000	
4	DI16xDC24V	6ES7 321-1BH01-0AA0			0...1	
5	DO16xDC24V/0.5A	6ES7 322-1BH01-0AA0				4...5

图 2-31 S7-300 PLC 的硬件组态示例

2. S7-300 PLC 系统的 I/O 扩展硬件组态

S7-300 PLC 的中央机架最多可以安装 8 块 I/O 模块，根据实际需要可以使用 IM360、IM361 和 IM365 接口模块进行输入/输出扩展。

使用 IM360、IM361 模块进行集中扩展的步骤如下。

（1）再次选择 S7-300 机架作为扩展机架，然后对扩展机架进行模块组态，如图 2-32 所示。

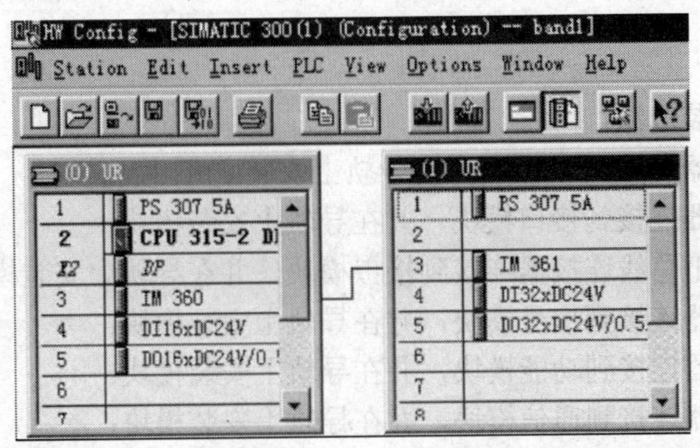

图 2-32 扩展机架模块组态

（2）在S7-300中央机架上插入IM360模块，在S7-300扩展机架上插入IM361模块，连接两个模块即可，如图2-33所示。

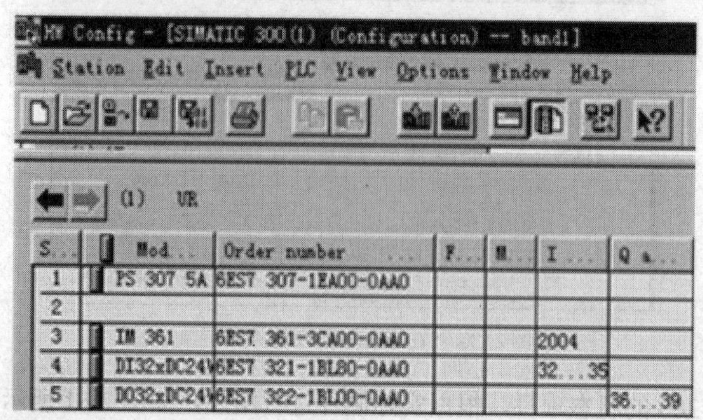

图2-33　一个中央机架和一个扩展机架的组态

3. 参数设置

设定组态完成后，就可以设置各个模块的参数。不同模块可以设置的参数的数量不同。参数的设置在模块的属性（Property）对话框中完成。双击模块所在的槽，或者用鼠标右键单击该槽，然后在下拉菜单中选择“Object properties”，就能打开该模块的属性（Property）对话框。

4. 硬件组态的保存和下载

参数设置完成后，还需要把以上硬件及其参数设置保存，并将它们下载到CPU中去。

在HW Config窗口，选择菜单“Station”→“Save and Compile”，或单击工具栏上的“Save”图标，就可以把设定组态存盘。两者的区别是前者能产生系统数据块SDB。系统数据块的内容就是组态和参数。

存盘完成后，单击“Download”图标，或选择“PLC”→“Download”就可以把设定组态下载到CPU。

2.7.4　安装一个典型的S7-300 PLC硬件系统

安装一个单导轨PLC控制系统，包括一个导轨、电源模块、中央处理器（CPU）、信号模块、功能模块、通信模块和接口模块，还有总线连接器、导轨、螺钉、螺丝刀和导线若干等。

安装步骤如下：

（1）安装导轨；

（2）在导轨上安装电源；

（3）把总线连接器连接到CPU，并在导轨上安装CPU模块；

（4）把总线连接器连接到接口模块，并在导轨上安装模块；

（5）根据需要，把总线连接器连接到接口模块，并在导轨上安装模块；

（6）把总线连接器连接到信号模块，并在导轨上安装模块；

（7）把总线连接器连接到功能模块，并在导轨上安装模块；

（8）把总线连接器连接到通信模块，并在导轨上安装模块；

（9）连接前连接器，并插入标签条和槽位号；

（10）给模块配线。

需要注意的是，正确的硬件安装应严格按照安装规范进行。比如在安装导轨时，应留有足够的空间用于安装模板和散热（模板上下至少应有40mm的空间，左右至少应有20mm的空间）。

例2-1：一个PLC控制系统所需要的模板及其主要参数如表2-11所示，按照功率计算原则选择合适的电源模板。

表2-11　　PLC控制系统所需要的模板及其主要参数

模　板	规　格	数量	从背板总线吸取的电流（mA）	从电源吸取的电流（mA）	功耗（W）
CPU模板	CPU314	1		1000	8
数字量输入模板	SM321 16×24V DC	2	25	25	3.5
数字量输出模板	SM322 16×24V DC	1	80	120	4.9
数字量输出模板	SM321 16×继电器输出	1	100	250	4.5
模拟量输入模板	SM331 2AI	1	60	200	1.3
模拟量输出模板	SM332 2A0	1	60	135	3

解：从表2-11可知，所有信号模板和功能模板从背板总线吸取的电流为：

25×2+80+100+60+60=350 mA。

没有超过CPU314所能提供的最大电流1200 mA。

所有模板从电源吸取的电流为：

1000+25×2+120+250+200+135=1755 mA。

所有模板的功耗为：

8+3.5×2+4.9+4.5+1.3+3=28.7 W。

通过以上计算可知，所有模板从背板总线吸取的电流为0.35A，没有超过CPU314所能提供的最大电流1.2A。所有模板从电源吸取的电流为1.755A，在考虑裕量的基础上，应选择PS307 5A的电源模板。因为PS307 5A的功耗为18W，所以系统的总功耗为28.7W＋18W=46.7W，在考虑机架的大小时，要考虑到该功耗的散热问题。

2.8　习题

1. S7-300和S7-400的CPU主要有哪几种类型，各类型有何特点？
2. 可编程控制器的数字量输出有几种输出形式？各有什么特点？都适用于什么场合？
3. 在系统的功率损耗计算时，需要考虑哪些条件？

第3章 编程软件——STEP 7的使用

3.1 STEP 7 编程软件简介

STEP 7 是用于 SIMATIC S7-300/400 创建可编程逻辑控制程序的标准软件，需要安装、运行在使用 Windows 操作系统的计算机上。STEP 7 的标准版配置了 3 种基本的编程语言：LAD（梯形图）、FBD（功能块图）和 STL（语句表）。不同的编程语言可供不同知识背景的人员采用。

目前，最新版本的 STEP 7 V5.5 SP2 是 STEP 7 Professional 2010 SR2 的 DVD 光盘的一部分，约需要 650～900 MB 的硬盘空间。要安装 STEP 7 V5.5 SP2 的 PC，建议至少具有 1 GB 以上的扩展内存配置。STEP 7 Professional 2010 SR2 光盘由以下可以独立使用的组件组成。

- STEP 7 V5.5 SP2。
- S7-PLCSIM V5.4 SP5。
- S7-SCL V5.3 SP6。
- S7-GRAPH V5.3 SP7。

其中，STEP 7 V5.5 SP2 是一个 32 位的应用程序，支持的操作系统有以下几种。

- MS Windows XP Professional，带 SP2 或 SP3。
- MS Windows Server 2003 SP2 / R2 SP2 Standard Edition，作为工作站 PC。
- MS Windows 7 32 Bit Ultimate、Professional 和 Enterprise（标准安装），带或不带 SP1。
- MS Windows 7 64 Bit Ultimate、Professional 和 Enterprise，带或不带 SP1。
- MS Windows Server 2008 R2（64 位），带或不带 SP1。

对于所有操作系统，STEP 7 Professional 2010 SR2 需要 Microsoft Internet Explorer V6.0 或更高版本。

本书对 STEP 7 操作的描述都是基于 STEP 7 V5.5 SP2 和 S7-PLCSIM V5.4 SP5 的。

3.1.1 编程通信方式

在安装了 STEP 7 编程软件的计算机和 S7-300 PLC 之间建立通信连接，常用的通信方式有以下 3 种。

（1）PC-MPI 编程通信适配器，连接计算机的 RS-232 接口和 PLC 的 MPI 接口。

（2）USB-MPI 编程通信适配器，连接计算机的 USB 端口和 PLC 的 MPI 接口。

（3）安装CP（通信处理器）卡，通信卡CP 5611（PCI卡，台式机使用）、CP 5511或CP 5512（PCMCIA卡，配合便携机使用）以及CP 5711（带USB端口的PC使用），可以将计算机连接到MPI或PROFIBUS网络，通过网络实现计算机与PLC的通信。

也可以使用计算机工业以太网通信卡CP 1512（PCMClA卡）或CP 1612（PCI卡），通过工业以太网实现计算机与PLC的通信。

通常，用户买到的西门子编程器（PG）上已经装有STEP 7，并且配有SIMATIC可编程序控制器编程时所需的各种接口和连接电缆。

在MS Windows XP/Server 2003/MS Windows 7中调试即插即用型通信模块（如CP5512、CP 5611或CP5711）的步骤如下。

（1）安装STEP 7，安装结束时，不做任何输入，将对话框“设置PG/PC接口”关闭。

（2）关闭MS Windows，关闭PC，安装该通信模块。也可在运行时插入CP 5512/CP5711。

（3）重新启动（或在插入CP 5512）后，该通信模块将自动安装。

（4）在WindowsXP/Server 2003下将显示硬件向导，在显示的第一个对话框中，选择选项“否，暂时不”。确认之后的所有对话框（不要单击“取消”按钮）。

（5）然后检查设置，或者在“设置PG/PC接口”对话框中选择期望的接口组态。在STEP 7安装到编程设备后，将自动安装通信驱动程序并接受默认设置。

3.1.2 STEP 7的安装和卸载

1. STEP 7的安装

STEP 7 V5.5 SP2是STEP 7 Professional 2010 SR2的DVD光盘的组件之一。安装步骤如下。

（1）执行STEP 7 Professional 2010 SR2安装盘根目录下的Setup.exe程序启动安装程序。

（2）按提示逐步安装，选择需要安装的组件，建议全部安装。已经安装的组件其勾选框前会自动打上蓝色“√”，没有安装的组件其勾选框里会自动打上“√”，单击“Next”，如图3-1所示。

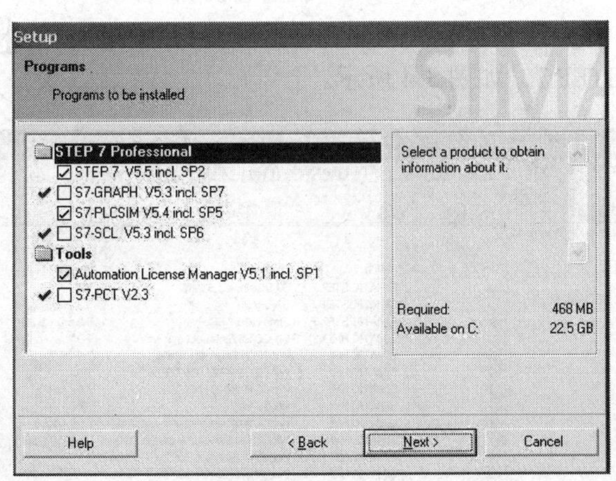

图3-1 选择安装项目

（3）在出现的语言选择对话框中，选择安装语言为“English”，单击“Next”。

（4）根据计算机性能的不同，安装需要十几分钟，请耐心等待，如图3-2所示。

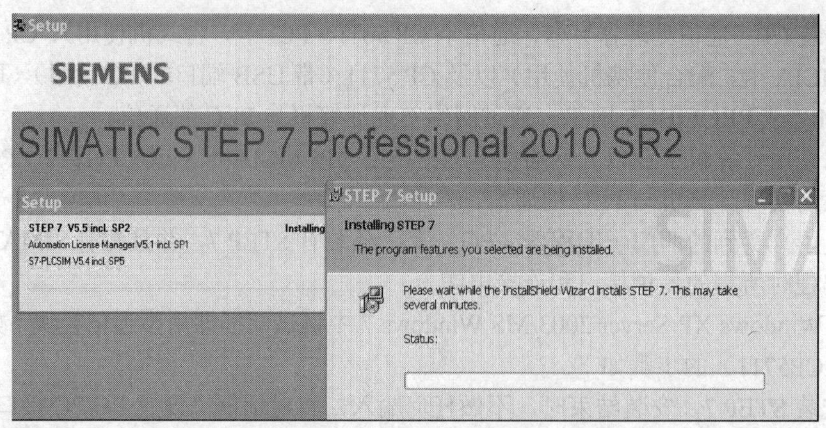

图 3-2　逐步安装所选项目

（5）在安装过程中，会出现存储卡参数设置窗口对话框，单击“OK”按钮，如图 3-3 所示。

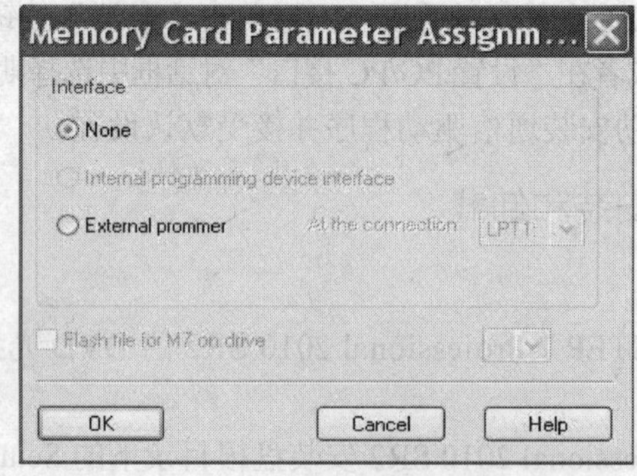

图 3-3　存储卡参数设置

（6）安装完成，重新启动计算机。双击桌面上的 SIMATIC Manager 图标或选中“开始”→“SIMATIC”→“SIMATIC Manager”就可以打开 STEP 7。

（7）安装完毕后，双击桌面上的 Automation License Manager 图标，打开授权管理器，可以看到已经授权的 STEP 7，如图 3-4 所示。

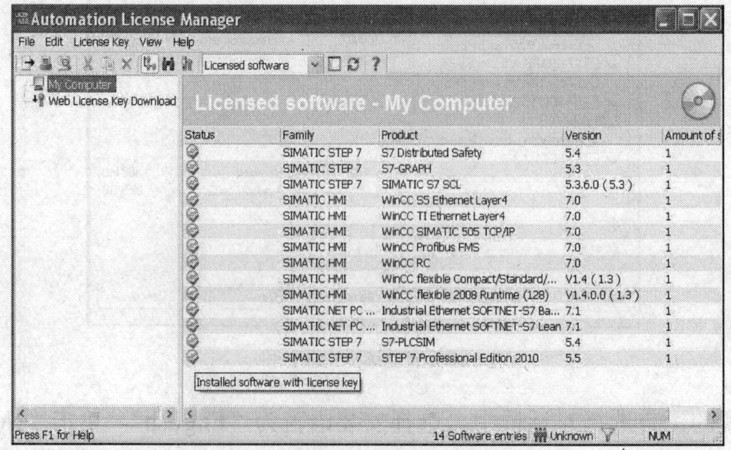

图 3-4　授权管理器中的已授权软件

2. 卸载 STEP 7

卸载 STEP 7 的步骤如下。

（1）在“Control Panel”（控制面板）中，双击“Add or Remove Programs”（添加/删除程序）图标。

（2）在显示的已安装软件列表中，选择 STEP 7，单击“Remove”（删除）。

3.1.3 STEP 7 的授权

使用 STEP 7 编程软件需要产品的特别授权（许可证密钥）。从 STEP 7 V5.4 SP3 开始，许可证密钥以 USB 存储卡而非软盘形式随 STEP7 向用户提供。

STEP 7 V5.5 软件具有浮动、升级、租赁或试用许可证等 4 种授权。除了试用许可证以外，其他 3 种授权都由 1 个许可证密钥 USB 存储卡提供。

浮动许可证可以无限制使用在任何一台计算机上或者通过网络使用。

升级许可证是用于将 STEP 7 V5.5 之前版本的许可证升级成 V5.5 版本的。

租赁许可证密钥的使用期限为 50 小时。

试用许可证密钥在 STEP 7 DVD 上，如果没有购买 STEP 7 V5.5 的授权，则可以使用和安装。使用此许可证密钥操作 STEP 7 的期限为 14 天。一旦 14 天的试用期时间到，只有在 PC 机上安装了 STEP7 的授权后才可以再次打开 SIMATIC Manager。

安装完毕后，打开授权管理器，已安装的许可证密钥如图 3-5 所示。最后一个 STEP7 的授权就是试用许可证密钥。

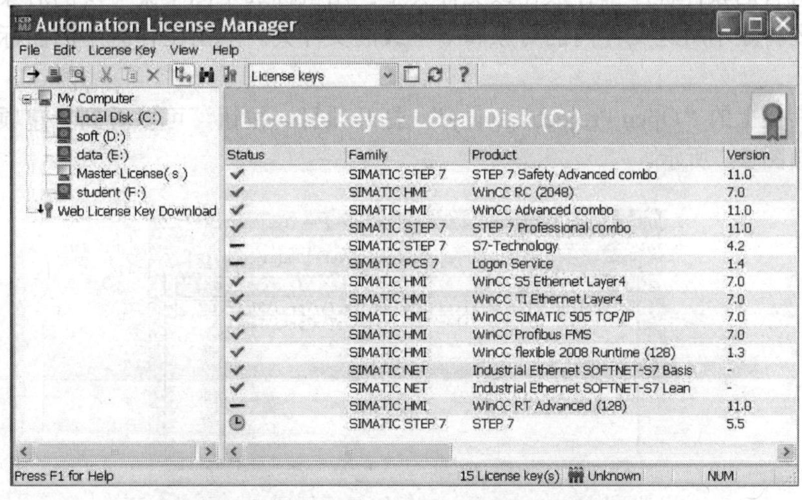

图 3-5 已安装的许可证密钥

3.2 STEP 7 软件开发步骤

使用 STEP7 V5.5 开发一个工程，可以分为 5 个步骤，即建立一个项目、通信设置、硬件组态和参数设置、程序编写与下载、程序调试和组态通信。

3.2.1 项目的建立与编辑

1. 建立一个项目

项目就像一个文件夹，所有数据都以分层的结构存于其中，在创建了一个项目之后，所有其他任务都在这个项目下执行。

生成一个新项目最简单的办法是使用“New Project（新项目）”向导。在 SIMATIC Manager（SIMATIC 管理器）中选中菜单命令“File”→“New Project Wizard”，打开 Wizard 对话框，根据向导提示选择 CPU 类型、要建立的块和编程语言，并命名新项目 Test1（第一个项目默认名为 S7_Pro1，也可以使用中文名），然后单击“Finish”，完成新项目 Test1 的建立，如图 3-6 所示。

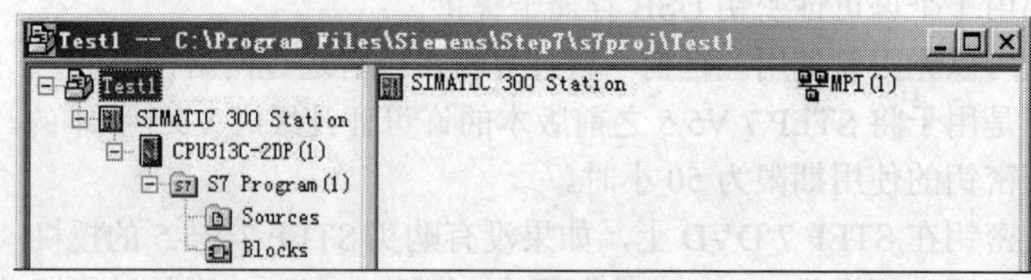

图 3-6 使用向导创建的项目

在项目中，数据在分层结构中以对象的形式保存，左边窗口内的树显示项目的结构。第一层为项目，第二层为站（Station），站是组态硬件的起点。“S7 Program”文件夹是编写程序的起点，所有的软件程序都存放在该文件夹中。用鼠标选中图中某一层的对象，在管理器右边的工作区将显示所选文件内的对象和下一级的文件夹。双击工作区中的图标，可以打开并编辑对象。

单击工具栏上的“Open Project/Library”（打开项目）按钮，可以看到新建项目的名称和存储路径，如图 3-7 所示。

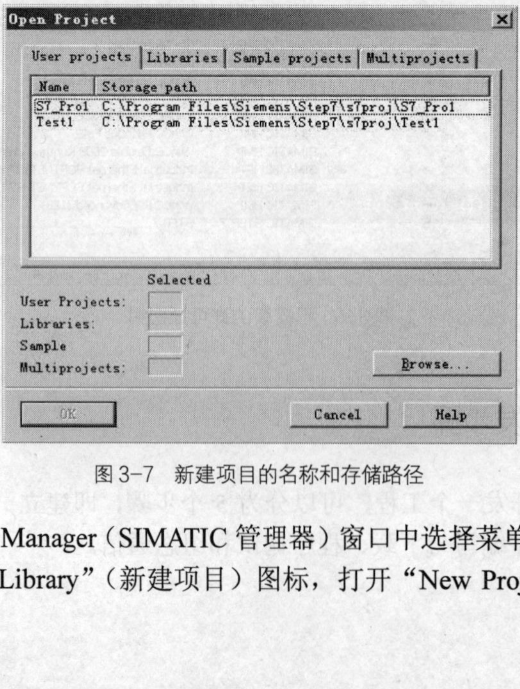

Open Project
User projects | Libraries | Sample projects | Multiprojects
Name | Storage path
S7_Pro1 C:\Program Files\Siemens\Step7\s7proj\S7_Pro1
Test1 C:\Program Files\Siemens\Step7\s7proj\Test1
Selected
User Projects:
Libraries:
Sample
Multiprojects:
Browse...
OK Cancel Help

图 3-7 新建项目的名称和存储路径

也可以在 SIMATIC Manager（SIMATIC 管理器）窗口中选择菜单命令“File”→“New...”或者单击“New Project/Library”（新建项目）图标，打开“New Project”对话框，建立一个项目。

2. 编辑项目

（1）打开一个项目。

要打开一个已存在的项目，可选择菜单命令“File”→“Open”，在随后的对话框中选中该项目，该项目窗口就打开了。如果想要的项目没有显示在项目列表中，单击“Browse”按钮，在这里可以搜寻所有项目，包括已列在项目列表中的项目。

（2）拷贝一个项目。

使用菜单命令“File”→“Save As”，可以将一个项目存为另一个名字。还可以使用菜单命令“Edit”→“Copy”，拷贝项目的某些部分，如站、程序、块等。

（3）删除一个项目。

使用菜单命令“File”→“Delete”，可删除一个项目。使用菜单命令“Edit”→“Delete”，可删除项目中的一部分，比如：站、程序、块等。

3.2.2 通信设置

在“SIMATIC Manager”窗口选中菜单“Options”→“Set PG/PC Interface”，打开“Set PG/PC Interface”对话框，单击对话框中的“Property”按钮，在出现的“Property PC Adapter”窗口中检查PG/PC 接口的参数设置是否正确（安装时已做了设置）。

3.2.3 硬件组态和参数设置

硬件组态就是在STEP 7中对PLC控制方案中使用的硬件（模块）进行配置和参数设置。

生成项目后，可以先组态硬件，然后为它生成软件程序。也可以在没有硬件组态的情况下先生成软件，然后再组态硬件。对于程序编辑来说，并不需要将站的硬件结构事先设好。

1. 硬件组态步骤

硬件组态步骤如下。

（1）生成一个站，如：SIMATIC 300 Station。

（2）在 SIMATIC Manager 窗口选中该站，双击“Hardware”图标，打开硬件组态窗口HW Config SIMATIC 300，开始硬件组态，如图3-8所示。

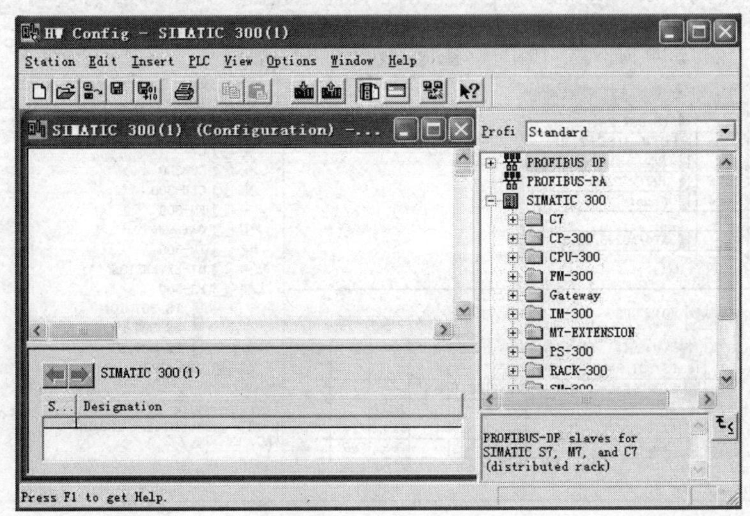

图3-8 硬件组态窗口

（3）在 HW Config 中，双击 Hardware Catalog 框中的“SIMATIC 300”→“RACK-300”→“Rail”（或者用拖拉的方法），插入 RACK-300 机架，如图 3-9 所示。

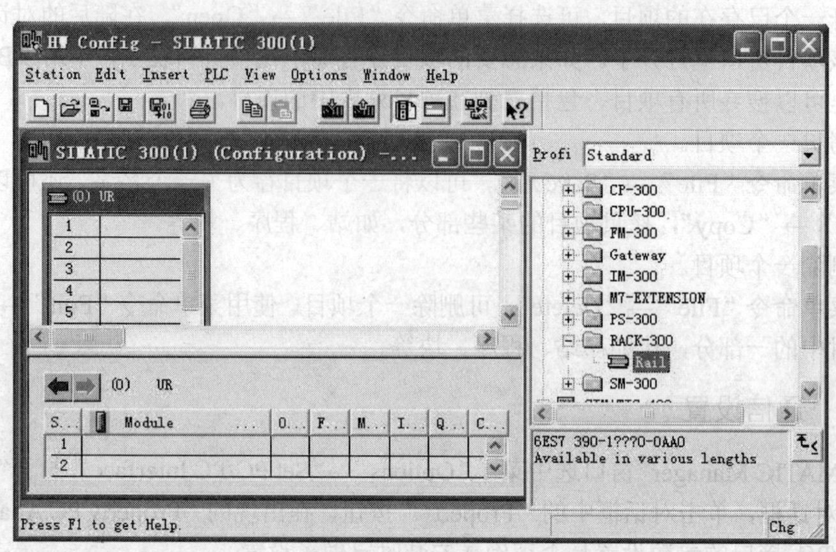

图 3-9 在 HW Config 中插入 RACK-300

（4）选中机架 1 号槽，展开 Catalog 中的电源模块“PS-300”，双击使用的电源（或者用拖拉的方法），插入电源模块。

（5）选中机架 2 号槽，用同样的方法插入 CPU 模块，注意准确的编号。

（6）机架 3 号槽是专为接口模块保留的，根据需要选择是否装入。4～11 号槽可以装信号模块 SM、功能模块 FM、通信处理器 CP。

生成的设定组态如图 3-10 所示。从中可以看出，硬件组态窗口的左上部是一个组态简表，它下面的窗口是一个包括模块的订货号、MPI 地址和 I/O 地址等信息的详情表。右边是硬件目录窗口，可以用菜单命令“View”→“Catalog”打开或关闭它。

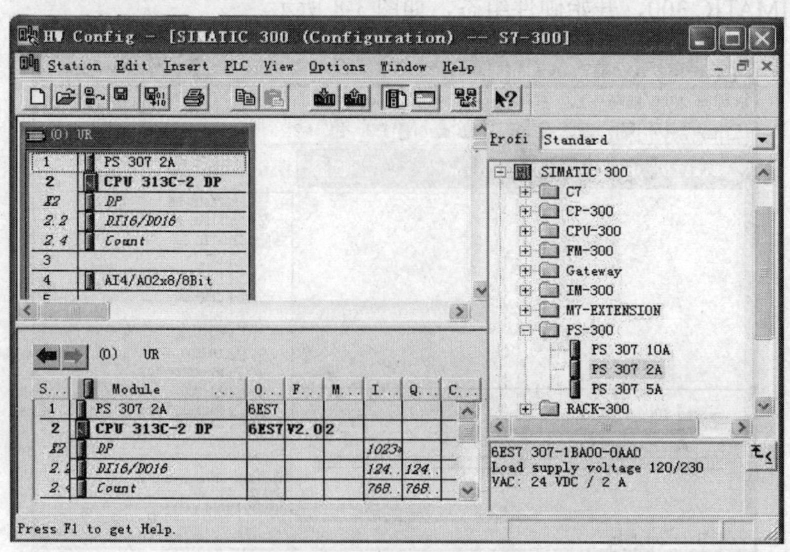

图 3-10 设定组态的生成

2. 参数设置

设定组态完成后，就可以设置各个模块的参数。不同模块可以设置的参数的数量是不同的。参数的设置在模块的属性（Property）对话框中完成。

双击模块所在的槽，或者用鼠标右键单击该槽，然后在下拉菜单中选择“Object Properties”，就能打开该模块的属性（Property）对话框。

3. 硬件组态的保存和下载

参数设置完成后，还需要把以上硬件及其参数设置保存，并将它们下载到 CPU 中去。

在 HW Config 窗口，选择菜单“Station”→“Save and Compile”，或单击工具栏上的“Save”图标，就可以把设定组态存盘。两者的区别是前者能产生系统数据块 SDB，后者不能。系统数据块的内容就是组态和参数。

存盘完成后，单击“Download”图标，或选择“PLC”→“Download”就可以把设定组态下载到 CPU。

3.2.4　程序编写

硬件组态完毕后，单击展开项目 Test1 的“S7 Program”→“Blocks”，双击要编辑的块的图标，比如 FC1，就可以打开编辑器窗口，如图 3-11 所示。

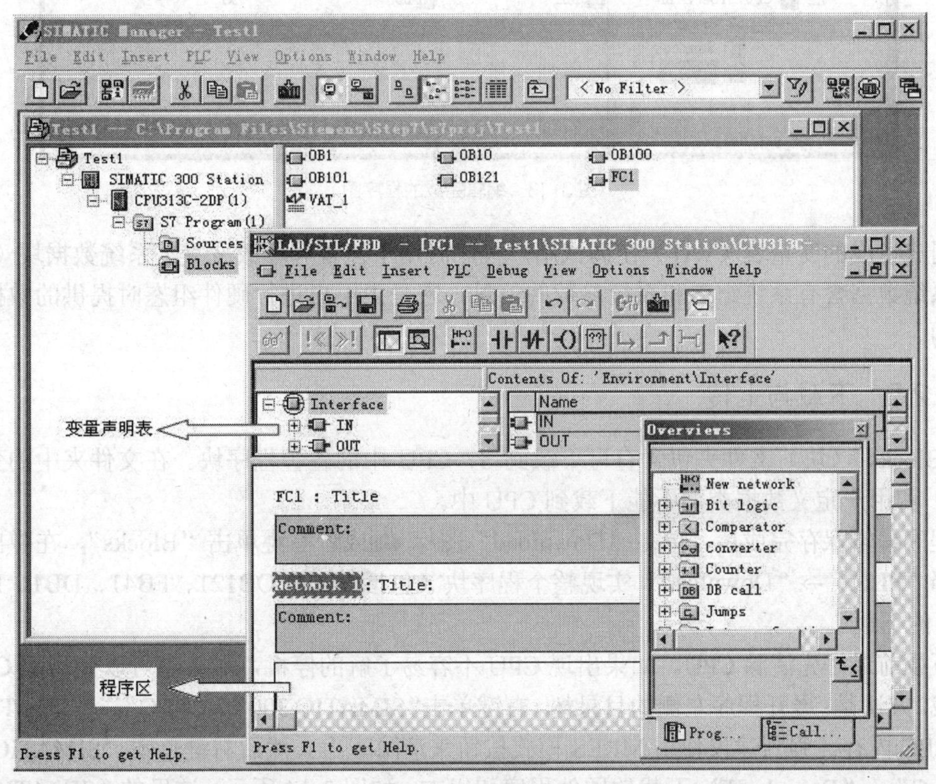

图 3-11　编辑器窗口

块编辑器窗口由变量声明表和程序区两部分组成。用户在变量声明表中声明本块中专用的变量，即局域变量，局域变量只在它所在的块中有效。变量声明表的用途稍后详细说明。

在图 3-11 中，单击“View”菜单，可以再次选择编程语言。

用单击或者拖拉方法可将元件插入光标所在的位置。工具条中没有的元件可以通过单击“Overviews on/off”图标展开详细的编程元件表来获得。梯形图编程元件表如图 3-12 所示。

图 3-12 梯形图编程元件表

一个 Network 编辑完后，单击“New network”图标插入新段以便继续编程。

整个块编写完成后，单击“Save”图标保存程序。

需要注意的是，在 S7 系列 PLC 中，用户程序是由块组成的。在 STEP7 的主程序结构中，操作系统只自动循环扫描 OB1，OB1 安排其他程序块的调用条件和调用顺序。也就是说，用户程序中的功能块 FB、功能 FC、系统功能块 SFB 以及系统功能 SFC 等，都应由组织块 OB1 安排它们的调用条件和调用顺序。FC 和 FB 可以互相调用。

一个编辑完成的程序图如图 3-13 所示。

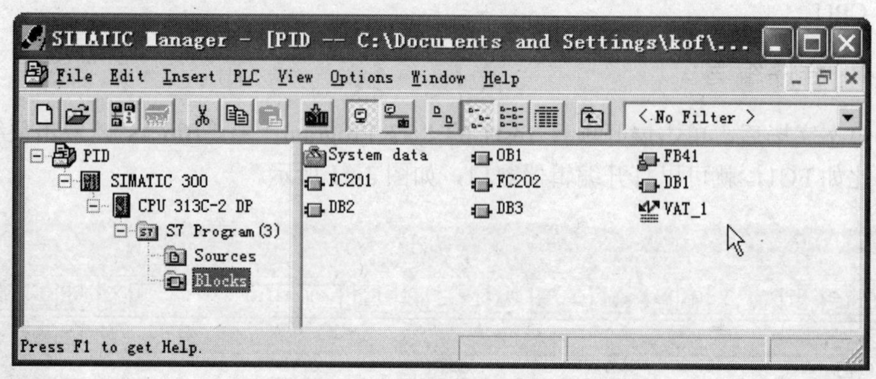

图 3-13 编辑完成的程序图

用户生成的变量表（VAT）在调试用户程序时用于监视和修改变量。系统数据块（SDB）中的系统数据含有系统组态和系统参数的信息，它是由用户进行硬件组态时提供的数据自动生成的。

3.2.5 下载与上传

“Blocks”（块）文件夹包含有可下载到 S7 CPU 中的各种程序块。在文件夹中的变量表（VAT）和用户定义数据类型不能下载到 CPU 中。

程序编辑保存完成后，单击“Download”图标或者右键单击“Blocks”，在弹出菜单中选择“PLC”→“Download”实现整个程序块（包括 OB1、OB121、FB41、DB1、DB2、DB3）的下载。

下载前最好先清除 CPU。如果出现 CPU 不容易了解的停机，那么也可以先清除 CPU 重新下载。方法是：展开程序左侧的目录树，右键单击“SIMATIC 300”→“PLC”→“Clear/Reset”，清空 PLC 内存。强烈建议使用 MRES 模式按钮来清除干净。然后右键单击“SIMATIC 300”→“PLC”→“Download”，下载软硬件程序和组态，如图 3-14 所示。这里的“SIMATIC 300”可以重命名，所以只要记住它所在的层次即可以不变应万变。

根据提示下载程序。最后确定 S7-300 CPU 上的模式开关拨到 RUN 的位置，即表示 PLC 正在运行。

如果不容易调试，那么可以把程序一段段复制到一个新的工程中，然后下载，运行。

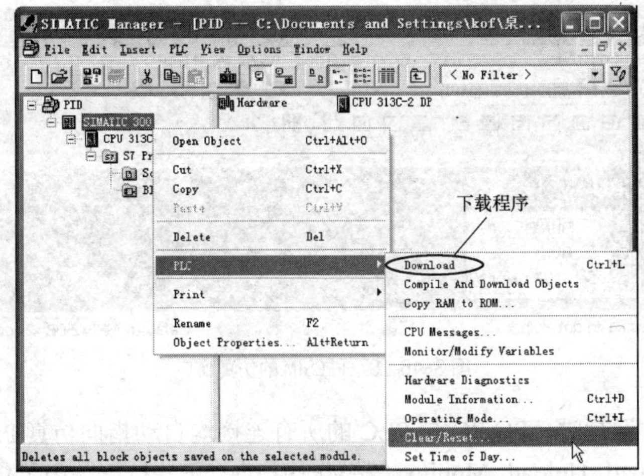

图 3-14 清除 S7-300 内存，下载程序

3.3 仿真软件 S7-PLCSIM

S7-PLCSIM 是由西门子公司提供的，用来代替 PLC 硬件调试用户程序的仿真软件。它与 STEP 7 编程软件一起，用于在计算机上仿真一台 S7-300/400 PLC。用户把程序下载到这台仿真 PLC 中运行，不需要连接任何 PLC 的硬件，以后的监控/测试均与在一台真正的 S7 PLC 中的监控/测试基本一样，从而提高用户程序的质量和降低试车的费用。

仿真软件不仅可以用于 STEP 7 编程，还可以用于组态软件的测试。

最新版本的仿真软件 S7-PLCSIM V5.4 SP5 和 STEP 7 V5.5 SP2 一样都是 STEP 7 Professional 2010 SR2 光盘的组件，可以同时安装，如第 3.1.2 小节中的图 3-1 所示。

需要注意的是，S7-PLCSIM 也同样需要安装授权，方法与安装 STEP 7 的授权相同。

3.3.1 仿真软件 S7-PLCSIM 的使用步骤

1. 打开 S7-PLCSIM

如图 3-15 所示，单击 SIMATIC Manager 窗口的工具条上的图标 (Simulation On/Off)，或者执行菜单命令“Options”→“Simulate Modules”，都可以打开 S7-PLCSIM 仿真窗口。打开的仿真窗口如图 3-16 所示。此时系统自动装载仿真的 CPU。

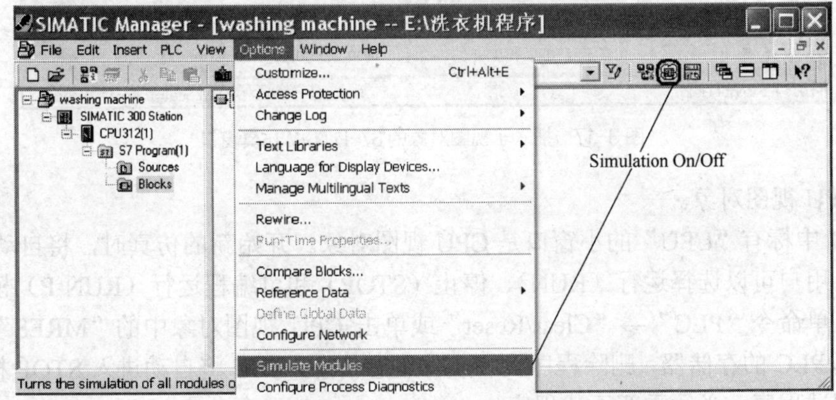

图 3-15 启动 S7-PLCSIM 仿真软件

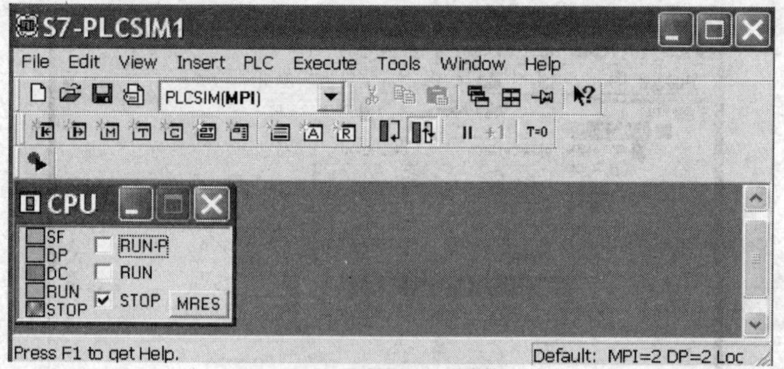

图 3-16 S7-PLCSIM 的仿真窗口

当 S7-PLCSIM 运行时，PG/PC 与 PLC 的所有连接均自动指向仿真 PLC，也就是说，在 STEP 7 中的 Download、Upload、Monitor 等操作均指向仿真 PLC。关闭了仿真 PLC 后，PG/PC 才能与实际的 PLC 连接。

2. 插入 View Object（视图对象）

单击菜单“Insert→…”或工具条上的相应按钮，在 PLCSIM 窗口中生成下列元件的视图对象：输入变量（I）、输出变量（Q）、位存储器（M）、定时器（T）、计数器（C）、通用变量、累加器与状态字、块寄存器、嵌套堆栈（Nesting Stacks）、垂直位变量等。图 3-17 所示为使用 S7-PLCSIM 调试第 4.7.5 节例子时插入的视图对象。

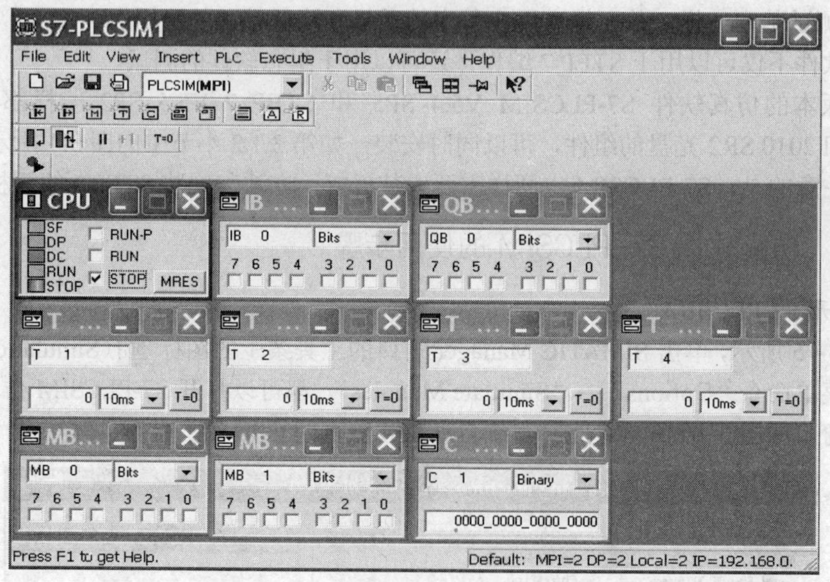

图 3-17 插入了视图对象的 S7-PLCSIM 仿真窗口

（1）CPU 视图对象。

图 3-17 中标有“CPU”的小窗口是 CPU 视图对象。开始新的仿真时，将自动出现 CPU 视图对象，用户可以选择运行（RUN）、停止（STOP）和可编程运行（RUN-P）模式。

选择菜单命令“PLC”→“Clear/Reset”或单击 CPU 视图对象中的“MRES”按钮，可以复位仿真 PLC 的存储器，删除程序块和硬件组态信息，CPU 将自动进入 STOP 模式。此时如果需要调试程序，必须重新下载程序。

CPU 视图对象中的 LED 指示灯“SF”表示有硬件、软件错误，“RUN”与“STOP”指示灯表示运行模式与停止模式，“DP”（分布式外设或远程 I/O）用于指示 PLC 与分布式外设或远程 I/O 的通信状态，“DC”（直流电源）用于指示电源的通断情况。用“PLC”菜单中的命令可以接通或断开仿真 PLC 的电源。

（2）Input Variable（输入变量 I）。

单击 S7-PLCSIM 工具栏中的“Insert Input Variable”按钮或选择菜单“Insert”→“Input Variable”，创建输入字节 IB 的视图对象。

（3）Output Variable（输出变量 Q）。

单击 S7-PLCSIM 工具栏中的“Insert Output Variable”按钮或选择菜单“Insert”→“Output Variable”，创建输出字节 QB 的视图对象。

（4）Timer（定时器 T）。

单击 S7-PLCSIM 工具栏中的“Insert Timer”按钮或选择菜单“Insert”→“Timer”，创建定时器的视图对象 T1～T4。

（5）Counter（计数器 C）。

单击 S7-PLCSIM 工具栏中的“Insert Counter”按钮或选择菜单“Insert”→“Counter”，创建计数器的视图对象 C1。

（6）Bit Memory（位存储器 M）。

单击 S7-PLCSIM 工具栏中的“Insert Bit Memory”按钮或选择菜单“Insert”→“Bit Memory”，创建位存储器的视图对象 MB0 和 MB1。

3. 下载项目到仿真 PLC

单击 CPU 视图对象中“STOP”前的单选框，则在框中出现符号“√”，表示仿真 CPU 处于停止模式。然后在 SIMATIC Manager 中打开要仿真的用户项目 Washing Machine，选中“Blocks”，单击工具条中的下载按钮，或执行菜单命令“PLC”→“Download”，将块对象下载到仿真 PLC 中。

4. 调试程序

用各个视图对象来模拟实际 PLC 的输入/输出信号，用它来产生 PLC 的输入信号，并观察 PLC 的输出信号和其他存储区中内容的变化情况。单击 CPU 视图对象中“RUN”前的单选框，使仿真 CPU 处于运行模式。再用鼠标单击图 3-18 中的 IB0 的第 0 位（即 I0.0）处的单选框，则在框中出现符号“√”，表示 I0.0 为 ON，然后再单击这个单选框，则“√”消失，表示 I0.0 为 OFF。这样 I0.0 处的信号就模拟了洗衣机控制程序中的启动按钮。输入的改变会立即引起各存储区地址中内容发生相应变化。图 3-18 所示为第 4.7.5 节中洗衣机控制程序循环执行 2 次后各存储区地址中相应的内容。

5. 保存文件

退出仿真软件时，可以保存仿真时生成的 LAY 文件及 PLC 文件，以便于下次仿真时直接使用本次的各种设置。LAY 文件用于保存仿真时各视图对象的信息，例如，选择的数据格式等；PLC 文件用于保存仿真运行时设置的数据和动作等，包括程序、硬件组态和设置的运行模式等。

以上以第 4.7.5 小节例子为例，介绍了仿真软件 S7-PLCSIM 的一般使用步骤。此外，在使用该仿真软件时还应注意以下几点。

（1）在下载前，需要为仿真 PLC 上电。方法是在 S7-PLCSIM 窗口中执行菜单命令“PLC”

→“Power On”（一般默认选项是上电）。

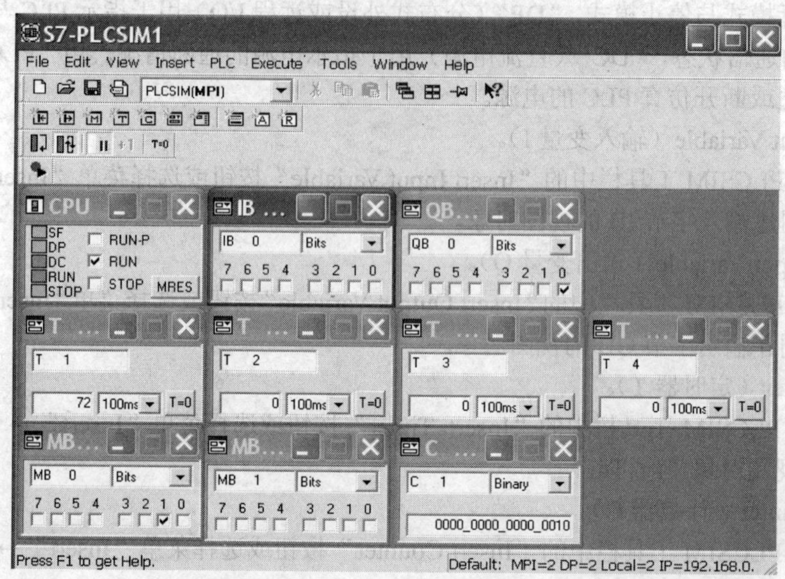

图 3-18　S7-PLCSIM 的调试运行界面

（2）下载程序时，仿真 PLC 应处于 STOP 模式。

（3）连续扫描方式。执行菜单命令“Execute”→“Scan Mode”→“Continuous Scan”或单击“Continuous Scan”按钮，令仿真 PLC 的扫描方式为连续扫描，这时仿真 CPU 将会与真实 PLC 一样连续地、周期性地执行程序，如图 3-19 所示。

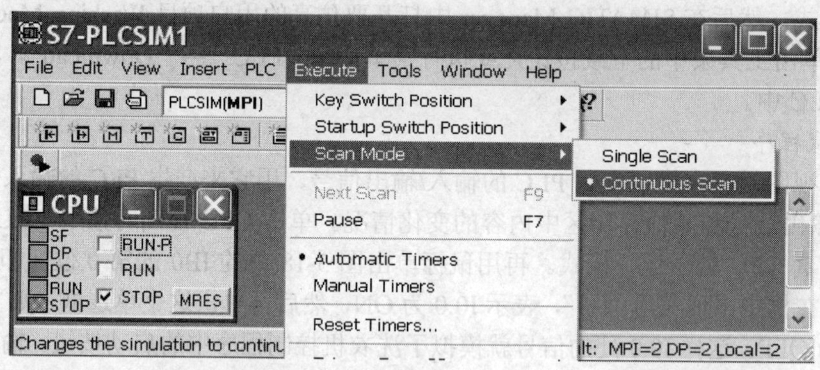

图 3-19　设置连续扫描方式

（4）单次扫描方式。每次扫描包括读外设输入、执行程序和将结果写到外设输出。CPU 执行一次扫描后处于等待状态，可以用“Execute”→“Next Scan”菜单命令执行下一次扫描。通过单次扫描观察每次扫描后某个变量的变化。

（5）输入和输出一般以字节中的位的形式显示，根据被监视变量的情况确定 M 视图对象的显示格式。

（6）字节变量只能设置为十进制数（Dec），字变量可以设置为十进制数和整数（Int），双字变量可以设置为十进制数、整数和实数（Real）。

（7）符号地址的使用。为了在仿真软件中使用符号地址，可以执行菜单命令“Tools”→

“Options”→“Attach Symbols...”，在出现的“Open”对话框的项目中找到并双击符号表（Symbols）图标。执行菜单命令“Tools”→“Options”→“Show Symbols”，可以显示或隐藏符号地址。

（8）MPI 地址。该地址表示仿真 PLC 在指定的网络中的节点地址。STEP 7 V5.5 的仿真软件默认 MPI 地址为 2，不再有菜单选项供用户设置。

3.3.2 仿真 PLC 与实际 PLC 的区别

1. 仿真 PLC 特有的功能

仿真 PLC 有下述实际 PLC 没有的功能。

（1）可以立即暂时停止执行用户程序，对程序状态不会有什么影响。

（2）由 RUN 模式进入 STOP 模式不会改变输出的状态。

（3）在视图对象中的变动立即使对应的存储区中的内容发生相应的改变。实际的 CPU 要到扫描结束时才会修改存储区。

（4）可以选择单次扫描或连续扫描。

（5）可使定时器自动运行或手动运行，可以手动复位全部定时器或复位指定的定时器。

（6）可以手动触发下列中断 OB：OB40～OB47（硬件中断）、OB70（I/O 冗余错误）、OB72（CPU 冗余错误）、OB73（通信冗余错误）、OB80（时间错误）、OB82（诊断中断）、OB83（插入/拔出模块）、OB85（程序顺序错误）和 OB86（机架故障）。

（7）对映像存储器与外设存储器的处理：如果在视图对象中改变了过程输入的值，S7-PLCSIM 立即将它复制到外设存储区；在下一次扫描开始外设输入值被写到过程映像寄存器时，希望的变化不会丢失；在改变过程输出值时，它被立即复制到外设输出存储区。

2. 仿真 PLC 与实际 PLC 的区别

（1）PLCSIM 不支持写到诊断缓冲区的错误报文，例如，不能对电池失电和 EEPROM 故障仿真，但是可以对大多数 I/O 错误和程序错误仿真。

（2）工作模式的改变（例如，由 RUN 转换 STOP 模式）不会使 I/O 进入“安全”状态。

（3）不支持功能模块和点对点通信。

（4）支持有 4 个累加器的 S7-400CPU，在某些情况下 S7-400 与只有两个累加器的 S7-300 的程序运行可能不同。

S7-300 的大多数 CPU 的 I/O 是自动组态的，模块插入物理控制器后被 CPU 自动识别。仿真 PLC 没有这种自动识别功能。如果将自动识别 I/O 的 S7-300 程序下载到仿真 PLC，则系统数据没有 I/O 组态。因此在用 PLCSIM 仿真 S7-300 程序时，如果想定义 CPU 支持的模块，首先必须下载硬件组态。

3.4 习题

1．若实际导轨上的 CPU 模块为 CPU 314（订货号是 6ES7 314-1AE04-0AB0），电源模块为 PS 307 5A（订货号为 6ES7 307-1EA00-0AA0），DI 模块的订货号为 6ES7 321-1BL80-0AA0，DO 模块的订货号为 6ES7 322-1BL00-0AA0，试在 STEP 7 中进行硬件组态。

2．在 STEP 7 中新建一个项目 myproject，并将 PLC 中的信息保存到 myproject 中。

3．S7-300 系列 PLC 的工作方式有几种？如何改变 PLC 的工作方式？

4．STEP 7 的标准版配置了哪 3 种基本的编程语言？

5．利用 S7-PLCSIM 调试如下电动机正反转控制程序。

Network 1：Motor Rotates ClockWise

I0.1 正转启动按钮 "Start1"
I0.2 停止按钮 "Stop"
Q0.1 接触器驱动 "Motor CCW"
Q0.0 接触器驱动 "Motor CW"
Q0.0 接触器驱动 "Motor CW"

Network2：Motor Rotates Counter-ClockWise

I0.1 反转启动按钮 "Start2"
I0.2 停止按钮 "Stop"
Q0.0 接触器驱动 "Motor CW"
Q0.1 接触器驱动 "Motor CCW"
Q0.1 接触器驱动 "Motor CCW"

第4章 指令系统

指令是程序的最小单位，指令的有序排列构成用户程序。每一种系列的处理器都具有自己的指令系统。S7-300PLC 的指令系统功能强大，通过编程软件 STEP 7 的有机组织和调用，形成用户文件，以实现各种控制功能。在学习指令系统的时候，需重点把握指令对操作数的要求、指令的功能及执行指令时对状态字的影响。

4.1 CPU 的存储区

4.1.1 数据类型

指令通常由操作码和操作数构成，操作码用于指出指令要进行什么样的操作，操作数表示指令执行的数据对象，数据对象的大小和位结构由数据类型确定。STEP7 中提供的数据类型有 3 种：基本数据类型、复杂数据类型和参数类型。

1. 基本数据类型

基本数据类型用于定义不超过 32 位的数据，每种数据类型在分配存储空间时有确定的位数。基本数据类型如表 4-1 所示。

表 4-1 基本数据类型

数据类型	位数	说明	范围和计数法	实例
BOOL (位)	1	1 位布尔值	TRUE/FALSE	TRUE
BYTE (字节)	8	2 位十六进制数	B#16#00～B#16#FF	B#16#10
WORD (字)	16	16 位二进制数 4 位十六进制数 3 位 BCD 码 2 个 8 位无符号十进制数	2#0 ～2#1111_1111_1111_1111 W#16#0000 ～ W#16#FFFF C#000～C#999 B#(0，0)～B#(255，255)	2#0001_0000_0000_0000 W#16#1000 W#16#1000 C#998 B#(10，20)
DWORD (双字)	32	32 位二进制数 8 位十六进制数 4 个 8 位无符号十进制数	2#0 ～2#1111_1111_1111_1111_1111_1111_1111_1111 DW#16#0000_0000～DW#16#FFFF_FFFF B#(0，0，0，0)～B#(255，255，255，255)	2#1000_0001_0001_1000_1011_1011_0111_1111 DW#16#00A2_1234 B#(1，14，100，120)

续表

数据类型	位数	说　明	范围和计数法	实　例
INT (整数)	16	16 位有符号十进制数	-32768 - 32767	1
DINT (双整数)	32	32 位有符号十进制数	-2 147 483 648～+2 147 483 647	L#1
REAL (浮点数)	32	IEEE 浮点数	上限：±3.402823e+38 下限：±1.175 495e-38	1.234567e+13
S5TIME (时间)	16	S7 时间，步长 10 毫秒	S5T#0h_0m_0S_10ms ～ S5T#2h_46m_30s_0ms	S5T#0h_1m_0s_0ms
TIME (时间)	32	IEC 时间，步长 1 毫秒	-T#24d_20h_31m_23s_648ms ～ T#24d_20h_31m_23s_647ms	T#0d_1h_1m_0s_0ms
DATE (日期)	16	IEC 日期，步长为 1 天	D#1990-1-1～ D#2168-12-31	D#1996-3-15 DATE#1996-3-15
TIME_OF_DAY (时间日期)	32	时间，步长为 1 毫秒	TOD#0:0:0.0～ TOD#23:59:59.999	TOD#1:10:3.3 TIME_OF_DAY#1:10:3.3
CHAR (字符)	8	ASCII 字符	'A'、'B'等	'K'

2. 复杂数据类型

复杂数据类型定义的是大于 32 位或由其他数据类型组成的数据。STEP 7 允许 5 种复杂数据类型：DATE_AND_TIME（日期和时间）、STRING（字符串）、ARRAY（数组）、STRUCT（结构）、UDT（用户自定义数据类型）。复杂数据类型如表 4-2 所示。

表 4-2　复杂数据类型

数据类型	说　明
DATE_AND_TIME	定义具有 64 位（8 个字节）的区域。此数据类型以二进制编码的十进制格式，即 BCD 码存储日期时间信息
STRING	定义最多有 254 个字符的字符串。为字符串保留的标准区域是 256 个字节长，包括 254 个字符和 2 个字节的标题所需要的空间
ARRAY	定义一种数据类型（基本或复杂）组合的多维数组。例如："ARRAY [1..2，1..3] OF INT" 定义 2×3 的整数数组。使用下标（"[2，2]"）访问数组中存储的数据。最多可以定义 6 维数组。下标可以是任何整数（-32768～32767）
STRUCT	定义多种数据类型组合的数组（结构体）。例如，可以定义结构中的数组或结构中的组合数组
UDT	在创建数据块或声明变量时，简化大量数据的结构化和数据类型的输入。在 STEP 7 中，可以组合复杂的和基本的数据类型以创建用户的"用户自定义"数据类型。UDT 具有自己的名称，因此可以多次使用

3. 参数类型

除了基本数据类型和复杂数据类型外，STEP 7 还允许为块之间传送的形式参数定义参数类型。STEP 7 可以定义下列参数类型。

（1）TIMER 或 COUNTER：2 字节长，指定当执行块时将使用的特定定时器或特定计数器。如果赋值给 TIMER 或 COUNTER 参数类型的形参，相应的实际参数必须是定时器或计数器，如 T1、C10。

（2）块：2 字节长，指定用作输入或输出的特定块。参数的声明确定使用的块类型（BLOCK_FB、BLOCK_FC、BLOCK_DB、BLOCK_SDB 等）。赋给 BLOCK 参数类型的形参，指定块地址作为实际参数。例如，“FC101”。

（3）POINTER：6 字节长，参考变量的地址。指针包含地址而不是值。当赋值给 POINTER 参数类型的形式参数时，指定地址作为实际参数。在 STEP 7 中，可以用指针格式或简单地以地址指定指针。例如，M50.0，若寻址以 M50.0 开始的数据的指针，则定义为 P#M50.0。

（4）ANY：10 字节长。当实际参数的数据类型未知或当可以使用任何数据类型时，可以使用这种定义方式。例如，P#M50.0 BYTE 10 即定义了数据类型的 ANY 格式。

参数类型也可以在用户自定义数据类型（UDT）中使用。

4.1.2 CPU 中的寄存器

S7-300 CPU 中有两个累加器（ACCU1 和 ACCU2）、两个地址寄存器（AR1 和 AR2）、两个数据块寄存器（DB 和 DI）以及一个状态字寄存器。

1. 累加器

累加器 ACCU1 和 ACCU2 均为 32 位，用于处理字节、字或双字。处理字节或字数据时，数据右对齐存放（放在累加器的低端）。S7-400 CPU 中的累加器有 4 个（ACCU1～ACCU4）。

2. 地址寄存器

地址寄存器 AR1 和 AR2，用于对各存储器操作数做寄存器间接寻址。

3. 数据块寄存器

数据块寄存器 DB 和 DI 分别用来保存打开的共享数据块和背景数据块的编号。

4. 状态字寄存器

状态字寄存器为 16 位，用来存储 CPU 执行指令时的一些重要状态。其结构如图 4-1 所示。

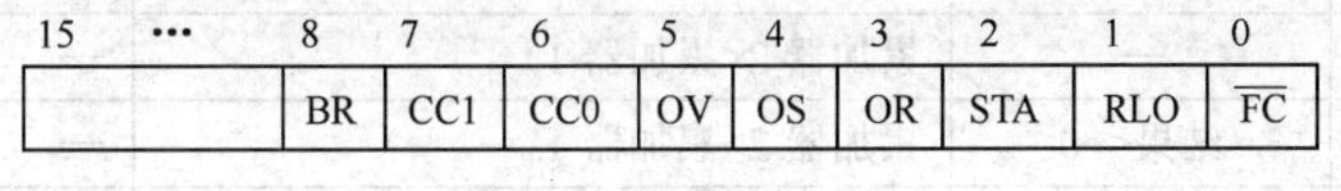

图 4-1 状态字的结构

（1）首次检测位 $\overline{FC}$。

状态字的第 0 位为首次检测位，是指 CPU 对逻辑串第一条指令的检测，检测结果保存在 RLO 位中。$\overline{FC}$ 位在逻辑串开始时为 0，在执行过程中变为 1。执行逻辑串结束的指令，如输出指令或与逻辑运算有关的转移指令，又将 $\overline{FC}$ 清 0。

（2）逻辑运算结果 RLO。

此位存储位逻辑运算及比较运算的结果。在逻辑串中，信号流的状态可以由 RLO 表示。有信号流时，RLO=1；没有信号流，RLO=0。

（3）状态位 STA。

此位只在程序测试中由 CPU 使用。当位逻辑指令访问存储区时，STA 与被操作位的值是相同的。位逻辑指令不访问存储区时，STA 保持为 1。

（4）或位 OR。

在先进行逻辑与运算，后进行逻辑或运算的逻辑串中，OR 用来暂时保存逻辑与的结果。其他指令执行时，OR 位清 0。

（5）存储上溢 OS。

OV 被置 1 时，OS 也置 1，OV 被清 0 后，OS 还可以继续保持为 1。OS 的状态表示先前的指令执行是否出过错。块调用、块结束指令以及 JOS 指令能使 OS 清 0。

（6）溢出位 OV。

当一个算术运算或浮点数比较运算执行时出错，其运算结果不正常时，OV 被置 1。

（7）条件码 CC0、CC1。

算术和逻辑运算中，条件码用来表示累加器 1 中的运算内容与 0 的大小关系。在比较指令和移位指令中，条件码表示比较结果或移出位状态，如表 4-3 和表 4-4 所示。

（8）二进制结果位 BR。

在既有位操作又有字操作的程序中，BR 可表示字操作结果是否正确。用户在编写 FB 和 FC 时，必须对 BR 位进行处理，功能块正确运行后，应使 BR=1，否则 BR=0。实现这种管理，可以用 SAVE 指令，将 RLO 保存到状态字的 BR 位。功能块执行正确，使 RLO=1 并存入 BR，否则 RLO=0 并存入 BR。

表 4-3　　算术运算中的条件码

CC1	CC0	运算不溢出	整数算术运算溢出	浮点数算术运算有溢出
0	0	结果=0	整数相加负溢出	下溢
0	1	结果<0	乘法负溢出，加、减、取负正溢出	负溢出
1	0	结果>0	乘除正溢出，加减负溢出	正溢出
1	1	—	除数为 0	非法操作

表 4-4　　逻辑运算及比较、移位指令中的条件码

CC1	CC0	逻辑运算	比 较 指 令	移 位 指 令
0	0	结果=0	累加器 2=累加器 1	移出位=0
0	1	—	累加器 2<累加器 1	—
1	0	结果<>0	累加器 2>累加器 1	—
1	1	—	不规范	移出位=1

4.1.3 CPU 的存储器

CPU 的存储器可以划分为 3 个区域：装载存储器、工作存储器和系统存储器。

1. 装载存储器

用于存储用户程序和系统数据（组态、连接和模块参数等），可以是 RAM 或 FEPROM。下载程序时，用户程序（逻辑块和数据块）被下载到 CPU 的装载存储器，CPU 把可执行部分复制到工作存储器，符号表和注释保存在编程设备中。

2. 工作存储器

工作存储器是集成的高速存取的 RAM，用于存储 CPU 运行时的用户程序和数据，如组织块和功能块。只有与程序执行有关的块被装入工作存储器，以保证程序执行的快速性。

3. 系统存储器

系统存储器（RAM）包含了每个 CPU 为用户程序提供的存储器单元，被划分为若干个地址区域。比如过程映像输入和输出表、位存储器、定时器和计数器等。使用指令，可以在相应的地址区域中直接对数据寻址。系统存储器如表4-5所示。

表4-5　系统存储器的结构

地址区	符号	功能描述
过程映像输入表	I、IB、IW、ID	在每次执行OB1扫描循环开始之前，CPU将输入模块的输入值复制到过程映像输入表中
过程映像输出表	Q、QB、QW、QD	在循环扫描期间，将程序运算得到的输出值写入过程映像输出表中。在下一次OB1扫描循环开始时，CPU将这些输出值传送到输出模块
位存储器	M、MB、MW、MD	用于存储用户程序的中间运算结果或标志位
定时器	T	为定时器提供存储空间，存储定时剩余时间
计数器	C	为计数器提供存储空间，存储当前计数器值
共享数据块	DB、DBX、DBB、DBW、DBD	可供所有逻辑块使用，可以用“OPN DB”打开一个共享数据块
背景数据块	DI、DIX、DIB、DIW、DID	背景数据块和功能块或系统功能块相关联，可以用“OPN DI”指令打开一个背景数据块
本地数据	L、LB、LW、LD	用于存放逻辑块（组织块、功能块和系统功能块）中使用的临时数据。当逻辑块结束时，数据丢失
外设输入区	PIB、PIW、PID	通过此区域用户程序可直接访问输入模块
外设输出区	PQB、PQW、PQD	通过此区域用户程序可直接访问输出模块

过程映像输入/输出表（I/Q）是外设输入/输出区的前128个字节。在每次执行OB1扫描循环开始之前，CPU读取数字量输入模块的输入信号的状态，并将它们存入过程映像输入表中。即使在程序执行过程中，接在输入模块的外部信号状态发生了变化，过程映像表中的信号状态仍然保持不变，直到下一个循环被刷新。在循环扫描期间，用户程序计算输出值，并将它们存入过程映像输出表中，在下一次扫描开始时，CPU将过程映像输出表的内容写入数字量输出模块。

I和Q都可以按位（I）、字节（B）、字（W）以及双字（D）来存取，比如I0.1（输入按位）和QB0（输出按字节）。过程映像输入/输出表的访问速度比直接访问信号模块快得多。

位存储器区表示按位存取，用来保存控制逻辑的中间结果。位存储器区也可以按字节（B）、字（W）以及双字（D）来存取。

定时器和计数器存储区为定时器和计数器提供存储空间。

共享数据块中的DB为数据块，DBX、DBB、DBW和DBD分别为数据块中的数据位、数据字节、数据字和数据双字。

背景数据块中的DI为背景数据块，DIX、DIB、DIW和DID分别为背景数据块中的数据位、数据字节、数据字和数据双字。

本地数据区，也叫局部数据堆栈或L堆栈，用于存放组织块、功能、功能块和系统功能块调用时用到的临时数据，这些数据只在块激活时才保持有效。在首次访问局部数据堆栈之前，必须对局部数据初始化。

外设输入区和外设输出区允许直接访问本地的和分布式的输入模块和输出模块，可以按字节、字以及双字来存取，不能以位为单位存取。这两个区域的大小与CPU型号及具体系统配置有关，最大空间是64KB。

4.2 寻址方式

寻址方式是指获得操作数的方式，STEP 7 有 4 种寻址方式：立即寻址、直接寻址、存储器间接寻址和寄存器间接寻址。

1. 立即寻址

立即寻址的操作数本身包含在指令中，有些立即寻址指令的操作数是隐含的（唯一的），不在指令中写出。其主要用于对常数操作数或状态字寄存器的操作。例如：

```
L    16        //将十进制整数 16 装入 ACCU1 中
L    'ABC'     //将 ASCII 字符装入 ACCU1 中
SET            //将状态字寄存器的 RLO 置 1
```

2. 直接寻址

直接寻址在指令中直接给出操作数的存储单元地址。对存储器和寄存器都可以进行直接寻址。例如：

```
=    Q0.0      //将 RLO 的内容赋给 Q0.0
S    M1.0      //将 M1.0 置 1
T    MW8       //将 ACCU1 中的内容传送给 MW8
```

上面的 Q0.0、M1.0 以及 MW8 都是由一个地址标识符和存储器位置组成的，称为绝对地址。为了使程序更容易阅读，常常采用具有某种意义的符号名来代替绝对地址，比如把 Light_On 分配给 Q4.0，然后在程序语句中使用符号名 Light_On 作为地址。符号名也称为符号地址。STEP 7 能自动翻译符号名为要求的绝对地址。

3. 存储器间接寻址

存储器间接寻址指令中给出的存储器，称为存储器指针，该存储器的内容是操作数所在存储器单元的地址。地址指针在指令中需写在方括号“[ ]”内。根据地址的长度，地址指针可以是字或双字。对于定时器、计数器、数据块和功能块，其编号小于 65535，用字指针即可；而对于其他的地址，则要用到双字指针。

用双字指针访问字节、字或双字存储器，指针中的位编号应为 0。

存储器间接寻址的指针格式如图 4-2 所示。

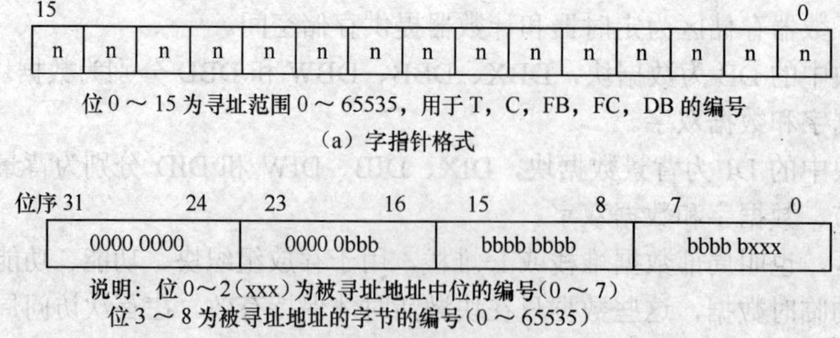

（a）字指针格式

（b）双字指针格式

图 4-2 存储器间接寻址的指针格式

例 4-1：存储器间接寻址的字指针及寻址。

```
L    4            //将整数 4 装入累加器 1
T    MW2          //将累加器 1 的内容传送给存储字 MW2
OPN  DB[MW2]      //打开 DB4 数据块，即由 MW2 指出的数据块
```

4. 寄存器间接寻址

S7-300 的 CPU 中有两个地址寄存器 AR1 和 AR2。地址寄存器的内容加上偏移量形成地址指针，指向操作数所在的存储单元。寄存器间接寻址有两种形式：区域内寄存器间接寻址和区域间寄存器间接寻址。

寄存器间接寻址的指针格式如图 4-3 所示。

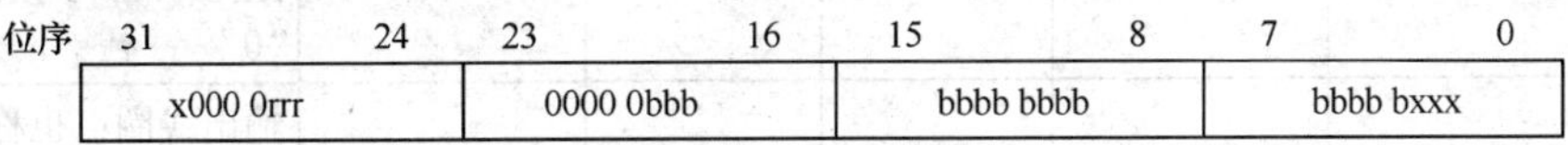

说明：位 0～2（xxx）为被寻址地址中位的编号（0～7）
位 3～8 为被寻址地址的字节的编号（0～65535）
位 24～26（rrr）为被寻址地址的区域标识号
位 31 的 x=0 为区域内的间接寻址，x=1 为区域间的间接寻址

图 4-3 寄存器间接寻址的指针格式

地址寄存器的地址指针有两种格式，都是双字的。第一种地址指针适合做区内寄存器间接寻址，在指针中包含被寻址数值所在存储单元地址的字节编号和位编号，但指向哪个存储区，在指令中给出。第二种地址指针除了第一种的内容外，还具有存储区的标识位，通过改变这些标识位，可实现跨区寻址。

用寄存器指针访问字节、字或双字存储器，指针中的位编号应为 0。

4.3 位逻辑指令

位逻辑指令对“1”和“0”信号状态加以解释，并按照布尔逻辑组合它们。所产生的结果（“1”或“0”）称为“逻辑运算结果”（RLO），存储在状态字的“RLO”中。由位逻辑指令触发的逻辑运算可以执行各种逻辑运算功能。

4.3.1 位逻辑运算指令

位逻辑运算指令主要包括以下指令。

- 基本逻辑指令
- 置位和复位指令
- 触发器指令
- 边沿检测指令
- 立即读取、立即写入指令

1. 基本逻辑指令

基本逻辑指令包括标准触点指令、输出指令、“与”指令、“或”指令、“异或”指令和信号流“取反”指令。基本逻辑指令如表 4-6 所示。

表 4-6　　　　　　　　　　　　　　　　基本逻辑指令

LAD 指令	STL 指令	操作数	数据类型	存储区	说　明
位地址 —| |—		<位地址>	BOOL	I、Q、M、L、D、T、C	常开触点:<位地址>的位值为“1”时，常开触点处于闭合状态，能流流过触点，RLO =“1”。反之，(RLO)=“0”
位地址 —|/|—		<位地址>	BOOL	I、Q、M、L、D、T、C	常闭触点:<位地址>的位值为“0”时，常闭触点处于闭合状态，能流流过触点，RLO =“1”。反之，(RLO)=“0”
位地址 —( )	= <位地址>	<位地址>	BOOL	I、Q、M、L、D	输出线圈：也称赋值指令，若有能流通过线圈(RLO = 1)，将置 <位地址>的位为“1”。反之，将置<位地址>的位为“0”。输出线圈只能位于梯级的右端
位地址 —(#)—	= <位地址>	<位地址>	BOOL	I、Q、M、L、D	中间输出：它将该指令前面分支单元的 RLO 位状态（能流状态）保存到指定<位地址>
位地址 1　位地址 2 —| |——| |—	A 位地址 1 A 位地址 2	<位地址>	BOOL	I、Q、M、L、D、T、C	“与”指令
位地址 1 —| |— 位地址 2 —| |—（并联）	O 位地址 1 O 位地址 2	<位地址>	BOOL	I、Q、M、L、D、T、C	“或”指令
位地址 1　位地址 2 —| |——|/|— 位地址 1　位地址 2 —|/|——| |—（并联）	X 位地址 1 X 位地址 2	<位地址>	BOOL	I、Q、M、L、D、T、C	“异或”指令
—|NOT|—	NOT				“取反”指令：取反 RLO 位

除表 4-6 给出的基本逻辑指令以外，还可以将标准触点指令进行组合，实现“与非”、“或非”、“异或非”等逻辑关系，也可以将标准触点任意组合，实现比较复杂的逻辑关系，如图 4-4 所示。

图 4-4（a）所示梯形图中，I1.0 和 I1.3 相“或”，I1.1 和 M3.2 相“或”，这两个“或”的结果再相“与”，最后再和 M3.0 相“与”，若“与”的结果为“1”，将使 Q3.2 为“1”。图 4-4（b）所示梯形图中，I1.0、I1.1 和 M3.2 相“与”，I1.3 和 M3.0 相“与”，这两个“与”的结果再相“或”，最后再和 I1.2 相“或”，若“或”的结果为“1”，将使 Q2.0 为“1”。

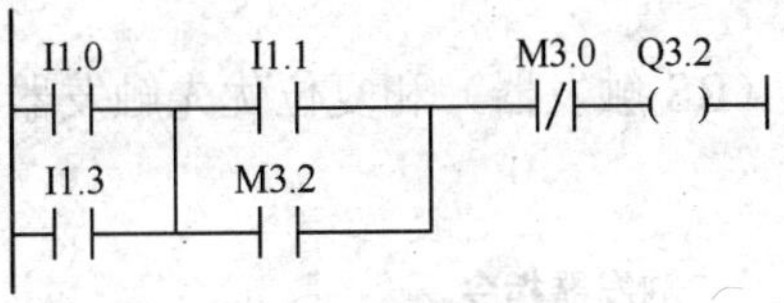

```
A(
O   I1.0
O   I1.3
)
A(
O   I1.1
O   M3.2
)
AN  M3.2
=   Q3.2
```

（a）先“或”后“与”的逻辑块

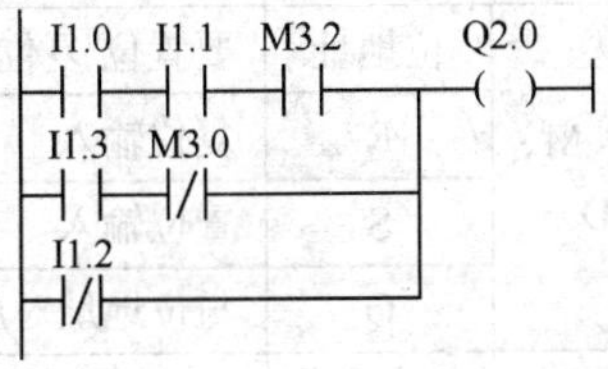

```
A   I1.0
A   I1.1
A   M3.2
O
A   I1.3
AN  M3.0
O   I1.2
=   Q2.0
```

（b）先“与”后“或”的逻辑块

图 4-4 逻辑块

2. 置位和复位指令

置位和复位指令如表 4-7 所示。

表 4-7 置位和复位指令

LAD 指令	STL 指令	操作数	数据类型	存储区	说 明
位地址 —(S)	S 位地址	<位地址>	BOOL	I、Q、M、L、D	置位指令：RLO 为“1”，则操作数的状态置“1”，即使 RLO 又变为“0”，输出仍保持为“1”；若 RLO 为“0”，则操作数的信号状态保持不变
位地址 —(R)	R 位地址	<位地址>	BOOL Timer Counter	I、Q、M、L、D、T、C	复位指令：RLO 为“1”，则操作数的状态置“0”，即使 RLO 又变为“0”，输出仍保持为“0”；若 RLO 为“0”，则操作数的信号状态保持不变

例 4-2：置位指令的应用如图 4-5 所示。

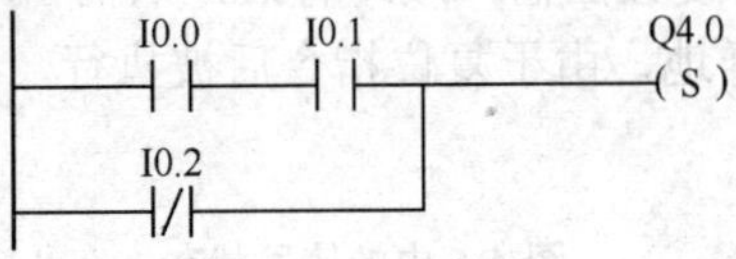

图 4-5 置位指令的应用

当 I0.0 和 I0.1 的信号状态同时为“1”或者 I0.2 的信号状态为“0”时，即置位指令—(S)之前指令的 RLO 为“1”时，将把 Q4.0 置位为“1”。此后，即使 RLO 为 0 也将不起作用，Q4.0 仍将保持当前“1”状态不变。

复位指令与置位指令类似，不再举例。

注意置位指令 位地址—(S)、复位指令 位地址—(R)和赋值指令 位地址—( )的区别。对于置位、复位指令，只要 RLO 为“1”时，置位指令 位地址—(S)就使指定位地址为“1”，此后，即使 RLO 再变为“0”，指定位地址状态仍保持为“1”；同样，只要 RLO 为“1”时，复位指令 位地址—(R)就使指定位地址为“0”，此后，即使 RLO 再变为“0”，指定位地址的状态仍保持为“0”。而对于赋值指令

位地址 —( )，RLO 为“1”时，将使指定位地址为“1”，RLO 为“0”时，将使指定位地址为“0”。

3. 触发器指令

触发器指令包括置位优先触发器（RS 触发器）和复位优先触发器（SR 触发器）两种类型。触发器指令如表 4-8 所示。

表 4-8　　触发器指令

指令名称	LAD 指令	数据类型	存储区	操作数	说　明
置位优先触发器（RS 触发器）	位地址 RS R　Q S	BOOL	I、Q、M、L、D	位地址	要置位/复位的位
				R	复位输入
				S	置位输入
				Q	与位地址对应的存储单元的状态
复位优先触发器（SR 触发器）	位地址 SR S　Q R	BOOL	I、Q、M、L、D	位地址	要置位/复位的位
				R	复位输入
				S	置位输入
				Q	与位地址对应的存储单元的状态

例 4-3：触发器指令的应用如图 4-6 所示。

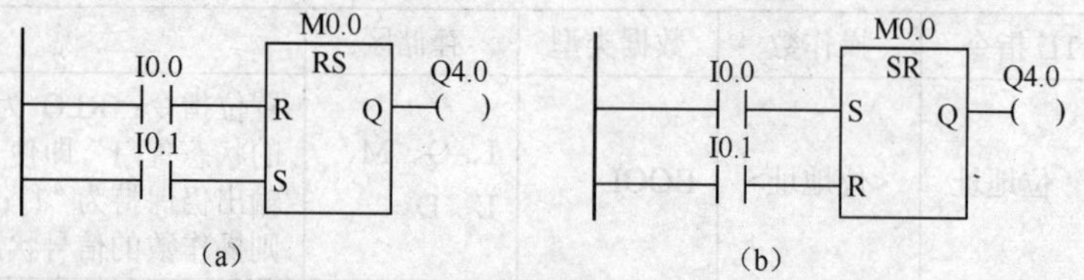

图 4-6　触发器指令的应用

图 4-6 中信号状态如表 4-9 所示。可以看出，当输入 R、S 不同时为 1 时，R 为 1，会使中间存储位 M0.0 复位，输出 Q4.0 为 0，S 为 1，会使中间存储位 M0.0 置位，输出 Q4.0 为 1。当输入 R、S 同时为 1 时，对于置位优先（RS）触发器，因为 PLC 顺序扫描的原因，后执行位于下面的置位指令，使置位输入最终有效，从而 M0.0 和 Q4.0 最终为 1。而对于复位优先（SR）触发器，同样地，由于复位指令后被执行，故而最终存储位 M0.0 复位，输出 Q4.0 为 0。

表 4-9　　图 4-6 中的信号状态

	I0.0	I0.1	M0.0	Q4.0
图 4-6（a）	1	0	0	0
	0	1	1	1
	0	0	不变化	不变化
	1	1	1	1
图 4-6（b）	1	0	1	1
	0	1	0	0
	0	0	不变化	不变化
	1	1	0	0

4. 边沿检测指令

边沿检测指令包括 RLO 上升沿检测指令和 RLO 下降沿检测指令，如表 4-10 所示。

表 4-10　　边沿检测指令

LAD 指令	STL 指令	操作数	数据类型	存储区	说　明
地址 —(P)—	S 位地址	<地址>	BOOL	I、Q、M、L、D	RLO 上升沿检测指令：检测地址中“0”到“1”的信号变化，并在指令后将其显示为 RLO=“1”
地址 —(N)—	R 位地址	<地址>	BOOL	I、Q、M、L、D	RLO 下降沿检测指令：检测地址中“1”到“0”的信号变化，并在指令后将其显示为 RLO=“1”

指令中的“地址”为边沿存储位，存储 RLO 的上一信号状态。指令—(P)将 RLO 中的当前信号状态与地址的信号状态（边沿存储位）进行比较，如果在执行指令前地址的信号状态为“0”，RLO 为“1”，则在执行指令后 RLO 将是“1”，在所有其他情况下将是“0”。指令—(N)—与—(P)的不同之处是：如果在执行指令前地址的信号状态为“1”，RLO 为“0”，则在执行指令后 RLO 将是“1”，其他与—(P)相同。

例 4-4：下降沿检测指令应用。

图 4-7 程序中，边沿存储位 M0.0 保存 RLO 的先前状态。RLO 的信号状态从“1”变为“0”时，程序将跳转到标号 CAS1。

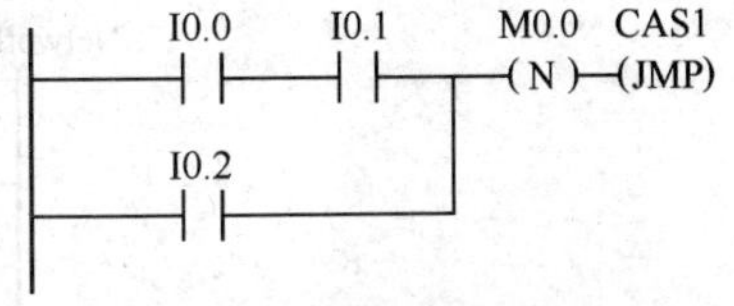

图 4-7　下降沿检测指令应用

5. 立即读取指令

对于对时间要求苛刻的应用程序，对数字输入的当前状态的读取可能要比正常情况下每 OB1 扫描周期一次的速度快。“立即读取”在扫描“立即读取”梯级时从输入模块中直接获取数字输入的状态，不必等到下一 OB1 扫描周期结束。要从输入模块立即读取一个输入（或多个输入），必须使用外设输入（PI）存储区来代替输入（I）存储区。可以以字节、字或双字形式读取外设输入存储区。因此，不能通过触点（位）元素读取单一数字输入。

立即输入要满足一定的条件。

（1）CPU 读取包含相关输入数据的 PI 存储器的字。

（2）如果输入位处于接通状态（为“1”），将对 PI 存储器的字与某个常数执行产生非零结果的 AND 运算。

（3）测试累加器的非零条件。

对于“立即读取”功能，必须按以下实例所示创建符号程序段。

立即读取外设输入 I1.1 的程序段如图 4-8 所示。

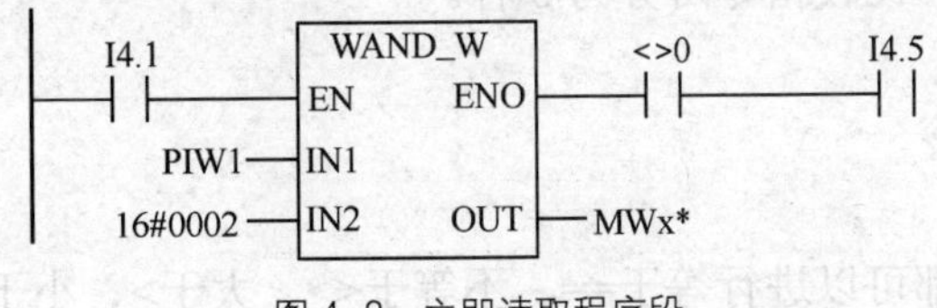

图 4-8　立即读取程序段

图 4-8 中，字 PIW1 包含外设输入 I1.1 的立即状态，立即输入 I1.1 与 I4.1 和 I4.5 串联。WAND_W 指令对 PIW1 与 W#16#0002 执行 AND 运算。

PIW1	0000000000101010
W#16#0002	0000000000000010
结果	0000000000000010

如果 PIB1 中的 I1.1（第二位）为真（“1”），则结果不等于零。如果 WAND_W 指令的结果不等于零，触点 A<>0 时将传递电压。程序中必须指定 MWx*，才能存储程序段。x 可以是允许的任何数。

6. 立即写入指令

与立即读取类似，立即写入可以将一个输出（或多个输出）立即写入输出模块。立即写入需使用外设输出（PQ）存储区来代替输出（Q）存储区，可以以字节、字或双字形式读取外设输出存储区。因此，不能通过线圈单元更新单一数字输出。要立即向输出模块写入数字输出的状态，需根据条件把包含相关位的 Q 存储器的字节、字或双字复制到相应的 PQ 存储器（直接输出模块地址）中。图 4-9 所示是立即写入的程序段。

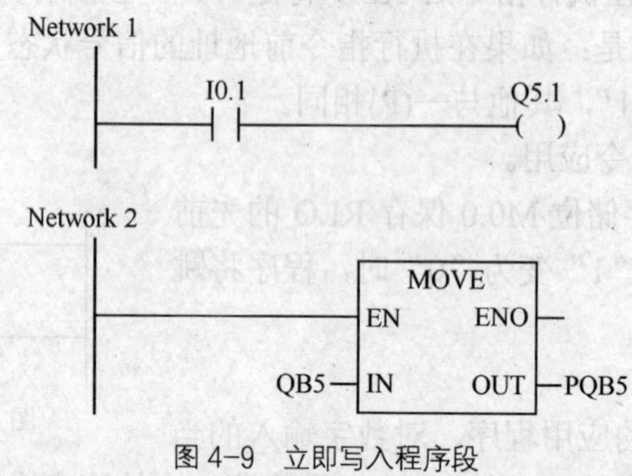

图 4-9　立即写入程序段

其中，Q5.1 为所需的立即输出位。

网络 1 中给 Q5.1 分配 I0.1 信号状态。网络 2 将输出字节 QB5 复制到相应的直接外设输出存储区（PQB5）。这样，外设输出字节 PQB5 包含 Q5.1 位的立即输出状态，PQB5 的其他 7 位也会被 MOVE（复制）指令更新。

注意：

① 由于 Q 存储器的整个字节都写入了输出模块，因此在执行立即输出时，将更新该字节中的所有输出位；

② 如果输出位在程序各处产生了多个中间状态（1/0），而这些状态不应发送给输出模块，则执行“立即写入”可能会导致危险情况（输出端产生瞬态脉冲）发生。

4.3.2　比较指令

按照操作数的类型，比较指令可分为 3 种。

- 整数比较指令
- 长整数比较指令
- 实数比较指令

以上 3 种比较指令都可以进行等于==、不等于<>、大于>、小于<、大于等于>= 和小于等于<=的比较运算。比较的结果为“真”，则 RLO 为“1”，否则为“0”。

比较指令如表 4-11 所示。

表 4-11　比较指令

LAD 指令	STL 指令	操作数	数据类型	存储区	说　明
CMP ?I IN1 IN2	? I	输入框	BOOL	I、Q、M、L、D	上一逻辑运算的结果
		输出框	BOOL	I、Q、M、L、D	比较的结果，仅在输入框的 RLO=1 时才进一步处理
		IN1	INT	I、Q、M、L、D 或常数	要比较的第一个整数值
		IN2	INT	I、Q、M、L、D 或常数	要比较的第二个整数值
CMP ?D IN1 IN2	? D	输入框	BOOL	I、Q、M、L、D	上一逻辑运算的结果
		输出框	BOOL	I、Q、M、L、D	比较的结果，仅在输入框的 RLO=1 时才进一步处理
		IN1	DINT	I、Q、M、L、D 或常数	要比较的第一个长整数值
		IN2	DINT	I、Q、M、L、D 或常数	要比较的第二个长整数值
CMP ?R IN1 IN2	? R	输入框	BOOL	I、Q、M、L、D	上一逻辑运算的结果
		输出框	BOOL	I、Q、M、L、D	比较的结果，仅在输入框的 RLO=1 时才进一步处理
		IN1	REAL	I、Q、M、L、D 或常数	要比较的第一个实数值
		IN2	REAL	I、Q、M、L、D 或常数	要比较的第二个实数值

注：表 4-11 中的？可以是等于==、不等于<>、大于>、小于<、大于等于>= 和小于等于<=等比较运算符。

从表 4-11 可以看出，除数据类型不同外，3 种比较指令的符号和功能都一样。

比较指令的使用方法与标准触点类似。它可位于任何可放置标准触点的位置。图 4-10 所示是一个整数比较的例子。当输入 I0.0 和 I0.1 的信号状态为“1”，并且 MW0 >= MW2 时，输出 Q4.0 置位。

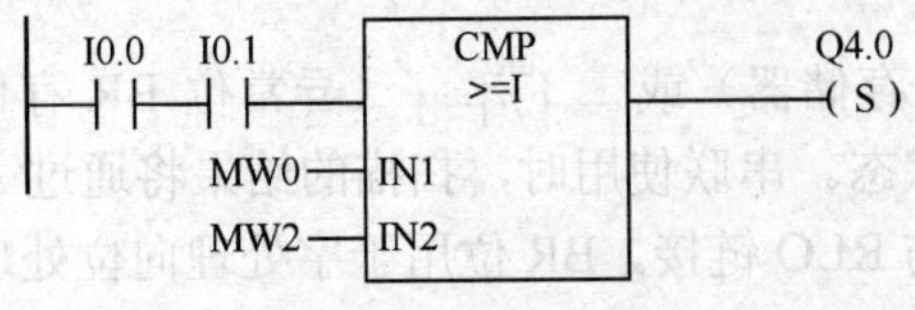

图 4-10　整数比较

4.3.3 状态位指令

状态位指令用于对状态字的位进行处理。各状态位指令分别对下列条件之一做出反应，其中每个条件以状态字的一个或多个位来表示。

（1）二进制结果位被置位(BR —| |—)，即信号状态为 1。

（2）数学运算指令发生溢出(OV —| |—) 或存储溢出(OS —| |—)。

（3）算术运算功能的结果无序(UO —| |—)。

（4）数学运算函数的结果与 0 的关系有== 0、<> 0、> 0、< 0、>= 0、<= 0。

当状态位指令以串联方式连接时，该指令将根据“与”真值表将其信号状态校验的结果与前一逻辑运算结果合并。当状态位指令以并联方式连接时，该指令将根据“或”真值表将其结果与前一 RLO 合并。

1. 异常位溢出

指令—| OV |—（溢出异常位）或—| OV / |—（异常位溢出取反）触点符号用于识别上次执行数学运算指令时的溢出。检查指令执行后的结果是否超出了允许的正、负范围。串联使用时，扫描的结果将通过 AND 与 RLO 链接；并联使用时，扫描结果通过 OR 与 RLO 链接。

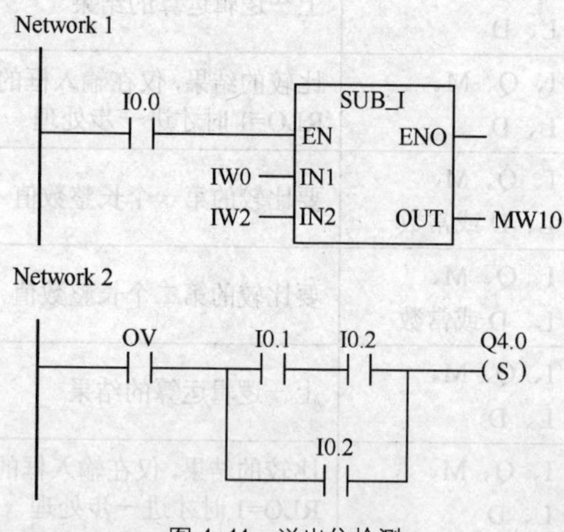

图 4-11　溢出位检测

在图 4-11 所示程序中，I0.0 的信号状态为“1”时将激活减法运算。相减的结果超出了整数的允许范围，则置位 OV 位。如果 OV 扫描的信号状态为“1”，且程序段 2 的 RLO 为“1”，则置位 Q4.0。

2. 存储的异常位溢出

—| OS |—（存储的异常位溢出）或—| OS / |—（存储的异常位溢出取反）触点符号用于识别和存储数学运算函数中的锁存溢出。如果指令的结果超出了允许的负或正范围，则置位状态字中的 OS 位。与需要在执行后续数学运算函数前重写的 OV 位不同，OS 位在溢出发生时存储。OS 位将保持置位状态，直至离开该块。串联使用时，扫描的结果将通过 AND 与 RLO 链接；并联使用时，扫描结果通过 OR 与 RLO 链接。

3. 无序异常位

—| UO |—（无序异常位）或—| UO / |—（无序异常位取反）触点符号用于识别含浮点数的数学运算是否无序，也就是说，数学运算函数中的值是否有无效浮点数。如果含浮点数的数学运算函数的结果无效，则信号状态扫描为“1”。如果 CC 1 和 CC 0 中的逻辑运算显示“无效”，信号状态扫描的结果将是“0”。串联使用时，扫描的结果将通过 AND 与 RLO 链接；并联使用时，扫描结果通过 OR 与 RLO 链接。

4. 异常位二进制结果

—| BR |—（异常位 BR 存储器）或—| BR / |—（异常位 BR 存储器取反）触点符号用于测试状态字中 BR 位的逻辑状态。串联使用时，扫描的结果将通过 AND 与 RLO 链接；并联使用时，扫描结果通过 OR 与 RLO 链接。BR 位用于字处理向位处理的转变。

5. 数学运算结果判断

这些触点符号用于识别数学运算函数的结果与“0”的大小关系。指令扫描状态字的条件代码位 CC 1 和 CC 0，以确定结果与“0”的关系。串联使用时，扫描的结果将通过 AND 与 RLO 链接；并联使用时，扫描结果通过 OR 与 RLO 链接。

例如，触点符号—| <>0 |—是判断结果位不等于 0，—| <=0 /|—是判断结果位取反后是否小于等于 0 等。

4.4 定时器和计数器指令

4.4.1 定时器指令

在 CPU 的存储器中，有一个区域是专为定时器保留的。此存储区域为每个定时器地址保留一个 16 位的字和一个二进制的位，定时器的字用来存放它当前的定时时间值，定时器触点的状态由它的位的状态来决定。

定时器的字格式如图 4-12 所示。第 0～11 位为以 BCD 码（二进制编码的十进制数）表示的时间值，第 12～13 位为二进制编码的时间基准（简称时基），其取值为 00、01、10、11，对应的时间基准是 10 毫秒、100 毫秒、1 秒和 10 秒。时基定义时间值以一个单位递减的间隔（定时器采用减计时）。最小的时基是 10ms，最大为 10s。时基越小，定时器分辨率越高，但定时范围会减小。表 4-12 说明了这种关系。

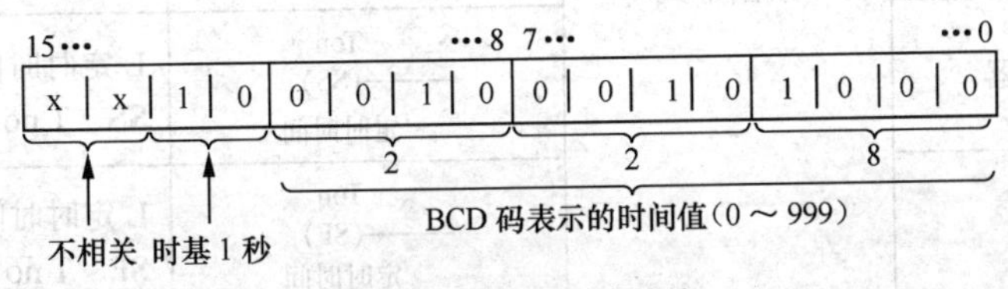

图 4-12 定时器的字格式

表 4-12 时基设置与定时范围

时 基 设 置	时 基	定 时 范 围
00	10mS	10mS 到 9S_990mS
01	100mS	100mS 到 1M_39S_900mS
10	1S	1S 到 16M_39S
11	10S	10S 到 2H_46M_30S

定时时间等于时间值乘以时基。时间值可以用两种形式表达。

1. W#16#wxyz（十六进制数）

其中，w 是时基，3 代表时基 10 秒，2 代表 1 秒，1 代表 100 毫秒，0 代表 10 毫秒。xyz 是 BCD 格式的时间值，xyz 的范围是 1～999。比如定时器字为 W#16#2999 时，定时时间为 1×999=999 秒。

2. S5T#aH_bM_cS_dMS（S5 时间格式）

H 表示小时，M 表示分钟，S 表示秒，MS 表示毫秒。a、b、c、d 由用户定义。

S5 时间格式是由 CPU 自动选择符合定时范围要求的最小时基。可以输入的最大时间值是

9，990s 或 2H_46M_30S。例如，S5TIME#4s = 4s，S5T#1H_11M_16S = 1 小时 11 分钟 16 秒。

在 LAD 中，定时器有 5 类。

- 脉冲定时器 SP (Pulse Timer)
- 扩展脉冲定时器 SE (Extending Pulse Timer)
- 接通延时定时器 SD (On Delay Timer)
- 保持接通延时定时器 SS (Sustained ODT)
- 断开延时定时器 SF (Off Delay Timer)

这 5 类定时器有两种形式：线圈形式和功能框形式。线圈形式的定时器指令相对简单，在只需要基本功能时使用更为方便。功能框形式的定时器指令也称为 S5 定时器，除了实现基本功能外，还可以查看定时器的当前剩余时间。两种形式的定时器指令如表 4-13 所示。

表 4-13　　定时器指令

名　称	LAD 指令		STL 指令
脉冲定时器	线圈形式	Ton ——(SP) 定时时间	L 定时时间 SP　T no
扩展脉冲定时器		Ton ——(SE) 定时时间	L 定时时间 SE　T no
接通延时定时器		Ton ——(SD) 定时时间	L 定时时间 SD　T no
保持型接通延时定时器		Ton ——(SS) 定时时间	L 定时时间 SS　T no
断开延迟定时器		Ton ——(SF) 定时时间	L 定时时间 SF　T no
复位定时器		Ton ——(R)	R　T no
脉冲定时器	功能框形式	Tno S_PULSE S　Q TV　BI R　BCD	参见例 4-5
扩展脉冲定时器		Tno S_PEXT S　Q TV　BI R　BCD	参见例 4-6
接通延时定时器		Tno S_ODT S　Q TV　BI R　BCD	参见例 4-7

续表

名　　称	LAD 指令		STL 指令
保持型接通延时定时器	功能框形式	Tno S_ODTS S　Q TV　BI R　BCD	参见例 4-8
关断延迟定时器		Tno S_OFFDT S　Q TV　BI R　BCD	参见例 4-9
操　作　数	数据类型	存储区	说　　明
no	Timer	T	定时器编号，其范围依赖于 CPU
定时时间	S5TIME	I、Q、M、L、D	预设的时间值
S	BOOL	I、Q、M、L、D	使能输入
TV	S5TIME	I、Q、M、L、D	预设的时间值
R	BOOL	I、Q、M、L、D	复位输入
BI	WORD	I、Q、M、L、D	剩余时间值，整型格式
BCD	WORD	I、Q、M、L、D	剩余时间值，BCD 格式
Q	BOOL	I、Q、M、L、D	定时器的状态

例 4-5：脉冲定时器的应用。

功能框形式的脉冲定时器指令应用如图 4-13 所示。由时序波形图 4-14 可知，如果输入端 I0.0 的信号状态从“0”变为“1”（RLO 中的上升沿），则定时器 T5 将启动。只要 I0.0 为“1”，定时器就将继续运行指定的两秒（2s）时间。如果定时器达到预定时间前，I0.0 的信号状态从“1”变为“0”，则定时器将停止。如果输入端 I0.1 的信号状态从“0”变为“1”，而定时器仍在运行，则时间复位。

只要定时器运行，输出端 Q4.0 就是逻辑“1”，常开触点同步闭合，如果定时器预设时间结束或复位，则输出端 Q4.0 变为“0”，常开触点断开。

剩余时间值（当前定时值）通过 MW22 以整数格式输出。

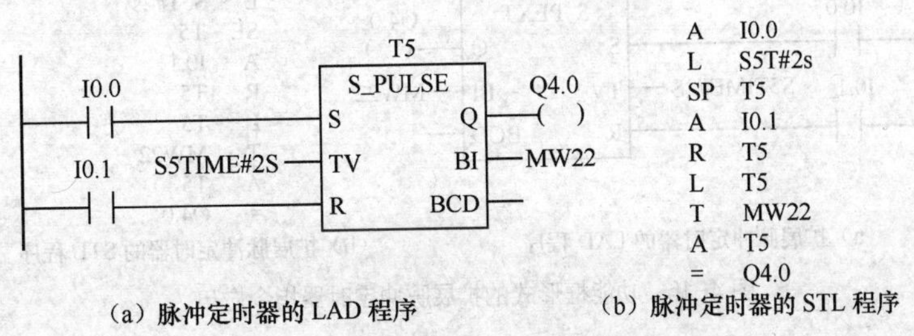

（a）脉冲定时器的 LAD 程序　　（b）脉冲定时器的 STL 程序

图 4-13　功能框形式的脉冲定时器指令应用

脉冲定时器的时序波形如图 4-14 所示。*t* 为预设的定时时间值。

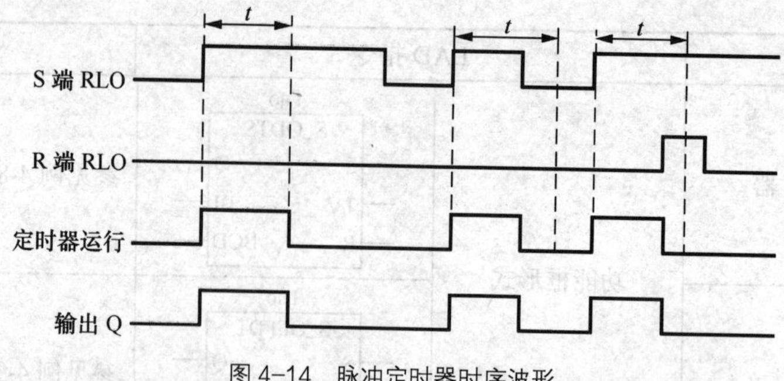

图 4-14　脉冲定时器时序波形

与图 4-13 实现相似功能的线圈形式的脉冲定时器程序如图 4-15 所示。

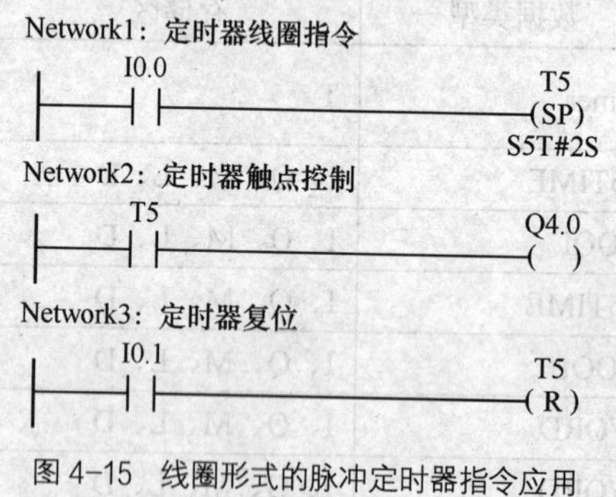

图 4-15　线圈形式的脉冲定时器指令应用

脉冲定时器的特点是：①启动信号上升沿启动定时器，常开触点同步闭合，输出状态为 1；②定时时间到、定时期间启动信号消失或复位信号输入，则定时器停止，常开触点断开，输出状态为 0。

例 4-6：扩展脉冲定时器的使用。

功能框形式的扩展脉冲定时器指令应用如图 4-16 所示。由时序波形图 4-17 可知，如果在启动输入端 S 有一个上升沿（I0.0 的状态从“0”变为“1”），则 T5 将被启动。一旦启动，在定时时间（2 秒）到之前，即使输入 S 端变为 0，定时器仍然继续定时。只要定时器运行，输出端 Q 的信号状态就为“1”。如果在定时器运行期间输入端 S 的信号状态从“0”变为“1”，则将使用预设的时间值重新启动定时器。

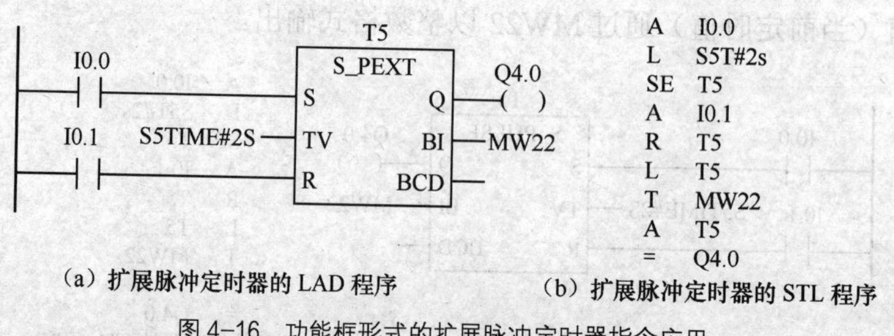

（a）扩展脉冲定时器的 LAD 程序　　（b）扩展脉冲定时器的 STL 程序

图 4-16　功能框形式的扩展脉冲定时器指令应用

如果在定时器运行期间复位（R）输入从“0”变为“1”，则定时器复位，当前时间和时间基准被设置为零。

剩余时间值（当前定时值）通过 MW22 以整数格式输出。

扩展脉冲定时器的时序波形如图 4-17 所示。*t* 为预设的定时时间值。

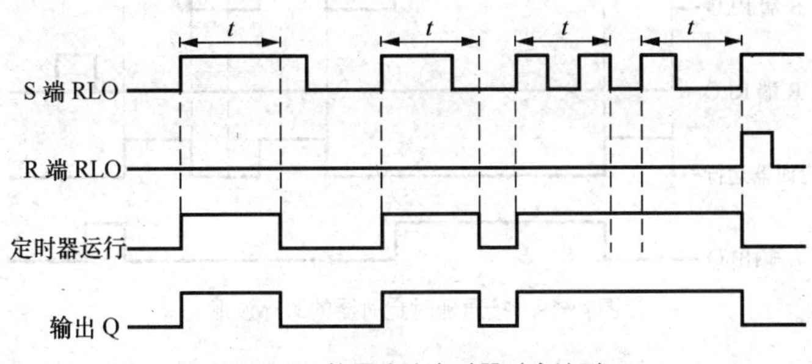

图 4-17 扩展脉冲定时器时序波形

扩展脉冲定时器与脉冲定时器比较。

（1）扩展脉冲定时器由 S 端的上升沿启动后，在定时时间到之前，即使输入 S 端变为 0，定时器仍然继续定时，Q 输出端为 1 状态。而脉冲定时器在上升沿启动后，启动信号必须要有一定的脉冲宽度才能正常定时，在脉冲宽度期间，Q 输出端为 1 状态，否则就复位至初始状态。

（2）对扩展脉冲定时器来说，如果在定时器运行期间输入端 S 的信号状态从“0”变为“1”，则将使用预设的时间值重新启动定时器。而脉冲定时器不具备此特点。

例 4-7：接通延时定时器的应用。

功能框形式的接通延时定时器指令应用如图 4-18 所示。

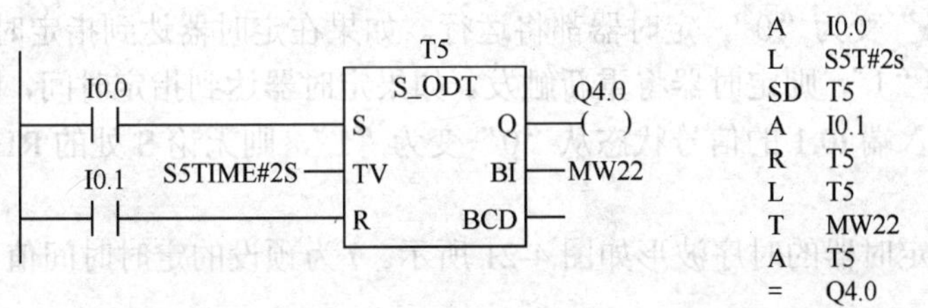


```
A   I0.0
L   S5T#2s
SD  T5
A   I0.1
R   T5
L   T5
T   MW22
A   T5
=   Q4.0
```

（a）接通延时定时器的 LAD 程序　　（b）接通延时定时器的 STL 程序

图 4-18 功能框形式的接通延时定时器指令应用

由接通延时定时器的时序波形图 4-19 可知，如果在启动输入端 S 有一个上升沿（I0.0 的状态从“0”变为“1”），则 T5 将被启动。一旦启动，定时器就以在输入端 TV 指定的时间间隔运行。定时器达到指定时间（2s）而没有出错，并且 S 端的信号状态仍为“1”时，输出端 Q 的信号状态为“1”。如果定时器运行期间 S 端的信号状态从“1”变为“0”，定时器将停止，输出端 Q 的状态为“0”。如果在定时器运行期间复位（R）输入 I0.0 从“0”变为“1”，则定时器复位，当前时间和时间基准被设置为零。然后，输出端 Q 的信号状态变为“0”。如果在定时器没有运行时，R 输入端有一个逻辑“1”，并且输入端 S 的 RLO 为“1”，则定时器也复位。

剩余时间值（当前定时值）通过 MW22 以整数格式输出。

接通延时定时器的时序波形如图 4-19 所示。*t* 为预设的定时时间值。

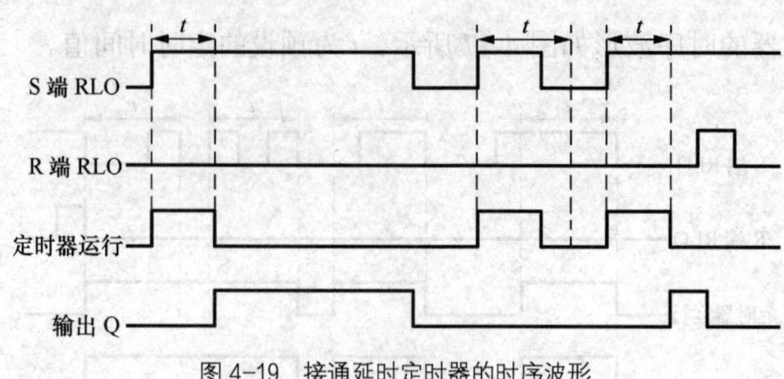

图 4-19 接通延时定时器的时序波形

例 4-8：保持型接通延时定时器的应用。

功能框形式的保持接通延时定时器的例子如图 4-20 所示。

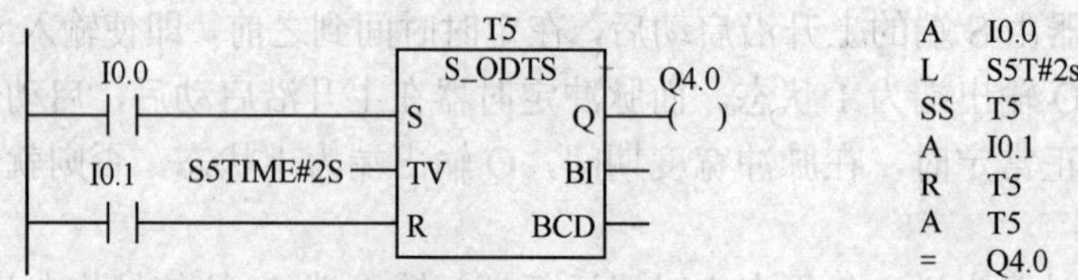

（a）保持型接通延时定时器的 LAD 程序　　（b）保持型接通延时定时器的 STL 程序

图 4-20 功能框形式的保持型接通延时定时器应用

如果 I0.0 的信号状态从“0”变为“1”（RLO 中的上升沿），则定时器 T5 将启动。无论 I0.0 的信号是否从“1”变为“0”，定时器都将运行。如果在定时器达到指定时间前，I0.0 的信号状态从“0”变为“1”，则定时器将重新触发。如果定时器达到指定时间，则输出端 Q4.0 将变为“1”。如果输入端 I0.1 的信号状态从“0”变为“1”，则无论 S 处的 RLO 如何，时间都将复位。

保持型接通延时定时器的时序波形如图 4-21 所示。t 为预设的定时时间值。

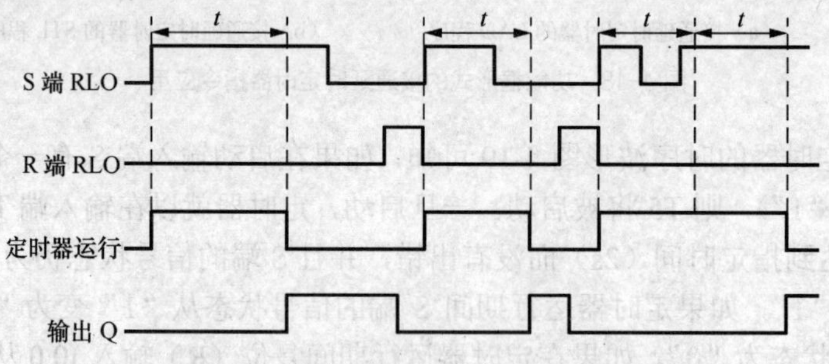

图 4-21 保持接通延时定时器的时序波形

保持型接通延时定时器与接通延时定时器有所不同。它启动后，定时时间未到时，即使 S 端变为 0，定时器仍然继续工作。如果在定时器运行期间输入端 S 的信号状态从“0”变为“1”，则将使用预设的时间值重新启动定时器。如果复位（R）输入从“0”变为“1”，则无论 S 输入端的 RLO 如何，定时器都将复位。然后，输出端 Q 的信号状态变为“0”。

例 4-9：断开延时定时器的应用。

功能框形式的断开延时定时器指令应用如图 4-22 所示。

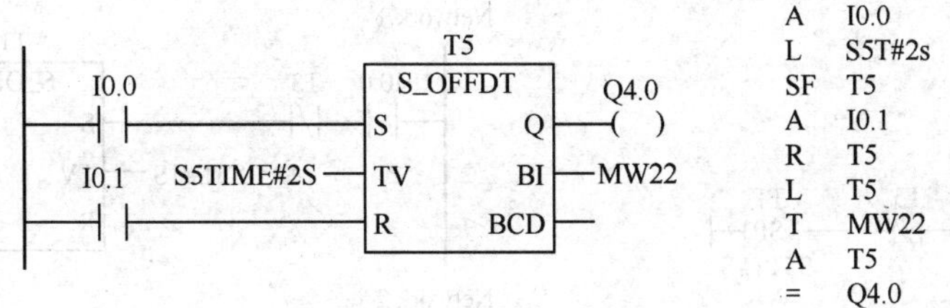


```
A    I0.0
L    S5T#2s
SF   T5
A    I0.1
R    T5
L    T5
T    MW22
A    T5
=    Q4.0
```

（a）断开延时定时器的 LAD 程序　　（b）断开延时定时器的 STL 程序

图 4-22　功能框形式的断开延时定时器指令应用

由断开延时定时器的时序波形图 4-23 可知，如果输入端 I0.0 的信号状态从“1”变为“0”，则定时器 T5 将被启动。如果输入端 I0.0 为“1”或定时器正在运行，则输出端 Q4.0 的信号状态为“1”。如果在定时器运行期间输入端 I0.0 的信号状态从“0”变为“1”时，定时器将复位。输入端 I0.0 的信号状态再次从“1”变为“0”后，定时器才能重新启动。

如果输入端 I0.1 的信号状态从“0”变为“1”，定时器 T5 将被复位，定时器停止，并将时间值的剩余部分清为“0”。

剩余时间值（当前定时值）通过 MW22 以整数格式输出。

断开延时定时器的时序波形如图 4-23 所示。*t* 为预设的定时时间值。

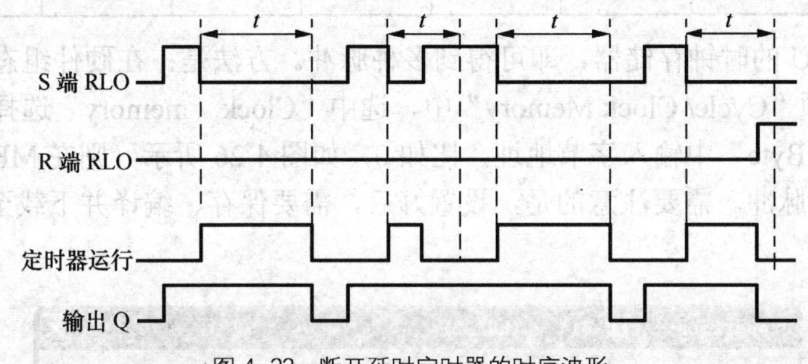

图 4-23　断开延时定时器的时序波形

例 4-10：设计一个振荡器，振荡周期为 2s，占空比为 50%。

振荡器的设计是经常用到的，比如控制一个指示灯的闪烁。本例用脉冲定时器、接通延时定时器以及时钟存储器分别进行设计。

1. 用脉冲定时器设计振荡器

如图 4-24 所示，采用两个定时器 T1 和 T3 实现“1”和“0”的维持时间。由于是周期振荡电路，所以 T1 和 T3 必须互相启动，采用各自的常闭触点实现。当 T1 定时时间到时，T1 的常闭触点接通，从而产生 RLO 上跳沿，启动 T3 定时器，当 T3 定时时间到时又启动 T1 定时器。如此循环，在 Q4.0 端形成振荡器。

2. 用接通延时定时器设计振荡器

如图 4-25 所示，Network1 中，采用定时器 T1 实现延迟 1s 后的高电平输出。Network2 中，采用定时器 T3 实现 1s 定时。引入 T3 的常闭触点控制 T1 的关断。

3. 用时钟存储器设计振荡器

在 S7 系列 PLC 的 CPU 的位存储器 M 中，可以任意指定一个字节，如 MB0，作为时钟脉冲存储器。当 PLC 运行时，MB0 的各个位能周期性地改变二进制值，即产生不同频率（或周期）的时钟脉冲。Clock Memory 各位的周期及频率如表 4-14 所示。

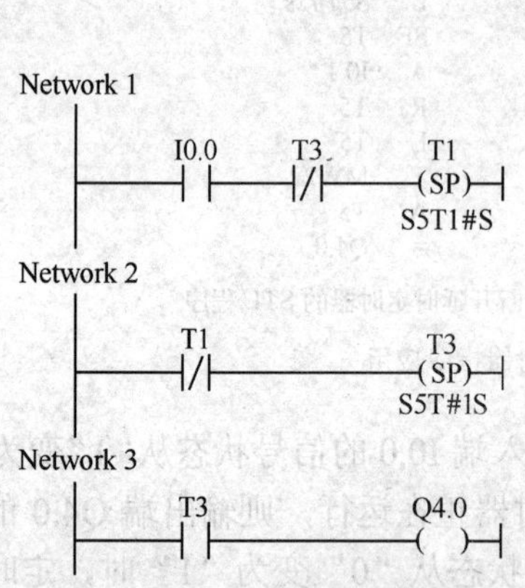

图 4-24 用脉冲定时器设计的振荡器程序

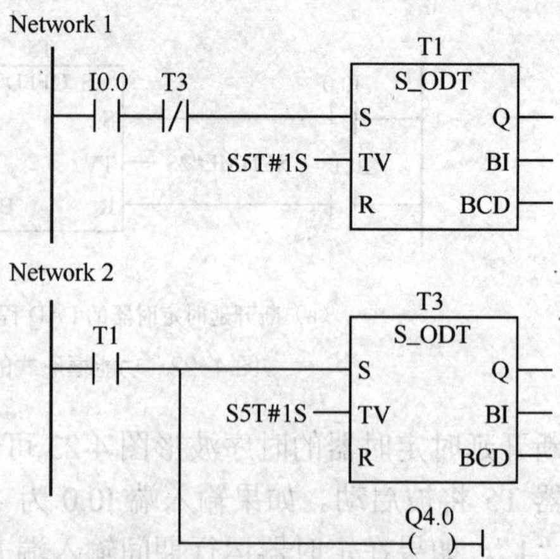

图 4-25 用接通延时定时器设计的振荡器程序

表 4-14　　　　Clock Memory 各位的周期及频率

位　　序	7	6	5	4	3	2	1	0
周期（S）	2	1.6	1	0.8	0.5	0.4	0.2	0.1
频率（Hz）	0.5	0.625	1	1.25	2	2.5	5	10

通过设置 CPU 的时钟存储器，即可得到多种脉冲。方法是：在硬件组态时打开 CPU 的属性窗口，在选项“Cycle/ Clock Memory”中，选中“Clock　memory”选择框激活该功能，同时在“Memory Byte”中输入字节地址，比如 0，如图 4-26 所示。则在 MB0.7 位就会产生周期为 2s 的时钟脉冲。需要注意的是，设置好后，需要保存、编译并下载至 CPU，否则得不到频率信号。

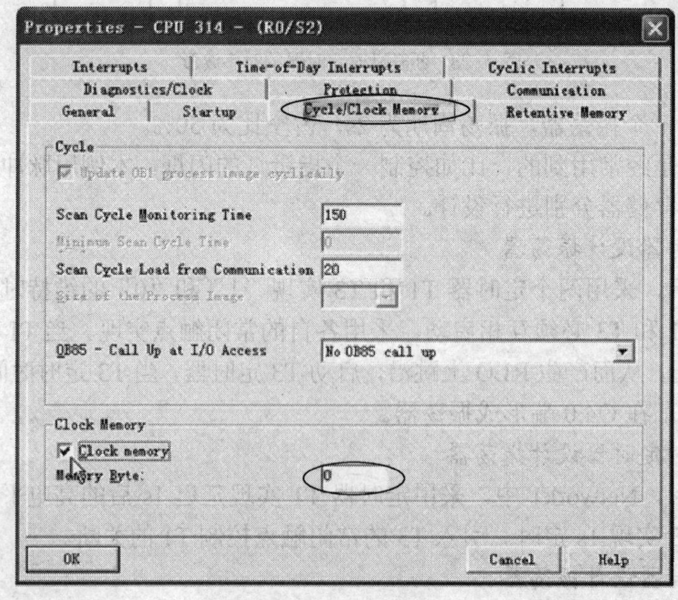

图 4-26 设置时钟存储器

4.4.2 计数器指令

与定时器一样，在 CPU 的存储区中，有一个区域专为计数器保留着。计数器指令就是专门用来访问计数器存储区的函数。计数器用于对 RLO 的正跳沿计数，由表示当前计数值的字（16 位）及状态的位组成。

计数器的字格式有两种，如图 4-27 所示。

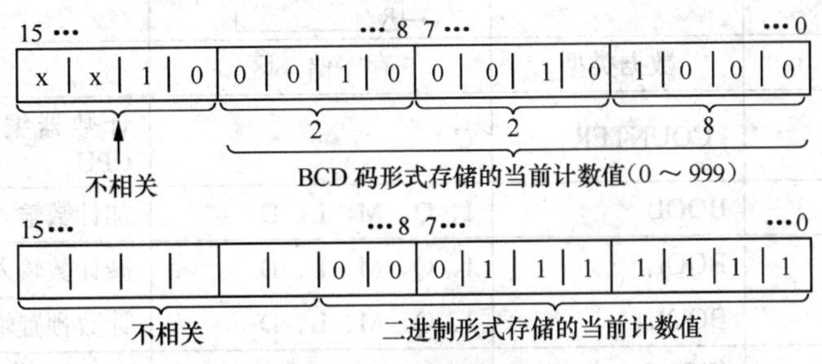

图 4–27 计数器的字格式

BCD 码格式计数值的范围为 0～999，用 C#来表示，比如使用 C#228 表示输入计数值 228。当设置某个计数器时，计数值移至计数器字。S7 有 3 种计数器。

- 加计数器 (S_CU) （0～999）
- 减计数器 (S_CD) （定时值～0）
- 可逆计数器 (S_CUD)

计数器指令如表 4-15 所示。

表 4-15 计数器指令

名称	LAD 指令		STL 指令
置计数初值	线圈形式	Cno —(SC) 计数初值	L 计数初值 S Cno
加计数器		Cno —(CU)	CU Cno
减计数器		Cno —(CD)	CD Cno
复位计数器		Cno —(R)	R Cno
加计数器	功能框形式	Cno S_CU CU Q S PV CV CV_BCD R	参见例 4-11
减计数器		Cno S_CD CU Q S PV CV CV_BCD R	

续表

名　　称	LAD 指令		STL 指令
双向计数器	功能框形式	Cno S_CUD CU　Q CD S　CV PV　CV_BCD R	参见例 4-12
操　作　数	数据类型	存　储　区	说　　明
no	COUNTER	C	计数器编号，其范围依赖于 CPU
CU	BOOL	I、Q、M、L、D	加计数输入
CD	BOOL	I、Q、M、L、D	减计数输入
S	BOOL	I、Q、M、L、D	计数预置输入
PV	WORD	I、Q、M、L、D 或常数	计数初始值输入
R	BOOL	I、Q、M、L、D	计数器复位输入
V	WORD	I、Q、M、L、D	当前计数器值，十六进制数字
CV_BCD	WORD	I、Q、M、L、D	当前计数器值，BCD 码
Q	BOOL	I、Q、M、L、D	计数器状态，只要当前计数值不为 0，其常开触点状态均为“1”

例 4-11：加计数器应用。

加计数器的应用如图 4-28 所示。

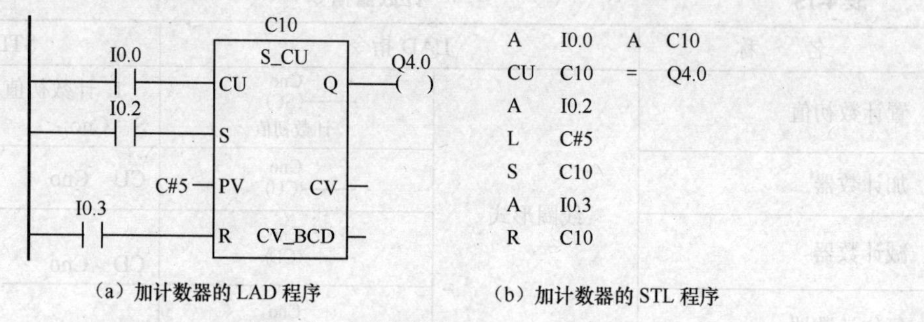

（a）加计数器的 LAD 程序　　（b）加计数器的 STL 程序

图 4-28　加计数器的应用

如果 I0.2 从逻辑“0”变为逻辑“1”，则计数器预置为 5。如果 I0.0 的信号状态从逻辑“0”变为逻辑“1”，则计数器 C10 的值将增加 1，当 C10 的值等于“999”时除外。只要 C10 不等于零，则 Q4.0 为“1”。

例 4-12：双向计数器应用。

双向计数器的应用及波形如图 4-29 所示。

在 I0.2 从“0”变为“1”，即输入端 S 有上升沿时，双向计数器 C10 预置为 PV 的输入值 5。在 I0.1 即输入端 CD 的每一个上升沿，计数器的值依次减 1，直到减为 0。在 I0.0 即输入端 CU 的每一个上升沿，计数器的值依次增 1。只要计数值不为 0，输出 Q4.0 的状态为“1”；计数值为 0，输出 Q4.0 也为 0。

C10 S_CUD: CU ← I0.0, CD ← I0.2, S ← (contact), PV ← MW10, R ← I0.3; Q → Q4.0; CV → MW10; CV_BCD → MW14

（a）双向计数器的 LAD 程序

```
A   I0.0
CU  C10
A   I0.1
CD  C10
A   I0.2
L   C#5
S   C10
A   I0.3
R   C10
A   C10
=   Q4.0
L   C10
T   MW10
LC  C10
T   MW14
```

（b）双向计数器的 STL 程序

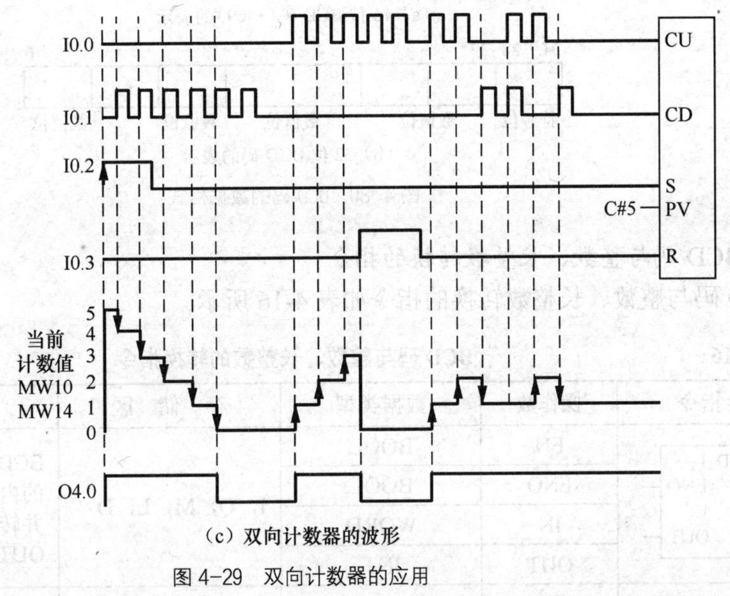

（c）双向计数器的波形

图 4-29　双向计数器的应用

当 I0.3 即复位输入端 R 为“1”时，计数器复位，输出状态为“0”，同时将计数值设置为 0。

如果两个计数输入 CU 和 CD 都有上升沿，则计数值保持不变。

4.5 数学运算指令

由于一般的自动控制系统中都需要实现 PID 算法，因此需要重点掌握基本的数学运算指令，特别是整数、浮点数的运算指令。

4.5.1 数据转换指令

STEP 7 能够实现的转换操作有如下几种。

- BCD 码与整数（16 位）之间的转换
- BCD 码与长整数（32 位）之间的转换
- 整数（16 位）与长整数（32 位）之间的转换
- 浮点数与长整数（32 位）之间的转换（取整）
- 数的求反

- 数的求补

1. STEP 7 中 BCD 码的表示

STEP 7 中 BCD 码有两种表示方法：16 位字格式的 BCD 码和 32 位双字格式的 BCD 码。1 位 BCD 码用 4 位二进制数表示，所以 16 位 BCD 码的数值范围是-999～+999；32 位 BCD 码的数值范围是-9 999 999～+9 999 999。BCD 码的符号"-"用 1111 表示，"+"用 0000 表示，如图 4-30 所示。

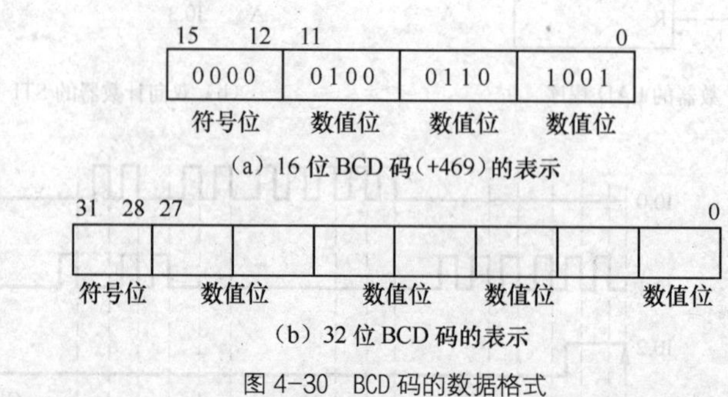

图 4-30 BCD 码的数据格式

2. BCD 码与整数、长整数转换的指令

BCD 码与整数、长整数转换的指令如表 4-16 所示。

表 4-16 BCD 码与整数、长整数的转换指令

LAD 指令	操作数	数据类型	存储区	说明
BCD_I	EN	BOOL	I，Q，M，L，D	BCD 码转换为整型：将 IN 的内容以 3 位 BCD 码读取并转换为 16 位整数输出至 OUT
	ENO	BOOL		
	IN	WORD		
	OUT	INT		
BCD_DI	EN	BOOL	I，Q，M，L，D	BCD 码转换为长整型：将 IN 的内容以 7 位 BCD 码读取并转换为 32 位长整数输出至 OUT
	ENO	BOOL		
	IN	DWORD		
	OUT	DINT		
I_BCD	EN	BOOL	I，Q，M，L，D	整型转换为 BCD 码：将 IN 的内容以整型值（16 位）读取，并转换为 3 位 BCD 码。结果由 OUT 输出
	ENO	BOOL		
	IN	INT		
	OUT	WORD		
DI_BCD	EN	BOOL	I，Q，M，L，D	长整型转换为 BCD 码：将 IN 的内容以长整型值（32 位）读取，并转换为 7 位 BCD 码由 OUT 输出
	ENO	BOOL		
	IN	DINT		
	OUT	DWORD		
I_DINT	EN	BOOL	I，Q，M，L，D	整型转换为长整型：将 IN 的内容以整型（16 位）读取，并转换为长整型（32 位）由 OUT 输出
	ENO	BOOL		
	IN	INT		
	OUT	DINT		

例 4-13：一个 BCD 码转换成整数的例子如图 4-31 所示。

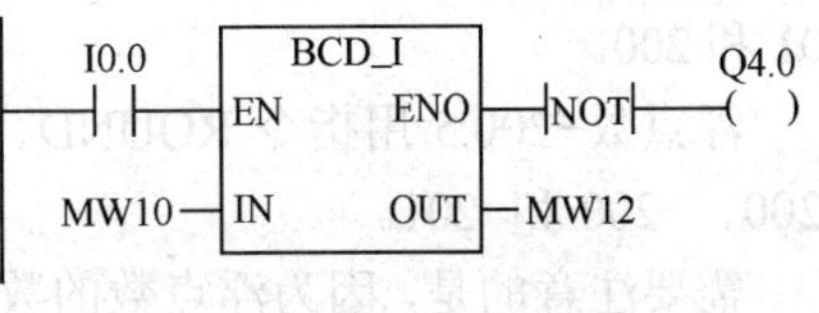

图 4-31 BCD 码转换成整数

如果输入 I0.0 的状态为“1”，则将 MW10 中的内容以 3 位 BCD 码数字读取，并将其转换为整型值。结果存储在 MW12 中。如果未执行转换（ENO = EN = 0），则输出 Q4.0 的状态为“1”。

需要注意的是，3 位 BCD 码所能表示的范围是−999～+999，小于 16 位二进制补码表示的整数范围（−32768～+32767），因此在执行 I_BCD 指令时，如果要转换的整数超出了 BCD 码的表示范围，将不能得到正确的转换结果。同样，在执行 DI_BCD 指令时，也会出现类似的问题。如果转换结果不正确，系统会将状态字中的溢出位 OV 和溢出保持位 OS 置 1，可以通过判断 OV 和 OS 位的状态来得知转换结果是否正确。

3. 浮点数与长整数（32 位）转换的指令

浮点数与长整数（32 位）转换的指令如表 4-17 所示。

表 4-17　　浮点数与长整数的转换指令

LAD 指令	操作数	数据类型	存 储 区	说 明
DI_REAL (EN, ENO, IN, OUT)	EN	BOOL	I，Q，M，L，D	长整型转换为浮点型：将 IN 的内容以长整型读取，并转换为浮点数由 OUT 输出
	ENO	BOOL		
	IN	DINT		
	OUT	REAL		
ROUND (EN, ENO, IN, OUT)	EN	BOOL	I，Q，M，L，D	取整为长整型：将 IN 的内容以浮点数读取，并转换为最接近的长整型（32 位）数。四舍五入取整，但如果小数部分等于 5，则返回最接近的偶数。结果由 OUT 输出
	ENO	BOOL		
	IN	REAL		
	OUT	DINT		
TRUNC (EN, ENO, IN, OUT)	EN	BOOL	I，Q，M，L，D	取浮点数的整数部分：将 IN 的内容以浮点数读取，并转换为长整型（32 位）数，结果为浮点数的整数部分。结果由 OUT 输出
	ENO	BOOL		
	IN	REAL		
	OUT	DINT		
CEIL (EN, ENO, IN, OUT)	EN	BOOL	I，Q，M，L，D	向上取整：将 IN 的内容以浮点数读取，并将其转换为长整型（32 位）。结果为大于该浮点数的最小长整数
	ENO	BOOL		
	IN	REAL		
	OUT	DINT		
FLOOR (EN, ENO, IN, OUT)	EN	BOOL	I，Q，M，L，D	向下取整：将 IN 的内容以浮点数读取，并将其转换为长整型（32 位）。结果为小于该浮点数的最大长整数
	ENO	BOOL		
	IN	REAL		
	OUT	DINT		

以上 5 条指令，除 DI_REAL 以外，其余 4 条指令执行过程中如果产生溢出，都会使 ENO 的状态为“0”。

例 4-14：将浮点数 200.5 和−200.5 分别用指令 ROUND、TRUNC、CEIL 和 FLOOR 取整。

浮点数 200.5 用指令 ROUND、TRUNC、CEIL 和 FLOOR 取整的结果依次为：200、200、

201 和 200。

浮点数-200.5 用指令 ROUND、TRUNC、CEIL 和 FLOOR 取整的结果依次为：-200、-200、-200 和-201。

需要注意的是，因为浮点数的数值范围远大于 32 位长整数，因此，有的浮点数就不能正确转换为 32 位长整数。这时，状态字中的溢出位 OV 和溢出保持位 OS 被置 1，可以通过判断 OV 和 OS 位的状态来得知转换结果是否正确。

4. 数的取反与求补指令

在微机中，凡是涉及带符号数都一定是用补码表示的，因此，在 STEP7 中，整数和长整数也是以补码形式表示的。求补码与反码只有对整数、长整数有意义，浮点数的取反指令只是将浮点数的符号位（第 31 位）取反。取反与求补指令的执行结果都在累加器 1 中。数的取反与求补指令如表 4-18 所示。

表 4-18 数的取反与求补指令

LAD 指令	操作数	数据类型	存储区	说明
INV_I（EN ENO IN OUT）	EN	BOOL	I，Q，M，L，D	对整数求反码：读取 IN 的内容，并将每一位变成相反状态。ENO 始终与 EN 的信号状态相同
	ENO	BOOL		
	IN	INT		
	OUT	INT		
INV_DI（EN ENO IN OUT）	EN	BOOL	I，Q，M，L，D	对长整数求反码：读取 IN 的内容，并将每一位变成相反状态。ENO 始终与 EN 的信号状态相同
	ENO	BOOL		
	IN	DINT		
	OUT	DINT		
NEG_I（EN ENO IN OUT）	EN	BOOL	I，Q，M，L，D	对整数求补码:读取 IN 的内容并执行求二进制补码指令。ENO 始终与 EN 的信号状态相同，2 种情况例外：如果 EN 的信号状态 =1 并产生溢出，则 ENO 的信号状态 =0
	ENO	BOOL		
	IN	INT		
	OUT	INT		
NEG_DI（EN ENO IN OUT）	EN	BOOL	I，Q，M，L，D	对长整数求补码:读取 IN 的内容并执行求二进制补码指令。ENO 始终与 EN 的信号状态相同，2 种情况例外：如果 EN 的信号状态 =1 并产生溢出，则 ENO 的信号状态 =0
	ENO	BOOL		
	IN	DINT		
	OUT	DINT		
NEG_R（EN ENO IN OUT）	EN	BOOL	I，Q，M，L，D	浮点数取反：读取 IN 的内容并改变符号。ENO 始终与 EN 的信号状态相同
	ENO	BOOL		
	IN	REAL		
	OUT	REAL		

注：求二进制补码等同于乘以-1 后改变符号。因此，求补码相当于将该数乘以-1，即求该数的相反数。

例 4-15： 数的取反与求补指令举例如表 4-19 所示。

表 4-19　数的取反与求补指令举例

执行的指令	执 行 前	执 行 后
INV_DI	F0F0 FFF0H	0F0F 000FH
NEG_I	100	–100
NEG_R	5.342	–5.342

4.5.2 数据传送（赋值）指令

数据传送指令 MOVE 如表 4-20 所示。

表 4-20　MOVE 指令

指　　令	操作数	数 据 类 型	存 储 区	说　　明
MOVE EN　ENO IN　OUT	EN	BOOL	I、Q、M、L、D	使能端
	ENO	BOOL	I、Q、M、L、D	使能输出
	IN	长度为 8、16 或 32 位的基本数据类型	I、Q、M、L、D、常数	源值
	OUT		I、Q、M、L、D	目标地址

MOVE 指令通过启用 EN 输入来激活。在 IN 输入的值将复制到在 OUT 输出的指定地址。ENO 与 EN 的逻辑状态相同。MOVE 只能复制 BYTE、WORD 或 DWORD 数据对象。用户自定义数据类型（如数组或结构）必须用系统功能“BLKMOVE”(SFC 20)来复制。

需要注意的是，执行 MOVE 时，如果 OUT 和 IN 数据类型相同，IN 输入的值将被完整地复制到 OUT 输出。如果 OUT 的数据类型长度小于源值的长度，则执行 MOVE 后高位字节被截断。如果 OUT 的数据类型长度大于源值的长度，则执行 MOVE 后以零填充高位字节。

在激活的 MCR（主站控制继电器）区内，如果开启了 MCR，同时有通往启用输入的电流，则按如上所述复制寻址的数据。如果 MCR 关闭，则无论当前 IN 状态如何，执行 MOVE 均会将逻辑“0”写入到指定的 OUT 地址。

4.5.3 整数数学运算指令

整数数学运算指令共有 9 条，分别是：

- ADD_I 整数加
- SUB_I 整数减
- MUL_I 整数乘
- DIV_I 整数除
- ADD_DI 长整数加
- SUB_DI 长整数减
- MUL_DI 长整数乘
- DIV_DI 长整数除
- MOD_DI 返回长整数余数

整数数学运算指令对整数（16 位）和长整数（32 位）执行加、减、乘、除等运算。整数运算指令的执行，会影响状态字中的以下位：CC1、CC0、OV 和 OS。表 4-21 显示运算结果对这些状态位的影响情况。

表 4-21　　整数数学运算指令对状态位的影响

结果的有效范围	CC 1	CC 0	OV	OS
0	0	0	0	不影响
16 位：−32768 <=结果< 0(负数) 32 位：−2147483648 <=结果 < 0(负数)	0	1	0	不影响
16 位：32767 >= 结果 > 0(正数) 32 位：2147483647 >= 结果 > 0(正数)	1	0	0	不影响
结果的无效范围	**A1**	**A0**	**OV**	**OS**
下溢(加)：16 位：结果 =−65536 32 位：结果 =−4294967296	0	0	1	1
下溢(乘)：16 位：结果 <−32768(负数) 32 位：结果 <−2147483648(负数)	0	1	1	1
溢出(加，减)：16 位：结果> 32767(正数) 32 位：结果> 2147483647(正数)	0	1	1	1
溢出(乘，除)：16 位：结果> 32767(正数) 32 位：结果> 2147483647(正数)	1	0	1	1
下溢(加，减)：16 位：结果<−32768(负数) 32 位：结果<−2147483648(负数)	1	0	1	1
0 作除数	1	1	1	1
操　　作	**A1**	**A0**	**OV**	**OS**
双整数加法：结果=−4294967296	0	0	1	1
双整数除法或除法取余：除以 0	1	1	1	1

整数数学运算指令的梯形图形式非常相似，除了助记符，其他都相同。下面以整数加法指令和返回长整数余数指令为例说明，如表 4-22 所示。

表 4-22　　整数加法指令

指　　令	操作数	数据类型	存 储 区	说　　明
ADD_I EN　ENO IN1 IN2　OUT	EN	BOOL	I、Q、M、L、D	使能端
	ENO	BOOL	I、Q、M、L、D	使能输出
	IN1	INT	I、Q、M、L、D、常数	被加数
	IN2	INT	I、Q、M、L、D、常数	加数
	OUT	INT	I、Q、M、L、D	结果

例 4-16： 当 I0.0 为 1 时，将字 MW0 和 MW2 中的整数相加，结果存入到 MW10 中。LAD 程序如图 4-32 所示。

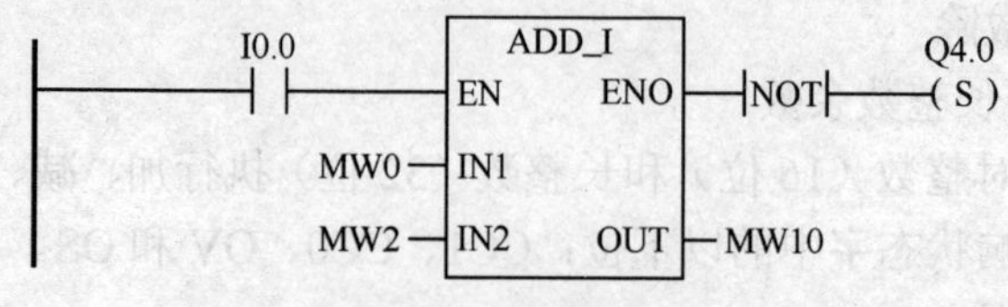

图 4-32　整数加法指令

注意：如果相加的结果超出了整数（16 位）允许的范围（-32768～32767），OV 位和 OS 位将为“1”，并且 ENO 为逻辑“0”，取反后置输出 Q4.0 为 1。

例 4-17：当 I0.0 为 1 时，将字 MD0 除以 MD4 中的 32 位整数，余数输出到 MD10 中，商被忽略。如果余数超出长整数的允许范围，则 ENO 为逻辑“0”，取反后置输出 Q4.0 为 1，如图 4-33 所示。

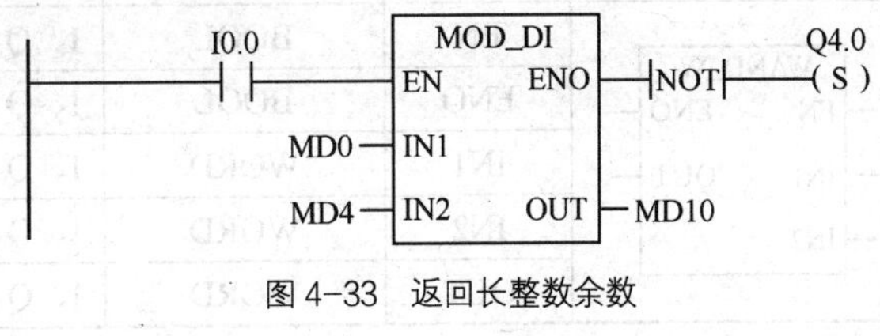

图 4-33 返回长整数余数

4.5.4 浮点数运算指令

这里所说的浮点数是指 32 位 IEEE 浮点数，属于 REAL 数据类型。浮点数运算指令分基本指令和扩展指令两类。基本指令有 5 条，分别是：

- ADD_R 实数加
- SUB_R 实数减
- MUL_R 实数乘
- DIV_R 实数除
- ABS 求绝对值

扩展指令有 10 条，分别是：

- SQR（求平方）和 SQRT（平方根）
- LN（求自然对数）
- EXP（求指数值，以 e= 2，71828 为底）
- SIN（正弦）ASIN（反正弦）
- COS（余弦）和 ACOS（反余弦）
- TAN（正切）和 ATAN（反正切）

在三角函数运算中，浮点数代表一个以弧度为单位的角度，而在反三角函数运算中，求一个定义在- 1 <= 输入值 <= 1 范围内的浮点数的反三角函数值，结果是一个以弧度为单位的角度。对反正弦函数和反正切函数，结果在-π/2～π/2 之间；对反余弦函数，结果在 0～π 之间。

浮点数运算指令的语法和使用比较简单，和前面讲的整数运算指令相似，只是数据类型由整数换成了浮点数。此处不再细述。

4.5.5 字逻辑指令

字逻辑指令是对字（16 位）和双字（32 位）逐位进行逻辑运算，共有 6 条指令，分别是：

- WAND_W 字“与”运算
- WOR_W 字“或”运算
- WXOR_W 字“异或”运算
- WAND_DW 双字“与”运算
- WOR_DW 双字“或”运算
- WXOR_DW 双字“异或”运算

字逻辑指令的梯形图形式非常相似，下面以字逻辑“与”指令为例说明，如表 4-23 所示。

表 4-23　　字逻辑“与”指令

指　　令	操作数	数据类型	存　储　区	说　　明
WAND_W EN　ENO IN1　OUT IN2	EN	BOOL	I、Q、M、L、D	使能端
	ENO	BOOL	I、Q、M、L、D	使能输出
	IN1	WORD	I、Q、M、L、D	逻辑运算的第一个数
	IN2	WORD	I、Q、M、L、D	逻辑运算的第二个数
	OUT	WORD	I、Q、M、L、D	结果

字逻辑指令运算结果对状态字标志位的影响如表 4-24 所示。

表 4-24　　字逻辑指令对标志位的影响

运 算 结 果	CC1	CC0	OV
结果为 0	0	0	0
结果不为 0	1	0	0

例 4-18：如图 4-34 所示，如果 I0.0 为“1”，则执行指令。若 MW0 = 01010101 01010101，IN2 = 00000000 00001111，则指令执行后 MW2 = 00000000 00000101，Q4.0 为“1”。即在 MW0 的位中，只有 0～3 位是相关的，其余位被 IN2 屏蔽。

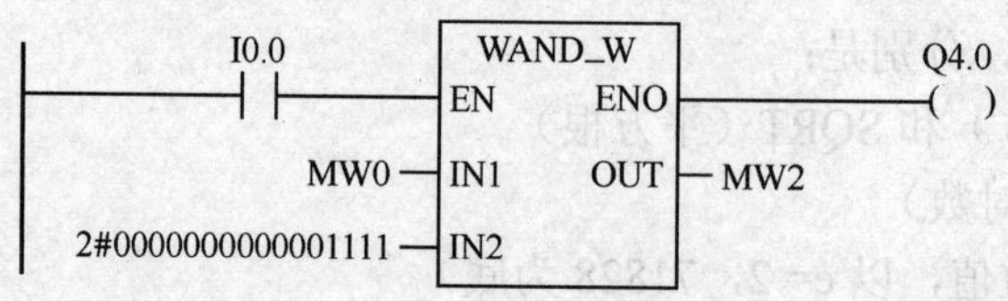

图 4-34　字逻辑“与”指令

4.5.6　移位和循环移位指令

STEP7 中的移位指令有 6 条，循环移位指令有 2 条，如表 4-25 所示。

表 4-25　　移位和循环移位指令分类

移位指令	无符号数的移位指令	字型数据左移指令 SHL_W（shift left word）
		字型数据右移指令 SHR_W（shift right word）
		双字型数据左移指令 SHL_DW（shift left double word）
		双字型数据右移指令 SHR_DW（shift right double word）
移位指令	有符号数的移位指令	整数右移指令 SHR_I（shift right integer）
		长整数右移指令 SHR_DI（shift right double integer）
循环移位指令	双字型数据循环左移指令 ROL_DW（roll left double word）	
	双字型数据循环右移指令 ROR_DW（roll left double word）	

循环移位和一般的移位指令区别在于，循环移位把操作数的最高位和最低位连接起来，参与数据的移动，形成一个封闭的环。

移位指令执行后，空出的位补0（无符号数）或补符号位（有符号数，正数补0，负数补1）。最后移动的位的信号状态会被载入状态字的CC1位中。状态字的CC0位和OV位会被复位为0。可以使用跳转指令对CC1位进行判断。

存储器中的一个二进制数向左移N位相当于乘以2的N次幂，向右移N位相当于除以2的N次幂。左移指令和右移指令常常用来实现乘法和除法运算。

1. 移位指令

移位指令的格式及功能说明如表4-26所示。EN为使能端，ENO为使能输出，IN为输入数据，N为移位位数，OUT为移位后的结果。

表4-26　移位指令的格式及功能说明

LAD指令	操作数	数据类型	存储区	说明
SHL_W（EN、ENO、IN、OUT、N）	EN	BOOL		无符号字左移：EN为1时，将IN中的字型数据向左逐位移动N位，结果送OUT。左移后在右边的空出位补0
	ENO	BOOL		
	IN	WORD	I，Q，M，L，D	
	N	WORD		
	OUT	WORD		
SHR_W（EN、ENO、IN、OUT、N）	EN	BOOL		无符号字右移：EN为1时，将IN中的字型数据向右逐位移动N位，结果送OUT。右移后在左边的空出位补0
	ENO	BOOL		
	IN	WORD	I，Q，M，L，D	
	N	WORD		
	OUT	WORD		
SHL_DW（EN、ENO、IN、OUT、N）	EN	BOOL		无符号双字左移：EN为1时，将IN中的双字数据向左逐位移动N位，结果送OUT。左移后在右边的空出位补0
	ENO	BOOL		
	IN	DWORD	I，Q，M，L，D	
	N	WORD		
	OUT	DWORD		
SHR_DW（EN、ENO、IN、OUT、N）	EN	BOOL		无符号双字右移：EN为1时，将IN中的双字数据向左逐位移动N位，结果送OUT。左移后在右边的空出位补0
	ENO	BOOL		
	IN	DWORD	I，Q，M，L，D	
	N	WORD		
	OUT	DWORD		
SHR_I（EN、ENO、IN、OUT、N）	EN	BOOL		有符号整数右移：EN为1时，将IN中的整数向右逐位移动N位，结果送OUT。右移后在左边的空出位补符号位0（正数）或1（负数）
	ENO	BOOL		
	IN	INT	I，Q，M，L，D	
	N	WORD		
	OUT	INT		
SHR_DI（EN、ENO、IN、OUT、N）	EN	BOOL		有符号长整数右移：EN为1时，将IN中的长整数向右逐位移动N位，结果送OUT。右移后在左边的空出位补符号位0（正数）或1（负数）
	ENO	BOOL		
	IN	DINT	I，Q，M，L，D	
	N	WORD		
	OUT	DINT		

例 4-19：将无符号字类型数据 0F55H 左移 6 位，结果为 D540H，如图 4-35 所示。

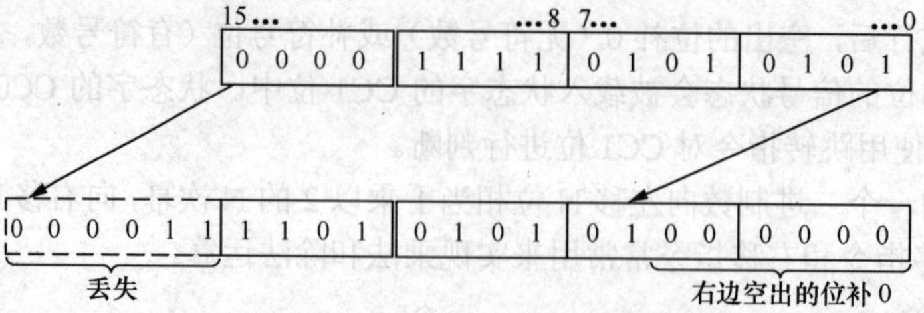

图 4-35 字左移（SHL_W）指令示例

例 4-20：将有符号数 AF0AH 右移 4 位，结果为 FAF0H，如图 4-36 所示。

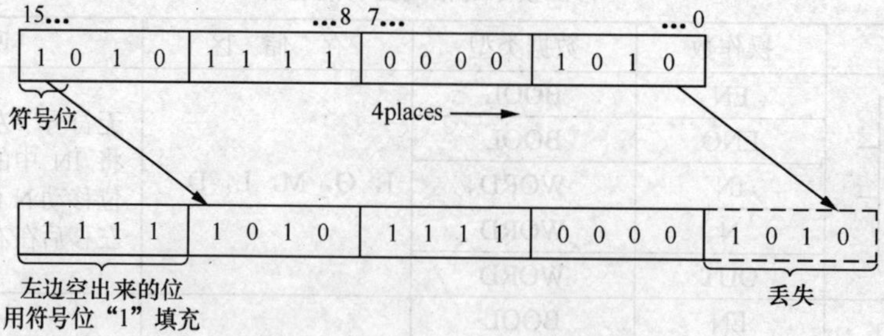

图 4-36 整数右移（SHR_I）指令示例

2. 循环移位指令

循环移位指令的格式及功能说明如表 4-27 所示。EN 为使能端，ENO 为使能输出，IN 为输入数据，N 为移位位数，OUT 为移位后的结果。

表 4-27 循环移位指令的格式及功能说明

ROL_DW EN ENO IN OUT N	EN	BOOL	I，Q，M，L，D	无符号双字循环左移：EN 为 1 时，将 IN 中的双字型数据向左循环移动 N 位后，结果送 OUT
	ENO	BOOL		
	IN	DWORD		
	N	WORD		
	OUT	DWORD		
ROR_DW EN ENO IN OUT N	EN	BOOL	I，Q，M，L，D	无符号双字循环右移：EN 为 1 时，将 IN 中的双字型数据向右循环移动 N 位后，结果送 OUT
	ENO	BOOL		
	IN	DWORD		
	N	WORD		
	OUT	DWORD		

例 4-21：将无符号数 F0AA0F0FH 循环左移 3 位，结果为 8550787FH，如图 4-37 所示。

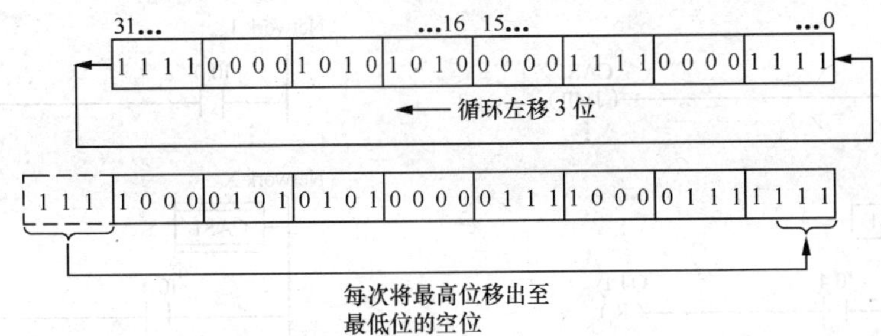

图 4-37 双字循环左移（ROL_DW）指令示例

4.6 控制指令

控制指令有逻辑控制指令和程序控制指令两类。

4.6.1 逻辑控制指令

逻辑控制指令可以在所有逻辑块，包括组织块（OB）、功能块（FB）和功能（FC）中使用，用于实现程序的跳转与循环，包括：

- —(JMP) 无条件跳转
- —(JMP) 条件跳转
- —(JMPN) 若“否”则跳转

跳转指令的地址用标号（LABEL）表示。标号最多可以包含 4 个字符。第一个字符必须是字母，其他字符可以是字母或数字（例如，SEG3）。跳转标号指示程序将要跳转到的目标。每个跳转指令都必须有与之对应的目标标号（LABEL）。目标标号必须位于程序段的开头。可以通过从梯形图浏览器中选择 LABEL，在程序段的开头输入目标标号，在显示的空框中，键入标号的名称。

1. 无条件跳转—(JMP)

当—(JMP)指令左侧电源轨道与指令间没有其他梯形图元素时执行的是绝对跳转，跳转发生在块内。每个—(JMP)指令都必须有与之对应的目标（LABEL）。无条件跳转指令不影响状态字。

图 4-38 中，Network1 是一条绝对跳转指令。跳转标号是 CAS1，假设位于 NetworkX，执行跳转后，将跳过 Network1 和 NetworkX 间的指令转去执行 NetworkX。

2. 条件跳转—(JMP)

有条件跳转和无条件跳转的区别是指令左侧电源轨道与指令间存在其他梯形图元素，则当前一逻辑运算的 RLO 为“1”时执行条件跳转，否则不跳转。条件跳转时清 OR、FC，置位 STA、RLO。

图 4-39 中，如果 I0.0 =“1”，将跳过 Network1 和 NetworkX 间的指令转去执行 NetworkX。

3. 若“否”则跳转—(JMPN)

与—(JMP)的跳转条件正好相反，即当前一逻辑运算的 RLO 为“0”时执行跳转操作。JMPN 跳转时清 OR、FC，置位 STA、RLO。

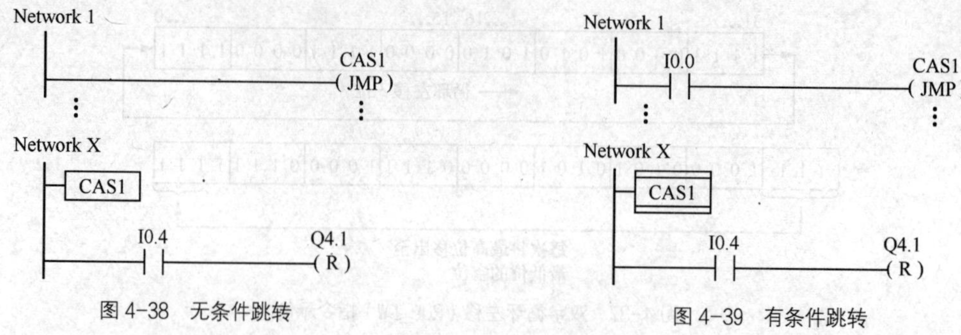

图 4-38　无条件跳转　　　　图 4-39　有条件跳转

4.6.2　程序控制指令

程序控制指令包括逻辑块调用指令、主控继电器指令以及打开数据块指令。

1. 逻辑块调用指令

逻辑块调用指令是指对逻辑块（FB、FC、SFB、SFC）的调用指令和逻辑块（OB、FB、FC）的返回指令，可以是有条件的或无条件的。逻辑块调用指令如表 4-28 所示。

表 4-28　　　　逻辑块调用指令

指　令	参　数	数据类型	存　储　区	说　明
No. —(CALL)	无	BLOCK_FC BLOCK_SFC	—	No.为 FC 或 SFC 的编号，范围取决于 CPU
DB no. BLOCK no. —EN　ENO—	DB no.	BLOCK_DB	I、Q、M L、D	背景数据块号
	Block no.	BLOCK_FB		功能块号
	EN	BOOL		使能端
	ENO	BOOL		使能输出
—(RET)	无	—	—	块返回

—(CALL)指令用于调用不带参数的功能(FC)或系统功能(SFC)。只有在 CALL 线圈上 RLO 为“1”时，才执行调用。

当执行—(CALL)时：存储调用块的返回地址，由当前的本地数据区代替以前的本地数据区，然后将 MA 位(有效 MCR 位)移位到 B 堆栈中，为被调用的功能创建一个新的本地数据区。之后，在被调用的 FC 或 SFC 中继续进行程序处理。

用方块指令调用功能块可以带参数。是否带参数以及带多少个参数视具体情况而不同。

扫描 BR 位，可以查找 ENO。用户必须使用—(SAVE)指令将所要求的状态分配给被调用块中的 BR 位。

当调用一个功能，而被调用块的变量声明表中具有 IN、OUT 和 IN_OUT 声明时，这些变量以形式参数列表添加到调用块的程序中。

当调用功能时，必须在调用位置处将实际参数分配给形式参数。功能声明中的任何初始值都没有含义。

通过声明一个数据类型为功能块的静态变量，可创建一个多重背景。只有已经声明的多重背景才会包括在程序元素目录中。多重背景的符号改变取决于是否带参数以及带多少个参数。

另外还可使用 SIMATIC 管理器中可供使用的库来选择下列块。

（1）集成在 CPU 操作系统中的块（对于 V3 版本 STEP 7 项目，为“标准库”；对于 V2 版本 STEP 7 项目，为“stdlibs (V2)”）。

（2）用户自行在库中保存的块，便于多次使用。

2. 主控继电器指令

主控继电器是一种逻辑主控开关，可以控制一段程序的执行。主控继电器指令如下。

（1）—(MCRA)：主控制继电器激活。激活主控制继电器功能。在该命令后，可以编程定义 MCR 区域。

（2）—(MCRD)：主控制继电器取消激活。在该命令后，不能编程 MCR 区域。

（3）—(MCR<)：主控制继电器打开。

（4）—(MCR>)：主控制继电器关闭。

在 MCR 堆栈中保存 RLO。MCR 嵌套堆栈为 LIFO（后入先出）堆栈，且只能有 8 个堆栈条目（嵌套级别）。当堆栈已满时，—(MCR<)功能产生一个 MCR 堆栈故障（MCRF）。下列元素与 MCR 有关，并在打开 MCR 区域时，受保存在 MCR 堆栈中的 RLO 状态的影响。它们是输出和中间输出、置位/复位输出、RS/SR 触发器、MOVE 指令。

图 4-40 所示的是主控继电器指令的使用实例。

有两个 MCR 区域。按如下执行该功能。

I0.0 =“1” (区域 1 的 MCR 打开)。

将 I0.4 的逻辑状态分配给 Q4.1。

I0.0 =“0” (区域 1 的 MCR 关闭)：无论输入 I0.4 的逻辑状态如何，Q4.1 都为 0。

I0.1 =“1” (区域 2 的 MCR 打开)：当 I0.3 为“1”时，将 Q4.0 设置成“1”。

I0.1 =“0” (区域 2 的 MCR 关闭)：无论 I0.3 的逻辑状态如何，Q4.0 都保持不变。

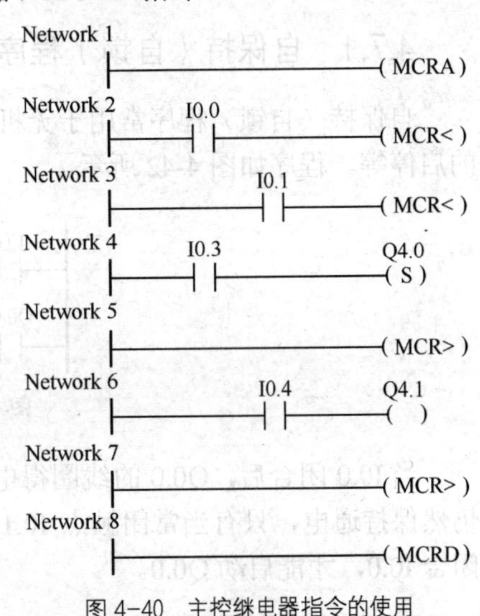

图 4-40 主控继电器指令的使用

使用主控继电器指令应注意以下几点。

（1）取消激活 MCR 时，在 MCR 和 MCR 之间的程序段中的所有赋值都写入数值 0。这对包含赋值的所有框都有效，包括传递到块的参数在内。

（2）当 MCR<指令之前的 RLO = 0 时，取消激活 MCR。

（3）在某些形式参数访问或参数传递时，编译器还对在 VAR_TEMP 中定义的临时变量之后的局部数据进行写访问，以计算地址。这将把 PLC 设置成 STOP 状态，或导致未定义的运行特征。对这种情况，应释放上述命令，使其与 MCR 不相关。

其实用块调用或程序跳转的方法代替主控继电器指令更容易理解。

3. 打开数据块指令

本指令用来打开共享数据块（DB）或背景数据块（DI）。——(OPN)函数是一种对数据块的无条件调用。将数据块的编号传送到 DB 或 DI 寄存器中。后续的 DB 和 DI 命令根据寄存器内容访问相应的块。指令说明见表 4-29。

表 4-29 打开数据块指令

指　令	参　数	数据类型	存储区	说　明
(DB 号) —(OPN)	DB 号	BLOCK_DB	DB、DI	DB/DI 编号范围取决于 CPU 型号

例 4-22：打开数据块 10(DB10)，用 DB10 中的 DBX0.0 控制 Q4.0 的通断。

程序如图 4-41 所示。

Network 1
DB10
OPN
Network 2
DBX0.0
Q4.0

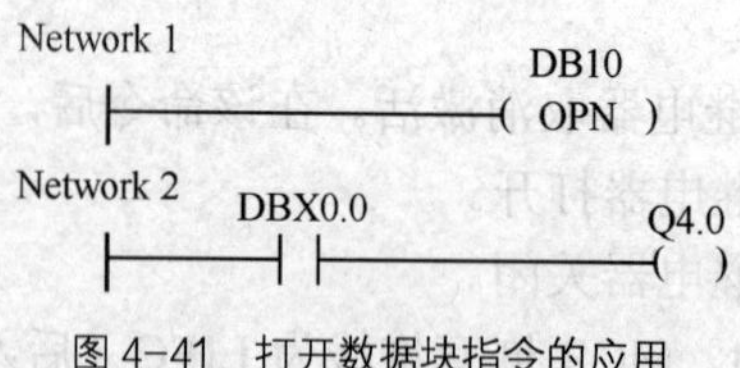

图 4-41　打开数据块指令的应用

4.7 指令应用实例

4.7.1 自保持（自锁）程序实例

自保持（自锁）程序常用于无机械锁定开关的启停控制中，比如照明系统的开停、电机的启停等。程序如图 4-42 所示。

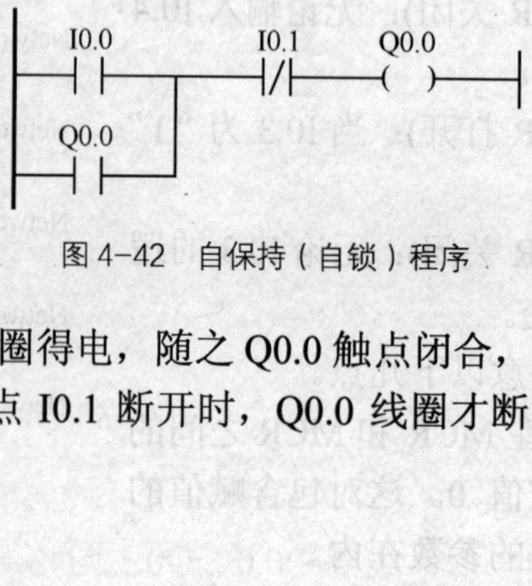

I0.0
I0.1
Q0.0
Q0.0

图 4-42　自保持（自锁）程序

当 I0.0 闭合后，Q0.0 的线圈得电，随之 Q0.0 触点闭合，此后即使 I0.0 断开，Q0.0 线圈仍然保持通电，只有当常闭触点 I0.1 断开时，Q0.0 线圈才断电，Q0.0 触点断开。只有重新闭合 I0.0，才能启动 Q0.0。

4.7.2 互锁程序实例

互锁程序用于不允许同时动作的两个继电器的控制，比如电机的正反转控制。程序如图 4-43 所示（I0.0 为正转启动按钮，I0.1 为反转启动按钮，I0.2 为停止按钮）。

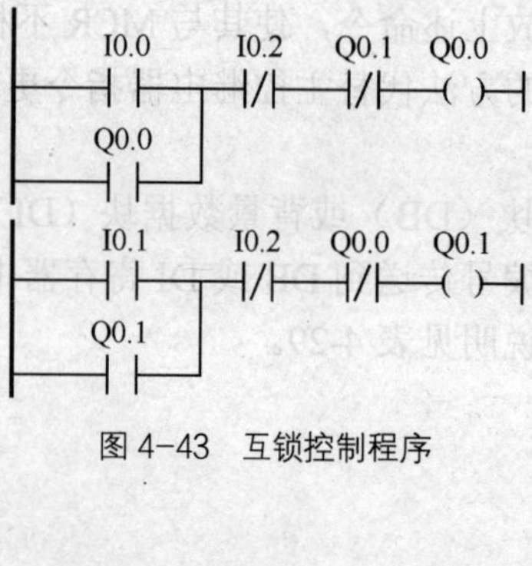

I0.0
I0.2
Q0.1
Q0.0
Q0.0
I0.1
I0.2
Q0.0
Q0.1
Q0.1

图 4-43　互锁控制程序

当线圈 Q0.0 先得电后，常闭触点 Q0.0 断开，此时线圈 Q0.1 是不可能得电的。当线圈 Q0.1 先得电后，常闭触点 Q0.1 断开，此时线圈 Q0.0 也是不可能得电的。也就是说，线圈 Q0.0、Q0.1 互相锁住，不可能同时得电，电机不可能同时既反转又正转。

4.7.3　基本延时程序实例

图 4-44 中，当 I0.0 的常开触点接通后，T6 开始定时，3s 后 T6 的常开触点接通，使 Q0.1 的线圈通电。

图 4-45 中，当 I0.0 的常开触点由断开变为接通（RLO 的上升沿）时，T7 的输出变为 1，其常开触点闭合。在 I0.0 的下降沿，定时器开始定时，4s 后 T7 的时间值变为 0，其常开触点断开。

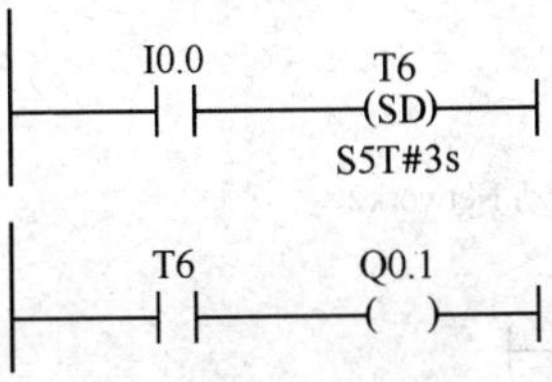

图 4-44　延时接通程序

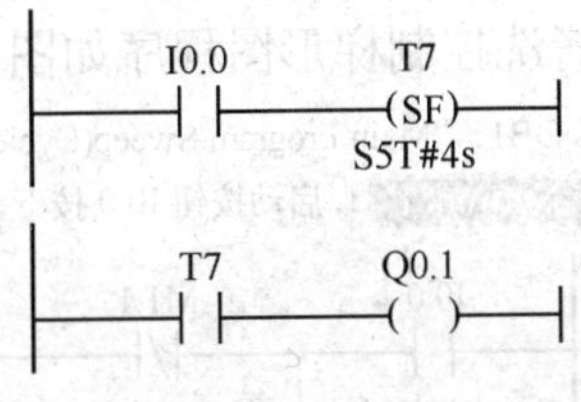

图 4-45　延时断开程序

图 4-46 是利用两个定时器组合实现的长延时程序（延时 30s）。用 T2 的常开触点作为定时器 T3 的定时启动信号，当 I0.0 的常开触点接通 30s（20s+10s）后，Q0.1 的线圈通电。

PLC 中的普通定时器的工作与扫描工作方式有关，其定时精度受到不断变化的循环周期的影响。要获得精度较高的延时需要使用延时中断，延时中断以 ms 为单位定时。

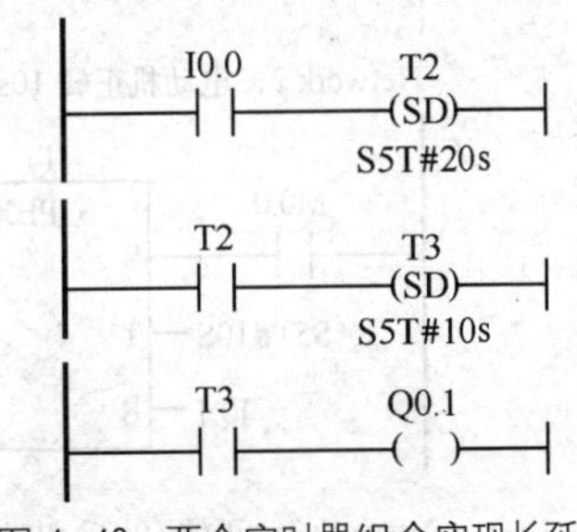

图 4-46　两个定时器组合实现长延时

4.7.4　分支程序实例

分支程序主要用于一个控制电路产生几个输出的情况。例如，开动吊车的同时打开警示灯。如图 4-47 所示，当 I0.0 闭合后，线圈 Q0.0、Q0.1 同时得电。

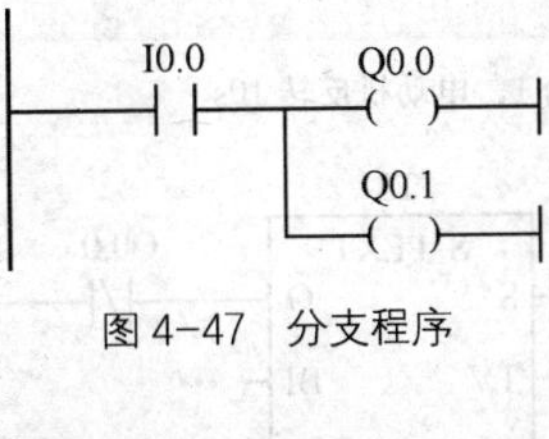

图 4-47　分支程序

4.7.5　洗衣机控制实例

例 4-23：编制洗衣机清洗控制程序。控制要求是：当按下启动按钮对应的 PLC 接线端子 I0.0 后，电动机先正转 10s，停 10s，然后反转 10s，停 10s，如此反复 3 次，自动停止清洗。当按下停止按钮 I0.1 后，停止清洗。

1. 洗衣机控制的 I/O 地址分配表

根据控制所需的输入信号和输出信号，分配 PLC 的输入与输出点，见表 4-30。

表 4-30　　I/O 地址分配表

PLC 点名称	连接的外部设备	说　明
I0.0	开始按钮	输入，启动按钮
I0.1	停止按钮	输入，停止按钮
Q0.0	电动机	输出，正转启动线圈
Q0.1	电动机	输出，反转启动线圈

2. 洗衣机清洗控制程序

洗衣机清洗控制梯形图程序如图 4-48 所示。

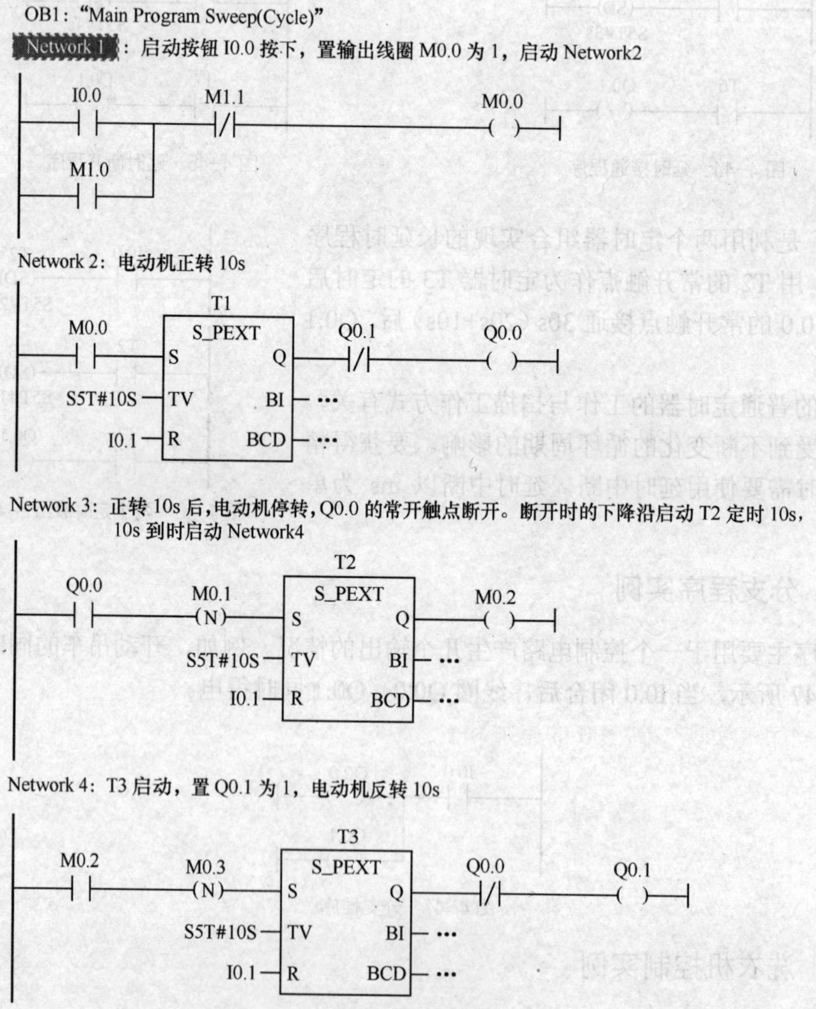

OB1：“Main Program Sweep(Cycle)”

Network 1：启动按钮 I0.0 按下，置输出线圈 M0.0 为 1，启动 Network2

I0.0　M1.1　M0.0
M1.0

Network 2：电动机正转 10s

M0.0　T1　S_PEXT　S　Q　Q0.1　Q0.0
S5T#10S　TV　BI　…
I0.1　R　BCD　…

Network 3：正转 10s 后，电动机停转，Q0.0 的常开触点断开。断开时的下降沿启动 T2 定时 10s，10s 到时启动 Network4

Q0.0　M0.1 (N)　T2　S_PEXT　S　Q　M0.2
S5T#10S　TV　BI　…
I0.1　R　BCD　…

Network 4：T3 启动，置 Q0.1 为 1，电动机反转 10s

M0.2　M0.3 (N)　T3　S_PEXT　S　Q　Q0.0　Q0.1
S5T#10S　TV　BI　…
I0.1　R　BCD　…

图 4-48　洗衣机控制梯形图程序

Network 5：反转 10s 后，启动 T4 定时，并置 M0.5 为 1。10s 后定时结束，启动 Network6

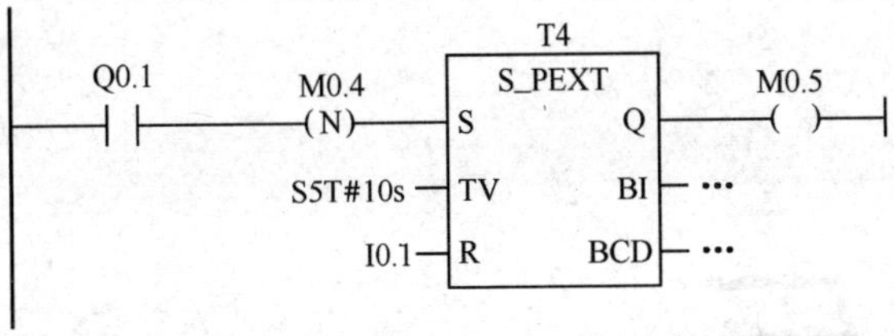

Network 6：M0.5 的下降沿置 M1.0 为 1，再次启动电动机正转，同时 C1 对 M0.5 的下降沿计数，计数值>3 时，M1.1 置 1，断开 Network1，停止清洗

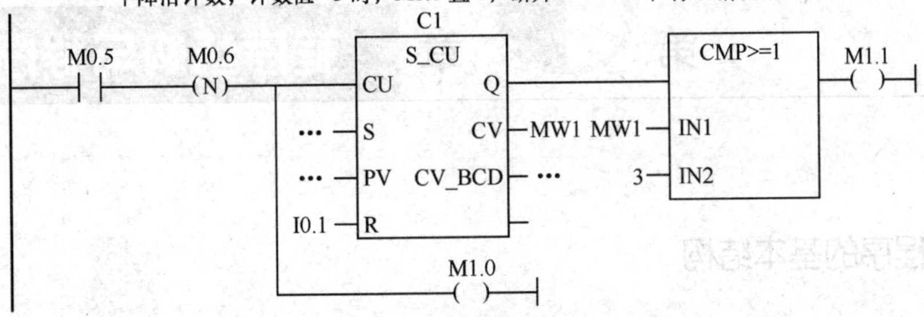

图 4-48　洗衣机控制梯形图程序（续）

在 OB1 中输入以上 Network1～Network6，编译保存好后，下载到实际 PLC 或 PLCSIM 仿真软件中运行。

4.8　习题

1．用户程序中的数据类型有几类？各有什么特点？
2．CPU 模块的存储器划分为哪 3 个区域？各有什么作用？
3．STEP7 规定了几种寻址方式？它们各有什么特点？
4．编程序实现下面的逻辑关系。

$Q4.0=I0.0\wedge(I0.1\vee I0.2)$

$Q4.1=I1.1\wedge I1.1\vee I1.2$

$Q4.2=(I3.0\vee I3.1)\wedge(I3.2\vee I3.3)$

5．编写程序，当触点 I1.0 接通后 5s，Q4.0 输出有效，I0.1 接通 3s 后，Q4.0 输出无效。
6．设时基设置为 10ms，编写程序，实现大于 10s 的定时。
7．编写程序，实现 1 到 100 的累加和。
8．编写程序，把一个脉冲输入信号 2 分频输出。
9．编写程序，产生周期为 10s、脉宽 2s 的连续脉冲。
10．有 5 只彩灯，首先让它们依次闪亮，间隔时间为 2s，然后依次循环，一周期共计 10s，交替循环。

第5章 程序结构与程序设计

5.1 用户程序的基本结构

S7-300/400 的 CPU 运行两种程序，即操作系统和用户程序。操作系统完成的任务有热启动管理，刷新输入、输出的过程映像表，调用用户程序，采集中断信息，调用中断 OB，识别错误并进行错误处理，管理存储区与处理通信等。

用户程序是用户为处理特定自动化任务所要求的功能编制的程序，由用户在 STEP 7 中编译生成，并下载到 CPU。用户程序完成的任务包括处理过程数据、响应中断、处理正常程序周期中的干扰等。

在 STEP 7 软件中，程序的基本单元是“块”，即 STEP 7 将用户编写的程序和程序所需的数据放置在块中。每个块是一个独立的程序段。各种块的功能如表 5-1 所示。

表 5-1　　用户程序中的块

块	功 能 简 介
组织块（OB）	操作系统与用户程序的接口，确定用户程序的结构
系统功能块（SFB）	集成在 CPU 中，通过 SFB 调用一些重要的系统功能，有存储区
系统功能（SFC）	集成在 CPU 中，通过 SFC 调用一些重要的系统功能，无存储区
功能块（FB）	用户编写的包含频繁使用的功能的子程序，有存储区
功能（FC）	用户编写的包含频繁使用的功能的子程序，无存储区
背景数据块（DI）	调用 FB/SFB 时，用于传递参数的数据块，在编译期间自动创建
数据块（DB）	存储用户数据的数据区，除分配给功能块的数据外，也可由任何一个块来定义和使用

OB、FB、SFB、FC 和 SFC 包含程序段，因此也称为逻辑块。每种块类型许可的块数目和块长度由 CPU 决定。

1. 线性化编程

将整个用户程序连续放置在一个 OB1 中，操作系统自动地按顺序扫描处理 OB1 中的每一条指令并不断地循环执行 OB1，这种编程方式就称为线性化编程。OB1 是用于循环处理的组织块，相当于用户程序中的主程序。这种方式的程序不涉及功能块、功能、数据块、局部变量、中断等比较复杂的概念，简单明了，适合于比较简单的控制任务。例子见第 4.7.5 节洗衣机控制实例。

由于所有的指令都在一个块中，CPU 在每个扫描周期都要处理程序中的全部指令，而实际上许多指令并不需要每个扫描周期都去处理，因此没有有效地利用 CPU。另一方面，某些需要多次执行的相同或相近的操作，在程序中需要重复编写，增加编程负担。所以在为 S7-300 编写简单程序并且需要较少存储区域时，才建议使用这种方法。

2. 结构化编程

结构化编程将复杂的自动化任务分解为能够反映过程的工艺、功能或可以反复使用的小任务，这些任务由相应的程序块（或称逻辑块）来表示，形成通用解决方案。具体地说，就是用一些相对独立的程序块来实现相同或相似的功能，这些程序块被 OB1 或别的程序块调用，而程序运行时所需的大量数据和变量存储在数据块中。

在块调用中，调用者可以是各种逻辑块，比如用户编写的组织块（OB)、FB、FC、系统提供的系统功能块（SFB）与系统功能（SFC）。

图 5-1 所示的是在一个用户程序中块调用的例子。用户程序调用右边的块，这个块的指令则完全被执行。一旦这个被调用的块执行结束，将从块调用指令的下一条指令（断点）处继续执行被中断的块的程序。

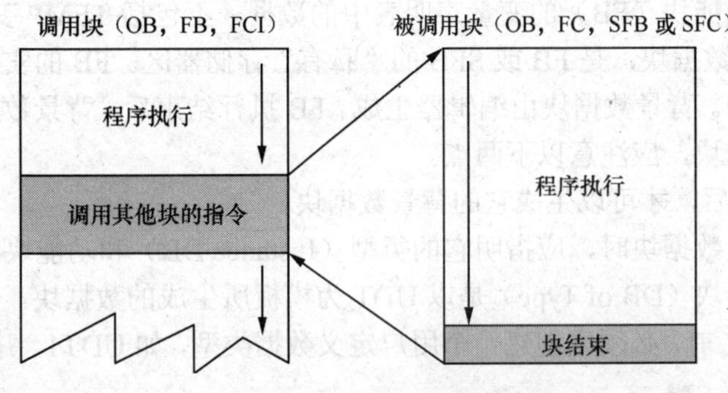

图 5-1 一个用户程序中的块调用

和子程序可以嵌套调用一样，块也可以嵌套调用，即被调用的块又可以调用别的块。允许嵌套调用的层数（深度）与 CPU 和局域数据堆栈（L 堆栈）有关。图 5-2 所示的是一个块调用的分层结构。

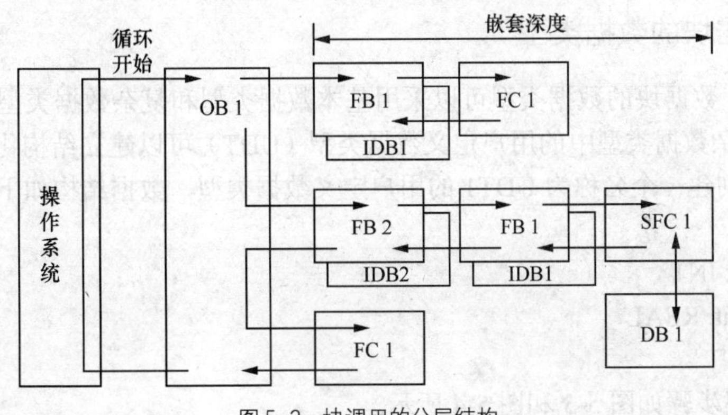

图 5-2 块调用的分层结构

如果存在块调用，各块的创建顺序应遵循以下原则。

（1）创建块应从上到下，所以应从最上行的块开始。

（2）每个被调用的块应已经存在，即在块的一行中应按从右向左的顺序创建它们。

（3）最后创建的块是 OB1。

图 5-2 中块创建的顺序为 FC1→FB1+背景 DB1（即 IDB1）→DB1→SFC1→FB2+背景 DB2（即 IDB2）→OB1。

5.2 数据块

数据块（DB）定义在 S7 CPU 的存储器中，用来存储用户程序中逻辑块的变量数据（如数值）。用户可在存储器中建立一个或多个数据块。每个数据块可大可小，但 CPU 对数据块数量及数据总量有限制。

数据块有共享数据块、背景数据块和用户定义的数据块 3 类。

共享数据块又称全局数据块，用于存储全局数据，所有逻辑块（OB、FC、FB）都可以访问共享数据块存储的信息。逻辑块执行结束后，共享数据块中的数据不会被删除。

背景数据块是功能块（FB）的变量声明表中的数据（不包括 TEMP 变量），或是系统功能块（SFB）使用的数据块，是 FB 或 SFB 的“私有”存储器区。FB 的实参和静态变量存储在它的背景数据块中。背景数据块由编辑器生成。FB 执行结束后，背景数据块中的数据不会丢失。对于背景数据块，应注意以下两点。

（1）在生成 FB 后，才可以生成它的背景数据块。

（2）在生成背景数据块时，应指明它的类型（Instance DB）和功能块的编号（如 FB1）。

用户定义的数据块（DB of Type）是以 UDT 为模板所生成的数据块。创建用户定义的数据块（DB of Type）之前，必须先创建一个用户定义数据类型，如 UDT1，并在 LAD/STL/FBD S7 程序编辑器内定义。

CPU 有两个数据块寄存器 DB 和 DI 寄存器，这样可以同时打开两个数据块。

与临时数据不同，当逻辑块执行结束或数据块关闭时，数据块中的数据保持不变。

用户程序可以位、字节、字或双字操作访问数据块中的数据，可以使用符号地址或绝对地址。

5.2.1 数据块的数据类型

STEP 7 中，数据块的数据类型可以采用基本数据类型和复杂数据类型。数据类型见第 4.1.1 节。使用复杂数据类型中的用户定义数据类型（UDT）可以建立结构化数据块，以节省录入时间。下面创建一个名称为 UDT1 的用户定义数据类型，数据结构如下。

```
STRUCT
    Speed: INT
    Current: REAL
END_STRUCT
```

UDT1 的创建步骤如图 5-3 和图 5-4 所示。

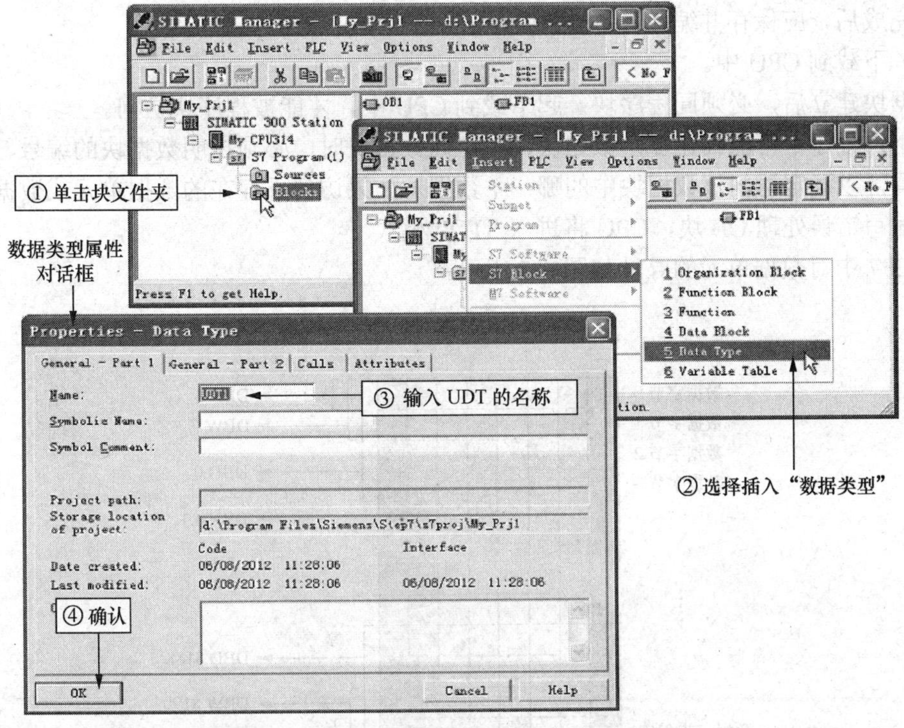

图 5-3　在数据类型属性对话框中输入 UDT 的名称

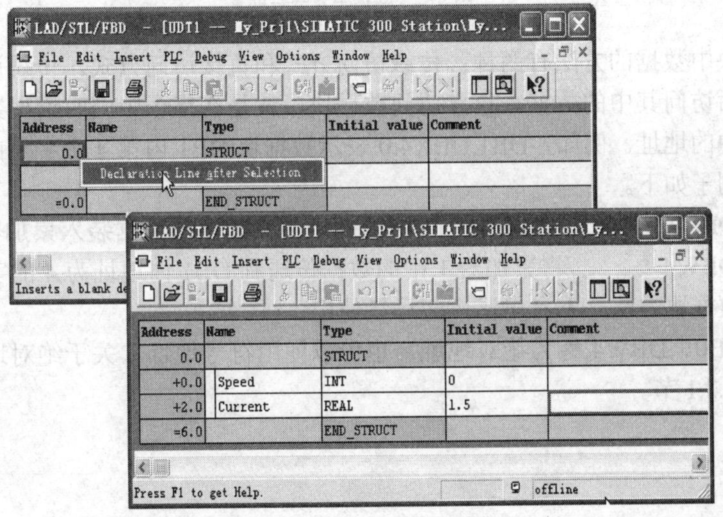

图 5-4　输入 UDT1 包含的数据项

5.2.2　数据块的建立与访问

数据块要被程序块访问，必须经过以下 3 个步骤。

（1）建立数据块。

（2）定义变量。

在数据块中定义变量，包括变量符号名、数据类型以及初始值等，以防止出现系统错误。数据块中变量的顺序及类型决定了数据块的数据结构，变量的数量决定了数据块的大小。变量定义完成后，应保存并编译（测试）。

（3）下载到 CPU 中。

数据块建立后，必须同程序块一起下载到 CPU 中，才能被程序块访问。

在用户程序中可能存在多个数据块，在访问数据块时，必须指明数据块的编号、数据类型与位置，以确定访问该数据块中的哪一个数据。如果访问不存在的数据单元或数据块，而且没有编写错误处理 OB 块，CPU 将进入 STOP 模式。

STEP7 中对数据单元的寻址如图 5-5 所示。

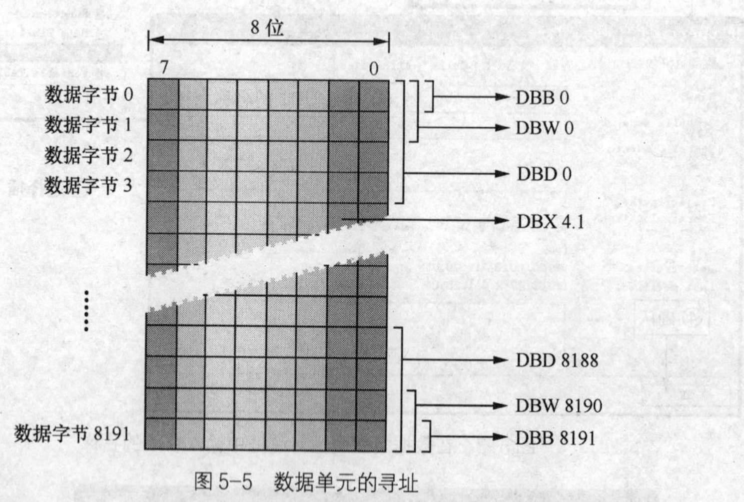

图 5-5　数据单元的寻址

访问数据块中数据的方法有两种：传统访问方式和直接访问方式。传统访问方式是先打开数据块，然后访问其中的数据。直接访问数据块，就是在指令中同时给出数据块的编号和数据在数据块中的地址。例如，DB1.DBX4.0 表示数据块 DB1 内第 4 个字节的第 0 位。直接访问数据块的例子如下。

```
L    DB2.DBB0        //将数据块 DB2 内地址为 0 的字节数据装入累加器 1
T    DB1.DBW4        //将累加器 1 中的数据传送到 DB1 内地址为 4 的字数据单元
```

直接访问数据块方法，不易出错，应尽量使用。

这里的 DBB0、DBW4 称为绝对地址，也可以使用符号地址。关于绝对地址和符号地址的概念参见第 5.3.1 节。

5.3　逻辑块

5.3.1　符号定义与变量声明

1. 符号定义

在 STEP 7 的用户程序中，可以使用绝对地址或符号地址来访问 I/O 信号、存储位、计数器、定时器、数据块和功能块等。绝对地址由地址标识符和内存位置组成，表示元件在主机中的直接地址，比如 Q4.0、I1.1、M2.0、FB21。但为了使得程序具有良好的可读性和易于理解，往往给绝对地址赋予一个有一定含义的符号名字，程序运行时由 STEP 7 自动地将符号地址转换成所需的绝对地址，即用符号寻址来替代绝对地址。比如，在符号表中定义 I0.0 为

“start（开始）”，在程序中就可以用 start 来代替地址 I0.0。

要实现符号编程，必须先编辑一个符号表，在符号表里建立地址和符号一一对应的关系，即在使用符号寻址数据前，必须首先将符号名称分配给绝对地址。

（1）打开与编辑符号表。

在“SIMATIC Manager”窗口，选中左边的 S7 Program(1)，在右边的工作区就会出现“Symbols”图标，双击该图标就会打开符号表的编辑界面，如图 5-6 所示。

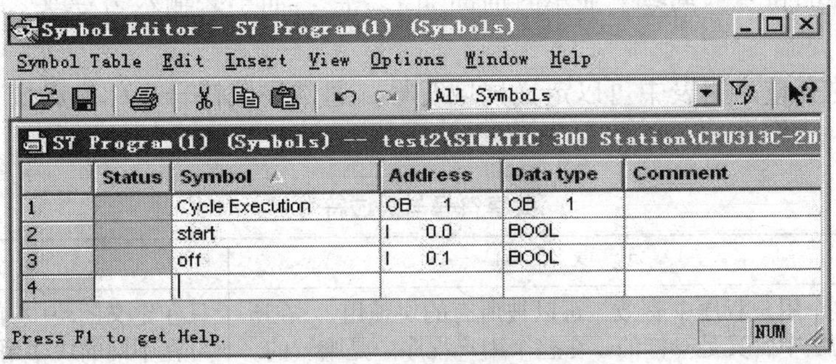

Symbol Editor - S7 Program(1) (Symbols)

Symbol Table　Edit　Insert　View　Options　Window　Help

All Symbols

S7 Program(1) (Symbols) -- test2\SIMATIC 300 Station\CPU313C-2D

	Status	Symbol	Address	Data type	Comment
1		Cycle Execution	OB 1	OB 1	
2		start	I 0.0	BOOL	
3		off	I 0.1	BOOL	
4					

Press F1 to get Help.　NUM

图 5-6　符号表的编辑界面

组织块（OB）、系统功能块（SFB）和系统功能（SFC）已预先被赋予了符号名，比如 OB1 被赋予了符号名“Cycle Execution”，编辑符号表时可以引用这些符号名。

在符号表的空白行中输入符号名和地址，可定义一个新符号。符号表的前 3 项符号 Symbol、地址 Address 和数据类型 Data Type 是必须填写的，注释 Comment 根据需要填写。

要删除一个已经定义的符号，可以将鼠标移至该行的标号处并单击，则选中符号所在的这一行，然后按“Delete”键即可。

符号 Symbol 在整个符号表中必须唯一。当确认该区域的输入或退出该区域时，不唯一的符号则被标示出来。符号最长可达 24 个字符，但引号（"）不允许使用。

当输入地址 Address 时，程序会自动检查该地址输入是否是允许的。

当输入地址 Address 后，软件将自动添加一个缺省数据类型（Data Type）。用户也可以修改它，程序会检查修改的数据类型是否与地址相匹配。如果所做的修改不适合该地址或存在语法错误，在退出该区域时会显示一条错误信息。

注释最长 80 个字符。

数据块中的地址（DBD、DBW、DBB 和 DBX）不能在符号表中定义。它们的名字应在数据块的声明表中定义。

需要注意的是，编辑完符号并保存了符号表后，符号表才能生效。查看菜单命令“View”→“Display With”，选择“Symbolic Representation（符号表达方式）”，用户就可以在程序中看到地址已经被其符号名所代替了。

一个实际应用程序的符号表，往往有几百到几千个符号。为了寻找和修改方便，可以进行以下操作。

① 可以用菜单命令“View”→“Sort”将符号表按符号或地址的升/降序排序。

② 可以用菜单命令“View”→“Filter”缩小符号表显示的范围，以方便寻找。

③ 用菜单命令“Symbol Table”→“Import/Export”（导入/导出），可以将当前符号表存入文本文件，用文本编辑器进行编辑。可以导出整个符号表，也可以导出选择的若干行，还

可将其他应用程序生成的符号表导入当前的符号表。

（2）共享符号与局域符号。

STEP 7 中可以定义两类符号：共享符号和局域符号。与其他编程语言的定义一致，共享符号在整个用户程序范围内有效，局域符号仅仅在定义的块内部有效。共享符号和局域符号的对比如表 5-2 所示。

当以 LAD、FBD 或 STL 方式输入程序时，符号表中定义的符号（共享）显示在引号内，块变量声明表中的符号（局域）显示时前面加上“#”，而不必输入引号或“#”，语法会检查自动增加它们。

在程序块的变量声明表中可以定义局域符号，通常局域符号也称为局域变量，它只能在一个块中使用。

表 5-2　　共享符号与局域符号

	共 享 符 号	局 域 符 号
有效性	在整个用户程序中有效，可以被所有的块使用，在所有的块中含义是一样的，在整个用户程序中是唯一的	只在定义的块中有效，相同的符号可在不同的块中用于不同的目的
允许使用的字符	字母、数字及特殊字符 除 0x00、0xFF 及引号以外的强调号 如使用特殊字符，则符号需写出在引号内	字母、数字和下画线（_）
使用对象	可以为以下各项定义共享符号： I/O 信号（I、IB、IW、ID、Q、QB、QW、QD）、I/Q 输入与输出（PI、PQ）、存储位（M、MB、MW、MD）、定时器（T）/计数器（C）、逻辑块（FB、FC、SFB、SFC）、数据块（DB）、用户定义数据类型（UDT）和变量表（VAT）	可以为以下各项定义局域符号： 块参数（输入、输出及输入/输出参数）、块的静态数据、块的临时数据
定义地方	符号表	块的变量声明表

2. 变量声明

在 STEP 7 的程序逻辑块中，用户可以在变量声明表中声明本块中专用的变量，即局域变量，包括块的形式参数和参数的属性。如果在块中只使用局域变量，不使用绝对地址或全局符号，就可以将块移植到别的项目，成为一个通用的程序逻辑块。

（1）变量类型。

功能块（FB）的局域变量分为 5 种类型，分别如下。

① IN（输入变量）：由调用它的块提供的输入参数。

② OUT（输出变量）：返回给调用它的块的输出参数。

③ IN_OUT（输入_输出变量）：为输入/输出参数，其初值由调用它的块提供，被子程序修改后返回给调用它的块。

④ TEMP（临时变量）：暂时保存在局域数据区中的变量。在 OB1 中，局域变量表只包含 TEMP 变量。

⑤ STAT（静态变量）：在功能块的背景数据块中使用。关闭功能块后，其静态数据保持不变。

功能（FC）的局域变量也分为 5 种类型，分别是：IN（输入变量）、OUT（输出变量）、IN_OUT（输入_输出变量）、TEMP（临时变量）和 RETURN（返回变量）。前 4 种局域变量的含义与功能块（FB）中的相同，RETURN（返回变量）为功能被调用后的返回值。由于操作系统仅在 L 堆栈中给 FC 的临时变量分配存储区，块调用结束，变量消失，所以 FC 不能使用静态变量，如图 5-7 所示。

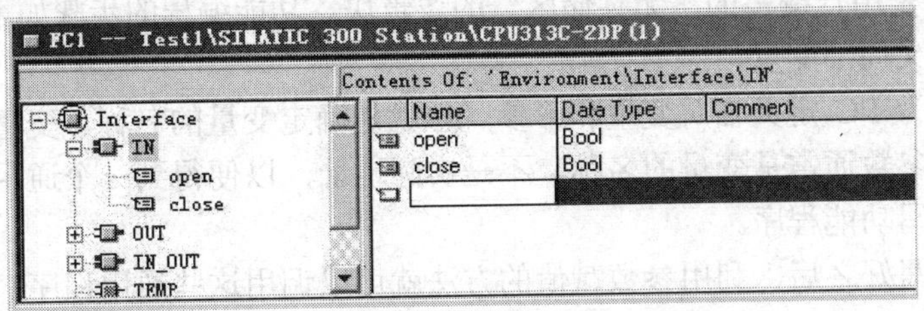

图 5-7 功能的变量声明表（局域变量表）

组织块 OB 中，其调用是由操作系统来完成的，用户不能参与，所以 OB 块的局域变量表只有临时变量 TEMP。

（2）变量声明表。

在逻辑块的梯形图编辑器窗口，右上半部分是变量声明表，右下半部分是程序指令，左边是指令列表，如图 5-8 所示。

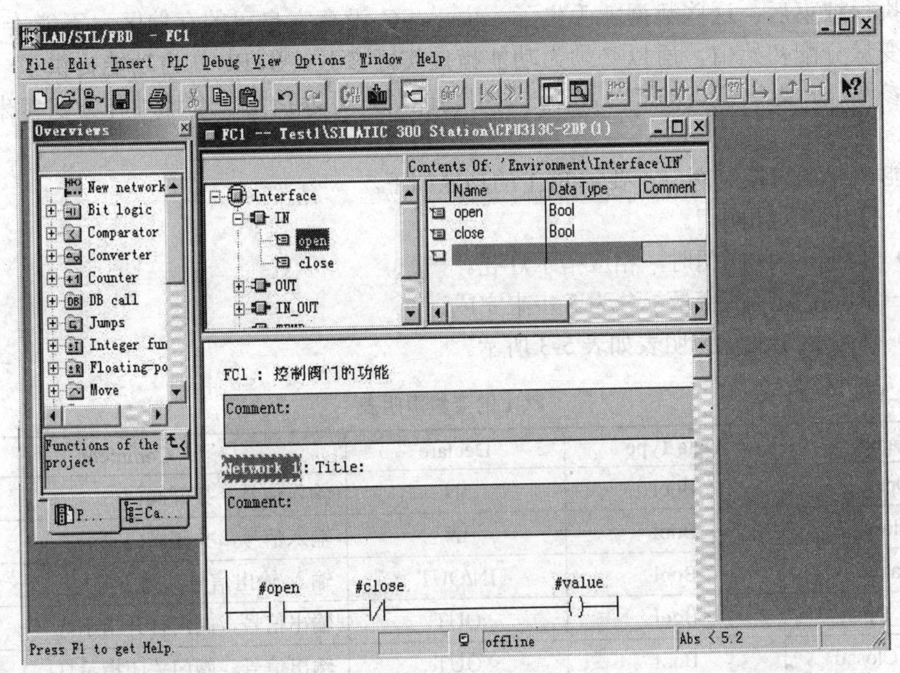

图 5-8 梯形图编辑器

变量声明表的左边给出了该表的总体结构，单击某一变量类型，比如“IN”，在表的右边将显示出该类型局域变量的详细情况。

在 FC1 窗口的变量表中输入局部变量，局部变量的名称 Name 不能使用汉字。

在程序中，操作系统会自动在局域变量名前加前缀“#”。

将图 5-8 中变量声明表与程序指令部分的水平分隔条拉至程序编辑器视窗的顶部，不再显示变量声明表，将分隔条下拉，将再次显示变量声明表。

与符号表一样，编辑好了变量声明表，需要保存后才能生效。

5.3.2 功能（FC）的结构与编程

功能（FC）是用户编写的“无存储区”的逻辑块。功能编程的步骤如下。

第一步，定义局部变量。

在变量表中为 FC 定义临时变量和形参，也就是确定变量的名称、变量的类型和变量的数据类型。形式参数通常是变量的名称，不是实际地址，以便得到一个通用的程序。

第二步，编写功能程序。

功能程序编写好之后，利用参数赋值的方法就可以调用这些通用程序，实现指定实际控制条件下的控制目标。

对于 S7-300，操作系统分配给每一个 OB 的局部数据区的最大字节数为 256B。OB 的调用自己占去 20B 或 22B，还剩下最多 234B 可分配给 FC 或 FB。如果块中定义的局部数据的数量大于 256B，该块将不能下装到 CPU 中。在下装过程中将出现错误提示：“The block could not be copied”。利用“Reference Data”工具可查看程序所占用的局部数据区的字节数，包括总的字节数和每次调用所占用的字节数。

由于功能（FC）是“无存储区”的逻辑块，FC 的临时变量存储在局域数据堆栈中，当 FC 执行结束后，这些数据就丢失了。由于 FC 没有它自己的存储区，不能给一个 FC 的局域变量分配初始值，所以必须为功能指定实际参数。STEP 7 为功能提供了一个特殊的输出参数——返回值（RET_VAL），调用功能时，可以指定一个地址作为实参来存储返回值。

功能 FC1 用来控制阀门，要求 FC1 的功能如下。

（1）打开和关闭阀门。

（2）开启和关闭阀门时，相应指示灯亮。

第一步，定义局部变量，分为 3 步来完成。

（1）确定 FC1 变量声明表如表 5-3 所示。

表 5-3　FC1 的变量声明表

Name	Data Type	Declare	Comment
Open	Bool	IN	输入信号，打开阀门
Close	Bool	IN	输入信号，关闭阀门
Value	Bool	IN/OUT	输入/输出信号，阀门
Dsp_Open	Bool	OUT	输出信号，阀门打开指示灯
Dsp_Closed	Bool	OUT	输出信号，阀门关闭指示灯

（2）在“SIMATIC　Manager”窗口打开“Blocks”文件夹，右键单击右边的窗口，在弹出的菜单中选择“Insert New Object”→“Function”（插入一个功能）。默认插入的第一个功能为 FC1。双击 FC1 功能图标，打开该功能。

（3）在 FC1 窗口的变量表中输入表 5-3 中的局部变量，如图 5-9 所示。

第二步，编写功能程序。在图 5-9 所示的 FC1 窗口输入功能的程序，如图 5-10 所示。系统会自动在变量名前加前缀“#”。

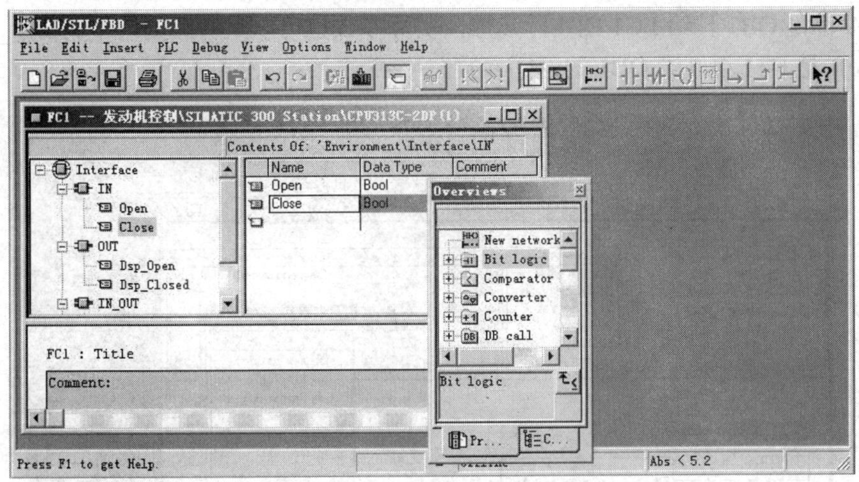

图 5-9 在变量表中输入功能的局部变量

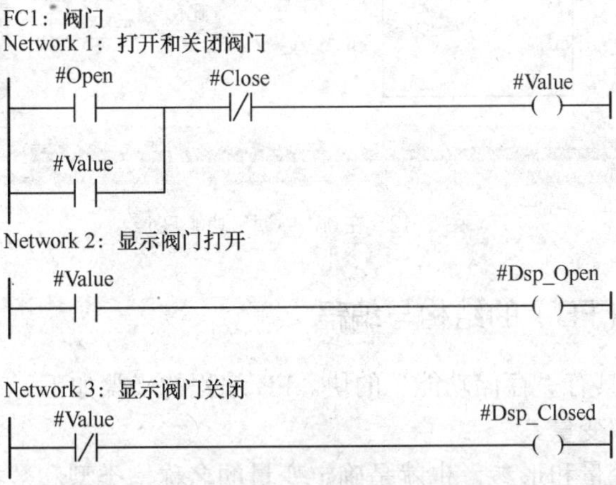

FC1：阀门
Network 1：打开和关闭阀门

#Open #Close #Value
#Value

Network 2：显示阀门打开

#Value #Dsp_Open

Network 3：显示阀门关闭

#Value #Dsp_Closed

图 5-10 阀门功能的梯形图程序

图 5-11 所示为阀门的通用功能。其中 Open 和 Close 为输入参数，由调用它的块提供，Dsp_Open 和 Dsp_Closed 为返回给调用它的块的输出参数，Valve 为输入/输出参数，其初值由调用它的块提供。

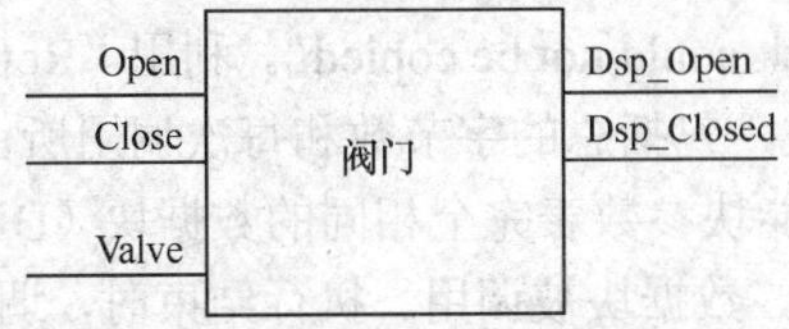

图 5-11 阀门功能的输入/输出

现在阀门功能 FC1 可以被多次调用了。

块调用分为条件调用和无条件调用。用梯形图调用块时，块的 EN（Enable，使能）输入端有能流流入时执行块，反之则不执行。条件调用时 EN 端受到触点电路的控制。块被正确执行时 ENO（Enable Output，使能输出端）为 1，反之为 0。

在 OB1 中调用 FC1 的例子如图 5-12 所示。图 5-12 中的 Enable_value、Close_Value_Ful

和 IumpVA 都是 OB1 传给 FC1 的实际参数，实际参数也可以是实际的地址。Inlet_AL_on 和 inlet_AL_off 是 FC1 返回给 OB1 的返回参数。

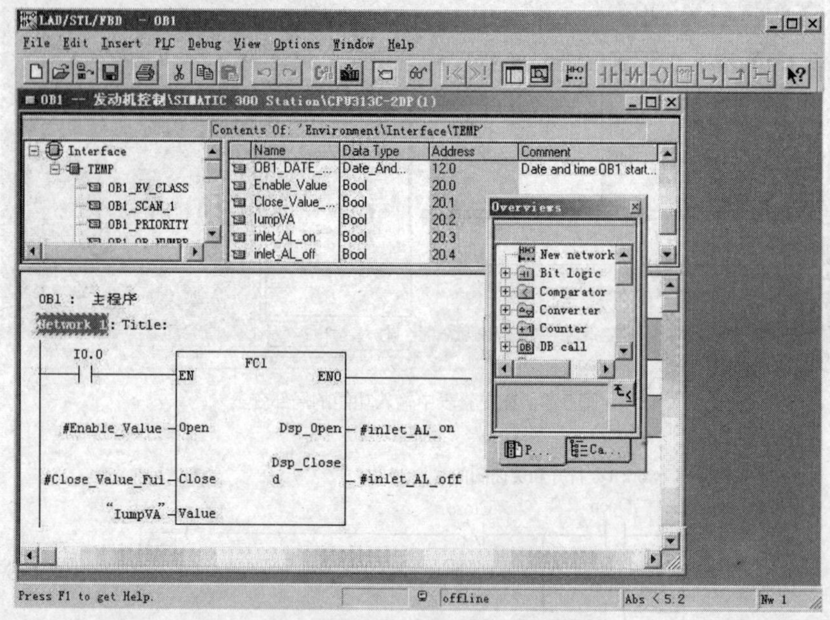

图 5-12 在 OB1 中调用功能 FC1

5.3.3 功能块（FB）的结构与编程

FB 是用户编写的具有“存储功能”的块。FB 编程的步骤如下。

第一步，定义局部变量。

为 FB 定义静态变量和形参，也就是确定变量的名称、类型和数据类型。形式参数通常是变量的名称，不是实际地址，以便得到一个通用的程序。

第二步，编写 FB 程序。

FB 程序编写好之后，利用参数赋值的方法就可以调用这些通用程序，实现指定实际控制条件下的控制目标。

如果 FB 中定义的局部数据的数量大于 256B，该块将不能下装到 CPU 中。在下装过程中将出现错误提示：“The block could not be copied”。利用“Reference Data”工具可查看程序所占用的局部数据区的字节数，包括总的字节数和每次调用所占用的字节数。

FB 有一个数据结构与功能块参数表完全相同的数据块（DB）——背景数据块（Instance Data Block）。当 FB 被执行时，数据块被调用。执行结束时，调用随之结束，存放在背景 DB 中的数据不会丢失。

一个背景数据块被指定给每一个被调用的 FB，称为参数传递。

通过调用同一个 FB 的不同的背景数据块，用户可以用一个 FB 控制多台设备。比如，一个用于电机控制的 FB，可以通过对每个不同的电机，使用不用的背景数据，来控制多台电机。每台电机的数据（例如，转速、爬升、累积运行时间等）可存在一个或多个背景数据块中。

（1）FB 中将实际参数赋值给形式参数。

在 STEP 7 中，对于 FB 通常不是必须将实际参数赋值给形参。可是，下列情况除外，对

以下形参必须赋实际参数：复杂数据类型，如字符串（STRING）、数组（ARRAY）或日期与时间

（DATE__AND__TIME）的输入/输出类型参数；所有的参数类型，如定时器（TIMER）、计数器（COUNTER）或指针（POINTER）。

STEP 7 会按照如下方式将实际参数赋值给 FB 的形式参数。

① 当用户在调用语句中定义了实际参数时，功能块 FB 的指令使用所提供的实参。

② 当用户在调用语句中没有定义实际参数，FB 的指令就使用存于背景 DB 中形参的数值。该数值可能是在功能块的变量声明表中设置的形参的初值，也可能是上一次调用时存储在背景数据块中的数值。

（2）给形参赋初值。

在 FB 的声明表中，用户可以给形式参数赋初值。这些值将写入与 FB 相关的背景 DB 中。

如果用户在调用语句中，没有定义实际参数，则 STEP 7 将使用存于背景 DB 中形参的数值。这些值也可作为初值输入到 FB 的变量定义表中。表 5-4 所示为哪些变量可以赋初值。由于临时数据在该块执行完后将丢失，所以用户不能给它们赋任何值。

表 5-4　　形式参数赋初值

变　量	数据类型		
	基本数据类型	复杂数据类型	参数类型
输入	允许有初值	允许有初值	—
输出	允许有初值	允许有初值	—
输入/输出	允许有初值	—	—
静态	允许有初值	允许有初值	—
临时	—	—	—

（3）背景数据块。

一个背景数据块被分配给一个 FB 称作参数传递。FB 的实际参数和静态数据存放在背景 DB 中。在 FB 中定义的变量，决定背景 DB 的结构。“背景”意味着一次功能块调用。例如，如果在 S7 用户程序中某个功能块被调用了 5 次，则该块有 5 个“背景”。

在用户生成一个背景数据块之前，相应的 FB 必须已经存在。当用户生成背景数据块时，应选择数据块的类型为背景数据块，并设置调用它的功能块 FB 的名称。

如果用户将多个背景数据块分配给某个控制电机的 FB，则用户可以用该 FB 去控制多个不同的电机。比如，描述电机的各项数据，如转速、升速时间、整个运行时间，存放在不同的数据块中，当 FB 调用时，相应的 DB 决定哪个电机被控制。这样，控制多台电机只需一个 FB。

（4）FB 及其调用举例。

如图 5-13 所示，用一个名为“发动机控制”的功能块 FB1 来分别控制汽油机和柴油机，控制参数分别在背景数据块 DB1 和 DB2 中。控制汽油机时调用 FB1 和名为“汽油机数据”的背景数据块 DB1，控制柴油机时调用 FB1 和名为“柴油机数据”的背景数据块 DB2。组织块 OB1 是主

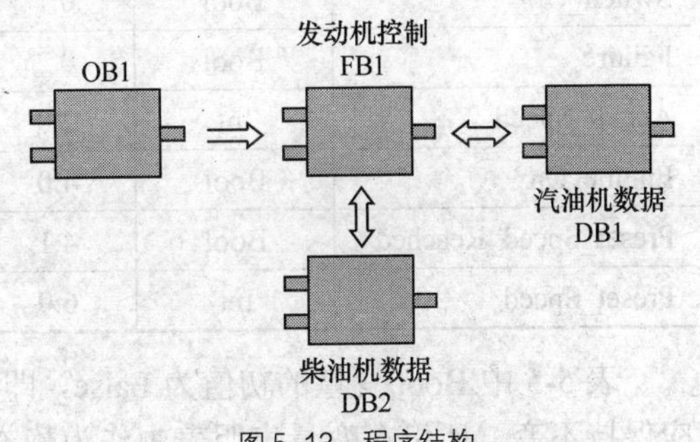

图 5-13　程序结构

程序，用来实现自动/手动工作模式的切换以及两次调用 FB1 实现对汽油机和柴油机的控制。

① 定义符号表。

为了使程序易于理解，可以给变量指定符号。图 5-14 所示为发动机控制项目的符号表，符号表中定义的变量是全局变量，可供所有的逻辑块使用。

Symbol Editor - S7 Program(1) (Symbols)

Symbol Table Edit Insert View Options Window Help

All Symbols

S7 Program(1) (Symbols) -- 发动机控制\SIMATIC 300 Stati...

	Status	Symbol	Address	Data type	Comment
1		柴油机到达设置速度	Q 5.5	BOOL	指示灯
2		柴油机故障	I 1.6	BOOL	故障输入
3		柴油机数据	DB 2	DB 2	背景数据块
4		柴油机运行	Q 5.2	BOOL	控制柴油机运行的输出
5		柴油机转速	MW 4	INT	实际转速
6		发动机控制	FB 1	FB 1	功能块
7		关闭柴油机	I 1.5	BOOL	控制按钮
8		关闭汽油机	I 1.1	BOOL	控制按钮
9		启动柴油机	I 1.4	BOOL	控制按钮
10		启动汽油机	I 1.0	BOOL	控制按钮
11		汽油机到达设置速度	Q 5.1	BOOL	指示灯
12		汽油机故障	I 1.2	BOOL	故障输入
13		汽油机数据	DB 1	DB 1	背景数据块
14		汽油机运行	Q 5.0	BOOL	控制汽油机运行的输出
15		汽油机转速	MW 2	INT	实际转速
16		手动	I 0.6	BOOL	手动按钮
17		主程序	OB 1	OB 1	用户主程序
18		自动	I 0.5	BOOL	自动按钮
19		自动模式	Q 4.2	BOOL	指示灯
20					

Press F1 to get Help. NUM

图 5-14 符号表

需要注意的是，编辑完符号并保存了符号表后，符号表才能生效。查看菜单命令“View”→“Display With”，选择“Symbolic Representation”（符号表达方式），用户就可以在程序中看到地址已经被其符号名所代替了。

需要指出的是，图 5-14 中的“Symbol”（符号名）应使用有一定含义的英文或者拼音，此处的汉字是为了使读者阅读理解起来方便。

② 生成功能块 FB1。

表 5-5 列出了发动机控制功能块 FB1 的局域变量。

表 5-5 **FB1 的变量声明表**

Name	Data Type	Address	Declare	Initial Value	Comment
Switch_On	Bool	0.0	IN	FALSE	启动按钮
Switch_Off	Bool	0.1	IN	FALSE	停车按钮
Failure	Bool	0.2	IN	FALSE	故障信号
Actual_Speed	Int	2.0	IN	0	实际转速
Engine_On	Bool	4.0	OUT	FALSE	控制发动机的输出信号
Preset_Speed_Reached	Bool	4.1	OUT	FALSE	达到预置转速
Preset_Speed	Int	6.0	STAT	1500	预置转速

表 5-5 中 Bool 变量的初值为 False，即二进制数 0。预置转速是固定的，在关闭功能块后应保持不变，所以在变量声明表中作为静态参数（STAT）来存储，被称为静态局域变量。

在 SIMATIC　Manager 窗口打开“Blocks”文件夹，右键单击右边的窗口，在弹出的菜单中选择“Insert New Object”→“Function Block”（插入一个功能块）。默认插入的第一个功能块为 FB1。双击 FB1 功能块图标，打开该功能块。

在 FB1 窗口的变量声明表中输入表 5-5 中的局域变量“Name”（名称），Name 不能使用汉字，选择或者输入每个变量的“Data Type”（数据类型）。不需要输入“Address”（存储器地址），程序编辑器会根据各变量的数据类型，自动地为所有局域变量指定存储器地址。“Comment”是变量的注释，最好输入，如图 5-15 所示。

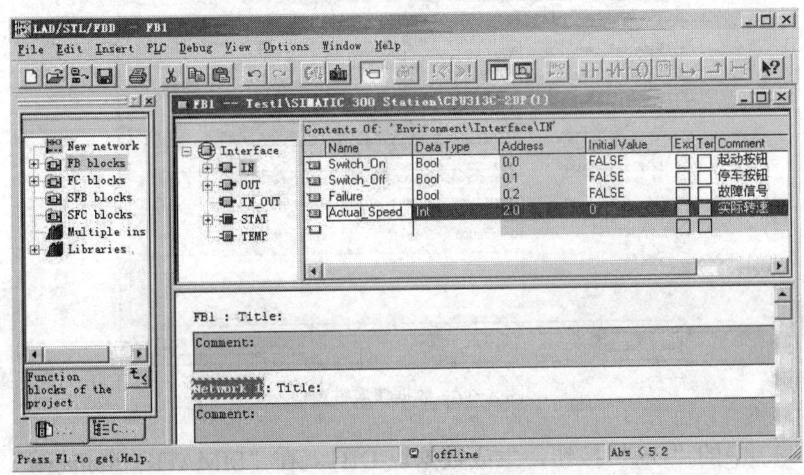

图 5-15　FB1 的局域变量声明

在图 5-15 的程序区输入控制发动机的功能块 FB1 的程序，如图 5-16 所示。

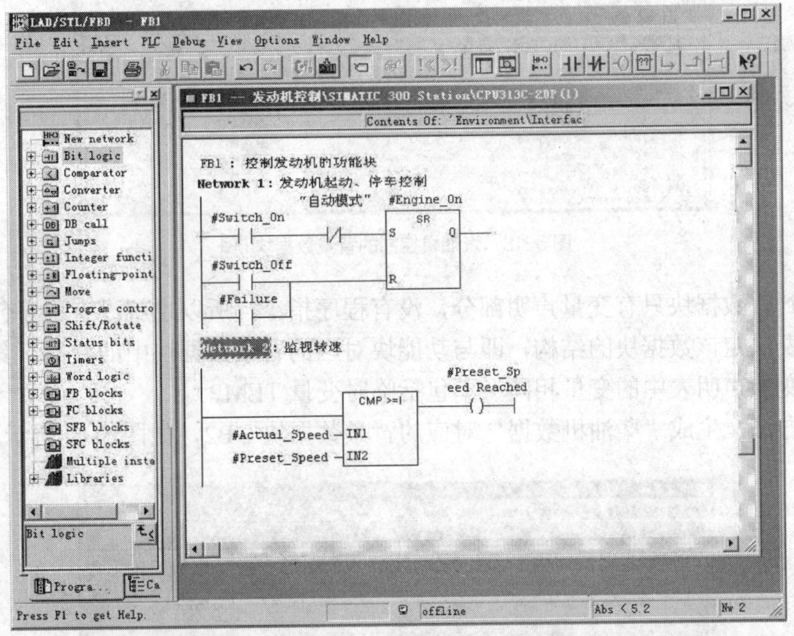

图 5-16　功能块 FB1 的梯形图

在程序中，操作系统在局域变量前面自动加上“#”号，共享变量名（全局符号）被自动加上双引号。

③ 生成背景数据块 DB1 和 DB2。

首先应生成对应的功能块 FB，然后再生成背景数据块。

在 SIMATIC Manager 窗口，选择菜单命令“Insert”→“S7 Block”→“Data Block”，在弹出的窗口，默认的第一个数据块名称为 DB1，选择数据块的类型为“Instance DB”（背景数据块），并选择对应的功能块的名称 FB1。“汽油机数据”是对应的背景数据块 DB1 的符号名，在符号表中已定义过，此处会自动出现，如图 5-17 所示。

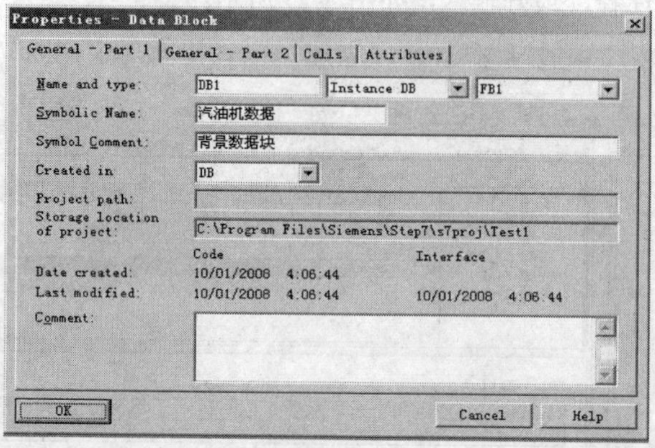

图 5-17 数据块属性窗口

单击图 5-17 中的“OK”按钮，生成数据块 DB1。在“SIMATIC Manager”窗口，双击 DB1 的图标，可以打开刚刚生成的 DB1，如图 5-18 所示。

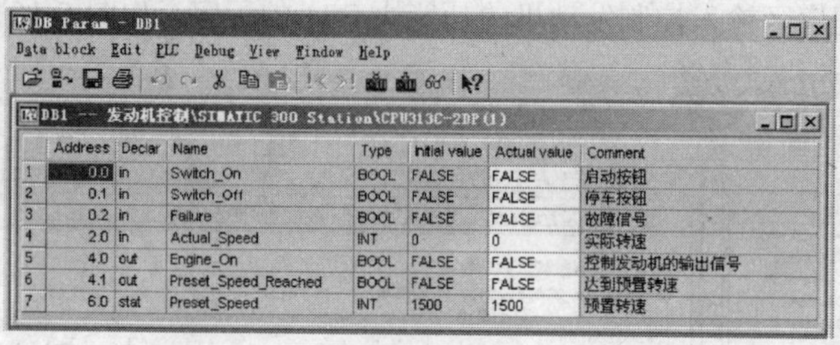

	Address	Declar	Name	Type	Initial value	Actual value	Comment
1	0.0	in	Switch_On	BOOL	FALSE	FALSE	启动按钮
2	0.1	in	Switch_Off	BOOL	FALSE	FALSE	停车按钮
3	0.2	in	Failure	BOOL	FALSE	FALSE	故障信号
4	2.0	in	Actual_Speed	INT	0	0	实际转速
5	4.0	out	Engine_On	BOOL	FALSE	FALSE	控制发动机的输出信号
6	4.1	out	Preset_Speed_Reached	BOOL	FALSE	FALSE	达到预置转速
7	6.0	stat	Preset_Speed	INT	1500	1500	预置转速

图 5-18 汽油机控制的背景数据块 DB1

可以看到，数据块只有变量声明部分，没有程序指令，所以也就没有程序代码。功能块的变量声明表决定该数据块的结构，即与功能块对应的背景数据块中的数据，其变量与对应的功能块的变量声明表中的变量相同（不包括临时变量 TEMP）。

同样的方法，生成“柴油机数据”对应的背景数据块 DB2，如图 5-19 所示。

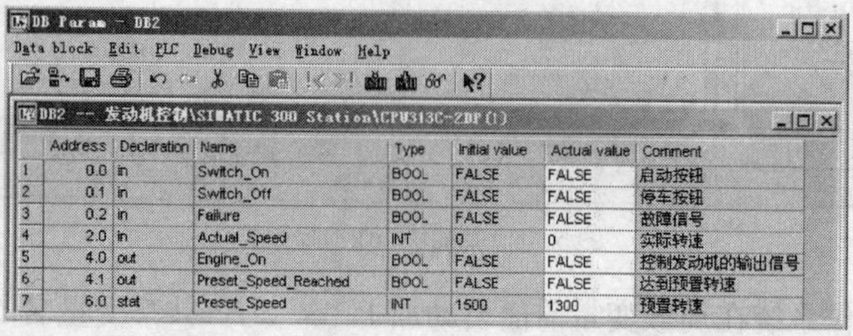

	Address	Declaration	Name	Type	Initial value	Actual value	Comment
1	0.0	in	Switch_On	BOOL	FALSE	FALSE	启动按钮
2	0.1	in	Switch_Off	BOOL	FALSE	FALSE	停车按钮
3	0.2	in	Failure	BOOL	FALSE	FALSE	故障信号
4	2.0	in	Actual_Speed	INT	0	0	实际转速
5	4.0	out	Engine_On	BOOL	FALSE	FALSE	控制发动机的输出信号
6	4.1	out	Preset_Speed_Reached	BOOL	FALSE	FALSE	达到预置转速
7	6.0	stat	Preset_Speed	INT	1500	1300	预置转速

图 5-19 柴油机控制的背景数据块 DB2

不能在背景数据块中增减变量，只能以数据显示（Data View）方式修改其实际值（Actual value）。比如将 DB2 中的“Preset_Speed”（预置速度）的初始值由 1500 修改为 1300。在数据块编辑器的“View”菜单中选择“Declaration View”或者“Data View”切换数据块是声明表方式显示还是数据显示方式。图 5-18 和图 5-19 是数据显示方式。

两个背景数据块 DB1 和 DB2 中的变量相同，区别仅在于变量的实际参数不同和静态参数（如预置转速）的初值不同。

与功能块或用户定义数据类型相关的数据块的结构不能修改。如需修改，必须修改相应的 FB 或 UDT，然后再生成一个新数据块。

新生成的块或在数据块中修改了数据值，用户都需要存盘，方法是：打开块的编辑窗口，选择菜单命令“File”→“Save”，将数据块存在同一名下，或者选择“File”→“Save as”将数据块存在不同的 S7 用户程序中或不同的项目名下，在出现的对话框中输入新的路径或新的块名。对于数据块，用户不能使用 DB0，因为这个号码被系统占用。这两种情况中，只有当逻辑块中没有语法错误时才能存盘。当生成逻辑块时，出现语法错误，会立即识别并用红颜色显示出来。这些错误必须在存盘之前修改。

④ 在组织块 OB1 中调用功能块 FB1。

组织块 OB1 是循环执行的主程序，生成项目时系统自动生成空的 OB1。在 SIMATIC Manager 窗口双击 OB1 图标，进入编辑器窗口，输入控制汽油机的梯形图程序，如图 5-20 所示。

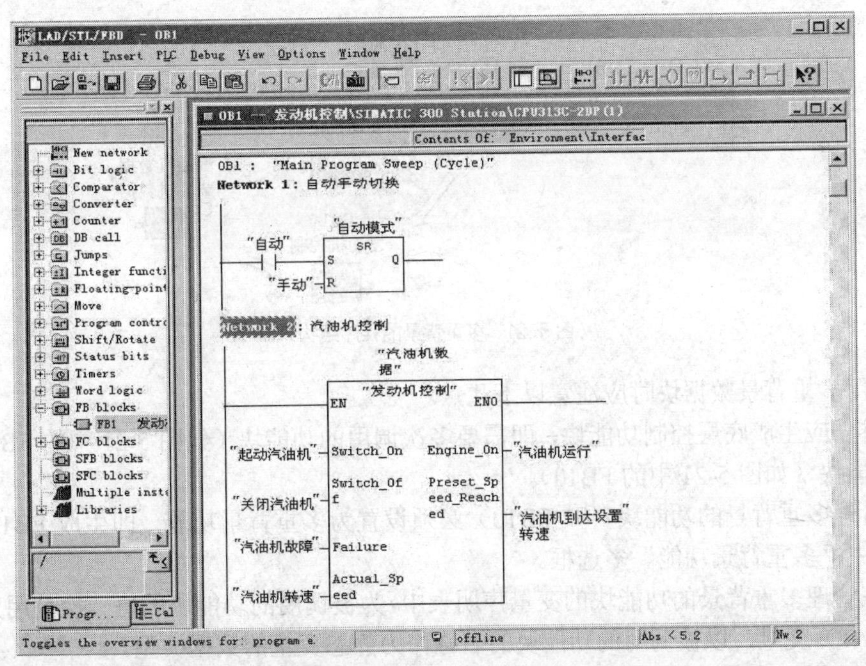

图 5-20 控制汽油机的主程序 OB1

在图 5-20 中，OB1 用来实现自动/手动工作模式的切换，以及通过调用 FB1 实现对汽油机启、停控制和转速监视。控制柴油机的程序与之相似。

置位/复位指令 SR，用符号名分别为“自动”和“手动”的按钮来控制符号名为“自动模式”的输出量 Q4.2。符号名为“自动”和“手动”的变量不是某一发动机的属性，它用于整个程序，因此它不是块的参数，它是在共享符号表中定义的。

在 OB1 中，网络 2 为调用功能块 FB1。方框内的“发动机控制”是功能块 FB1 的符号名，方框上面的“汽油机数据”是对应的背景数据块 DB1 的符号名。方框内是功能块的形参，方框外是对应的实参。方框的左边是块的输入量，右边是块的输出量。功能块的符号名是在符号表中定义的。

当块的 EN（Enable，使能）输入端有能流流入时执行块，反之则不执行。块被正确执行时 ENO（Enable Output，使能输出端）为 1，反之为 0。

调用功能块时将符号名为“起动汽油机”的实参赋值给形参“Switch_On”，实参可以是绝对地址或者符号地址。如果调用时没有给形参赋以实参，功能块就调用背景数据块中形参的数值。该数值可能是在功能块的变量声明表中设置的形参的初值，也可能是上一次调用时存储在背景数据块中的数值。

以上是通过编写功能块 FB1 以及使用两个不同的背景数据块 DB1、DB2 来分别控制汽油机和柴油机的例子。如果控制的电机台数更多，则将使用更多的数据块。这种情况下，可以利用多重背景数据块来减少数据块的数量。拿本例来说，只需要增加一个功能块 FB10，它的背景数据块为 DB10，FB1 都将它的数据存储在 DB10 中，这样就无需再为 FB1 分配数据块，所有的功能块都指向 FB10 的数据块 DB10。DB10 就为 FB10 的多重背景数据块。通过在 OB1 中调用 FB10，再在 FB10 中分别调用（每台电机各调用一次）FB1 来控制两台电机的运转，原理如图 5-21 所示。

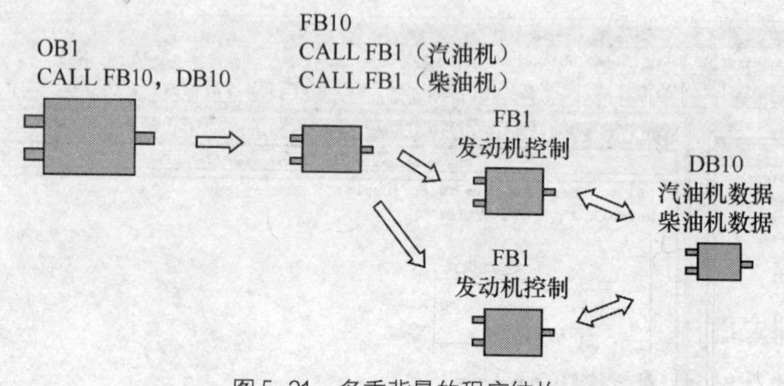

图 5-21　多重背景的程序结构

在使用多重背景数据块时应注意以下几点。

① 首先应生成底层控制功能块，即需要多次调用的功能块（如图 5-21 中的 FB1），再建立上层功能块（如图 5-21 中的 FB10）。

② 管理多重背景的功能块（如 FB10）必须设置为多重背景功能，即生成 FB10 的时候一定要选中“多重背景功能”多选框。

③ 在管理多重背景的功能块的变量声明表中，为被调用的功能块的每一次调用定义一个静态（STAT）变量，以被调用的功能块的名称作为静态变量的数据类型。

④ 必须有一个背景数据块分配给管理多重背景的功能块。背景数据块中的数据是自动生成的。

⑤ 多重背景只能声明为静态变量（声明类型为 Stat）。

5.4 组织块与中断处理

5.4.1 组织块的类型与优先级

组织块（OB）是操作系统与用户程序的接口，各个组织块（除了 OB1）实质上是用于各种中断处理的中断服务程序。对于中断处理组织块的调用，由操作系统根据中断事件（如日期时间中断、硬件中断等）自动调用，用户程序是不能调用组织块的。

SIMATIC S7 系列 CPU 的组织块及默认的优先级如表 5-6 所示。

表 5-6　　组织块的类型及默认的优先级

中 断 事 件	组 织 块	默认优先级	说 明
主程序	OB1	1	循环执行
日期时间中断	OB10～OB17	2	
延时中断	OB20	3	
	OB21	4	
	OB22	5	
	OB23	6	
循环中断	OB30	7	
	OB31	8	
	OB32	9	
	OB33	10	
	OB34	11	
	OB35	12	S7-300 CPU 都可使用
	OB36	13	
	OB37	14	
	OB38	15	
硬件中断	OB40	16	
	OB41	17	
	OB42	18	
	OB43	19	
	OB44	20	
	OB45	21	
	OB46	22	
	OB47	23	
状态中断	OB 55	2	
刷新中断	OB 56		
制造厂特殊中断	OB 57	2	
多处理器中断	OB60	25	调用 SFC35 时启动

续表

中断事件	组织块	默认优先级	说明
同步循环中断	OB 61	25	
	OB 62		
	OB 63		
	OB 64		
冗余故障	OB70	25	I/O 冗余
	OB72	28	CPU 冗余故障
	OB73	25	通信冗余故障
异步错误	OB80	26/28	时间故障
	OB81		电源故障
	OB82		诊断故障
	OB83		模块插/拔故障
	OB84		CPU 硬件故障
	OB85		程序故障
	OB86		机架故障
	OB87		通信故障
	OB88	28	过程故障
背景循环	OB90	29	优先级最低，只 S7-400 CPU 可用
启动	OB100	27	暖启动故障
	OB101		热启动故障
	OB102		冷启动故障
同步错误	OB121	与引起错误的块在同一优先级	编程错误
	OB122		I/O 访问故障

表 5-6 中，背景循环的优先级（29）最低，除此之外，从 1～28 优先级逐渐增高。每一个 OB 在执行程序的过程中可以被更高优先级的事件中断，任何其他的 OB 都可以中断主程序 OB1 去执行自己的程序，执行完毕后从断点处开始恢复执行 OB1。具有同等优先级的 OB 不能相互中断。

S7-300CPU（不包括 CPU318）组织块的优先级是固定的，不能修改。S7-400 CPU 和 CPU318 中组织块的优先级可以用 STEP7 进行修改：OB10～OB47，优先级修改范围 2～23；OB70～OB72，优先级修改范围 2～38；OB81～OB87，优先级修改范围 2～26。

不是任何 CPU 模板都具有表 5-6 所示的全部组织块资源。CPU 的型号不同，其所支持的组织块的数目也不一样。在 SIMATIC 管理器中打开项目的硬件组态界面，双击 CPU，可以看到具体 CPU 所支持的组织块及默认的优先级。

每个组织块都有 20 个字节的局部变量，其中包含组织块的启动信息。这些信息在组织块启动时由操作系统提供，包括启动事件、启动日期与时间、错误及诊断事件等。

5.4.2 循环执行的组织块 OB1

循环执行的组织块也称为主程序 OB1。OB1 可以调用 FB、SFB、FC、SFC 以及其他 OB 等。在启动组织块执行后，操作系统读取当前输入模块的信号状态，刷新输入映像表，执行 OB1 中的程序，传送输出映像区数据到输出模块，这个过程循环执行，如图 5-22 所示。

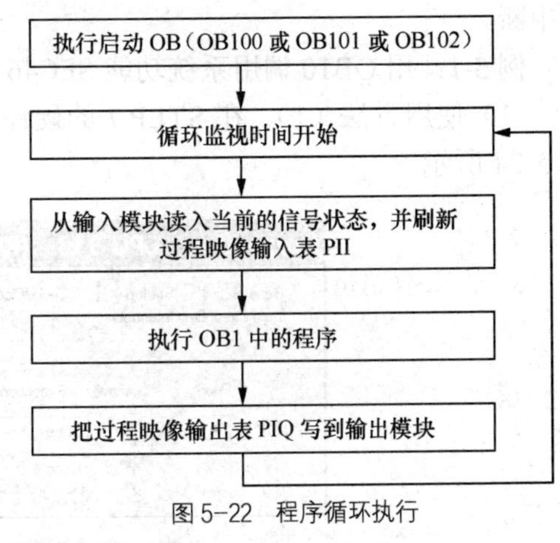

图 5-22 程序循环执行

在 STEP 7 中，可以设置每次处理 OB1 的最长和最短时间。如果设置了最短循环时间，则 CPU 将延时到达此时间后才开始下一次 OB1 的执行。设置最短循环时间的方法是：在 HW Config 中，双击 CPU 型号，在弹出的属性窗口选择“Cycle/Clock Memory”选项页。

5.4.3 日期时间中断组织块（OB10～OB17）

日期时间中断组织块可以根据设定的日期时间执行中断。比如，在指定的日期和时间点执行某个程序。

S7-300 系列中，CPU318 可以使用 OB10 和 OB11，其余 S7-300CPU 只能使用 OB10。S7-400 系列中的高级 CPU 才可以使用这 8 个日期时间中断组织块。8 个日期时间中断具有相同的优先级，CPU 按启动事件发生顺序进行处理。

在启动日期时间中断时，首先应设置中断，然后再激活中断。设置、激活中断有以下 3 种方法。

（1）在 STEP 7 的硬件组态窗口设置并激活日期时间中断。在 HW Config 中，双击机架中的 CPU 型号，在弹出的 CPU 属性窗口选择“Time-Of-Day Interrupts”选项页，选中“Active”激活 OB10，在“Execution”中选择执行方式（不执行、1 次、每分钟、每小时等），并在其后的两个编辑框内输入启动中断的日期和时间，如图 5-23 所示。保存并下载硬件组态，就实现了日期时间中断的自动启动。

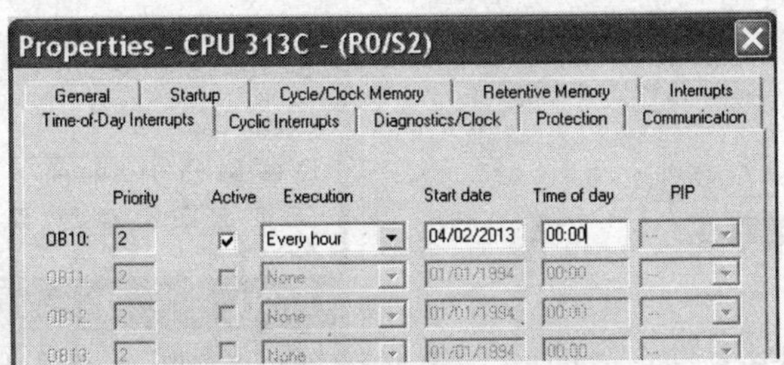

图 5-23 设置和激活日期时间中断

（2）在 STEP 7 的硬件组态窗口设置但不激活日期时间中断。方法同（1），只是不选中“Active”，之后通过在用户程序中调用 SFC30“ACT-TINT”激活日期时间中断。

（3）调用系统功能 SFC28“SET_TINT”设置日期时间中断参数，调用 SFC30“ACT_

TINT”激活日期时间中断。无需在 HW Config 中预先设置。

此外，还可以通过调用 SFC29“CAN-TINT”和 SFC31“QRY-TINT”禁止和查询日期时间中断。

例 5-1：用 OB10 调用系统功能 SFC46 来实现 CPU 的定时停机。

（1）使用方法（1），在 STEP 7 的硬件组态窗口设置日期时间中断为一次，并激活，如图 5-24 所示。

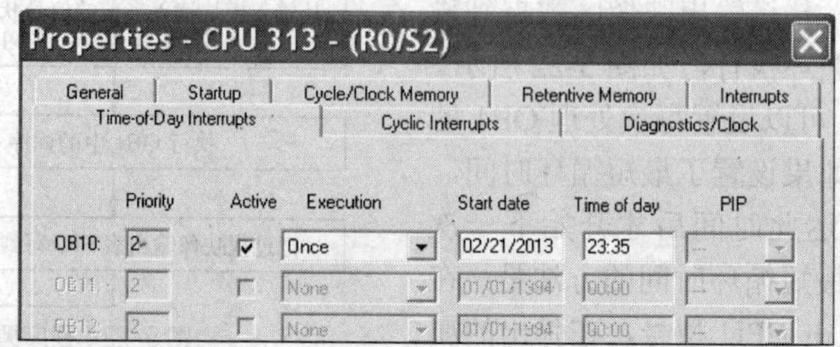

图 5-24　设置并激活日期时间中断为一次

（2）在 OB10 里调用系统功能 SFC46，如图 5-25 所示。

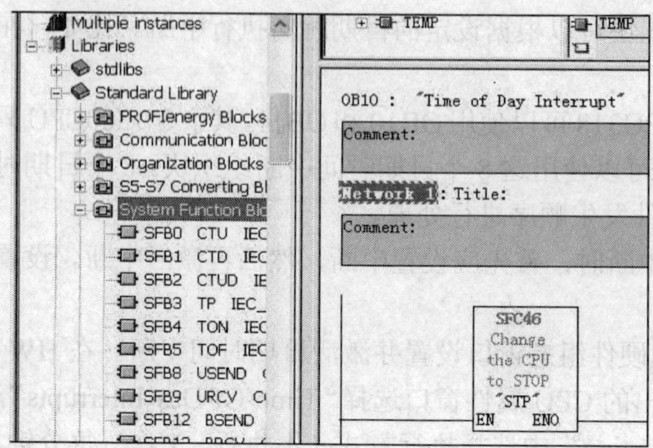

图 5-25　调用系统功能 SFC46

（3）等设置的时间到时，用仿真器监控，如图 5-26 和图 5-27 所示。

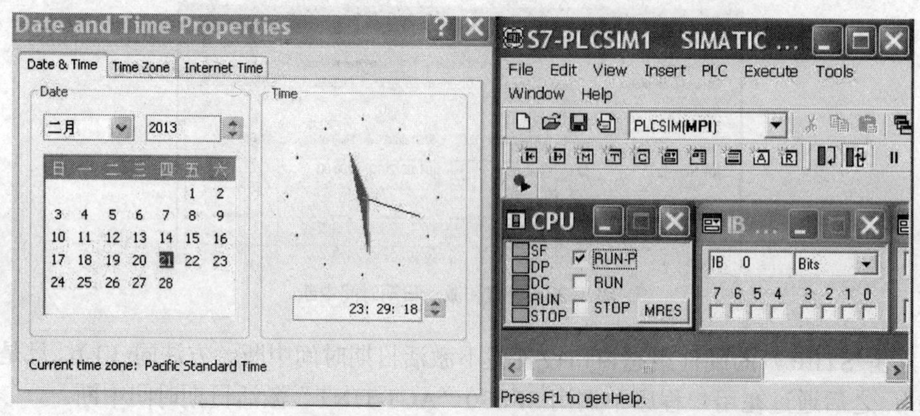

图 5-26　时间未到，CPU 正常运行

图 5-27 时间到，CPU 停机（STOP 灯亮）

5.4.4 延时中断组织块（OB20～OB23）

延时中断组织块从某个日期开始延时执行一次中断。用户可以将需要延时执行的程序编写在延时中断组织块中。使用延时中断可以达到以 ms 为单位的高精度的延时，大大优于定时器精度。

S7-300 系列中，CPU318 能使用 OB20 和 OB21，其余 S7-300CPU 只能使用 OB20。S7-400 系列 CPU 能够使用的延时中断与其型号有关。在 STEP7 的硬件组态窗口中可以查看 CPU 支持的延时中断。

通过调用系统功能 SFC32“SRT_DINT”触发执行延时中断，OB 号及延迟时间在 SFC32 参数中设定，延迟时间为 1～60000ms，大大优于定时器精度。

如果延时中断已经启动，而延时时间尚未达到时，可通过调用系统功能 SFC33“CAN_DINT”取消延时中断的执行，还可以通过调用系统功能 SFC34“QRY_DINT”查询延时中断的状态。

例 5-2：在 I0.0 的上升沿调用 SFC32 启动延时中断 OB20，10s 后 OB20 被调用。在 OB20 中将 Q4.0 置位。在延时时间未到时，如果 I0.1 有上升沿，则调用 SFC33“CAN_DINT”取消延时中断，OB20 不会再被调用。I0.2 按下时 Q4.0 被复位。

使用延时中断 OB20 时，有专用的激活中断系统功能 SFC32 和禁止中断系统功能 SFC33，不能在硬件组态中设置。程序如图 5-28 和图 5-29 所示。

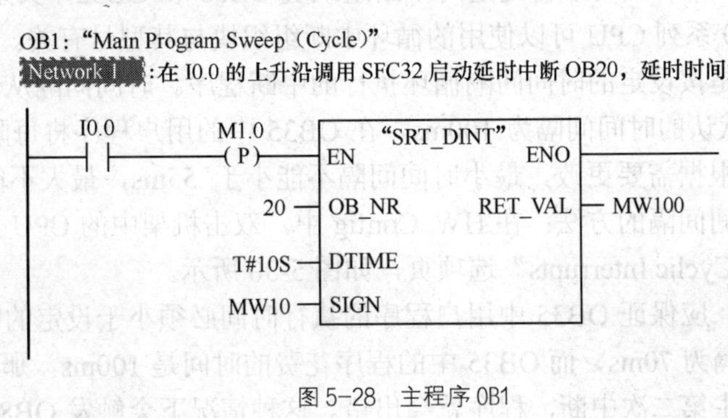

OB1:“Main Program Sweep (Cycle)”
Network 1 :在 I0.0 的上升沿调用 SFC32 启动延时中断 OB20，延时时间为 10s

I0.0 — M1.0 (P) — “SRT_DINT”
EN — ENO
20 — OB_NR — RET_VAL — MW100
T#10S — DTIME
MW10 — SIGN

图 5-28 主程序 OB1

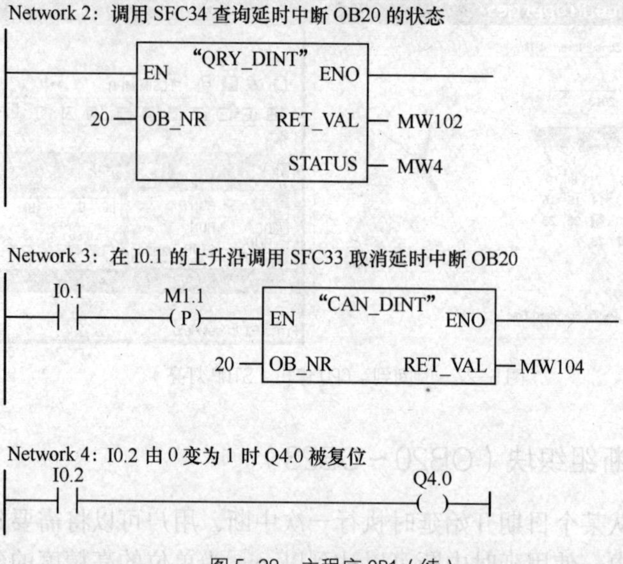

Network 2：调用 SFC34 查询延时中断 OB20 的状态

"QRY_DINT"
EN　ENO
20 — OB_NR　RET_VAL — MW102
STATUS — MW4

Network 3：在 I0.1 的上升沿调用 SFC33 取消延时中断 OB20

I0.1　M1.1 (P)　"CAN_DINT"
EN　ENO
20 — OB_NR　RET_VAL — MW104

Network 4：I0.2 由 0 变为 1 时 Q4.0 被复位

I0.2　Q4.0 ( )

图 5-28　主程序 OB1（续）

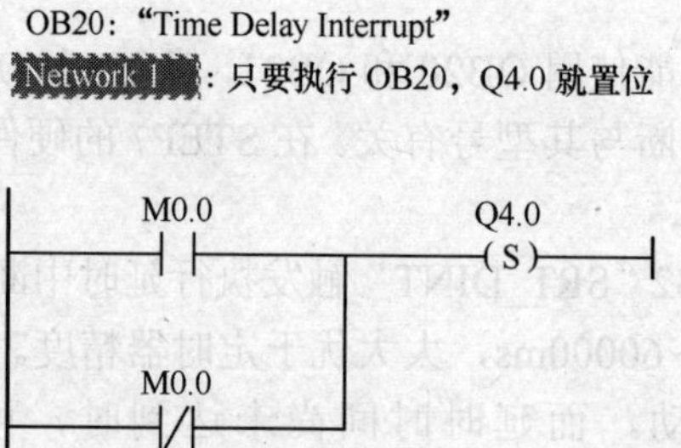

OB20："Time Delay Interrupt"

Network 1：只要执行 OB20，Q4.0 就置位

M0.0　Q4.0 (S)
M0.0

图 5-29　延时中断程序 OB20

5.4.5　循环中断组织块（OB30～OB38）

循环中断组织块通常处理需要固定扫描周期的用户程序。比如，数据的周期发送、PID 功能块的周期调用等。

S7-300 系列中，CPU318 可以使用定时中断组织块 OB35 和 OB32，其余 S7-300CPU 只能使用 OB35。S7-400 系列 CPU 可以使用的循环中断组织块与其型号有关。

循环中断组织块是按设定的时间间隔循环执行的中断程序。时间间隔从进入 RUN 模式时开始计算。OB35 默认的时间间隔为 100ms，在 OB35 中的用户程序将每隔 100ms 被调用一次，时间间隔可以根据需要更改，最小时间间隔不能小于 55ms，最大不能超过 60000ms（1min）。设置中断时间间隔的方法：在 HW Config 中，双击机架中的 CPU 型号，在弹出的 CPU 属性窗口选择"Cyclic Interrupts"选项页，如图 5-30 所示。

使用循环中断时，应保证 OB35 中用户程序的执行时间必须小于设定的时间间隔值。比如，如果中断时间间隔为 70ms，而 OB35 中的程序花费的时间是 100ms，那么 OB35 中的程序还没执行完毕就产生第二次中断，程序就会出错。这种情况下会触发 OB80 报错，如果程序中没有创建 OB80，CPU 进入停止模式。

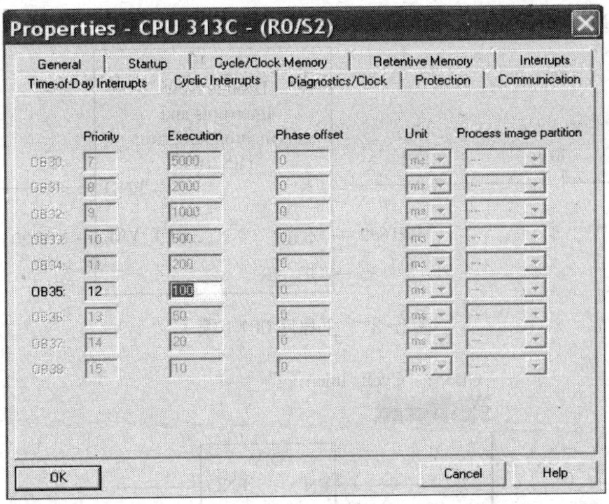

图 5-30 设置循环中断组织块的时间间隔

通过调用 SFC40 和 SFC39 系统功能来激活和禁止循环中断组织块。SFC40 和 SFC39 的参数说明如表 5-7 所示。

表 5-7 **SFC40 和 SFC39 的参数说明**

参 数	数据类型	声 明	说 明
MODE	BYTE	INPUT	在 SFC39 中：MODE 为 0，禁止所有的中断和故障；MODE 为 1，禁止部分中断和故障；MODE 为 2，禁止 OB 编号指定的中断和故障 在 SFC40 中：MODE 为 0，激活所有的中断和故障；MODE 为 1，激活部分中断和故障；MODE 为 2，激活 OB 编号指定的中断和故障
OB_NR	INT	INPUT	OB 编号
RET_VAL	INT	OUTPUT	保存错误代码

例 5-3：在 I0.0 的上升沿启动 OB35 对应的循环中断，在 I0.1 的上升沿禁止 OB35 对应的循环中断，在 OB35 中使 MW0 加 1。

在图 5-30 所示的窗口中，将 OB35 对应的循环周期由默认的 100ms 改为 1000ms，并下载到 CPU 中。程序如图 5-31 和图 5-32 所示。

OB1："Main Program Sweep(Cycle)"

Network 1：在 I0.0 的上升沿激活循环中断 OB35

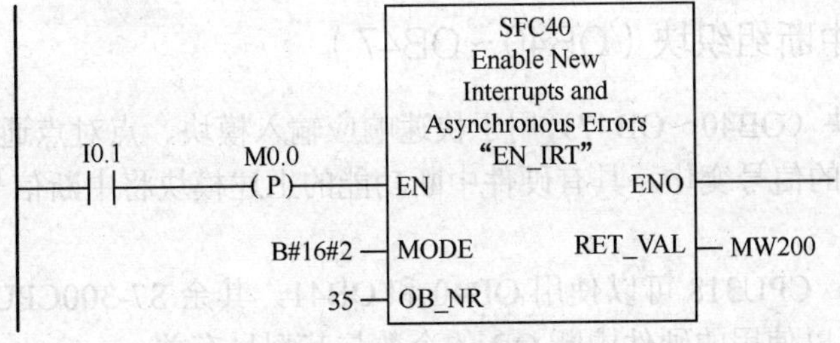

图 5-31 主程序 OB1

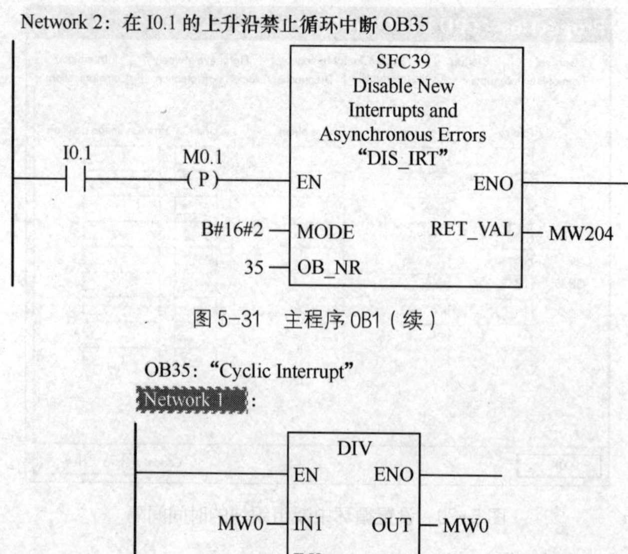

图5-31 主程序OB1（续）

图5-32 中断程序OB35

程序保存并下载到PLC或PLCSIM中后运行，可以看到每1sMW0自动加1。当I0.1的上升沿产生时，循环中断被禁止，MW0停止自加1；当I0.0的上升沿产生时，循环中断又被激活，MW0又开始自加1。在PLCSIM中的运行结果如图5-33所示。

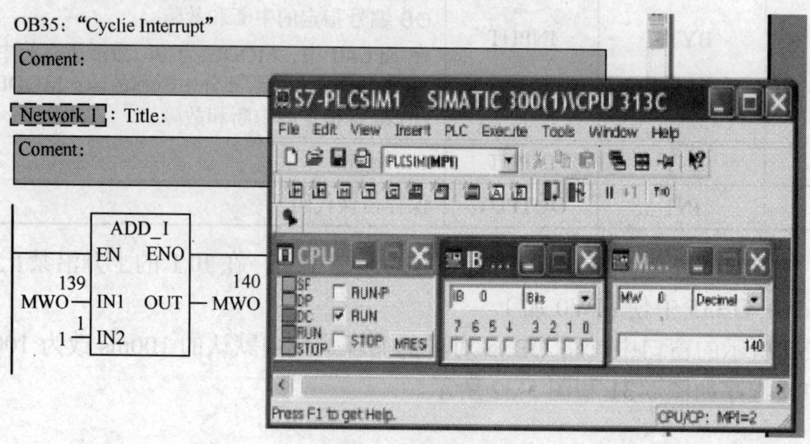

图5-33 运行结果

5.4.6 硬件中断组织块（OB40～OB47）

硬件中断组织块（OB40～OB47）用于快速响应输入模块、点对点通信处理模块（CP）和功能模块（FM）的信号变化。具有硬件中断功能的上述模块将中断信号传送到CPU时，将触发硬件中断。

S7-300系列中，CPU318可以使用OB40和OB41，其余S7-300CPU只能使用OB40。S7-400系列CPU可以使用的硬件中断OB的个数与其型号有关。

应用步骤如下。

（1）查看 CPU 支持的硬件中断组织块。

方法：在 HW Config 中，双击机架中的 CPU 型号，在弹出的 CPU 属性窗口选择“Hardware Interrupts”选项页。

（2）设置中断触发信号。

对于数字量输入模块，双击机架中的该模板，在弹出的属性窗口选择“Inputs”选项页，勾选“Hardware Interrupts”和“Trigger for Hardware Interrupt”复选框启用硬件中断，然后分组或逐点设置上升沿产生中断、下降沿产生中断，或上升沿、下降沿均产生中断。

对于模拟量输入模块，双击机架中的该模板，在弹出的属性窗口选择“Inputs”选项页，用复选框启用输入值超出限制产生硬件中断，然后设置输入值的上限值和下限值。

对于点对点通信处理模块，双击机架中的该模板，在弹出的属性窗口选择“Basic parameters”选项页，可选择是否产生中断。

对于功能模块，双击机架中的该模板，在弹出的属性窗口选择“Basic parameters”选项页，可选择是否根据模块的技术功能对某些事件触发硬件中断。

也可以使用循环中断组织块中的方法，用 SFC39 和 SFC40 来取消和激活中断，见例 5-4。

（3）在 OB40 中编写硬件中断程序。

OB40 有两个临时变量 OB_MDL_ADDR 和 OB_POINT_ADDR，操作系统调用 OB40 中的程序时，用 OB40 的 OB40_MDL_ADDR（字）向用户提供模块的起始字节地址，用 OB40_POINT_ADDR（双字）提供数字量输入模块产生硬件中断的点的编号或模拟量输入模块超出了设定上、下限值的通道号。OB40 通过 OB40_MDL_ADDR 和 OB40_POINT_ADDR 提供的地址信息，用比较指令判断是哪个模块、模块中的哪一点产生的中断，然后对中断事件做出相应的处理。

例 5-4：CPU 313C-2DP 集成的 16 点数字量输入 I124.0～I125.7 可以逐点设置中断特性，通过 OB40 对应的硬件中断，在 I124.0 的上升沿将 CPU 集成的数字量输出 Q124.0 置位，在 I124.1 的下降沿将 Q124.0 复位。此外，要求在 I0.0 的上升沿时激活 OB40 对应的硬件中断，在 I0.3 的上升沿禁止 OB40 对应的硬件中断。

本例用 SFC39（DIS_INT）和 SFC40（EN_INT）来取消和激活硬件中断。梯形图程序如图 5-34 和图 5-35 所示。

OB1：“Main Program Sweep（Cycle）”

Network 1：在 I0.0 的上升沿激活硬件中断

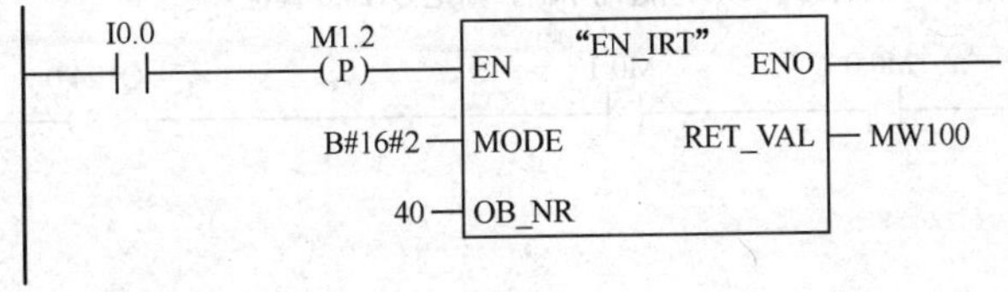

Network 2：在 I0.3 的上升沿禁止硬件中断

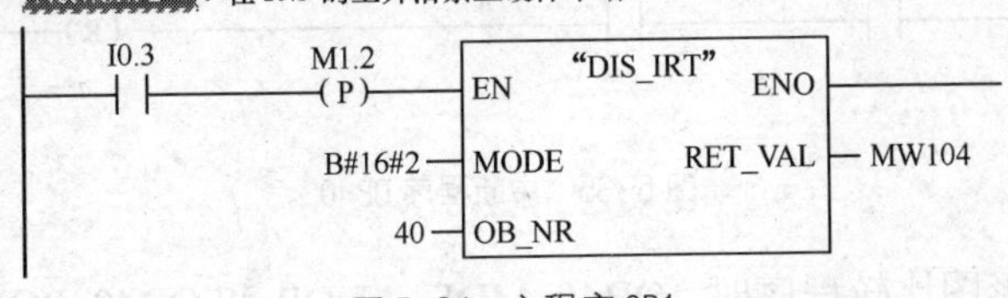

图 5-34　主程序 OB1

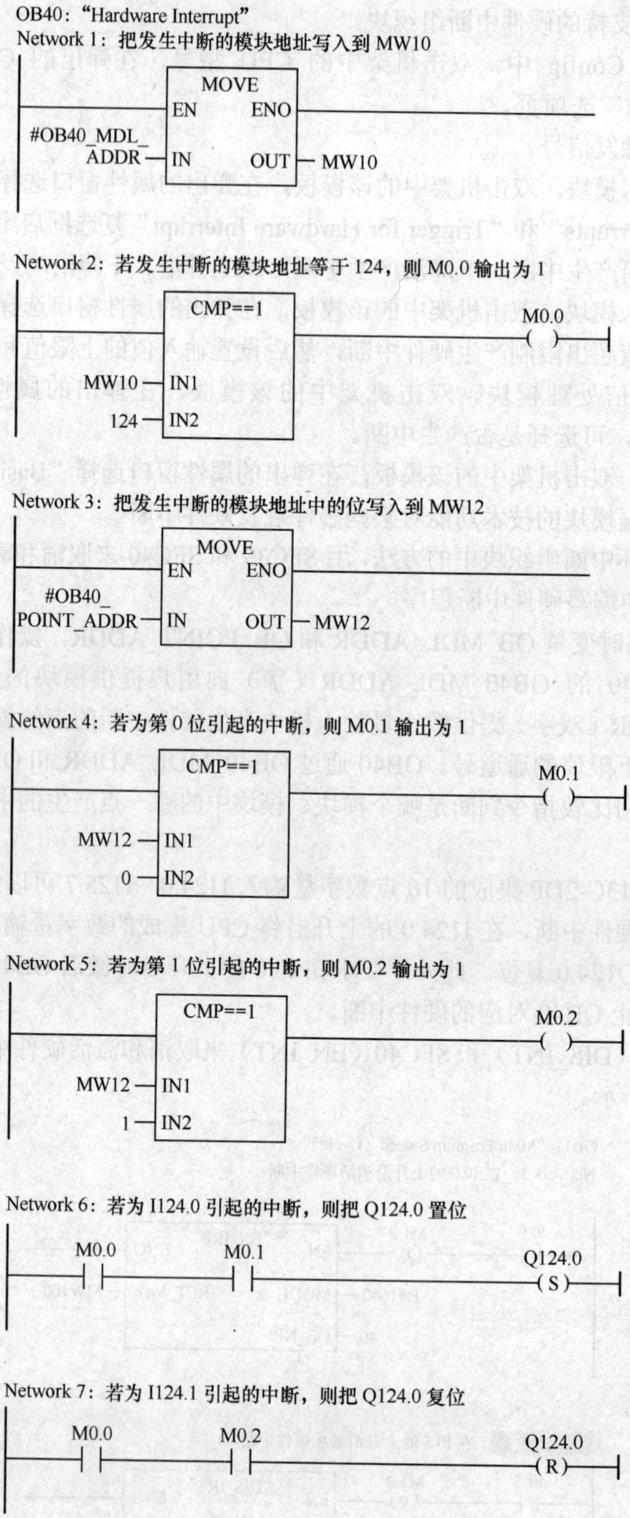

OB40："Hardware Interrupt"

Network 1：把发生中断的模块地址写入到 MW10

MOVE: EN, ENO; #OB40_MDL_ADDR — IN; OUT — MW10

Network 2：若发生中断的模块地址等于 124，则 M0.0 输出为 1

CMP==I: MW10 — IN1; 124 — IN2; M0.0 ( )

Network 3：把发生中断的模块地址中的位写入到 MW12

MOVE: EN, ENO; #OB40_POINT_ADDR — IN; OUT — MW12

Network 4：若为第 0 位引起的中断，则 M0.1 输出为 1

CMP==I: MW12 — IN1; 0 — IN2; M0.1 ( )

Network 5：若为第 1 位引起的中断，则 M0.2 输出为 1

CMP==I: MW12 — IN1; 1 — IN2; M0.2 ( )

Network 6：若为 I124.0 引起的中断，则把 Q124.0 置位

M0.0 —| |— M0.1 —| |— Q124.0 (S)

Network 7：若为 I124.1 引起的中断，则把 Q124.0 复位

M0.0 —| |— M0.2 —| |— Q124.0 (R)

图 5-35 中断程序 OB40

注意：在编写梯形图比较程序时，OB40_MDL_ADDR 和 OB40_POINT_ADDR 的数字类

型分别是字和双字，不能直接用于整数比较指令和双整数比较指令，需要将它们保存到其他地址，然后参与比较。

5.4.7　异步错误中断组织块（OB80～OB87）

S7-300/400PLC 有很强的错误（或称故障）检测和处理能力。异步错误中断用于处理各种故障事件。异步错误与 PLC 的硬件或操作系统密切相关，后果一般都比较严重，与程序执行无关。异步错误对应的组织块为 OB80～OB87，优先级最高。当 CPU 检测到错误时，会调用适当的组织块，如果没有相应的错误处理 OB，CPU 将进入 STOP 模式。

OB80：处理时间错误、CIR（Configuration In Run）后的重新运行等功能，例如 OB1 或 OB35 运行超时，CPU 自动调用 OB80 报错。如果程序中没有创建 OB80，CPU 进入停止模式。

OB81：电源错误，包括后备电池失效或未安装电池以及机架上的直流 24V 电源故障。当电源错误出现和消失时，操作系统都要调用 OB81（S7-400 系列 CPU 只有电池故障时调用）。出现故障，CPU 自动调用 OB81 报错，如果程序中没有创建 OB81，CPU 并不进入停止模式。

OB82：诊断中断，如果使能一个具有诊断中断模块的诊断功能（例如，断线、传感器电源丢失），出现故障时调用 OB82。如果程序中没有创建 OB82，CPU 进入停止模式。诊断中断还对 CPU 所有内外部错误，包括模块前连接器拔出、硬件中断丢失等做出响应。

OB83：用于模块插拔事件的中断处理，事件出现，CPU 自动调用 OB83 报警。如果程序中没有创建 OB83，CPU 进入停止模式。

OB84：用于处理存储器、冗余系统中两个 CPU 的冗余连接性能降低等事件。

OB85：用于处理操作系统访问模块故障、更新过程映像区时 I/O 访问故障、事件触发但相应的 OB 没有下载到 CPU 等事件，事件出现，CPU 自动调用 OB85 报错。如果程序中没有创建 OB85，CPU 进入停止模式。

OB86：用于处理扩展机架（不适用于 S7-300 系列）、PROFIBUS-DP 主站、PROFIBUS-DP 或 PROFINET I/O 分布的系统中站点故障等事件，事件出现，CPU 自动调用 OB86 报错。如果程序中没有创建，CPU 进入停止模式。

OB87：在使用通信功能块或全局数据（GD）通信进行数据交换时，若出现以下几种错误将自动调用 OB87。

（1）接收全局数据时，检测到不正确的帧标识符。

（2）全局数据通信的状态信息数据块不存在或太短。

（3）接收到非法的全局数据包编号。

如果程序中没有创建 OB87，CPU 并不会进入停止模式。

5.4.8　同步错误中断组织块（OB121～OB122）

OB121 处理与编程错误有关的事件，例如，调用的函数没有下载到 CPU 中、BCD 码出错等。OB122 处理与 I/O 地址访问错误有关的事件，例如，访问一个 I/O 模块时，出现读错误等。如果上述错误出现，程序中没有创建 OB121、OB122，CPU 进入停止模式。

5.4.9　启动组织块（OB100～OB102）

当 PLC 上电或重启时，CPU 通过调用启动组织块 0B100～OB102 实现不同的启动方式，包括热启动（Hot restart）、暖启动（Warm restart）或冷启动（Cold restart），之后才开始执行主循环 OB1。

不同的 CPU 具有不同的启动方式。对于 S7-300 系列，除了 CPU318 可以选择暖启动或者冷启动外，其他的 CPU 只有暖启动的方式；对于 S7-400 系列，根据不同的 CPU 型号，可以选择热启动、暖启动或冷启动 3 种方式之一。

启动方式可以通过硬件组态时的 CPU 参数来设置。方法是：在设置 CPU 模块属性的对话框中，选择“Startup”选项页，设置启动的各种参数。

（1）暖启动：暖启动时，过程映像寄存器、非保持的位存储器、定时器以及计数器被复位。具有保持功能的位存储器、定时器、计数器以及所有数据块将保留原数值。当对 CPU 进入暖启动操作时，操作系统会自动调用 OB100 一次，然后循环组织块 OB1 开始执行。

进行手动暖启动时，将模式选择开关扳到“STOP”位置，“STOP”LED 灯亮，然后再扳到“RUN”或“RUN-P”位置。

（2）热启动：只有 S7-400 才能用。在“RUN”状态时，如果突然停电，然后又重新上电，操作系统会自动调用 OB101 一次，完成热启动。热启动从“RUN”模式结束时程序被中断的地方继续执行，不对位存储器、定时器、计数器、过程映像及数据块等复位。

（3）冷启动：只有 CPU318-2 和 417-4 具有这种启动方式。针对电源故障可以定义这种启动方式。冷启动时，所有过程映像寄存器、位存储器、定时器和计数器被复位为零，而且数据块的当前值被装载存储器的当前值（即之前下装到 CPU 的数据块）覆盖。冷启动时，操作系统会自动调用 OB102 一次，然后循环组织块 OB1 开始执行。

一般来讲，除了特别需要（如 PLC 上电执行什么动作或初始化后才执行 OB1）外，一般不用在启动组织块中编程，只加入空指令就可以。

5.5 程序调试

5.5.1 用变量表调试程序

STEP 7 主要提供了两种调试工程的方式：变量表功能和程序状态功能。本节介绍如何用变量表调试程序。

变量表是一种重要的在线调试工具，用来监控相应变量的在线状态。使用变量表可以在一个画面上同时显示用户感兴趣的全部变量。比如，要控制一个阀门打开及关闭，有如下条件：I0.0 打开，I0.1 打开，I0.2 关闭，I0.3 开到位，I0.4 关到位，I0.5 故障（比如过力距），Q0.0 打开输出，Q0.1 关闭输出。现在出现故障，阀门不动作了，第一种方法是打开程序看一看问题出在那里。第二种方法是建一个变量表，将以上变量全部放于表中，在线查看变量的状态。显然第二种方法可以更快捷地找到原因。

变量表具有如下功能。

（1）监视变量：可以在编程设备上显示用户程序或 CPU 中每个变量的当前值。

（2）修改变量：可以将固定值赋给用户程序或 CPU 中的每个变量，使用程序状态测试功能时也能立即进行一次数值修改。

（3）使用外设输出并激活修改值：允许在停机状态下将固定值赋给 CPU 中的每个 I/O。

（4）强制变量：可以为用户程序或 CPU 中的每个变量赋予一个固定值，这个值是不能被用户程序覆盖的。

1. 建立变量表

使用变量表之前，必须建立变量表，将需要监视的变量输入表中。通常有两种方法。

（1）在“SIMATIC Manager”窗口，选择“Blocks”文件夹，使用菜单命令“Insert/S7 Block/Variable Table”，或在右视图中单击右键，选择“Insert New Object/ Variable Table”，打开变量表的属性对话框，可以为新建的变量表命名，如VAT-1，单击“OK”按钮。

（2）在程序编辑窗口中，执行菜单命令“PLC/Monitor/Modify Variables”，直接生成一个无名的变量表，输入需要监视或修改的变量后，单击变量表视窗中的保存按钮，可以在打开的保存对话框中为这个变量表命名，并选择保存在项目路径的“Blocks”下。

需要注意的是，STEP 7对于所保存的变量表的数量没有限制，变量表也并不下载到PLC中。

2. 变量表的使用

（1）输入变量。

选择“Blocks”文件夹，在右视图中双击变量表图标，打开变量表，输入将要监控的变量。输入变量时应注意以下几点。

① 只能输入已在符号表中定义过的符号。

② 如果符号名中含有特殊字符，则必须用引号括起来。比如，“Motor-On”。

③ 若要建立注释行，则在输入时应以“//”开头。

④ 任何不正确的输入都会被标为红色。

编辑完成了变量表，还应注意保存。

（2）建立与CPU的在线连接。

使用菜单命令“PLC”→“Connect To”定义变量表与CPU的连接，才可以进行变量的监视或修改，如图5-36所示。

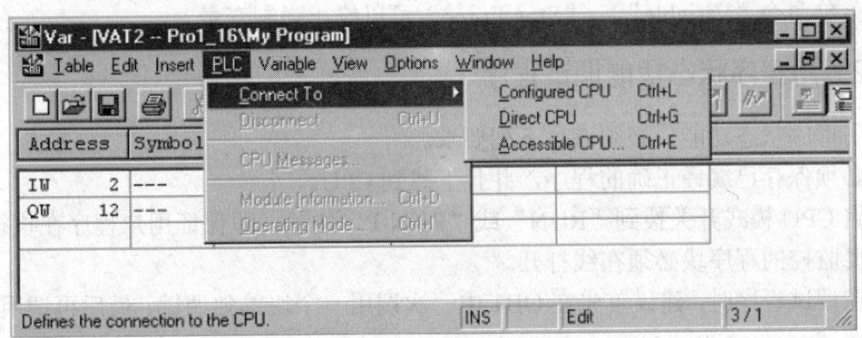

图5-36 建立与CPU的在线连接

图5-36中的“Configured CPU”用于建立被激活的变量表与CPU的在线连接，“Direct CPU”用于建立与编程设备用编程电缆连接的CPU，“Accessible CPU”可以选择与另一个CPU建立连接（系统支持一个变量表与不同的CPU建立连接）。

3. 监视变量

上面（1）和（2）步骤之后，就可以启动监视变量功能。方法是：将CPU的模式开关拨至RUN或RUN-P位置，使用菜单命令“Variable”→“Monitor”，或单击工具栏中的按钮，即可启动变量监视功能。此时，在状态值栏中显示出CPU运行中当前的变量值。

使用菜单命令“Variable”→“Update Monitor Values”，或单击工具栏中的按钮，可以对所选变量的数值做一次立即刷新。

使用菜单命令“Variable”→“Monitor”，或再次单击工具栏中的按钮，可以关闭监视功能。

4. 修改变量

修改变量主要针对与程序有关的M区变量和DB区变量（作为触点）的改变。方法是：首先启动监视变量功能，然后在变量表中的修改值（Modify Value）栏中输入新的变量值，执行菜单命令“Variable”→“Modify”，或单击工具栏中的按钮激活修改功能，将修改值立即送入CPU，从而改变程序的执行。

使用菜单命令“Variable”→“Activate Modify Values”，或单击工具栏中的按钮，可以对所选变量的修改数据做一次立即刷新。

当选中Modify Value栏中的变量修改值时，单击工具栏中的按钮，可以使该变量的修改值暂时失效。

5. 强制变量

不是所有的CPU都支持强制变量功能。执行强制变量命令可以给用户程序的变量赋一个固定值，该值不会被CPU中正在执行的用户程序改变或覆盖。强制的优点在于可以在不改变程序代码以及硬件连线的情况下，强行改变输入和输出的状态。

强制变量的方法如下。

（1）选中将要强制的变量，执行菜单命令“Variable”→“Display Force Values”，激活强制数值窗口。

（2）在“Address”列，输入希望强制的变量，在“Force Value”列，输入希望分配给变量的值，比如true。

（3）执行菜单命令“Variable”→“Force”进行变量的强制。

使用菜单命令“Variable”→“Stop Force”可以终止强制变量。

5.5.2 用程序状态功能调试程序

要使用程序状态功能，必须满足下列要求。

（1）必须保存已编译正确的程序，并且下载到CPU。

（2）将CPU模式开关拨到“RUN”或“RUN-P”位置，即保证用户程序在执行状态。

（3）要监控的程序块必须在线打开。

用户在调试程序时，建议首先在OB1中一次调用一个块单独调试，最后再调用整个程序进行综合调试。

1. 梯形图程序状态的显示

下装好程序后，将模式开关拨到RUN模式。打开OB1，单击“Monitor(on/off)”，进入程序的监视状态，如图5-37所示。

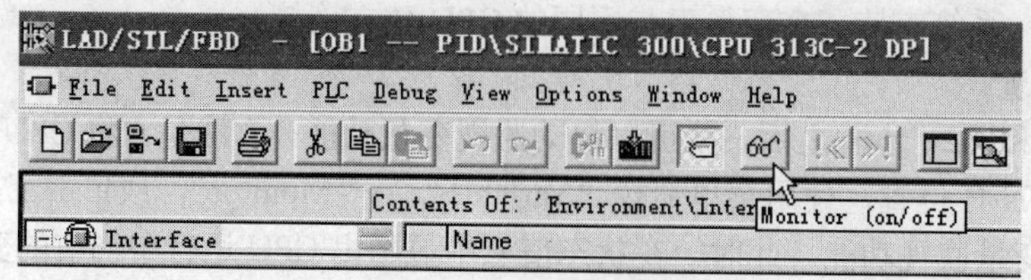

图5-37 开启Monitor程序状态功能

如果通信正常，则可以看到程序的状态。绿色连续线表示状态满足，即有“能流”流过；蓝色点状细线表示状态不满足，没有能流流过；黑色连续线表示状态未知。

梯形图中加粗的字体显示的参数值是当前值，细体字显示的参数值来自以前的循环，即该程序区在当前扫描循环中未被处理。

程序中变量的实时值在该状态下全都能清晰地显示出来，可以直观地监视程序的执行情况，轻易地发现程序设计中存在的问题并加以改正。

2. 使用程序状态功能监视数据块

数据块（例如 DB1）必须使用数据显示方式（Data View）在线查看数据块的内容，在线数值在“Actual Value”（实际数值）列中显示。以 DB1 为例，方法是单击 DB1 中菜单“View”→“Data View”，在“Data View”方式下，单击工具栏上的“Monitor on/off”，则可以看到 Actual Value 列中显示的各个参数的实时值。可以用同样的方法监控其他数据块的实时值，如图 5-38 所示。

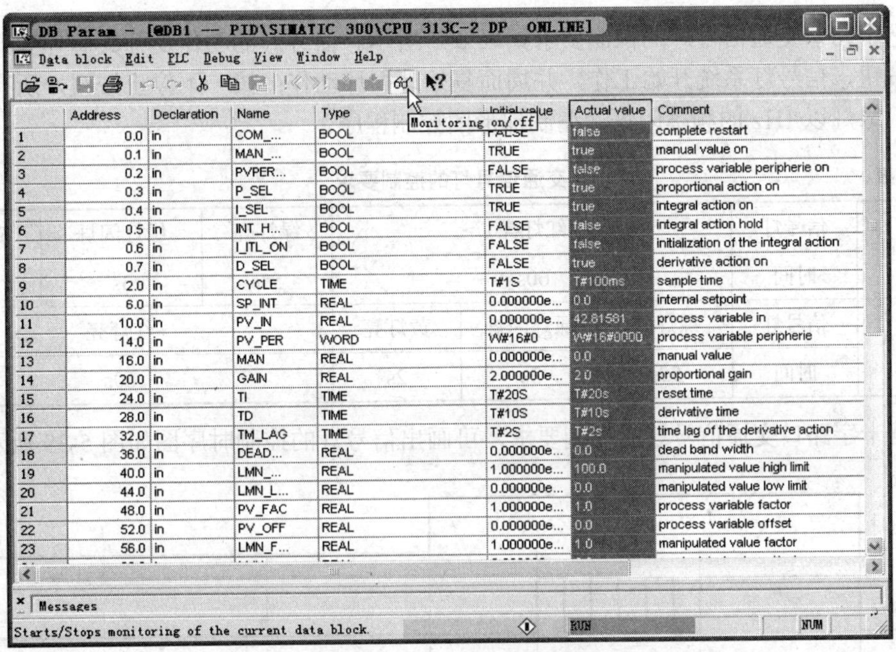

DB Param - [@DB1 -- PID\SIMATIC 300\CPU 313C-2 DP ONLINE]

Data block Edit PLC Debug View Window Help

Monitoring on/off

	Address	Declaration	Name	Type	Initial value	Actual value	Comment
1	0.0	in	COM_...	BOOL	FALSE	false	complete restart
2	0.1	in	MAN_...	BOOL	TRUE	true	manual value on
3	0.2	in	PVPER...	BOOL	FALSE	false	process variable peripherie on
4	0.3	in	P_SEL	BOOL	TRUE	true	proportional action on
5	0.4	in	I_SEL	BOOL	TRUE	true	integral action on
6	0.5	in	INT_H...	BOOL	FALSE	false	integral action hold
7	0.6	in	I_ITL_ON	BOOL	FALSE	false	initialization of the integral action
8	0.7	in	D_SEL	BOOL	FALSE	true	derivative action on
9	2.0	in	CYCLE	TIME	T#1S	T#100ms	sample time
10	6.0	in	SP_INT	REAL	0.000000e...	0.0	internal setpoint
11	10.0	in	PV_IN	REAL	0.000000e...	42.81581	process variable in
12	14.0	in	PV_PER	WORD	W#16#0	W#16#0000	process variable peripherie
13	16.0	in	MAN	REAL	0.000000e...	0.0	manual value
14	20.0	in	GAIN	REAL	2.000000e...	2.0	proportional gain
15	24.0	in	TI	TIME	T#20S	T#20s	reset time
16	28.0	in	TD	TIME	T#10S	T#10s	derivative time
17	32.0	in	TM_LAG	TIME	T#2S	T#2s	time lag of the derivative action
18	36.0	in	DEAD...	REAL	0.000000e...	0.0	dead band width
19	40.0	in	LMN_...	REAL	1.000000e...	100.0	manipulated value high limit
20	44.0	in	LMN_L...	REAL	0.000000e...	0.0	manipulated value low limit
21	48.0	in	PV_FAC	REAL	1.000000e...	1.0	process variable factor
22	52.0	in	PV_OFF	REAL	0.000000e...	0.0	process variable offset
23	56.0	in	LMN_F...	REAL	1.000000e...	1.0	manipulated value factor

Messages

Starts/Stops monitoring of the current data block.　RUN　NUM

图 5-38　Monitor 数据块 DB1

3. 单步与断点功能的使用

单步与断点功能在程序编辑器中设置与执行。在单步模式下，一次只执行一条指令。在用户程序中可以设置多个断点，进入 RUN 或 RUN-P 模式后将停留在第一个断点处。

可编程控制器允许设置的断点个数可以参考相关 CPU 的资料。

在“Debug”（调试）菜单中，可以找到菜单命令用来设置、激活或删除断点，也可以用断点栏中的快捷键选择这些菜单命令，使用菜单命令“View”→“Breakpoint Bar”可以显示断点栏。

设置断点与单步模式的条件如下。

（1）只有使用 STL 编程时，才可以使用单步和断点功能，使用 LAD 或 FBD 生成的块，必须用菜单命令“View”→“STL”转换为 STL。

（2）设置断点前应在语句表编辑器中执行菜单命令“Options”→“Customize”，在对话框中选择 STL 标签页，激活“Activate new breakpoints immediately”（立即激活新断点）选项。

（3）CPU 必须工作在“Test”（测试）模式，可以用菜单命令“Debug”→“Operation”选择测试模式。

（4）在“SIMATIC Manager”窗口进入在线模式，在线打开被调试的块。

（5）设置断点时不能启动程序状态监控功能。

设置断点与单步模式的步骤请参见相关资料。

5.6 设计实例

5.6.1 十字路口交通信号灯的控制

某十字路口交通信号灯的控制要求如表 5-8 所示。信号灯的动作受开关总体控制，按一下启动按钮，信号灯系统开始工作，并周而复始地循环动作；按一下停止按钮，所有信号灯都熄灭。绿灯以 1Hz 的频率闪烁。编制梯形图控制程序。

表 5-8　交通信号灯的控制要求

南北方向	信号灯	红灯亮			绿灯亮	绿灯闪烁	黄灯亮
	时间	60s			55s	3s	2s
东西方向	信号灯	绿灯亮	绿灯闪烁	黄灯亮	红灯亮		
	时间	55s	3s	2s	60s		

根据十字路口交通信号灯的控制要求，可画出信号灯的控制时序图如图 5-39 所示。

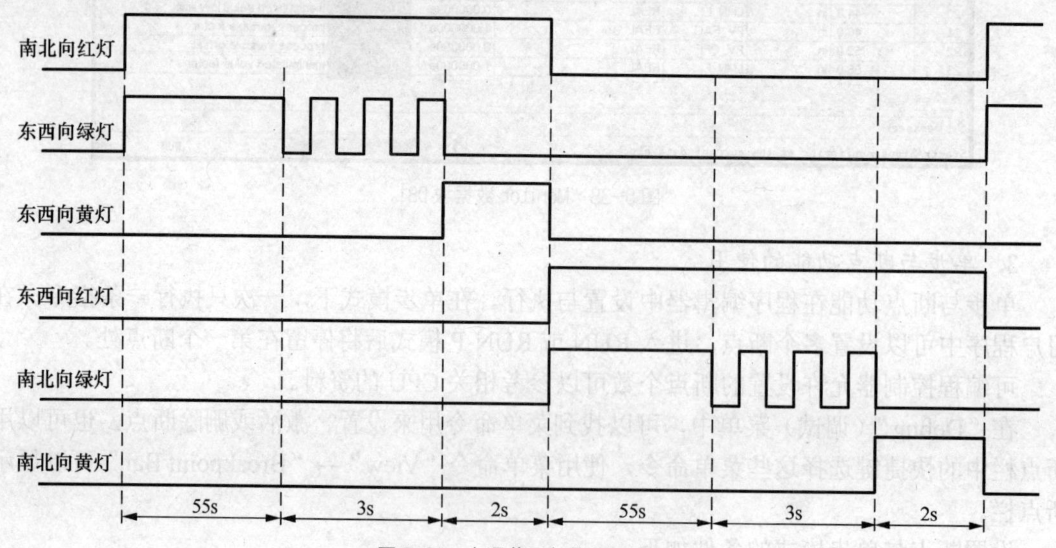

图 5-39　交通信号灯控制时序图

1. 输入输出地址分配表

表 5-9 交通信号灯输入输出地址分配表

	PLC 地址	数据类型	说明
输入	I0.0	BOOL	启动按钮
	I0.1	BOOL	停止按钮
输出	Q0.0	BOOL	南北方向红灯
	Q0.1	BOOL	东西方向绿灯
	Q0.2	BOOL	东西方向黄灯
	Q0.3	BOOL	东西方向红灯
	Q0.4	BOOL	南北方向绿灯
	Q0.5	BOOL	南北方向黄灯

2. 梯形图控制程序

OB1："交通灯控制程序"

Network 1：启动按钮 I0.0，复位按钮 I0.1

M0.0
I0.0
SR
S
Q
I0.1
R

Network 2：南北方向红灯常亮计时 60s

M0.0
T7
T0
(SP)
S5T#1M

Network 3：东西方向绿灯常亮计时 55s

M0.0
T7
T1
(SP)
S5T#55S

Network 4：东西方向绿灯闪烁计时 3s

M0.0
T1
T2
(SP)
S5T#3S

Network 5：东西方向黄灯常亮计时 2s

M0.0
T1
T2
T3
(SP)
S5T#2S

Network 6：东西方向红灯常亮计时 60s

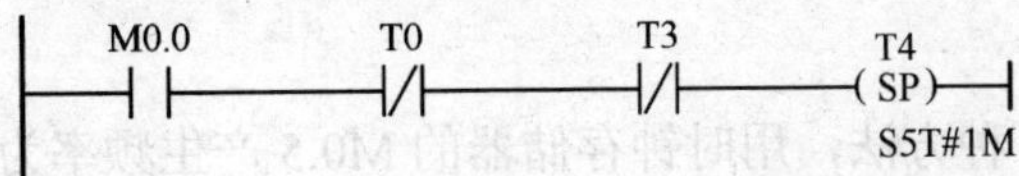

图 5-40 交通信号灯梯形图控制程序

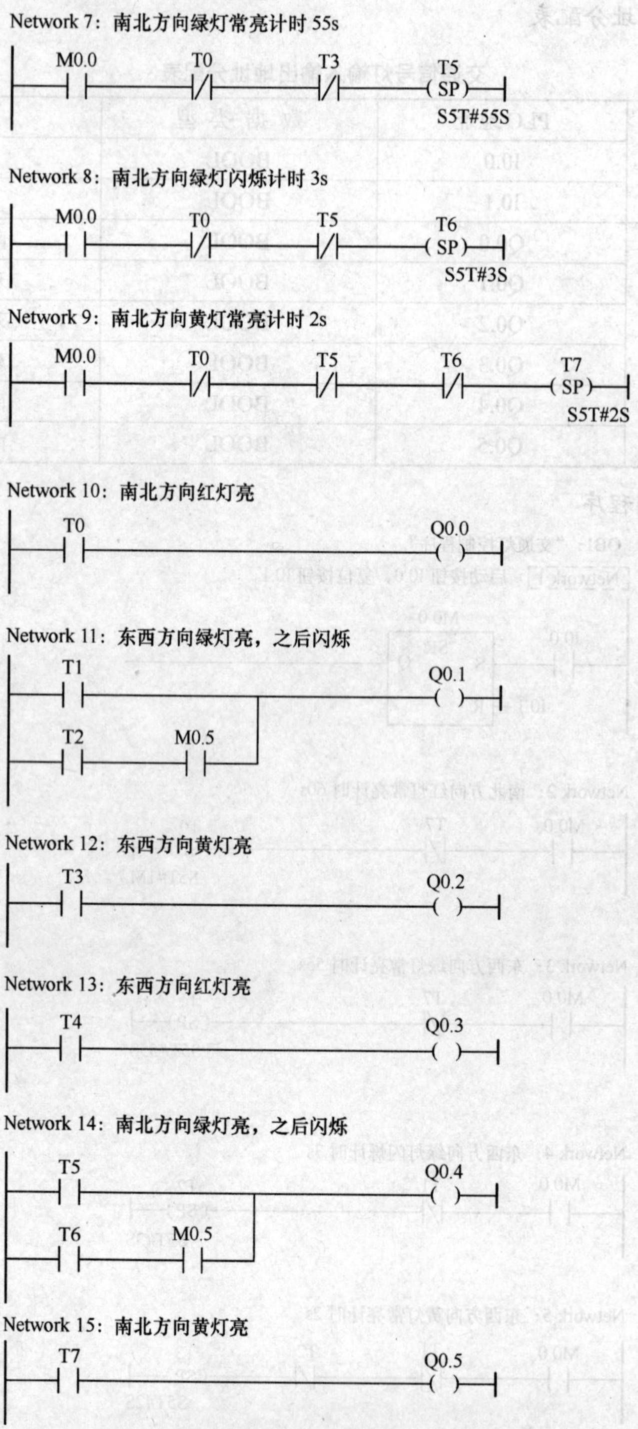

Network 7：南北方向绿灯常亮计时 55s

M0.0 T0 T3 T5 (SP) S5T#55S

Network 8：南北方向绿灯闪烁计时 3s

M0.0 T0 T5 T6 (SP) S5T#3S

Network 9：南北方向黄灯常亮计时 2s

M0.0 T0 T5 T6 T7 (SP) S5T#2S

Network 10：南北方向红灯亮

T0 Q0.0 ( )

Network 11：东西方向绿灯亮，之后闪烁

T1 Q0.1 ( )

T2 M0.5

Network 12：东西方向黄灯亮

T3 Q0.2 ( )

Network 13：东西方向红灯亮

T4 Q0.3 ( )

Network 14：南北方向绿灯亮，之后闪烁

T5 Q0.4 ( )

T6 M0.5

Network 15：南北方向黄灯亮

T7 Q0.5 ( )

图 5-40　交通信号灯梯形图控制程序（续）

3. 程序说明

使用第 4 章例 4-10 的第 3 种方法，用时钟存储器的 M0.5 产生频率为 1Hz 的脉冲。

5.6.2 搅拌系统控制

图 5-41 所示为一搅拌系统，控制要求如下：按起动按钮后系统自动运行，首先打开进料泵 1 开始加入液料 A，当液位达到 50%后，则关闭进料泵 1，打开进料泵 2，开始加入液料 B，当液位达到 100%后，则关闭进料泵 2，同时起动搅拌器，搅拌 10s 后，关闭搅拌器，开启出料泵。当液料放空后，延时 5s 关闭出料泵。按停止按钮，系统应立即停止运行。液位的高低由一个模拟量液位传感器-变送器来检测，并进行液位显示。编写控制程序。

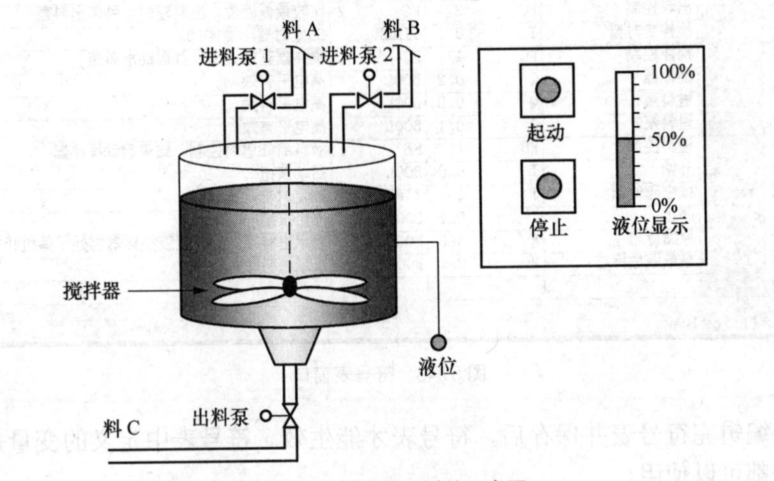

图 5-41 搅拌控制系统示意图

分析：本例采用结构化的程序设计方法。FB1 功能块实现液料 A 和液料 B 的进料控制，其背景数据块分别为 DB1 和 DB2，为 FB1 提供实际参数；FC1 实现搅拌控制；FC2 实现出料控制。OB1 为主程序块，用于调用 FB1、FC1 和 FC2；OB100 为启动组织块，实现启动复位功能。程序结构如图 5-42 所示。

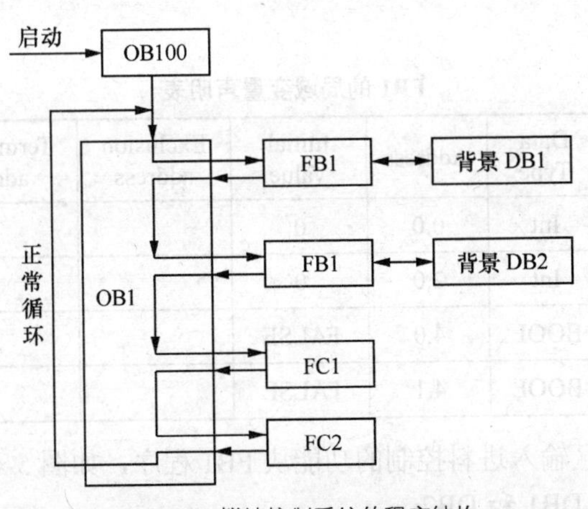

图 5-42 搅拌控制系统的程序结构

1. 编辑符号表

为了使程序具有良好的可读性和易于理解，本例使用符号编程。

在 SIMATIC Manager 窗口，选中左边的 S7 Program(1)，在右边的工作区双击“Symbols”

图标打开符号表的编辑界面，编辑符号表，如图 5-43 所示。

Symbol Editor - S7 Program(1) (Symbols)

Symbol Table Edit Insert View Options Window Help

All Symbols

S7 Program(1) (Symbols) -- 搅拌控制系统\SIMATIC 300 Station\CPU314(1)

	Status	Symbol /	Address		Data type	Comment
1		Complete Restart	OB	100	OB 100	初始化程序
2		Cycle Execution	OB	1	OB 1	主循环组织块
3		出料泵	Q	0.3	BOOL	高电平有效
4		出料控制	FC	2	FC 2	比较最低液位，出料延时，关闭出料泵
5		搅拌定时器	T	0	TIMER	SD定时器，搅拌10s
6		搅拌控制	FC	1	FC 1	搅拌器延时关闭，并启动出料泵
7		搅拌器	Q	0.2	BOOL	高电平有效
8		进料泵1	Q	0.0	BOOL	高电平有效
9		进料泵2	Q	0.1	BOOL	高电平有效
10		进料控制	FB	1	FB 1	液料A和B进料控制，结束启动搅拌器
11		开始	I	0.0	BOOL	启动按钮
12		排空延时器	T	1	TIMER	SD定时器，延时5s
13		停止	I	0.1	BOOL	停止按钮
14		原始标志	M	0.0	BOOL	表示进料泵、出料泵及搅拌器都处于停机状态
15		最低液位标志	M	0.1	BOOL	表示液料即将放空
16						

Press F1 to get Help. NUM

图 5-43　符号表窗口

应注意，编辑完符号表并保存后，符号表才能生效。符号表中定义的变量是全局变量，所有的逻辑块都可以使用。

2. 创建功能块 FB1

在 SIMATIC Manager 窗口打开“Blocks”文件夹，右键单击右边的窗口，在弹出的菜单中选择“Insert New Object”→“Function Block”，插入功能块 FB1。双击 FB1 图标，打开该功能块。

在 FB1 窗口的变量声明表中定义 FB1 的局部变量声明表，如表 5-10 所示。系统会自动在变量名前加前缀“#”。

表 5-10　　FB1 的局域变量声明表

Interface	Name	Data Type	Address	Initial Value	Exclusion address	Termination address	Comment
IN	A_IN	Int	0.0	0			模拟量输入数据
	A_C	Int	2.0	0			液位比较值
IN_OUT	Device1	BOOL	4.0	FALSE			设备 1
	Device2	BOOL	4.1	FALSE			设备 2

在 FB1 窗口的程序区输入进料控制的功能块 FB1 程序，如图 5-44 所示。

3. 生成背景数据块 DB1 和 DB2

在 SIMATIC Manager 窗口，执行菜单命令“Insert”→“S7 Block”→“Data Block”，在弹出的窗口单击“OK”，创建与 FB1 相关联的背景数据块 DB1 和 DB2。双击 SIMATIC Manager 窗口 DB1 的图标，可以打开刚刚生成的 DB1，如图 5-45 所示。DB2 与 DB1 类似。

FB1：进料控制

Network 1：满足条件，则复位设备 1，启动设备 2

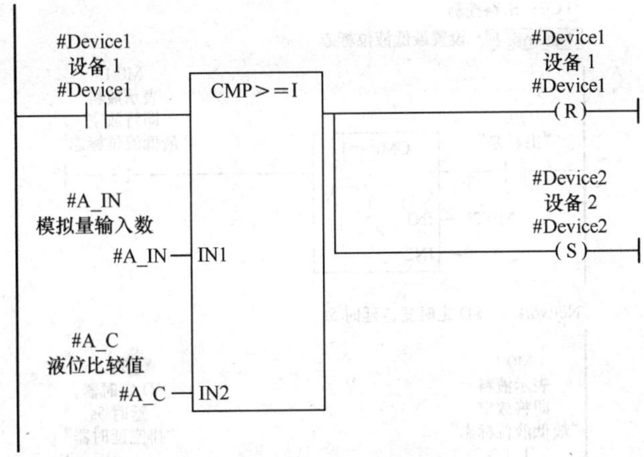

图 5-44 功能块 FB1 的梯形图程序

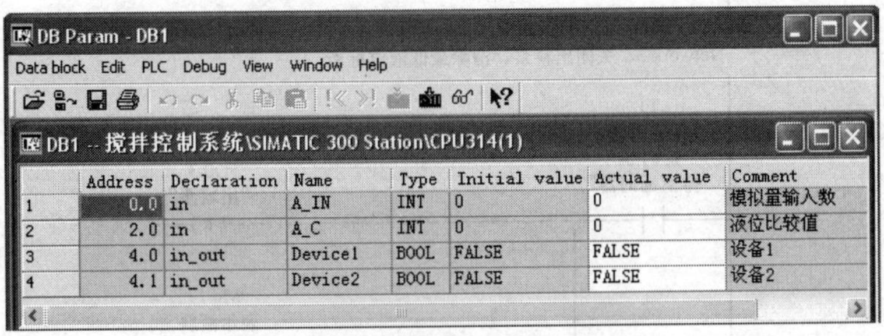

DB Param - DB1

Data block Edit PLC Debug View Window Help

DB1 -- 搅拌控制系统\SIMATIC 300 Station\CPU314(1)

	Address	Declaration	Name	Type	Initial value	Actual value	Comment
1	0.0	in	A_IN	INT	0	0	模拟量输入数
2	2.0	in	A_C	INT	0	0	液位比较值
3	4.0	in_out	Device1	BOOL	FALSE	FALSE	设备1
4	4.1	in_out	Device2	BOOL	FALSE	FALSE	设备2

图 5-45 搅拌控制系统的背景数据块 DB1

4. 创建搅拌器控制功能 FC1 和出料控制功能 FC2

在 SIMATIC Manager 窗口打开“Blocks”文件夹，右键单击右边的窗口，在弹出的菜单中选择“Insert New Object”→“Function”，插入功能 FC1。双击 FC1 图标，打开该功能。在 FC1 窗口输入搅拌器控制功能的程序，如图 5-46 所示。

FC1：搅拌器控制

Network 1：搅拌延时

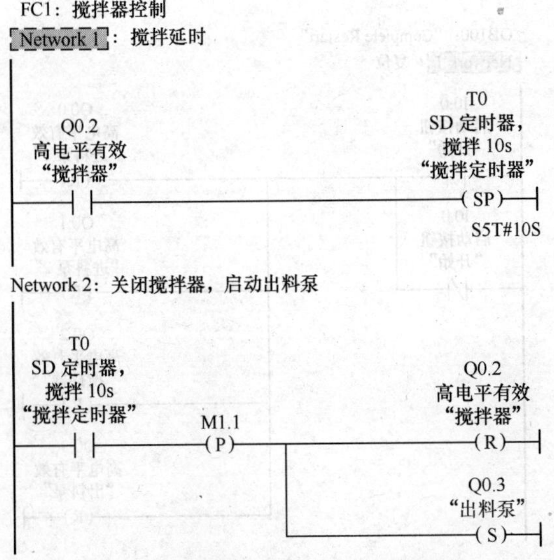

图 5-46 搅拌器控制功能的梯形图程序

同样地，在FC2窗口输入出料控制功能的程序，如图5-47所示。

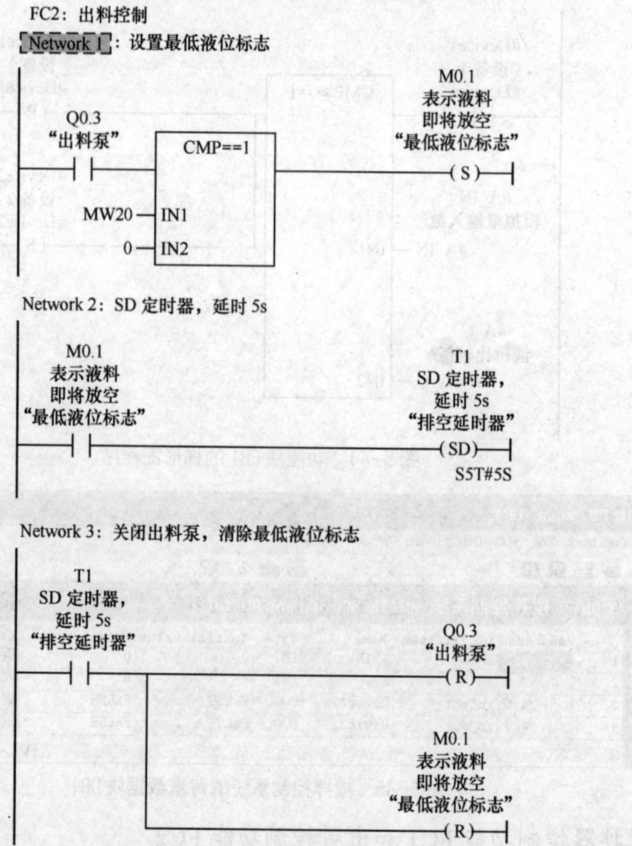

图5-47　出料控制功能的梯形图程序

5. 编写启动组织块OB100的控制程序

该组织块实现启动复位功能，即初始化所有输出变量，如图5-48所示。

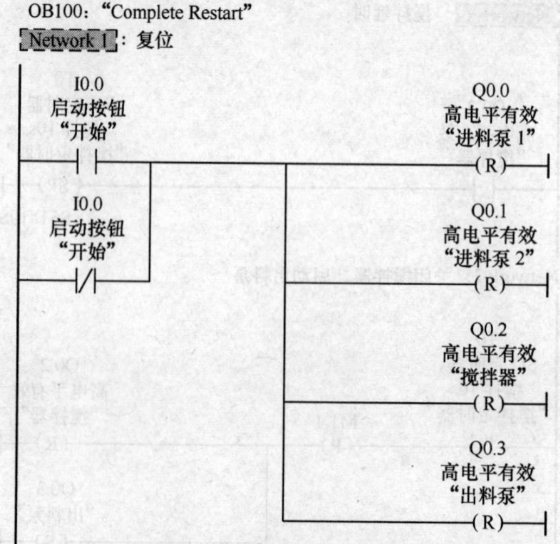

图5-48　启动组织块梯形图程序

6. 编写 OB1 主程序

OB1 主程序如图 5-49 所示。其中 PIW256 为液位传感器-变送器送出的模拟量液位信号，PQW256 为接收模拟量液位信号的液位指针式显示器。

OB1：搅拌控制结构化程序主循环组织块

Network 1：置原始标志 M0.0 为 1（进料泵 1、进料泵 2、搅拌器、出料泵处于停机状态为原始状态）

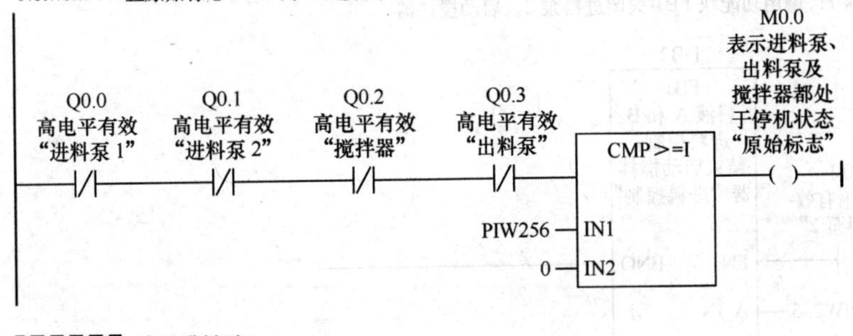

Network 2：启动进料泵 1

M0.0
表示进料泵、出料泵及搅拌器都处于停机状态
“原始标志”
I0.0
启动按钮
“开始”
M1.0
(P)
Q0.0
高电平有效
“进料泵 1”
(S)

Network 3：将当前液位送显示器显示

I0.0
启动按钮
“开始”
MOVE
EN
ENO
PIW256
IN
OUT
PQW256

Network 4：打开 FB1 的背景数据块 DB1

DI1
(OPN)

Network 5：调用功能块 FB1 关闭进料泵 1，启动进料泵 2

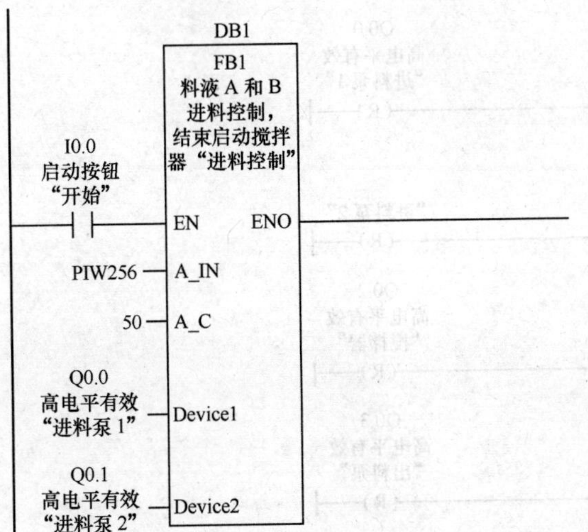

图 5-49 搅拌控制的 OB1 主程序

Network 6：打开 FB1 的背景数据块 DB2

DI2
(OPN)

Network 7：调用功能块 FB1 关闭进料泵 2，启动搅拌器

DB2
FB1
料液 A 和 B
进料控制，
结束启动搅拌
器“进料控制”

Q0.1
高电平有效
“进料泵 2”
EN ENO
PIW256 — A_IN
100 — A_C
Q0.1
高电平有效
“进料泵 2” — Device1
Q0.2
高电平有效
“搅拌器” — Device2

Network 8：调用功能 FC1 实现搅拌控制，调用功能 FC2 实现出料控制

I0.0
启动按钮
“开始”
FC1
EN ENO
FC2
EN ENO

Network 9：复位

I0.0
启动按钮
“开始”
I0.1
停止按钮
“停止”
M1.7
(P)
Q0.0
高电平有效
“进料泵 1”
(R)
“进料泵 2”
(R)
Q0.2
高电平有效
“搅拌器”
(R)
Q0.3
高电平有效
“出料泵”
(R)

图 5-49 搅拌控制的 OB1 主程序（续）

5.7 习题

1．STEP 7 中有哪些逻辑块？
2．功能 FC 和功能块 FB 有何区别？
3．系统功能 SFC 和系统功能块有何区别？
4．共享数据块和背景数据块有何区别？
5．什么是符号地址？采用符号地址有哪些好处？
6．在变量声明表内，所声明的静态变量和临时变量有何区别？
7．利用仿真软件 PLCSIM，将书中提供的例题上机模拟运行。
8．符号表和变量表有什么区别？
9．二分频器的时序如图 5-50 所示。

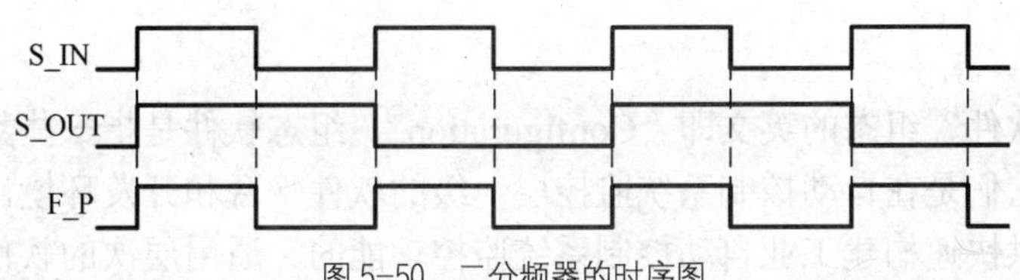

图 5-50 二分频器的时序图

其中 S_IN 为二级分频器的脉冲输入端，S_OUT 为二级分频器的输出端，F_P 为上跳沿检测标志（提示：从时序图可以看出，输入信号每出现一个上升沿，输出便改变一次状态，据此可采用上跳沿检测指令实现分频)。要求在功能 FC0 中编写二分频器控制程序，然后在 OB1 中通过调用 FC0 实现 2 级、4 级和 8 级分频器的功能。

第6章 组态软件初步

6.1 组态软件

什么是组态软件？组态的英文即“Configuration”。组态软件是指一些数据采集与过程控制的专用软件，它们是在自动控制系统监控层一级的软件平台和开发环境，使用灵活的组态方式，为用户提供快速构建工业自动控制系统监控功能的、通用层次的软件工具。组态软件应该能支持各种工控设备和常见的通信协议，并且通常应提供分布式数据管理和网络功能。其预设置的各种软件模块可以非常容易地实现和完成监控层的各项功能，并能同时支持各种硬件厂家的计算机和 I/O 产品，与高可靠的工控计算机和网络系统结合，可向控制层和管理层提供软、硬件的全部接口，进行系统集成。

随着它的快速发展，实时数据库、实时控制、SCADA、通信及联网、开放数据接口、对 I/O 设备的广泛支持已经成为它的主要内容。随着技术的发展，监控组态软件将会不断被赋予新的内容。

6.1.1 常用组态软件简介

（1）InTouch：Wonderware 公司的 InTouch 软件是最早进入我国的组态软件。在 20 世纪 80 年代末、90 年代初，基于 Windows3.1 的 InTouch 软件曾让我们耳目一新，并且 InTouch 提供了丰富的图库。但是，早期的 InTouch 软件采用 DDE 方式与驱动程序通信，性能较差，最新的 InTouch7.0 版已经完全基于 32 位的 Windows 平台，并且提供了 OPC 支持。

（2）Fix：Intellution 公司以 Fix 组态软件起家，1995 年被爱默生收购，现在是爱默生集团的全资子公司，Fix6. x 软件提供工控人员熟悉的概念和操作界面，并提供完备的驱动程序（需单独购买）。Intellution 将自己最新的产品系列命名为 iFiX，在 iFiX 中，Intellution 提供了强大的组态功能，但新版本与以往的 6. x 版本并不完全兼容。原有的 Script 语言改为 VBA（Visual & nbsp; Basic & nbsp; For & nbsp; Application），并且在内部集成了微软的 VBA 开发环境。遗憾的是，Intellution 并没有提供 6.1 版脚本语言到 VBA 的转换工具。在 iFiX 中，Intellution 的产品与 Microsoft 的操作系统、网络进行了紧密的集成。Intellution 也是 OPC（OLE & nbsp; for & nbsp; Process & nbsp; Control）组织的发起成员之一。iFiX 的 OPC 组件和驱动程序同样需要单独购买。

（3）Citech：CiT 公司的 Citech 也是较早进入中国市场的产品。Citech 具有简洁的操作方式，但其操作方式更多的是面向程序员，而不是工控用户。Citech 提供了类似C语言的脚本语言进行二次开发，但与 iFix 不同的是，Citech 的脚本语言并非是面向对象的，而是类似于C语言，这无疑为用户进行二次开发增加了难度。

（4）WinCC：Siemens 的 WinCC 也是一套完备的组态开发环境，Siemens 提供类C语言的脚本，包括一个调试环境。WinCC 内嵌 OPC 支持，并可对分布式系统进行组态。但 WinCC 的结构较复杂，用户最好经过 Siemens 的培训以掌握 WinCC 的应用。

（5）组态王：组态王是国内第一家较有影响的组态软件开发公司。组态王提供了资源管理器式的操作主界面，并且提供了以汉字作为关键字的脚本语言支持。组态王也提供多种硬件驱动程序。

（6）Controx：华富计算机公司的 Controx2000 是全 32 位的组态开发平台，为工控用户提供了强大的实时曲线、历史曲线、报警、数据报表及报告功能。作为国内最早加入 OPC 组织的软件开发商，Controx 内建 OPC 支持，并提供数十种高性能驱动程序，提供面向对象的脚本语言编译器，支持 ActiveX 组件和插件的即插即用，并支持通过 ODBC 连接外部数据库。Controx 同时提供网络支持和 WevServer 功能。

（7）ForceControl：大庆三维公司的 ForceControl（力控）从时间概念上来说，也是国内较早就已经出现的组态软件之一。只是因为早期力控一直没有作为正式商品广泛推广，所以并不为大多数人所知。在 1993 年左右，力控就已形成了第一个版本，只是那时还是一个基于 DOS 和 VMS 的版本。后来随着 Windows3.1 的流行，又开发出了 16 位 Windows 版的力控。但直至 Windows95 版本的力控诞生之前，它主要用于公司内部的一些项目。32 位下的 1.0 版的力控，在体系结构上就已经具备了较为明显的先进性，其最大的特征之一就是其基于真正意义的分布式实时数据库的 3 层结构，而且其实时数据库结构可为可组态的活结构。1999～2000 年，力控得到了长足的发展，最新推出的 2.0 版在功能的丰富特性、易用性、开放性和 I/O 驱动数量方面，都得到了很大的提高。在很多环节的设计上，力控都能从国内用户的角度出发，既注重实用性，又不失大软件的规范。另外，公司在产品的培训、用户技术支持等方面投入了较大人力，相信在较短时间内，力控软件产品将在工控软件界形成巨大的冲击。

（8）MCGS（Monitor and Control Generated System）组态软件是通态软件公司开发的、一套基于 Windows 平台的、用于快速构造和生成上位机监控系统的组态软件系统，可运行于 Microsoft Windows 95/98/Me/NT/2000 等操作系统。

（9）NI Lookout 是市场上最为易用的工控组态软件。运用 Lookout，可以很方便地实现对工业过程的监控和数据采集。Lookout 支持数十种 PLC 的通信协议，比如 Modbus、AB 和 Siemens 等等。Lookout 同样支持 OPC 通信。Lookout 还可以同 NI 的硬件产品 FieldPoint 无缝集成。

（10）Wizcon 是一个先进的 SCADA 应用开发工具，系统集成商运用它可以建立各种工业领域的高级应用。Wizcon 的十分便捷的图形用户接口、出众的 HMI 功能、Internet 访问、由浅入深的开发过程，以及全厂范围的集成能力等特点使它成为工厂自动化最通用的 SCADA 系统，Wizcon 使得企业内部底层和其他部门建立联系，操作人员的工厂管理者都可以看到各种数据。管理人员可以在办公室用熟悉的操作环境和查询工具获取实时数据。实际上，作为一个开放的系统，Wizcon 允许用户将不同的硬件和软件结合在一起构成完整的自动化解决方案以保护现有投资，提高生产率和产品质量。

（11）RSView Supervisory Edition 是罗克韦尔自动化发布的、基于 Windows2000 操作系

统的人机界面软件，它用于监视、控制并获得全企业内所有的生产操作的数据。

6.1.2 组态软件的发展趋势

20 世纪 80 年代中期，国外的组态软件开始出现。在 20 世纪 80 年代末 90 年代初，Intouch、iFix 等开始进入中国。国内的组态软件从 90 年代初开始研发，其中最有代表性的产品有 CVS、GOWELL 和组态王等。这个时期的组态软件主要以单机应用为主，而且功能相对简单，只能够满足当时大部分的监控需要。

20 世纪 90 年代中期以后，随着计算机硬件、操作系统、数据库技术和网络技术的快速发展，组态软件也进入了黄金发展时期。这个时期的组态软件仍然以单机应用为主，但能通过网络通信实现多台计算机的分工协作，并可解决中等和稍大规模系统的监控。

进入 21 世纪以来，监控系统的规模越来越大，也越来越复杂。组态软件经过近二十多年的发展，已经成为自动化和信息化建设中的重要分支，逐渐普及和渗透到各种应用领域。随着计算机、操作平台、网络、通信等领域大量新技术的涌现，新一代组态软件具有以下几个方面的特点。

1. 以网络为中心，.NET 为技术基础

目前的自动化监控系统仍是以单个的计算机为中心的，计算机和计算机之间虽然可以通过网络建立数据通信，但网络环境下计算机间的数据交换方式过于单一，无法实现计算机群的有效分工和协作。新一代组态软件不仅要能够方便地构建可伸缩的网络分布式系统，通过协作和负荷分布来解决大型监控系统的需要，也要能够灵活地选择整体系统的架构，实现复杂的监控系统方案。组态软件要实现其对复杂网络系统的监控，客观上需要一种与复杂化和网络化应用相适应的 IT 技术的有力支撑，微软大力推出的.NET Framework 框架平台就是一个理想的选择。.NET 平台是把以计算机为中心的计算模式扩充到以网络为中心的分布式计算、网络化计算模式的重要一步，将在组态软件的发展中起到划时代的意义。所以以网络为中心，以 XML、网络服务为核心，实现网络化计算机的协同是新一代组态软件的最重要发展方向。

2. 远程自动化功能增强

目前的部分组态软件，虽然能够实现控制系统的门户功能，能从远程对自动化系统进行监视和控制，还远远没有发挥出 Internet 的优势。下一代组态软件将不仅可实现远程监控，而且能够将局域网内实现的功能延伸到 Internet 上去，打破目前 C/S 和 B/S 应用的界限，使二者趋于融合。同时组态软件不仅可完成信息的浏览和监控，而且可以构建跨地区的大型系统，并具有远程的数据监控、管理、协同、应用部署、诊断、调试等功能。

3. 人机接口的增强

在组态软件技术不断成熟、功能不断丰富的今天，人机接口的友好和美观也越来越被业界重视。这方面国内软件易控（INSPEC）走在了世界的前列。早在易控 2006 版本中就提供了丰富的线条和填充样式、倾斜、旋转、自动排列对齐、自动缩放、透明等专业的图形系统特性。在易控的最新版本中，人机接口得到了进一步的增强，图形系统和画面的精美程度达到相当专业的水准。西门子 2009 年 5 月推出的 WinCC V7.0 亚洲版，特别强调利用其图形界面增加的悬浮、磨砂、阴影、透明等效果来创建出最佳用户界面。

新一代组态软件图形系统要更加专业，制作的图形画面要更为精美，而且要具备更多功能，例如，画面是与分辨率无关的，动画更为逼真，操作方式更为友好，支持多点触摸等新

的人机交互技术。

4. 编程能力的增强

编程是组态软件中最重要的功能之一，早期的组态软件中提供的脚本编程功能都很弱。现在主流组态软件厂商都采用标准的脚本语言，如 VBScript、VBA、JavaScript 等，作为脚本编程的语言，这样脚本编程在程序能力、开放性和扩展性方面都有很大提升。

最新一代组态软件的脚本编程能力会进一步增强，编程语言能利用计算机高级语言的强大编程能力，和外部程序功能紧密结合。新一代组态软件不仅执行速度更快，更稳定，具有错误检查和容错能力，而且可维护性、开放性、可扩展性和简单易用性等方面都将有全面提升。

5. 信息化能力增强

现代企业的信息化发展，要求组态软件不仅具有数据显示和监控功能，而且能够对系统中的数据进行分析、存储、统计、汇总，并且能够对企业其他信息化系统中的数据进行有效整合和综合利用，以提升自动化系统的决策和管理能力，并提升企业的综合生产效率。

所以，新一代组态软件不仅要有强大的信息处理和管理能力，并且要有与其他系统灵活地进行信息交换的手段。

6. 大系统、复杂系统和高可靠性

可靠性是自动化系统的根本，系统的可靠性一般随着系统的复杂变得脆弱，随着监控系统规模的扩大，对系统可靠性的要求是前所未有的。

7. 开放性和可扩展性提高

开放性和可扩展性是组态软件和其他软件与信息系统进行集成和协调的关键，也是整体解决方案的关键，还可以很大程度上利用外部资源来弥补组态软件自身功能的不足。比如，通过组态软件和第三方的软件的无缝集成，插入第三方编写的设备通信程序、图形组件和功能组件等，都可显著提升系统的监控和数据管理等能力，从很大程度上满足客户的个性化和超越传统组态软件应用范围的需求。

总之，组态软件从单机应用，进入简单的网络应用，再到彻底的网络化时代，监控系统的规模在扩大，复杂度在增加，单一计算机或多计算机的简单通信互连不能满足生产管理的需要，基于网络计算和服务的全新分布式分工协作模式和软件架构是未来发展的必然方向。

6.2 WinCC 组态软件

6.2.1 WinCC 组态软件简介

SIMATIC WinCC（Windows Control Center）是德国西门子公司自动化领域的代表软件之一，是西门子公司在过程自动化领域的先进技术与微软公司强大软件功能相结合的产物。

WinCC 是一款性能全面、技术先进、系统开放、方便灵活的 HMI/SCADA 软件，WinCC V7.0 是它的最新版本。WinCC 是用于实现 SIMATIC PCS7 过程控制系统的可视化组件。WinCC 是全集成自动化的重要组成部分，它集生产自动化和过程自动化于一体。WinCC 的最大特点就是全面开放，可以与多种自动化设备及控制软件集成，实现更大程度的生产过程的透明性，它被广泛应用在各种工业、农业、楼宇等领域的自动化系统。

6.2.2 WinCC v7.0 组态软件的安装

在 Windows XP SP3 的英文操作系统下安装 WinCC v7.0 英文版的步骤如下。

1. 消息队列的安装

安装 WinCC 前，必须安装 Microsoft 消息队列服务（Microsoft Message Queuing）。

Windows XP Professional 系统都包含了消息队列服务，但没有设置此服务为默认安装。在桌面依次单击“Start”→“Control panel”→“Add or Remove programs”，打开添加/删除程序对话框。在对话框左侧标签中选择“Add/Remove Windows components”，单击“Add/Remove Windows components”，如图 6-1 所示。选择“Message Queuing”，单击“Next”，直接安装消息队列直至完成。

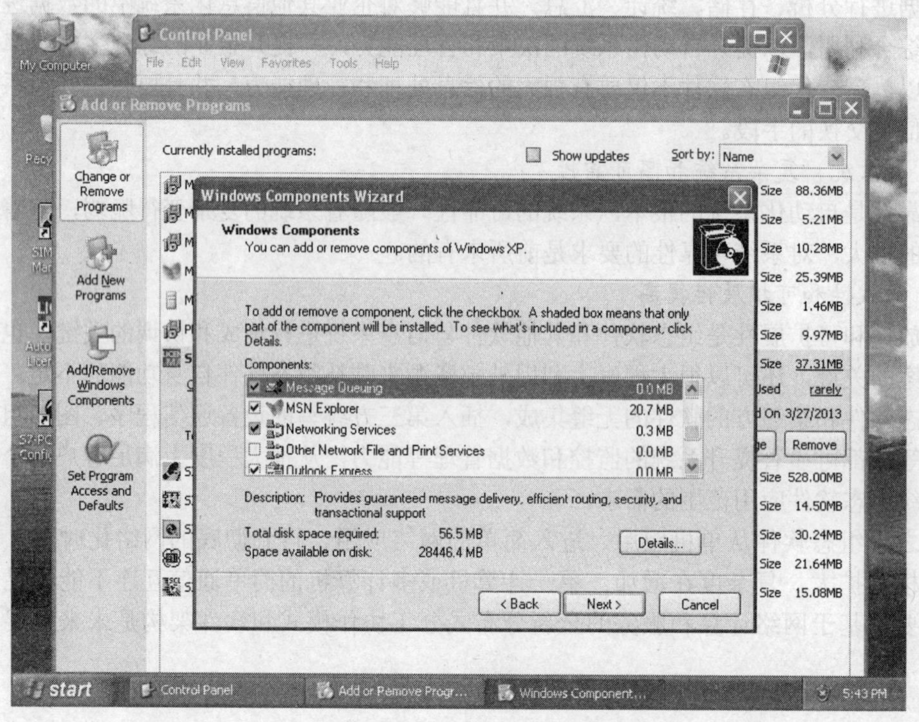

图 6-1 消息队列安装

2. WinCC 的安装

（1）WinCC v7.0 光盘提供了一个自启动程序，安装光盘放入光驱后，可自动运行安装程序，单击“Next”，如图 6-2 所示。

（2）在“软件许可证协议”对话框中选择接受此协议，单击“Next”，如图 6-3 所示。

（3）默认语言是英语和德语，单击“Next”，如图 6-4 所示。

（4）在“安装类型”对话框中，用户可根据自己的需求进行类型选择，WinCC 提供“Package installation”和“User-defined installation”两种安装类型，一般选择“Package installation”安装，单击“Next”，如图 6-5 所示。

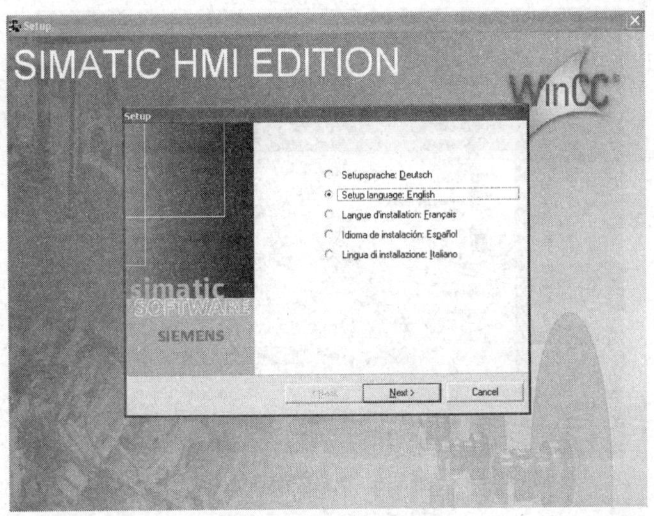

图6-2 安装语言选择

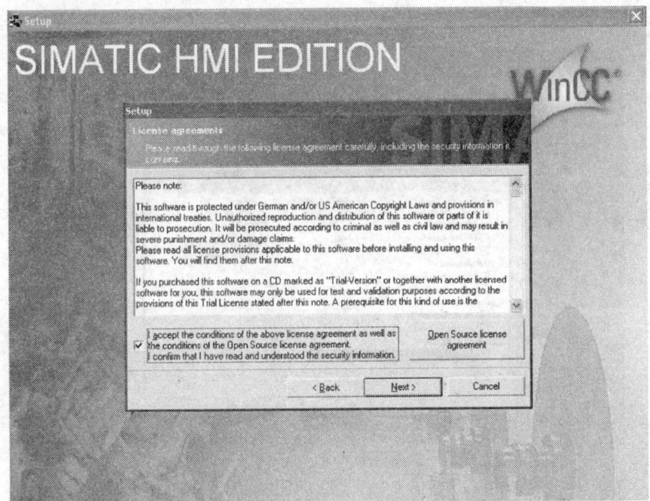

图6-3 同意协议

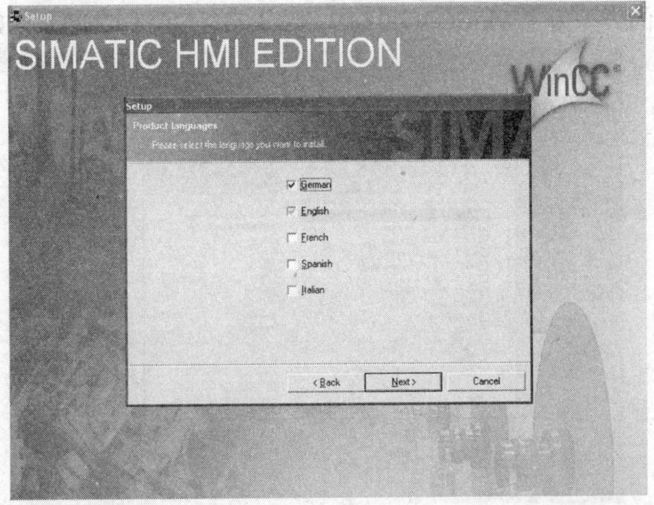

图6-4 语言选择

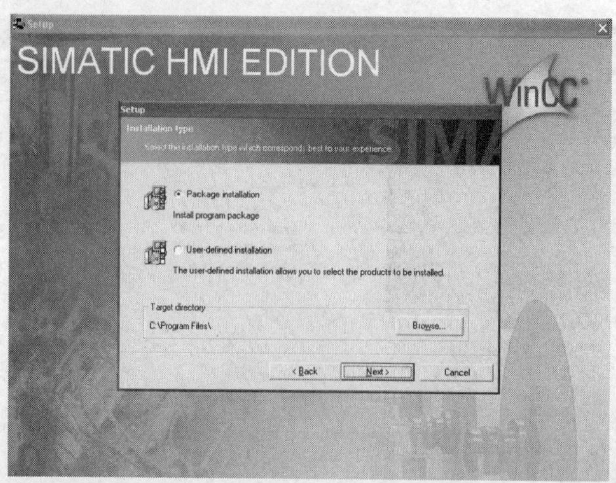

图 6-5　选择安装类型

（5）选择安装组件。选择“WinCC Installation”和“SIMATICNET 2008”，如图 6-6 所示。单击“Next”。

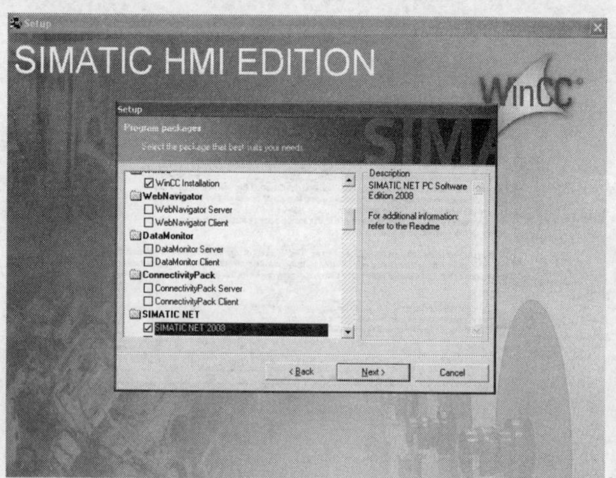

图 6-6　选择安装组件

（6）选择组件的类型为“WinCC V7.0 SP3 Standard”，单击“Next”，如图 6-7 所示。

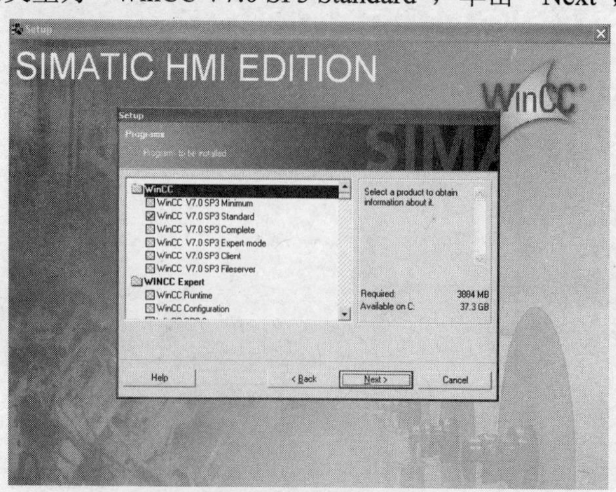

图 6-7　安装组件类型

（7）安装软件，如图 6-8 所示。

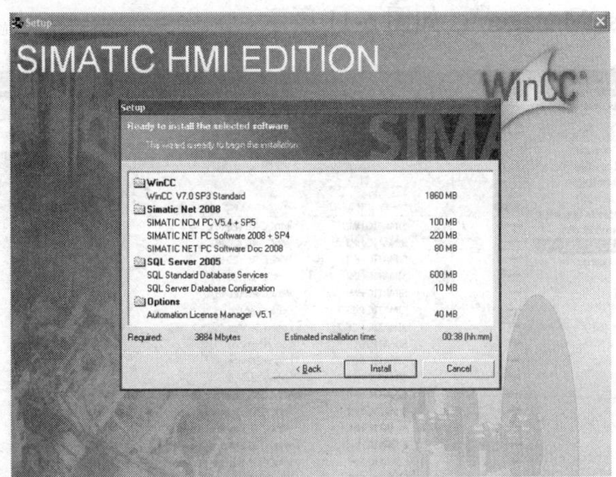

图 6-8 安装软件

（8）单击“Install”，如图 6-9 所示。

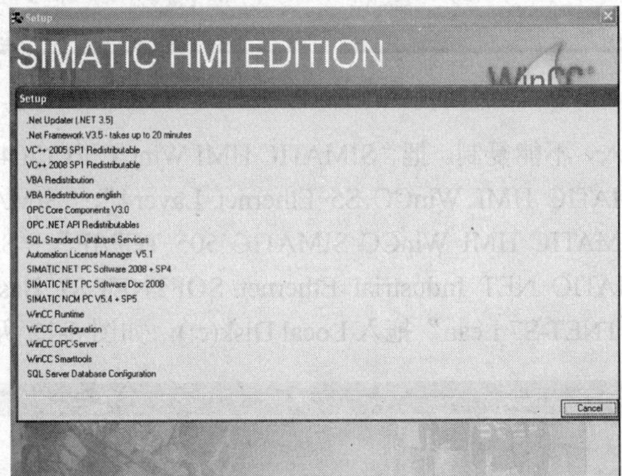

图 6-9 软件列表

（9）安装完成时，询问此时导入授权还是稍后导入，如图 6-10 所示。

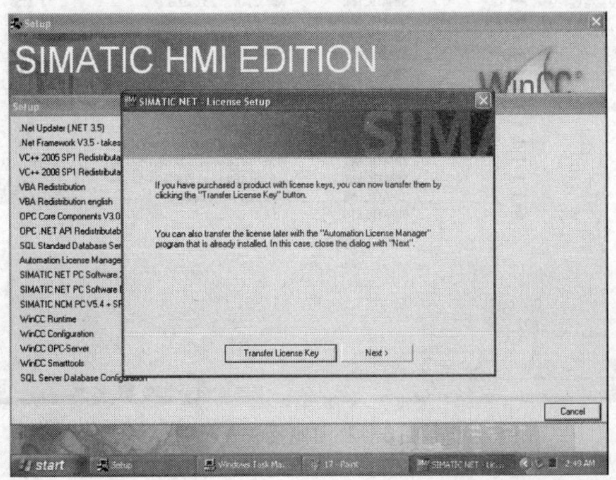

图 6-10 是否导入授权

（10）软件的授权是一个随光盘附带的授权 U 盘。把 U 盘插入计算机 USB 接口。单击桌面“Automation License Manager”，如图 6-11 所示。

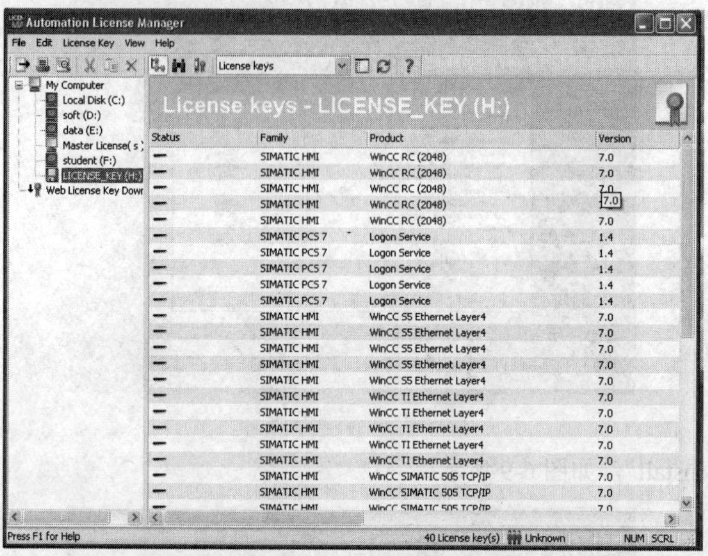

图 6-11　U 盘授权

（11）授权只能拖入，不能复制。把“SIMATIC HMI WinCC RC(2048)”、“SIMATIC PCS7 Logon Service”、“SIMATIC HMI WinCC S5 Ethernet Layer4”、“SIMATIC HMI WinCC TI Ethernet Layer4”、“SIMATIC HMI WinCC SIMATIC 505 TCP/IP”、“SIMATIC HMI WinCC profibus FMS”、“SIMATIC NET Industrial Ethernet SOFTNET-S7 Basis”、“SIMATIC NET Industrial Ethernet SOFTNET-S7 Lean”拖入 Local Disk(c:)，如图 6-12 所示。

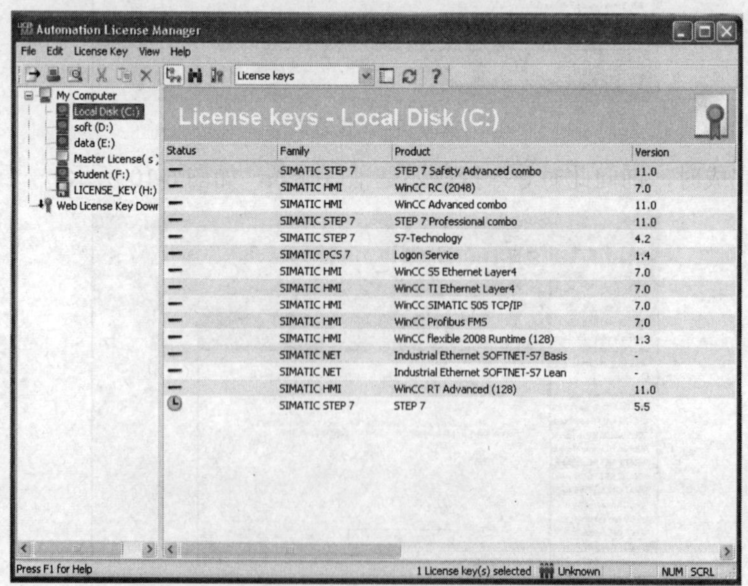

图 6-12　U 盘授权导入

（12）相关授权全部导入完成后，重启计算机，如图 6-13 所示。

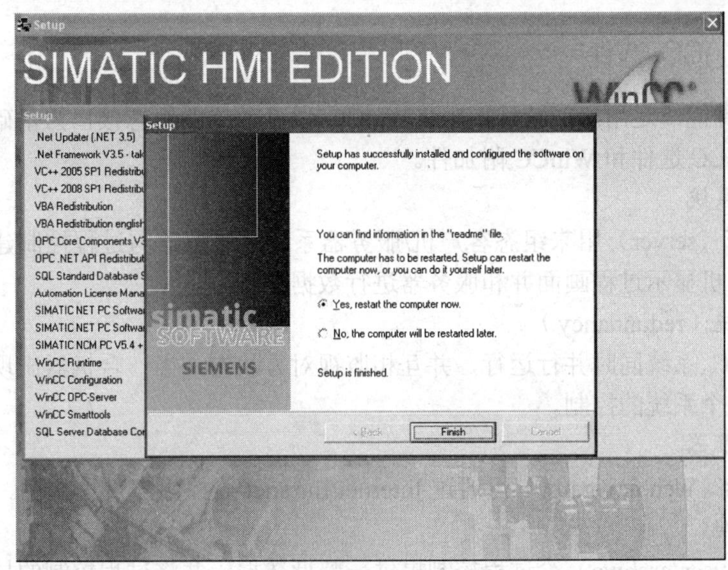

图 6-13 重启计算机

6.2.3 WinCC 系统构成

WinCC 基本系统是很多应用程序的核心。它包含以下 9 大部件。

1. 变量管理器

变量管理器（tag management）管理 WinCC 中所使用的外部变量、内部变量和通信驱动程序。

2. 图形编辑器

图形编辑器（graphics designer）用于设计各种监控图表和画面。

3. 报警记录

报警记录（alarm logging）负责采集和归档报警消息。

4. 变量归档

变量归档（tag logging）负责处理测量值，并长期存储所记录的过程值。

5. 报表编辑器

报表编辑器（report designer）提供许多标准的报表，也可设计各种格式的报表，并可按照预定的时间进行打印。

6. 全局脚本

全局脚本（global script）是项目设计人员用 ANSI-C 及 Visual Basic 编写的代码，以扩展系统功能。

7. 文本库

文本库（text library）编辑不同语言版本下的文本消息。

8. 用户管理器

用户管理器（user administrator）用来分配、管理和监控用户对组态和运行系统的访问权限。

9. 交叉引用表

交叉引用表（cross-reference）负责搜索在画面、函数、归档和消息中所使用的变量、函数、OLE 对象和 ActiveX 控件。

6.2.4 WinCC 选件

WinCC 选件能满足用户的特殊需求，WinCC 以开放式的组态接口为基础，迄今已经开发了大量的 WinCC 选件和 WinCC 附加件。

1. 服务器系统

服务器系统（server）用来组态客户机/服务器系统。服务器与过程控制建立连接并存储过程数据，客户机显示过程画面并和服务器进行数据交换。

2. 冗余系统（redundancy）

两台 WinCC 系统同时并行运行，并互相监视对方状态，当一台机器出现故障时，另一台机器可接管整个系统的控制。

3. Web 浏览器

Web 浏览器（Web navigator）可通过 Internet/Intranet 监控生产过程状况。

4. 用户归档

用户归档（user archive）给过程控制提供一整批数据，并将过程控制的技术数据连续存储在系统中。

5. 开放式工具包

开放式工具包（ODK）提供了一套 API 函数，使应用程序可与 WinCC 系统的各部件进行通信。

6. WinCC/Dat@Monitor

WinCC/Dat@Monitor 是通过网络显示和分析 WinCC 数据的一套工具。

7. WinCC/ProAgent

WinCC/ProAgent 能准确、快速地诊断由 SIMATIC S7 和 SIMATEWinCC 控制和监控的工厂和机器中的错误。

8. WinCC/Connectivity Pack

WinCC/Connectivity Pack 包括 OPC HAD、OPC A&E 以及 OPC XML 服务器，用来访问 WinCC 归档系统中的历史数据。采用 WinCC OLE-DB 能直接访问 WinCC 存储在 Microsoft SQL Server 数据库内的归档数据。

9. WinCC/IndustrialDataBridge

WinCC/IndustrialDataBridge 工具软件利用标准接口将自动化连接到 IT 世界，并保证了双向的信息流。

10. WinCC /IndustrialX

WinCC/IndustrialX 可以开发和组态用户自定义的 ActiveX 对象。

11. SIMATIC WinBDE

SIMATIC WinBDE 能保证有效的机器数据管理（故障分析和机器特征数据）。其使用范围既可以是单台机器，也可以是整套生产设施。

6.2.5 组态一个工程的基本步骤

1. 创建新项目

双击桌面上的“WinCC Explorer”的快捷图标，打开 WinCC 项目管理器。在 WinCC 资源管理器中，单击“File”→“New”，在弹出的窗口中选择“single-User project”，单击“OK”。

2. 创建变量

（1）右击 WinCC 资源管理器浏览窗口中的“Tag Management”→“Add New Driver”→“SIMATIC S7 Protocol Suite.chn”，单击“Open”，“SIMATICS7ProtocolSuite.chn”就显示在变量管理的子目录下。

（2）单击“SIMATIC S7 Protocol Suite.chn”前面的“+”，将显示“SIMATICS7 ProtocolSuite.chn”所有可用的通道单元。通道单元可用于建立与 PLC 的逻辑连接。

（3）右击“MPI”→“New Driver connection”，单击“properties”，修改“slot Number”为“2”，单击“OK”，生成“New connection”子目录。

（4）右击“New connection”→“New Tag”→“OK”→“select”，根据实际 PLC 程序中的变量创建变量，设置变量地址。

3. 创建画面

（1）右击“Graphics Resigner”，单击“New picture”。

（2）画面编辑，直接打开“New picture”。可以设置画面的属性，如重命名画面，设置画面的大小，添加对象到画面等。

6.2.6 钢包底吹氩系统组态工程文件的建立

（1）打开 WinCCExplorer 软件后，在“File”中创建新项目，选择“Single-User Project”，如图 6-14 所示。

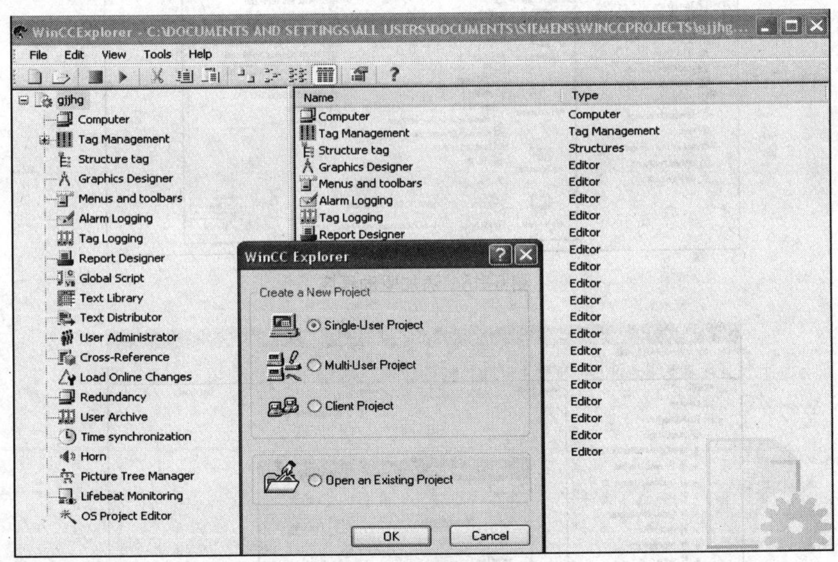

图 6-14 创建组态项目

（2）给新项目命名，如吹氩机。并选择驱动器，即项目储存地址，如图 6-15 所示。

（3）创建新项目完成，添加驱动程序。右击“Tag Management”，选择“Add New Driver”，在弹出的对话框里选择打开“SIMATIC S7 Protocol Suite.chn”，如图 6-16 所示。

（4）在 MPI 协议下连接新驱动程序。单击“Tag Management”，右击“MPI”，选择“New Driver Connection”，弹出连接属性对话框，如图 6-17 所示。

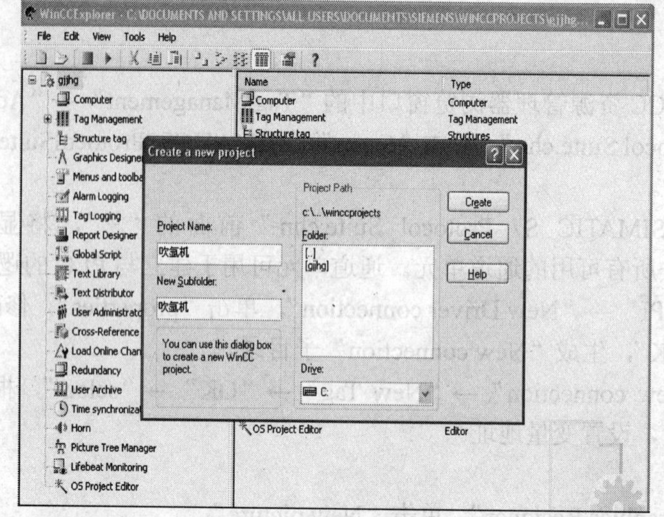

图 6-15　组态图命名

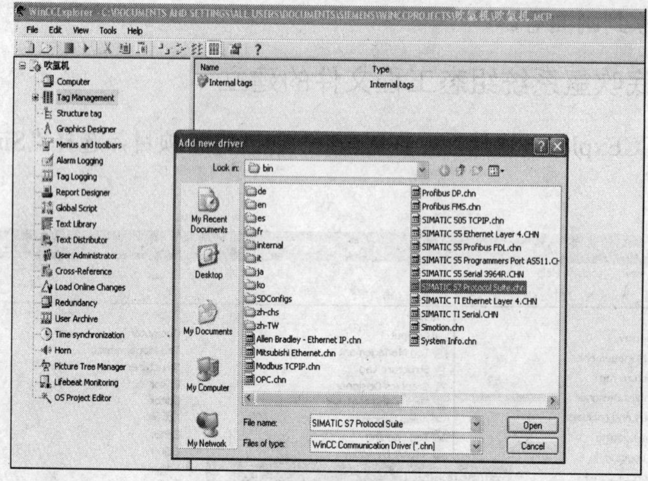

图 6-16　添加驱动程序

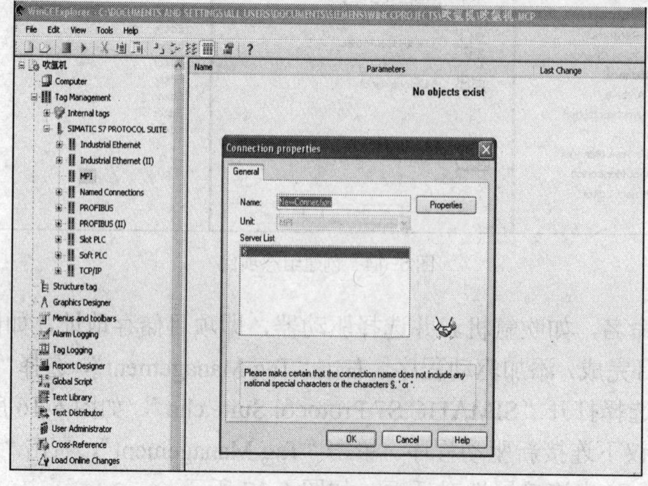

图 6-17　通信协议

（5）建立连接。单击“Properties”，弹出连接参数对话框，将“Slot Number”修改为“2”，单击“OK”，生成“New connection”子目录，如图 6-18 所示。注意这里“Slot Number”指的是 CPU 的地址，必须为 2（和硬件的地址对应，西门子的 CPU 是在 2 号插槽，这里所对应的硬件为西门子的）。

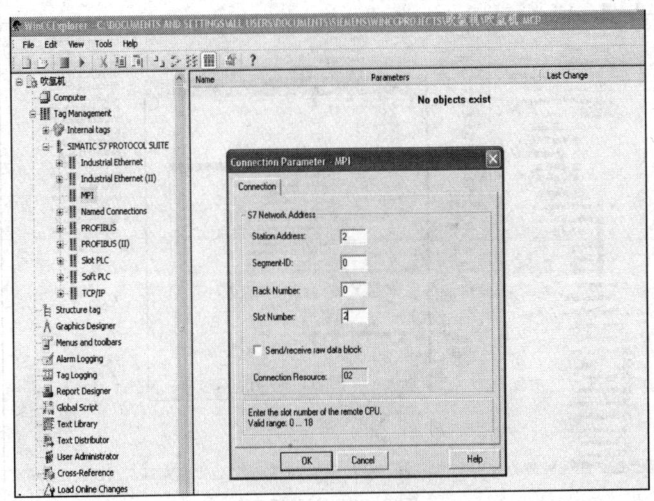

图 6-18 建立连接

（6）建立连接后，右击“New connection”，选择“New Group”或“New Tag”，可以新建变量组或变量。与“内部变量（Internal tags）”新建变量组或变量类似，如图 6-19 所示。

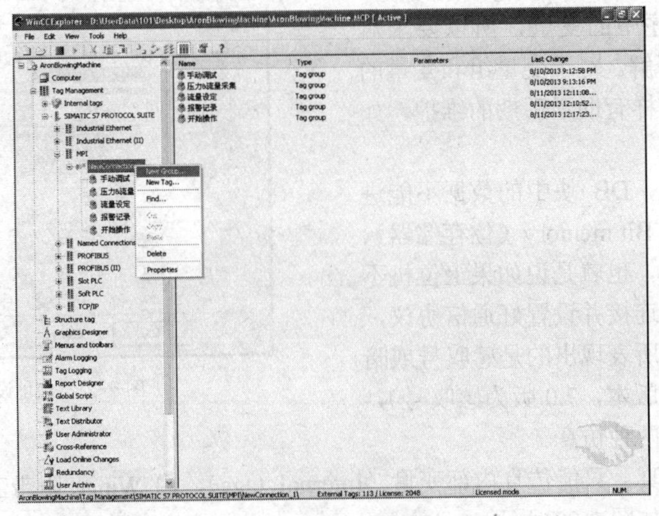

图 6-19 建立变量

6.2.7 钢包底吹氩系统组态变量的建立

变量主要是用于相关数据的存储和一些动态效果的实现（与脚本配合），由于变量的建立较为简单，在画面完成后只是一个简单的重复过程，这里以一个二进制变量为例具体讲述建立的过程和注意事项。

（1）在之前所建立的“NewConnection1”下建立变量组“开始操作”，在“开始操作”组下新建变量“启动 1”，选择数据类型为“二进制变量”（具体数据类型看实际情况，这里选二进制变量是因为要实现一个开关的作用），如图 6-20 所示。

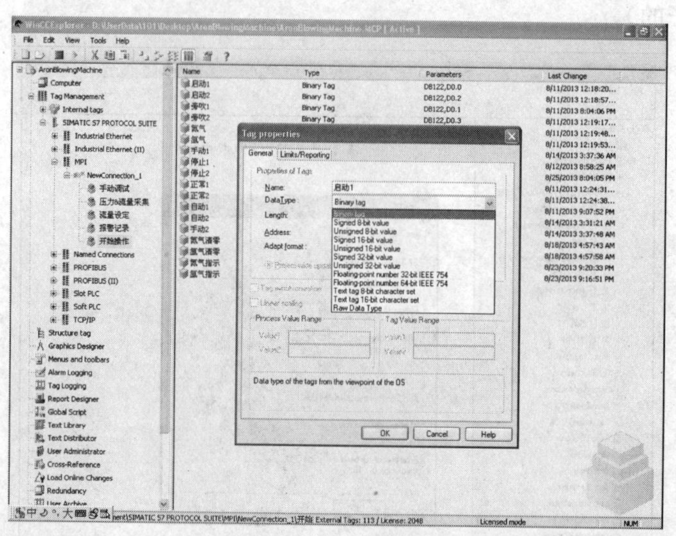

图 6-20　变量设置

（2）单击“Address”后的“Select”进行地址的设置，有 4 种类型，即 DB（数据块）、Bit memory（位存储器）、Input、Output，对应 Step7 的程序中的变量，所以要求对 PLC 编程有一定了解。对于变量组和变量的命名便于理解，这样有助于后期的维护，如图 6-21 所示。

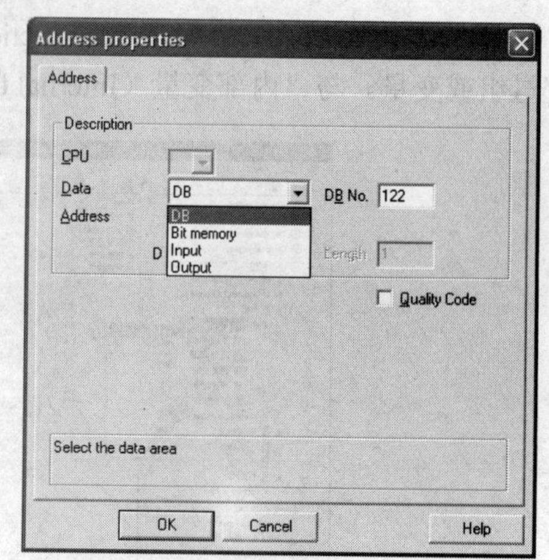

图 6-21　地址设置

需要注意的是，DB 块中的数据不能进行仿真运行，这与 Bit memory（位存储器）、Input、Output 不同，也就是说如果上位机不与实际的硬件系统连接并设置好通信协议，则在画面中输出域所表现出的是感叹号或暗色（取决于 Wincc 版本，7.0 版为感叹号），下面简单叙述以下两种仿真。

（1）纯变量仿真，只能仿真内部变量（Internal tags），由 Wincc 附带工具实现，主要为了方便效果调试，如图 6-22 所示。

（2）PLC 程序与 Wincc 仿真通信，涉及了 PLC 编程，也就是说程序会影响到画面的显示效果，这里注意通信协议的设置，实际与仿真是不同的。右击 MPI 项选择“系统参数”弹出对话框，选择“Unit”，下拉选择“PLCSIM（MPI）”，未与实际系统连接时只有这一项，同时还得注意 Step7 仿真运行的设置，这只是针对仿真，如图 6-23 所示。控制面板的设置如图 6-24 所示。

图 6-22 变量仿真工具

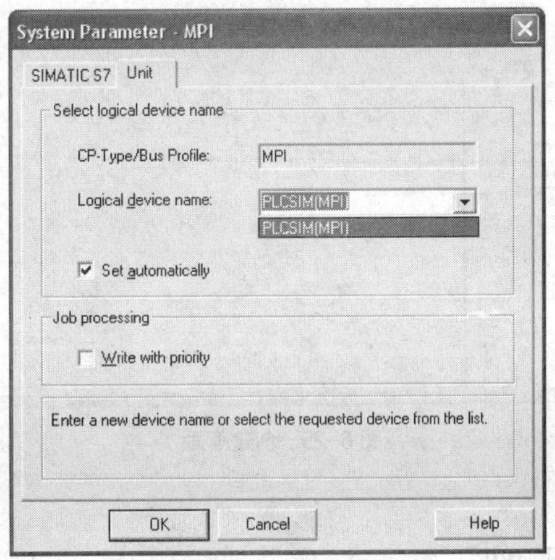

图 6-23 系统参数设置

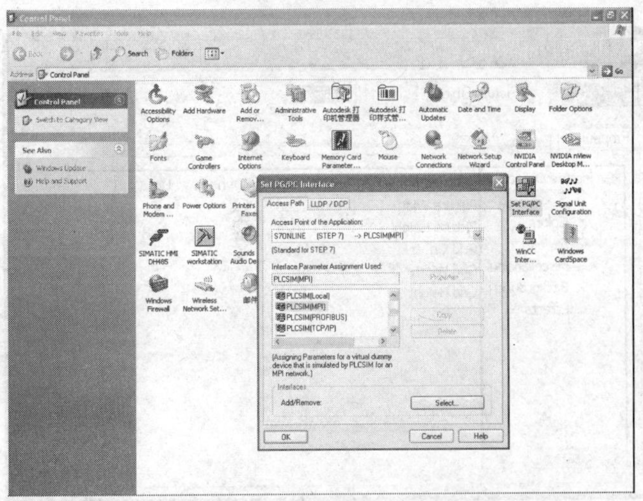

图 6-24 控制面板 Set PG/PC Interface 设置

6.2.8 钢包底吹氩系统组态画面的创建

画面是一张绘图纸形式的文件。一张绘图纸有 32 层，可以分成多个单独的过程画面，这些画面是连接在一起的。钢包底系统组态画面主要由 5 部分画面组成，分别是登录画面、主画面、调试画面、历史数据记录画面和报警记录画面。右击“Graphics Designer”，单击“New picture”，建立如图 6-25 所示的画面。创建画面前，画面应该已经有了整体框架和布局。计划几个画面，然后着手每一个独立画面的设计（画面的主题、布局、层次、逻辑关系等）和优化（局部的设计，例如文本框、I/O 域、按钮等的各属性的设置，在实现功能前提下进一步提高界面的友好性）。

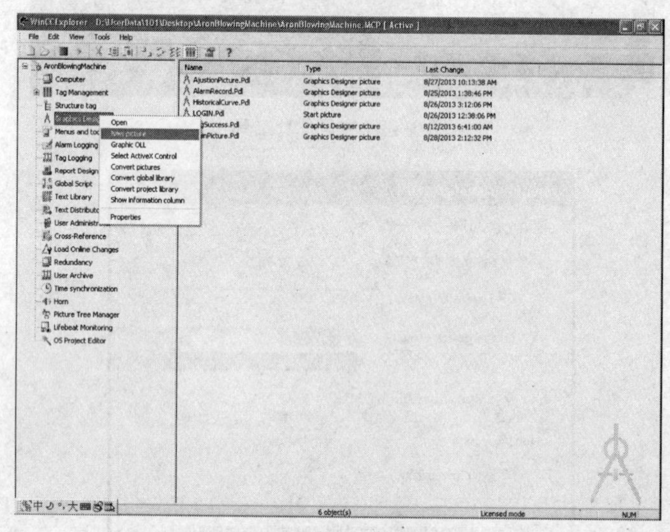

图 6-25　创建画面

1. 登录画面的设计

（1）打开画面“LOGIN.pdl”。

（2）单击空白处，弹出快捷菜单，选择“Properties”弹出属性对话框，如图 6-26 所示。

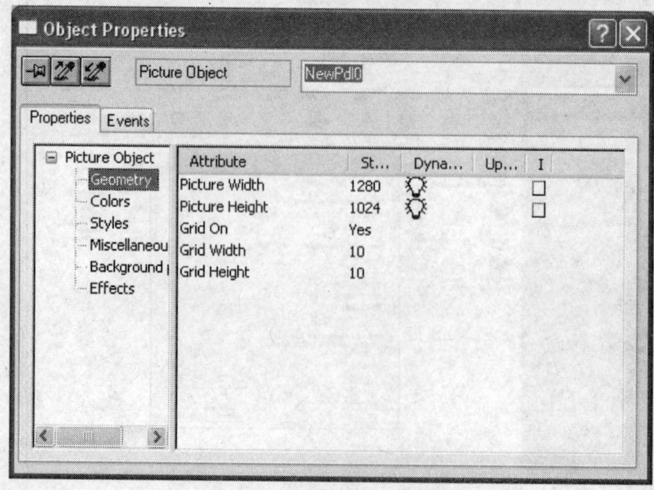

图 6-26　画面属性设置

（3）这里只对“Geometry”和“Colors”进行了设置。将画面大小设置为1024像素×768像素（根据显示器分辨率而定，如果设置过大则较低分辨率的显示器将无法完全显示画面，反之将无法饱满显示，所以设计画面时一定要考虑硬件，以避免造成不必要的麻烦），“颜色”项下的“背景色”设置为蓝（双击色块弹出颜色选择窗口，也可以同时设置“填充样式”和“填充样式颜色”来达到更为丰富的效果），如图6-27所示。

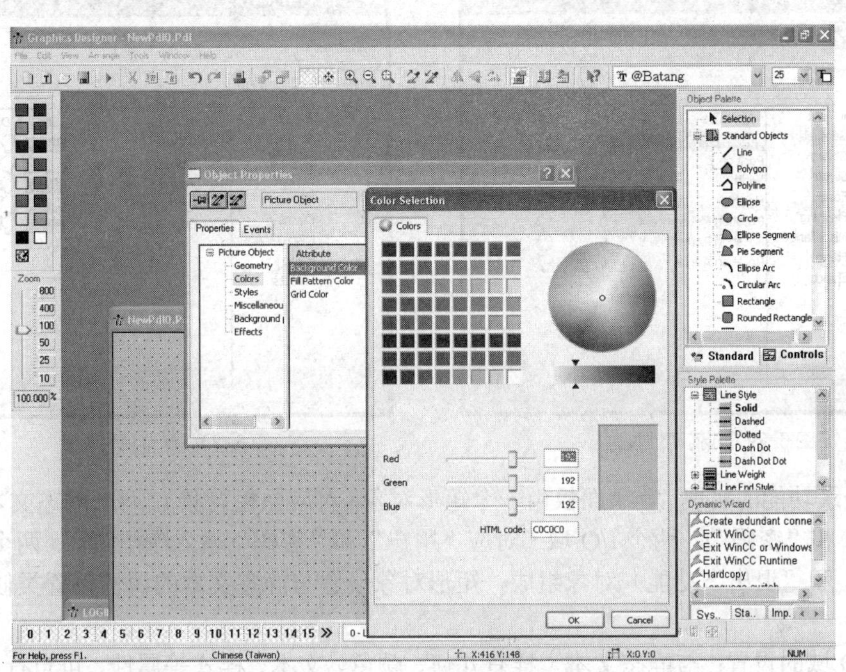

图6-27 背景颜色选择

（4）这里要特别强调的是“Effects”项，由于本例由Wincc6.3所做，不存在此项（显示为灰色），但7.0版本之后却有这项，其下有一项“Global Color Scheme”，默认值为“Yes”，也就是说画面的所有对象的色彩都有一个默认的颜色，当你改变某个对象的颜色属性时，如果没有效果，请看一下有没有将“Yes”改为“No”，如图6-28所示。

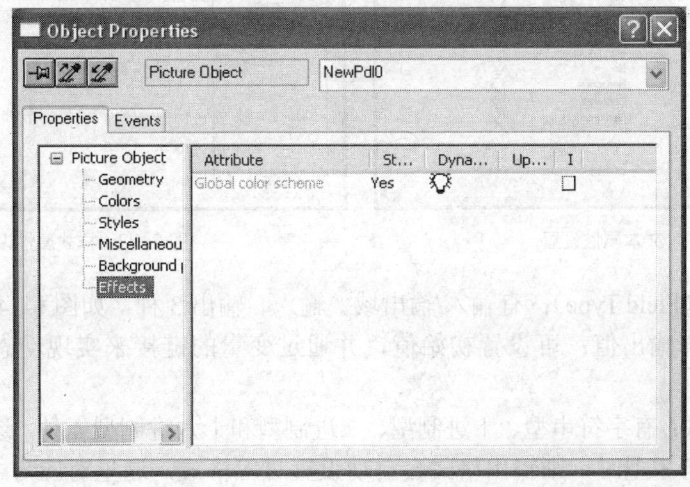

图6-28 Effects属性

（5）标题的制作。从标准对象中拖拽一个静态文本对象，并设置该对象的“Geometry”属性（见图 6-29）、“Colors”属性（见图 6-30）和“Font”属性（见图 6-31），调节对象至适当位置，切记对“Effects”属性的设置。“Styles”属性设置如图 6-32 所示。设置激活后的效果如图 6-33 所示。

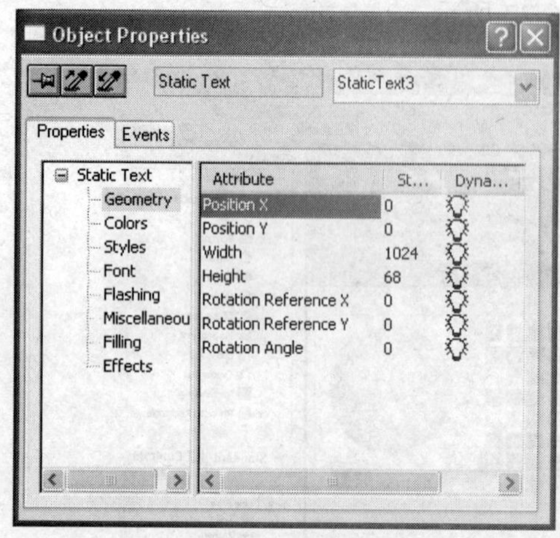

图 6-29　几何属性设置

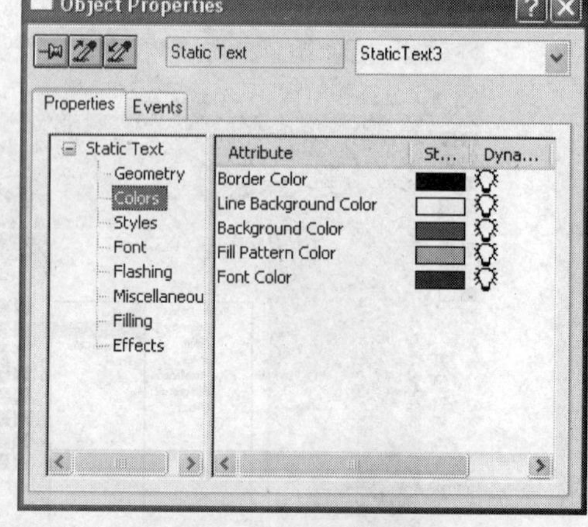

图 6-30　颜色属性设置

（6）登录功能的实现。登录面板由一个矩形对象（对应面板背景）、两个静态文本对象（对应“用户”和“密码”）、两个 I/O 域（对应“用户”和“密码”输入/输出框）、两个按钮（对应“登录”和“退出”功能）对象组成，矩形对象设置与静态文本的属性设置类似，不具体给出过程。

① I/O 域的设置：与静态文本一样有几何、颜色、文本、样式等属性，可自行自由设置。这里只对“输入/输出”属性进行简单解释。

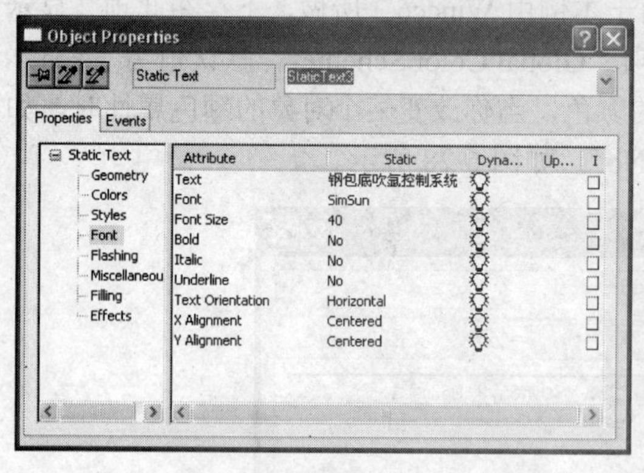

图 6-31　文本属性设置

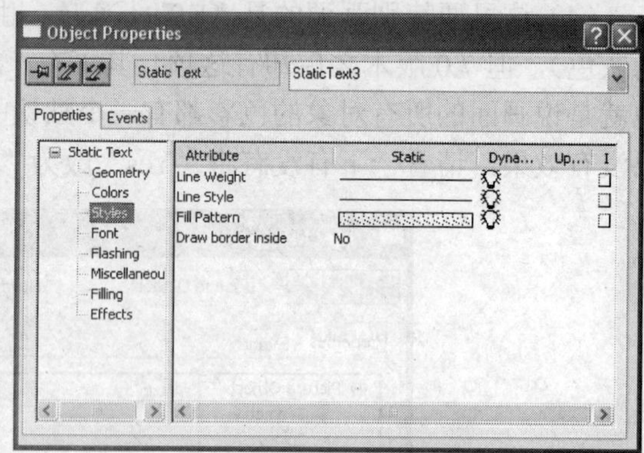

图 6-32　样式属性设置

- 域类型（Field Type）：有输入/输出域、输入、输出 3 种，如图 6-34 所示。
- 输入值，输出值：可设置初始值，并通过变量的链接来实现动态输入/输出，如图 6-35 所示。
- 数据格式：有字符串型、十进制型、二进制型和十六进制型 4 种，这里为字符串型。当格式设置为字符串型时，则输出格式会自动设置对应格式，这里对应为“*”，如图 6-36 所示。

图 6-33　激活后效果图

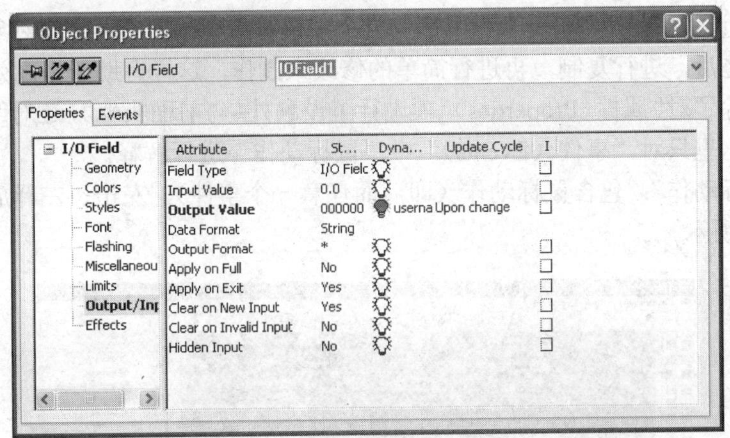

图 6-34　输入/输出属性设置

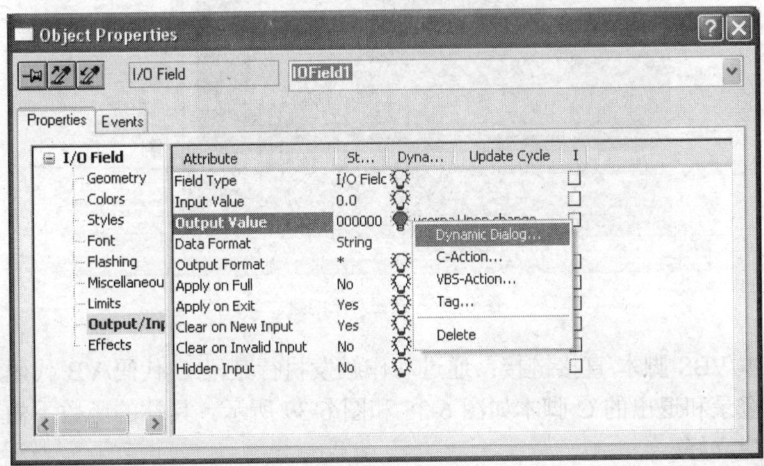

图 6-35　动态链接

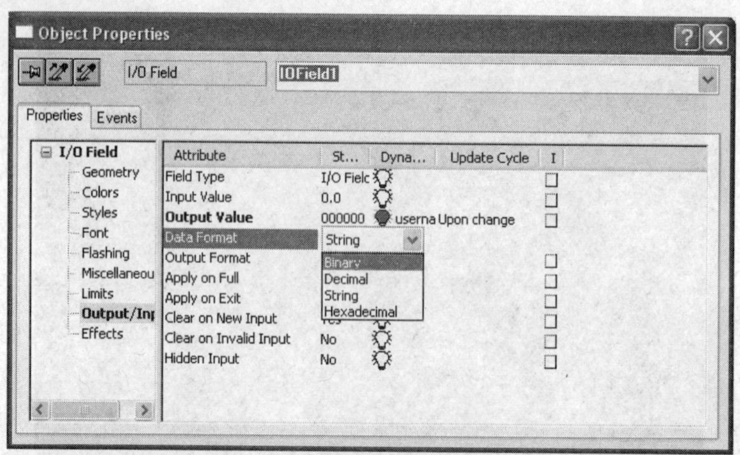

图 6-36　数据格式

- Hidden Input：隐藏输入，密码项这项可设置为“Yes”，其他属性项“用户”和“密码”一样。

② 按钮的设置：在“窗口对象”中拖曳一个按钮对象至画面（类似的对象可以在将一个对象设置好了之后，进行复制，再进行简单的修改来制作，这样有助于提高效率）。

按钮对象除了对“属性（Properties）”项进行了设置外（与前面类似），还对“事件（Events）”进行了设置，这里只对“事件（Events）”中“鼠标动作”进行解释。

- “鼠标动作”：包含鼠标动作（即后面任意一个事件）、左击、左释放、右击、右释放，如图 6-37 所示。

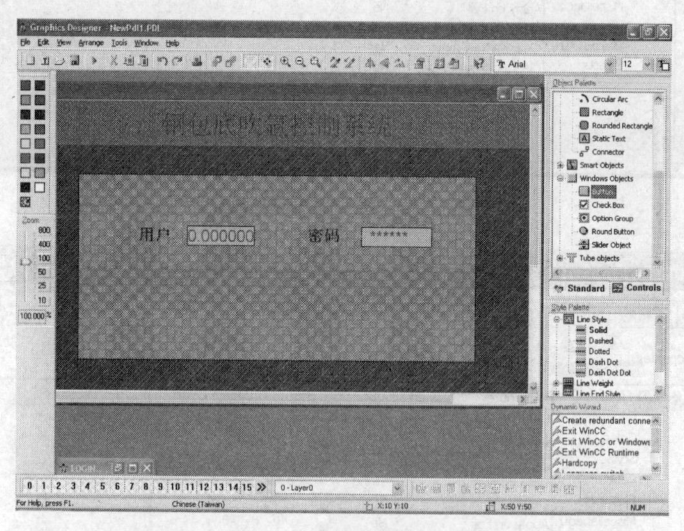

图 6-37　按钮对象的建立

- C 脚本/VBS 脚本/直接链接：通过动作触发执行某段 C 代码/VB 代码来达到所要求的结果，这里登录和退出的 C 脚本如图 6-38 和图 6-39 所示。具体的函数不做说明，假设所涉及变量都已建立好。
- 直接链接：除 C 和 VBS 外的另一项，有“源（常数、属性、变量）”和“目的（当前窗口、对象、变量）”两项，简单来说就是将“源”的“值”给“目的”，如图 6-40 所示。

后面会以具体例子来解释。

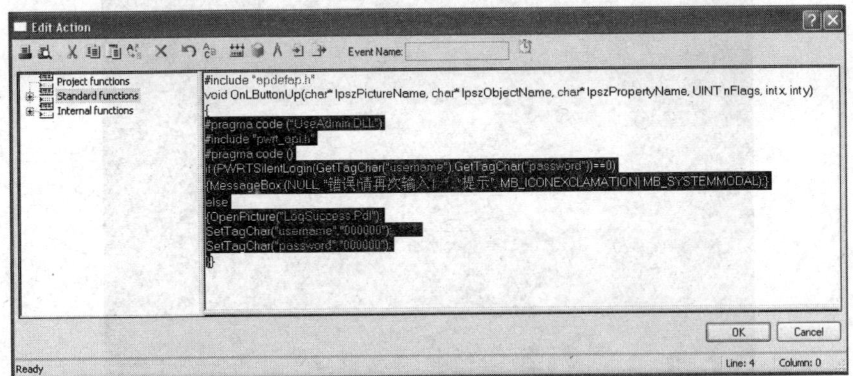

图 6-38　登录脚本

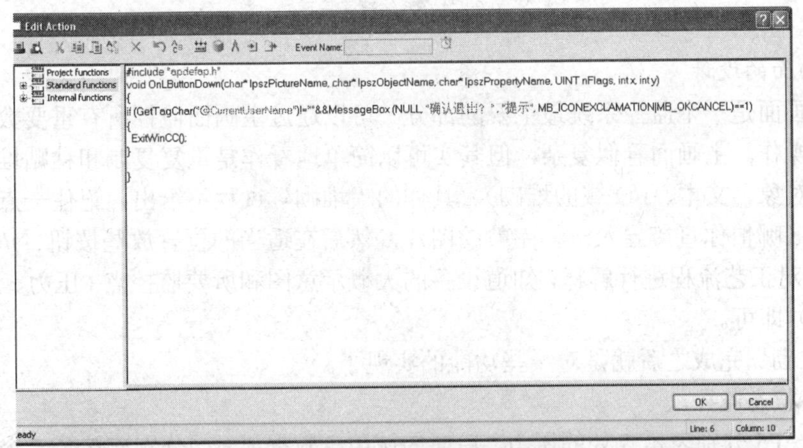

图 6-39　退出脚本

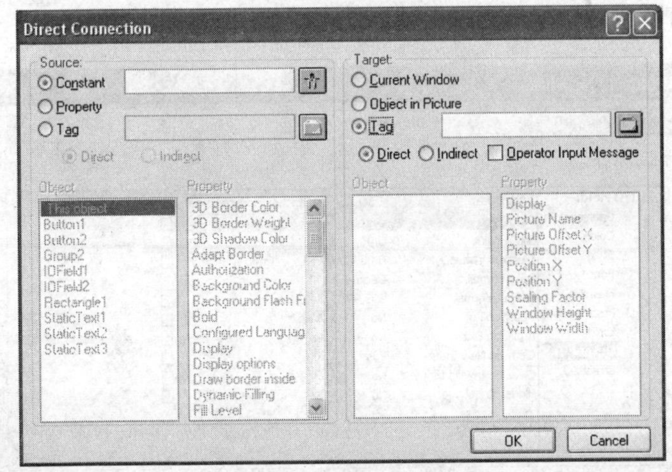

图 6-40　直接链接

这样登录画面就制作完成了，保存激活，效果如图 6-41 所示。

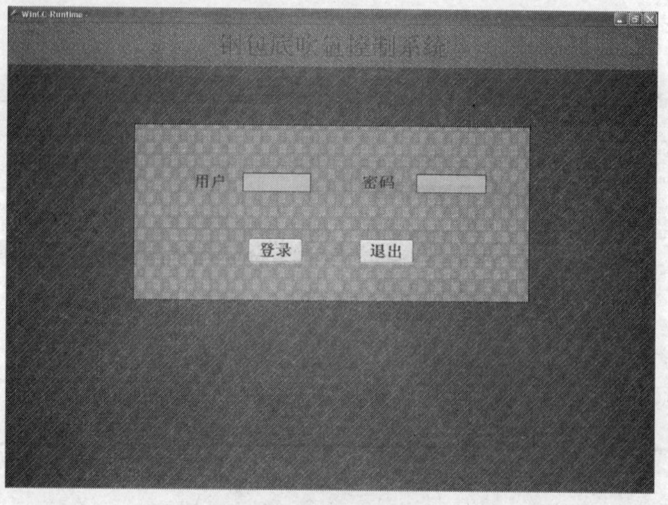

图 6-41　系统登录界面

2. 主画面的设计

（1）主画面是一个监控系统最主要的部分。可以通过主画面监控所有重要数据的状态和对系统进行操作。主画面看似复杂，但其实可以简单地看作是重复复制和粘贴堆砌（原件库原件、图形对象、文本、I/O 域的堆砌）。具体的“堆砌”过程不给出，记住一点就行，这只是一幅图片（哪怕你直接导入一幅完整的图片，然后在适当的位置放些按钮、I/O 域、指示灯），这里不对工艺流程进行解释，知道设备的大概示意图和所要监控点（压力、流量、温度、开关状态等）即可。

（2）“堆砌”完成之后就是对一些功能的实现了。

① 设备状态监控。

- P1～P5 分别表示 5 处的压力，后面的域用于数据显示，分别连接了 5 个存储压力值的变量（具体各自链接了哪个变量不列出，可以通过工程文件查看对象属性，变化周期自行选择，这里为“有变化时”），压力输出域属性设置如图 6-42 所示。

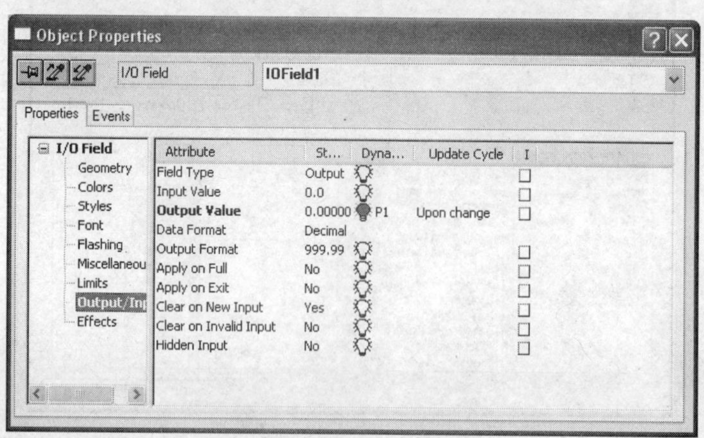

图 6-42　压力输出域属性设置

- 电磁阀上方的一排圆作为指示灯显示了对应电磁阀的状态（只有两种状态，所以链接的变量应为二进制变量，同样具体见工程文件），指示灯动态设置如图 6-43 所示。

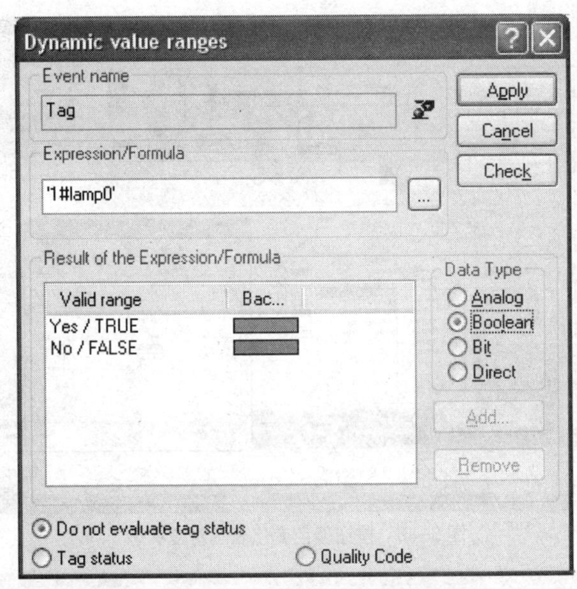

图 6-43 “指示灯”动态设置

② 操作面板设置：画面设计完后就是给各按钮链接适当的变量和写入脚本，如图 6-44 所示。

- 这两面板分别控制着系统的两条气路，可独立操作。“氮气”和“氩气”两个按钮实际控制的是两个电磁阀，实现的是两气路的切换，要实现的画面效果是：按下“氮气”，上方指示灯亮而“氩气”指示灯灭，按“氩气”时类似。如果程序已经实现了“互锁”的话，我们要做的只是用一个变量的值映射到指示灯的背景色，下方的报警显示是一样的，只是变量不同，如图 6-45 所示。

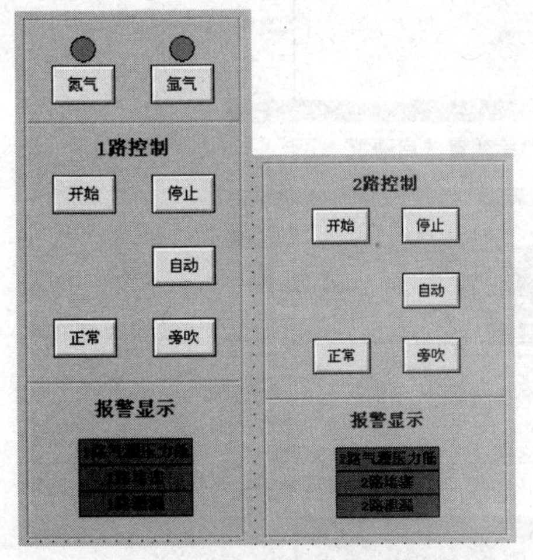

图 6-44 操作面板

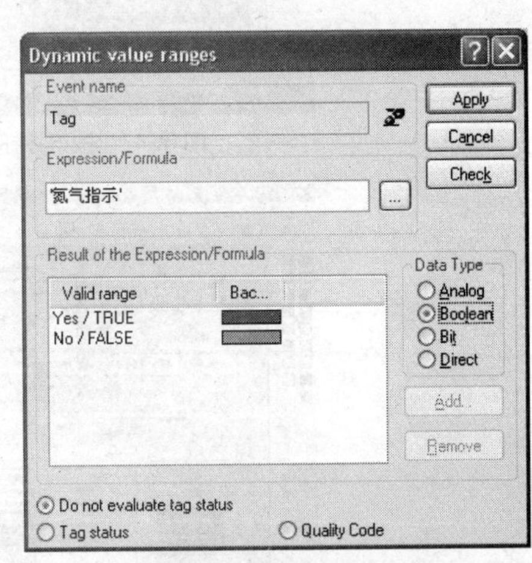

图 6-45 变量值与颜色的对应

每一个按钮同样可以直接按上面的方法达到指示的作用，各按钮的“事件”项均类似，所给变量的值其实影响着 PLC 程序。按钮的属性设置分别如图 6-46、图 6-47、图 6-48 所示。

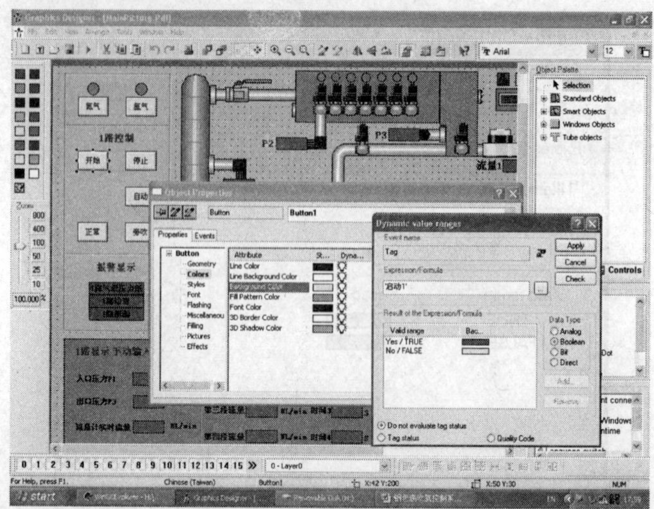

图 6-46　按钮颜色变化表示对应状态

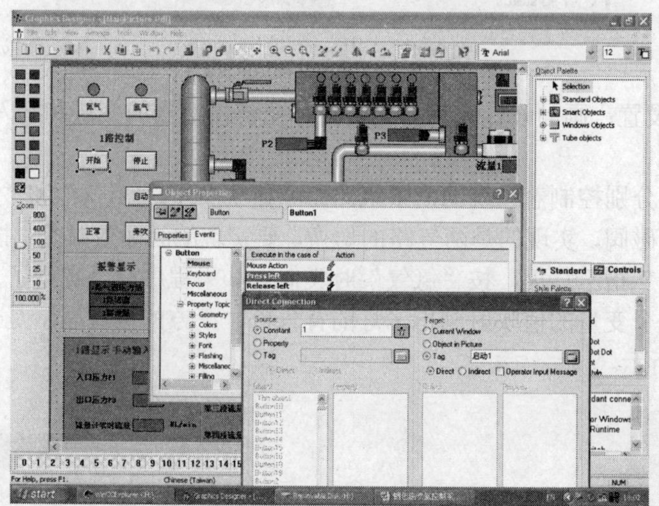

图 6-47　按下按钮将常数“1”给变量“启动 1”

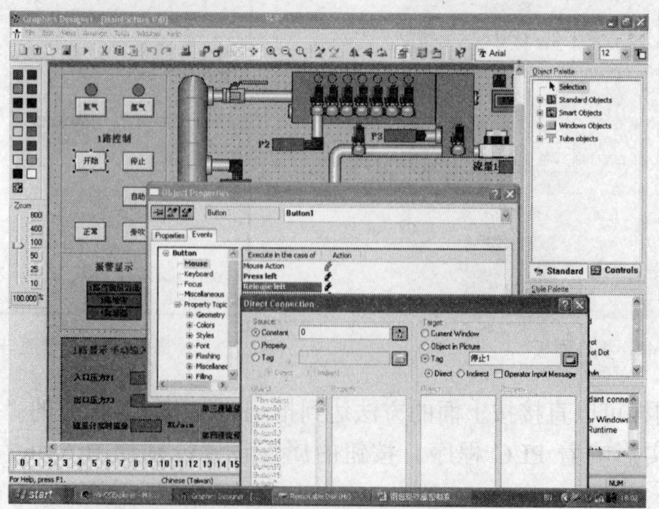

图 6-48　按下按钮将常数“0”给变量“停止 1”

③ 数据操作/显示面板：由静态文本和 I/O 域组成，变量的链接查看工程文件（左键单击“属性”查看，单个对象先解除“组合”），如图 6-49 和图 6-50 所示。

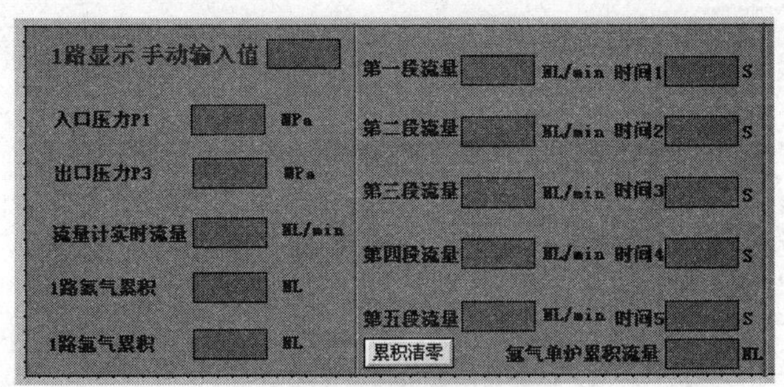

图 6-49　数据操作/显示面板

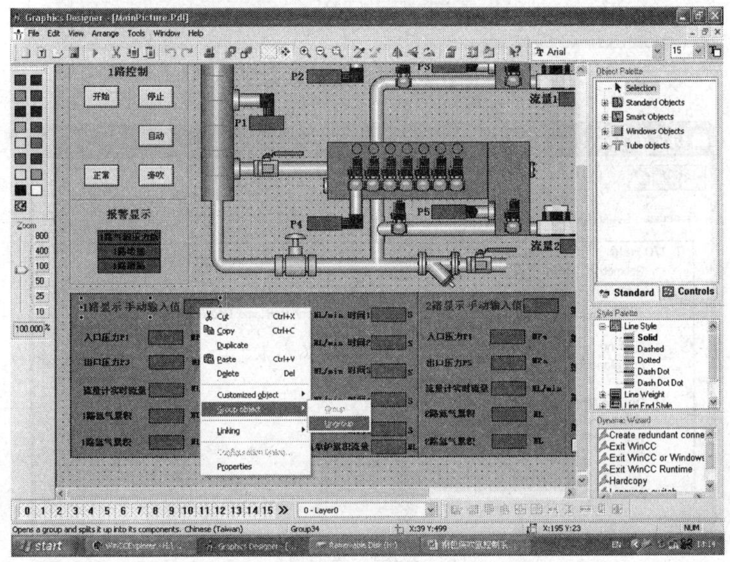

图 6-50　解除组合

④ 画面切换面板和账户显示：这是各个画面共同拥有的部分，只需对所在画面项按钮颜色稍加修改，另外还可以包含当前账户显示和时间显示等功能。每个按钮都有不同的脚本，自行查看具体代码，如图 6-51 所示。

图 6-51　共享面板

⑤ 账户设置：打开用户管理器添加新用户，示例用户名 1234，密码 123456，在执行登录功能后，账户名将会保存在系统变量“@CurrentUserName”中，所以可以利用静态文本或 I/O 域与该变量直接链接来实现当前账户的显示，如图 6-52 和图 6-53 所示。

这样主画面就制作完成了，保存激活，效果如图 6-54 所示。

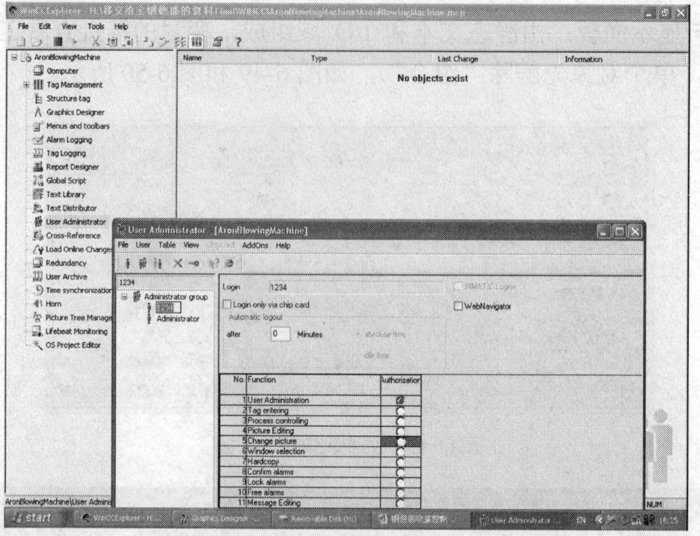

图 6-52　添加新的账号

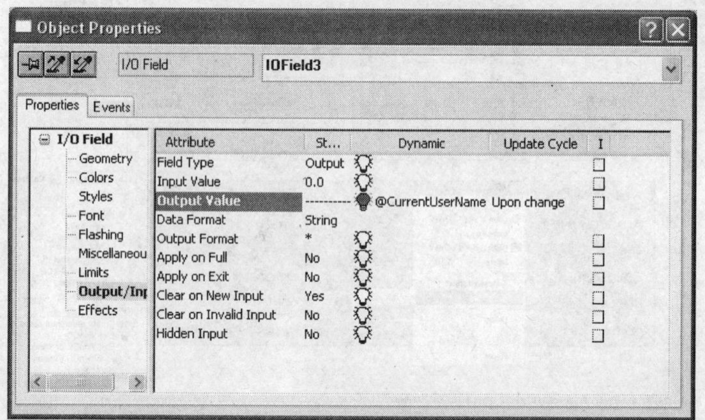

图 6-53　显示当前用户

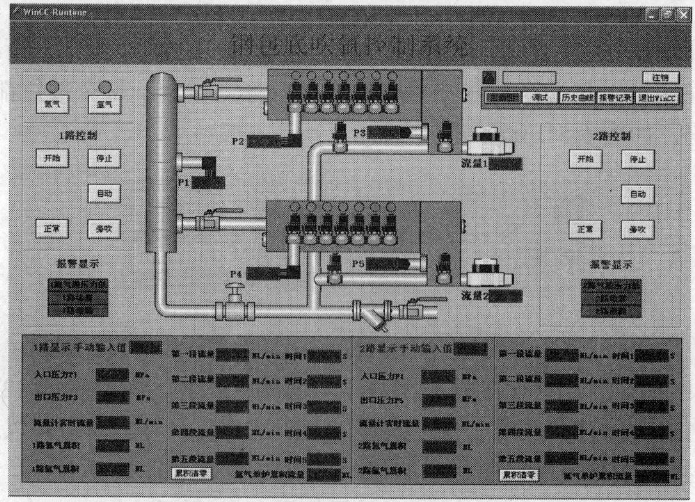

图 6-54　主画面

3. 调试画面的设计

该画面的对象大部分和主画面设计一样，这里不再复述，区别是所链接的变量不同，多了每个电磁阀的手动按钮，该画面的实际作用不做说明，与工艺相关。

1#阀导有 7 个电磁阀输出，分别是 5NL、NL、NL、NL、NL、NL、NL，这些数字采用的是二进制，结合 PCM 算法（见第 8 章）。具体调试过程如下，以 1#阀导 5NL 为例。单击 ON 按钮，电磁阀打开（气路打开），要标定该支路的流量为 5NL/min，电磁阀对应阀导第 1 位，在阀导第 1 位上有开度旋钮，用扳手旋动开度按钮，观察流量计 1 的流量，当流量计 1 的窗口显示 5NL 的时候，就证明该支路流量达到需求。其他支路原理相同。P1、P2、P3、P4、P5，5 个压力窗口便于观察阀导是否正常工作，它们之间的关系详见第 8 章。设计好的调试画面如图 6-55 所示。

图 6-55 调试画面

4. 历史记录画面的设计

（1）变量归档：打开变量归档（见图 6-56）→新建归档周期（见图 6-57）→新建归档“danlu”和“danluleiji”向导（见图 6-58）→新建“danlu”归档变量（见图 6-59）和“danluleiji”归档变量（见图 6-60）→保存并进入画面编辑器。

（2）归档的趋势图显示：画好趋势图的背景画面，从对象面板中的“控件”中拖曳一个“在线趋势控件”至画面，双击对各项属性进行设置。一个变量的归档对应了一条曲线，所以要显示一个变量的曲线就一定要先建立该变量的归档，各选项卡的具体设置参照工程文件（主要对 Trends、Time axes、Value axes、Font 进行设置），如图 6-62 所示，这里数据源均为归档变量。

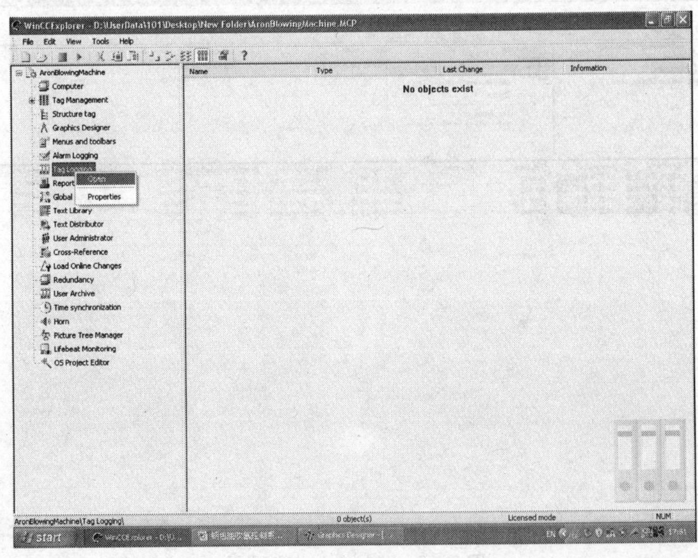

图 6-56 归档编辑器

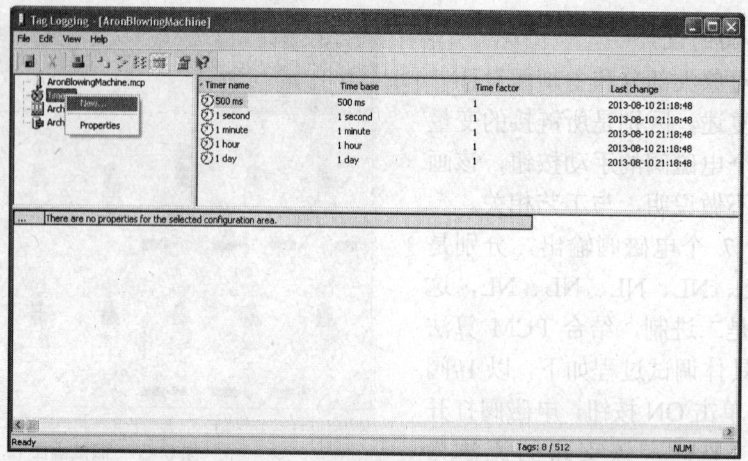

图 6-57　新建归档周期

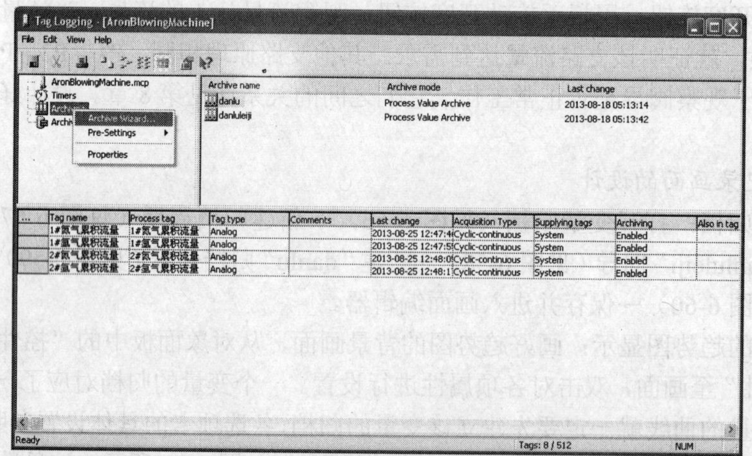

图 6-58　归档向导

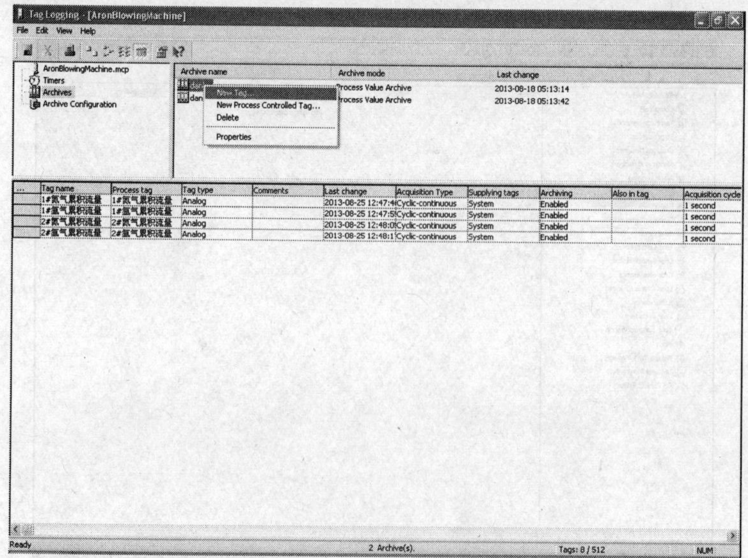

图 6-59　“danlu”归档变量

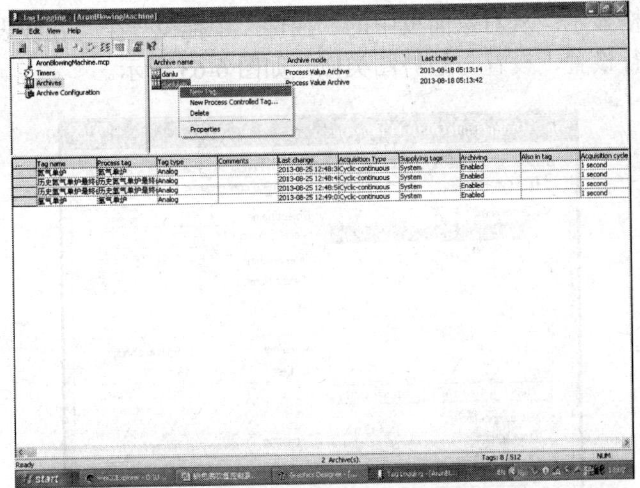

图 6-60　“danluleiji”归档变量

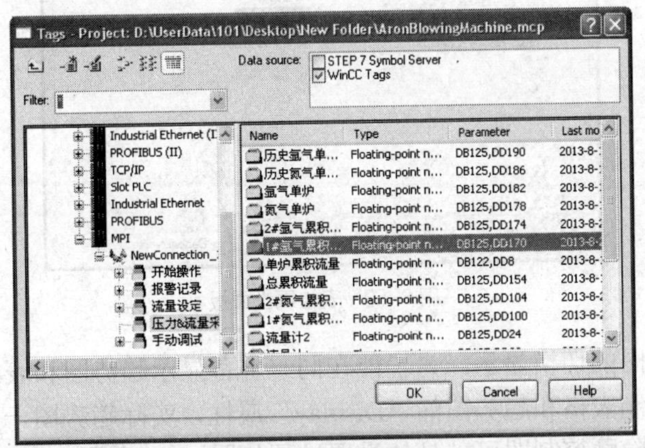

图 6-61　归档变量选择

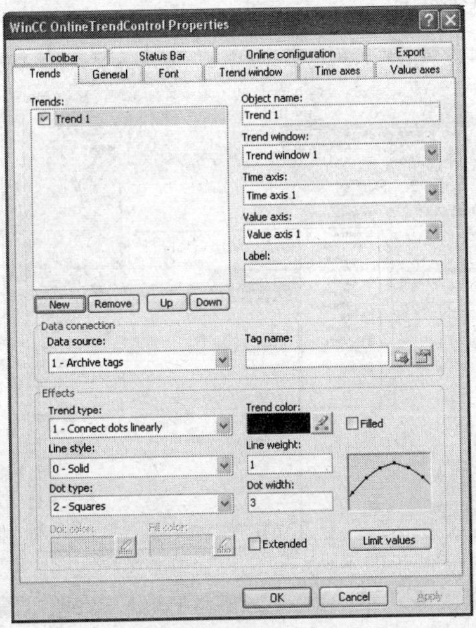

图 6-62　趋势图属性面板

（3）归档的表格显示：从对象面板中的“控件”中拖曳一个“在线表格控件”至画面，双击对各项属性进行设置，设置与趋势图类似，如图 6-63 所示。

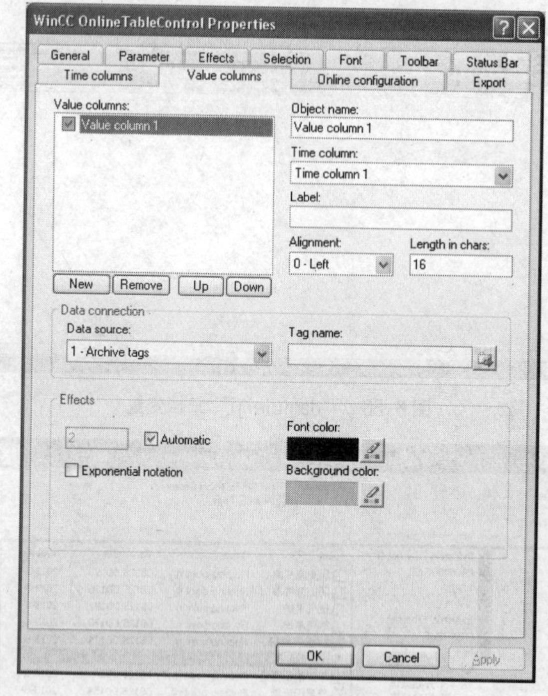

图 6-63　表格属性面板

（4）表格和趋势图的切换显示：为了能在同一屏幕显示趋势图和表格，这里利用了两个按钮和一个变量来控制表格和趋势图的“Display”属性，实际趋势图一直是显示的，故通过按钮对表格的显示和隐藏控制即可。具体设置过程如图 6-64 和图 6-65 所示。表格显示属性设置如图 6-66 和图 6-67 所示。

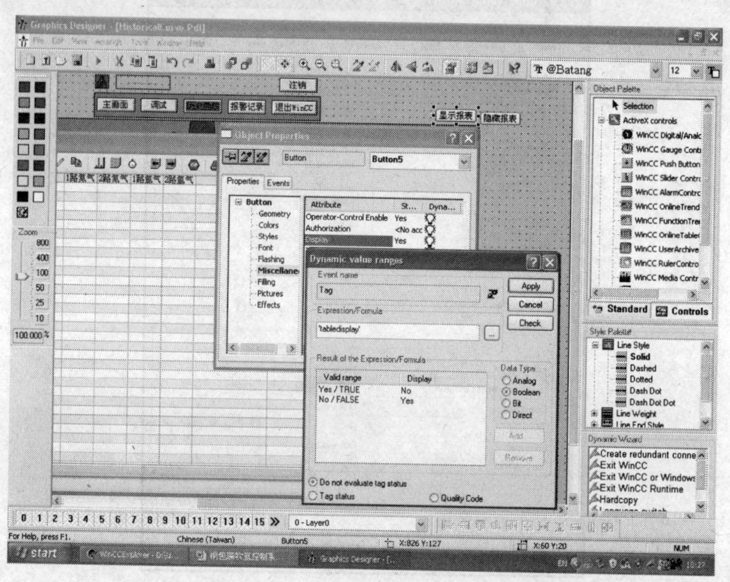

图 6-64　“显示报表”按钮设置

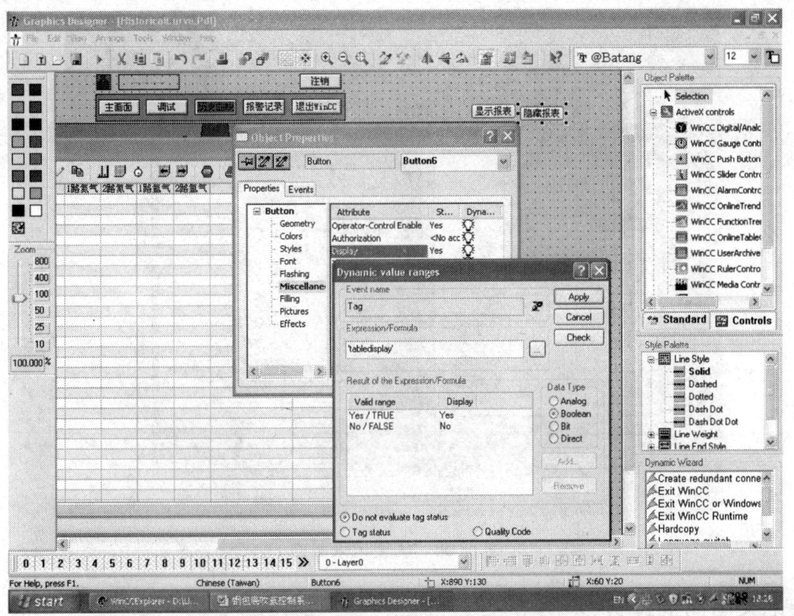

图 6-65 “隐藏报表”按钮设置

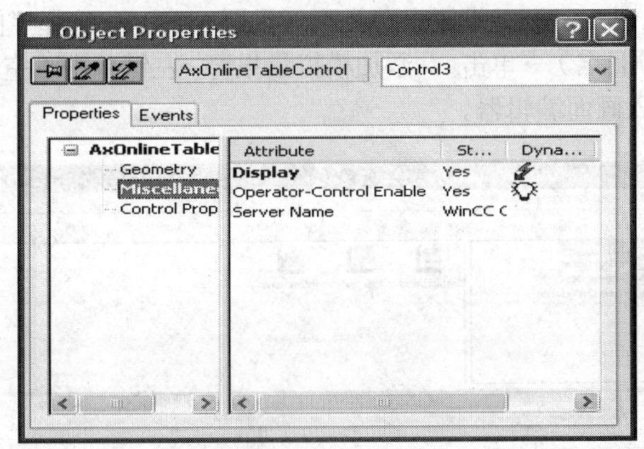

图 6-66 表格“显示”属性设置 1

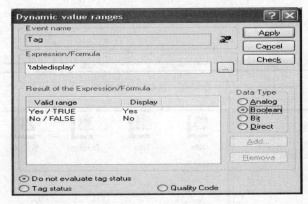

图 6-67 表格“显示”属性设置 2

最后将表格拖至趋势图上方完成历史曲线画面的制作，效果如图 6-68 所示。

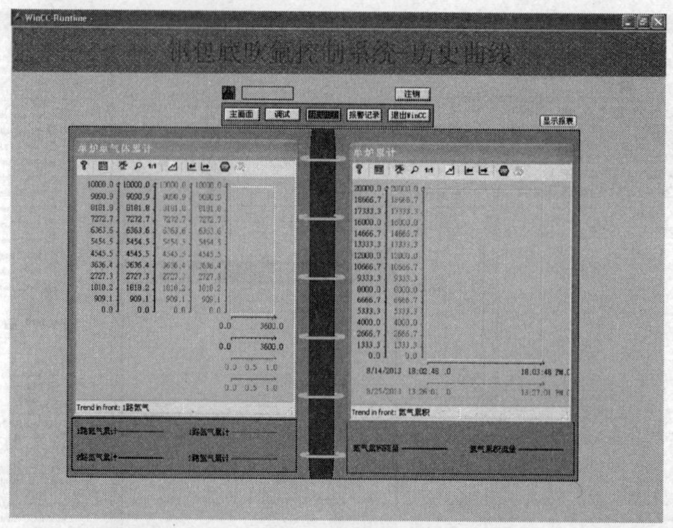

图 6-68　历史记录画面

5. 报警记录画面的设计

（1）报警归档：打开报警归档→修改“消息块”（见图 6-69）下的“系统块”（见图 6-70）和“用户文本块”（见图 6-71）→设置报警类型（见图 6-72）→选择“向导” 设置报警表格的格式（即各栏的项目名）→单击 添加模拟量报警，左键单击下空白处“添加新行”（见图 6-73）→保存并进入画面编辑器。

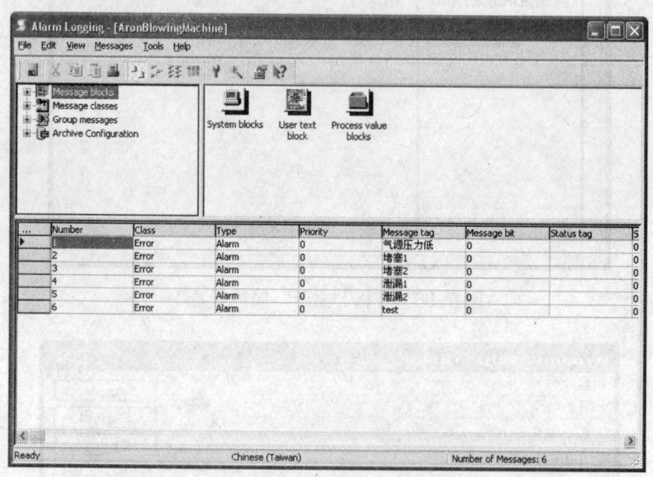

图 6-69　报警记录设置

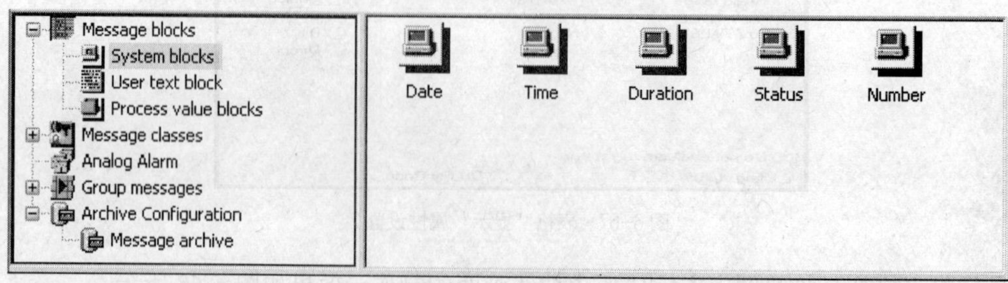

图 6-70　系统块设置

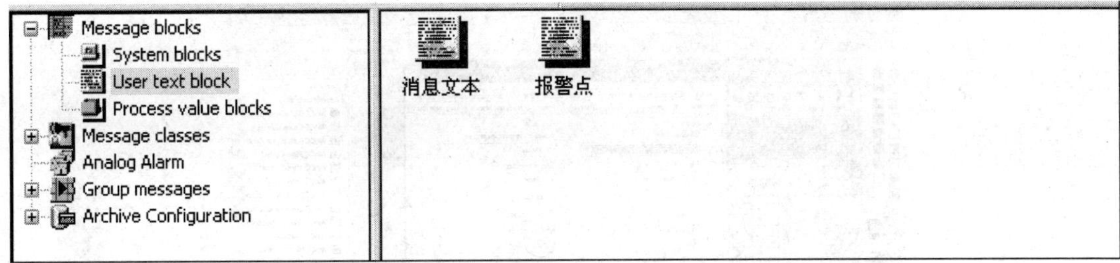

图 6-71 用户文本设置

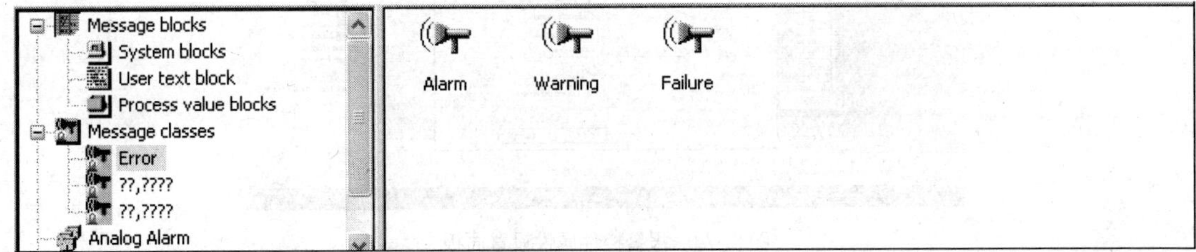

图 6-72 报警类型设置

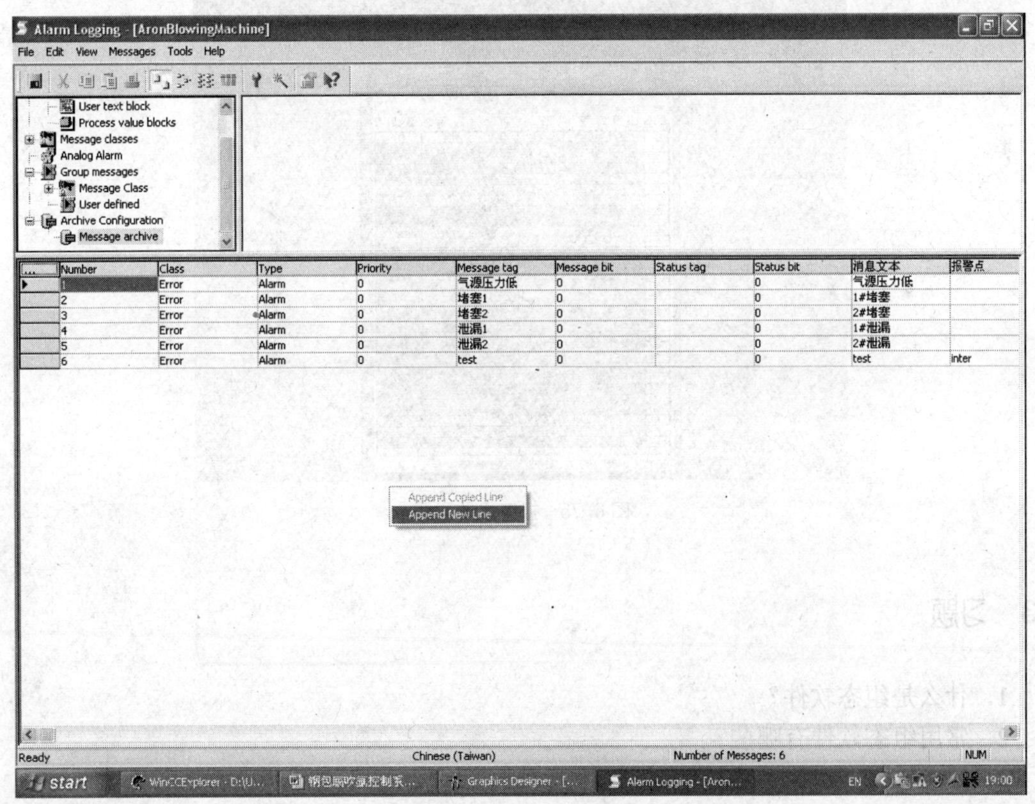

图 6-73 添加新记录

（2）报警画面：报表外对象不做说明。从对象面板中的“控件”中拖曳一个“报警控件”至画面，双击对各项属性进行设置，各项具体设置参照工程文件（工程文件的控件为 6.3 版的），如图 6-74 所示。

报警记录画面激活后，效果如图 6-75 所示。

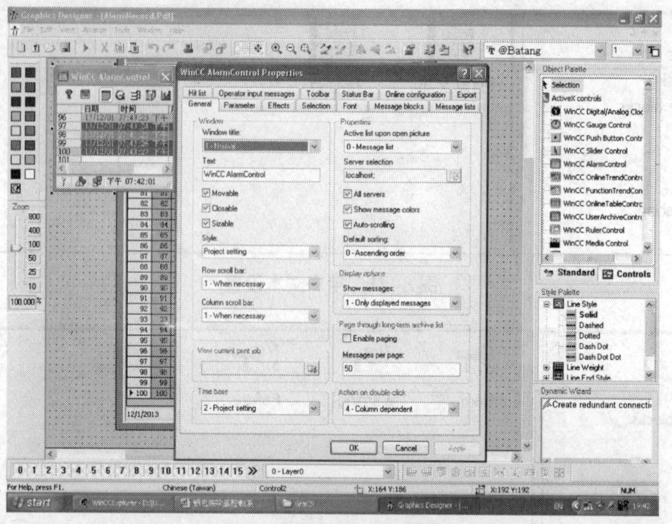

图 6-74　报警控件属性设置面板

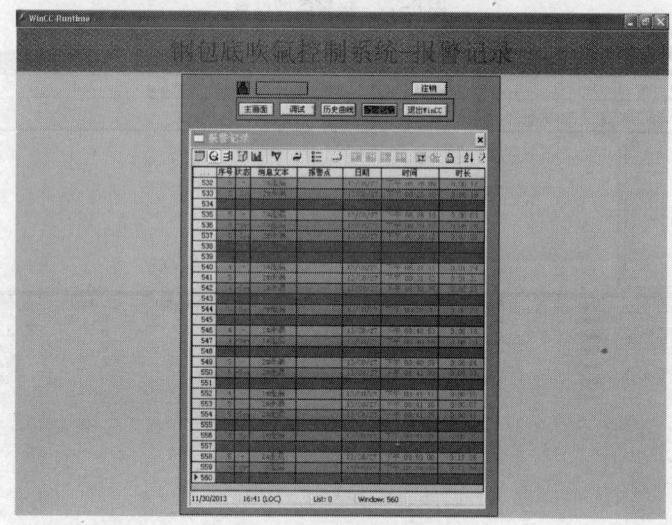

图 6-75　报警记录画面

6.3　习题

1．什么是组态软件？

2．常用组态软件有哪些？

3．组态软件发展的趋势是什么？

4．安装 WinCC 组态软件应该注意什么？

5．简述用 WinCC 软件组态一个项目的基本过程。

第 7 章 网络与通信

7.1 网络通信简介

通信，指人与人或人与自然之间通过某种行为或媒介进行的信息交流与传递，从广义上指需要信息的双方或多方在不违背各自意愿的情况下无论采用何种方法，使用何种媒质，将信息从某方准确安全传送到另一方。

西门子通信含盖的范围很广，其组网方式也是多种多样。现代控制系统一般包括装有监控软件的上位机、PLC 系统、执行元件和通信网络；对于简单的通信网络来说，它包括上位机与 PLC 通信及 PLC 与自动化设备的通信。

在西门子设备中，西门子网络通信主要有 MPI 通信、PROFIBUS 通信和工业以太网通信。

1. MPI 通信

MPI（Multipoint interface）是 SIMATIC S7 多点通信的接口，是一种适用于少数站点间通信的网络，多用于连接上位机和少量 PLC 之间近距离通信。MPI 通信是当通信速率要求不高，通信数据量不大时可以采用的一种简单经济的通信方式。通过它可组成小型 PLC 通信网络，实现 PLC 之间的少量数据交换，它不需要额外的硬件和软件就可网络化。每个 S7-300 CPU 都集成了 MPI 通信协议，MPI 的物理层是 RS-485。通过 MPI，PLC 可以同时与多个设备建立通信连接，这些设备包括编程器 PG 或运行 STEP7 的计算机 PC、人机界面（HMI）及其他 SIMATIC S7、M7 和 C7。同时连接的通信对象的个数与 CPU 的型号有关。MPI 通信速率为 9.2kbit/s～12Mbit/s，其默认的速率为 187.5kbit/s，MPI 网络最多可连接 32 个节点，最大通信距离为 50m，可以用 RS-485 中继器来扩展其通信范围。

2. PROFIBUS 通信

PROFIBUS 是在欧洲工业界得到应用的一个现场总线标准。PROFIBUS 是一种开放式总线标准，是不依赖于设备生产商的现场总线标准。传输速率可在 9.6kbit/s～12Mbit/s 间选择。PROFIBUS 是一种用于工厂自动化车间级监控和现场设备层数据通信与控制的现场总线技术，可实现现场设备层到车间级监控的分散式数字控制和现场通信网络，从而为实现工厂综合自动化和现场设备智能化提供了可行的解决方案。PROFIBUS 连接的系统由主站和从站组成，主站和从站可以是一个，也可以是多个。主站能够控制总线，多主站时通过令牌的传递来决定哪个主站享有控制权，从站一般为传感器、变送器、驱动器等。

PROFIBUS 协议采用 ISO/OSI 模型的第 1 层、第 2 层和第 7 层。ISO/OSI 通信模型有 7 层，并分为两类。一类是面向用户的第 5 层和第 7 层，另一类是面向网络的第 1 层和第 4 层。第 1～4 层描述数据从一个地方传输到另一个地方，第 5～7 层给用户提供适当的方式去访问网络系统。

PROFIBUS 由 3 个兼容部分组成，即 PROFIBUS-DP（Decentralized Periphery）车间级通信、PROFIBUS－PA（Process Automation）现场级通信、PROFIBUS-FMS（Fieldbus Message Specification）工厂级通信。PROFIBUS–DP 是一种高速低成本通信，用于设备级控制系统与分散式 I/O 的通信。使用 PROFIBUS－DP 可取代 24V DC 或 4～20mA 信号传输。PORFIBUS－PA 专为过程自动化设计，可使传感器和执行机构连在一根总线上，并有本征安全规范。PROFIBUS-FMS 用于车间级监控网络，是一个令牌结构，实时多主网络。这 3 个部分用的协议也不相同。

3. 工业以太网通信

工业以太网是西门子公司提出的一种基于以太网通信的一种工业用的通信模式。工业以太网是基于 IEEE 802.3 标准的强大的区域和单元网络。利用工业以太网，SIMATIC NET 提供了一个无缝集成到新的多媒体世界的途径。将以太网高速传输技术引入工业领域，使企业内部互联网（Intranet）、外部互联网（Extranet），以及国际互联网（Internet）提供的广泛应用，不但已经进入今天的办公室领域，而且还可以应用于生产和过程自动化。继 10M 波特率以太网成功运行之后，具有交换功能、全双工和自适应的 100M 波特率快速以太网（Fast Ethernet，符合 IEEE 802.3u 的标准）也已成功运行。采用何种性能的以太网取决于用户的需要。通用的兼容性允许用户无缝升级到新技术。

7.2 PROFIBUS-DP 通信

PROFIBUS-DP 使用了 ISO/OSI 模型的第 1 层和第 2 层，这种结构保证了数据的高速传递，特别适合可编程控制器与现场分散的 I/O 设备之间的通信。在 Profibus 通信中，Profibus-DP 通信应用最为广泛，也应用最多，可以连接不同厂商符合 PROFIBUS-DP 协议的设备。

在 DP 网络中，一个从站只能被一个主站所控制，这个主站是这个从站的 1 类主站；如果网络上还有编程器和操作面板控制从站，这个编程器和操作面板是这个从站的 2 类主站，它不直接控制该从站。

7.2.1 点对点通信（1 个 CPU 对 1 个 CPU）

1. 先建从站

（1）在 STEP7 中新建一个项目，单击右键，在“Insert New Object”菜单下的“Station”选项中选择“SIMATIC 300 Station”，添加一个新的 S7-300 的站，如图 7-1 所示。

（2）硬件组态按硬件安装次序和订货号依次插入机架、电源、CPU 等进行硬件组态，如图 7-2 所示。

（3）插入 CPU 时会弹出 PROFIBUS 组态界面。地址在本例中为 7。单击“New”按钮新建 PROFIBUS（1），单击“Properties”按钮组态网络属性，如图 7-3 所示。

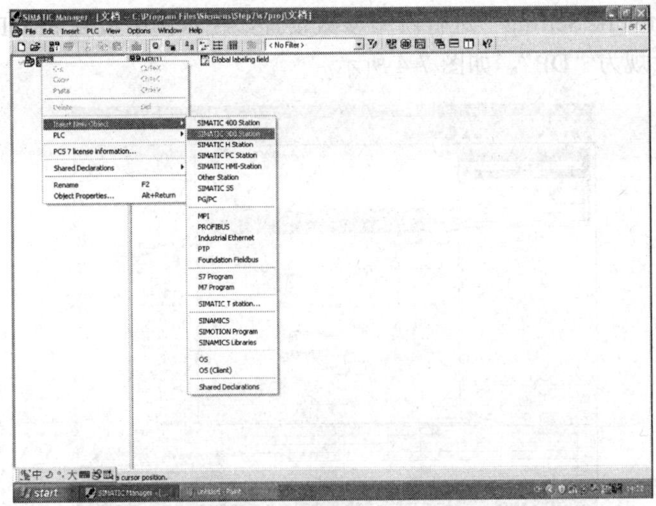

图 7-1 新建 S7-300 从站

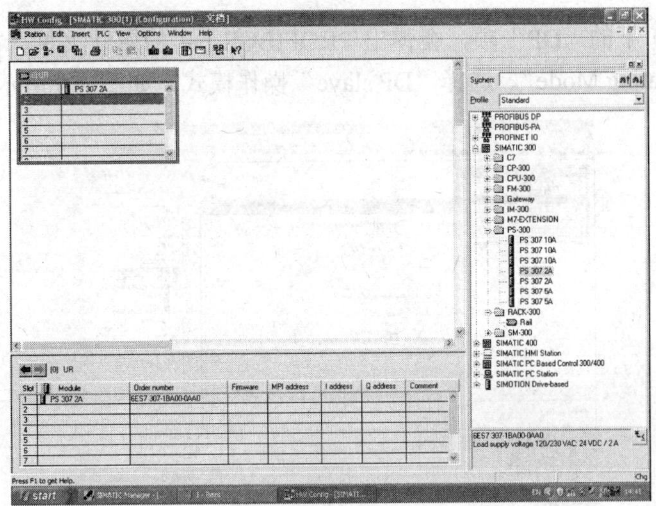

图 7-2 硬件组态

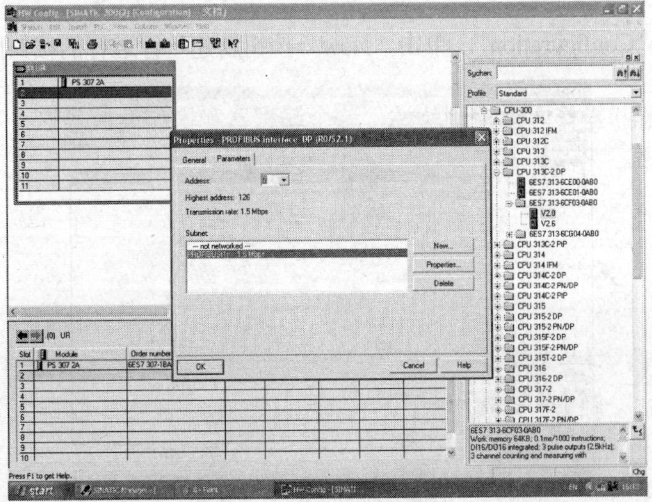

图 7-3 组态网络属性

（4）选择“Network Setting”进行网络参数设置，在本例中设置PROFIBUS的传输速率为“1.5Mbit/s”，行规为“DP”，如图7-4所示。

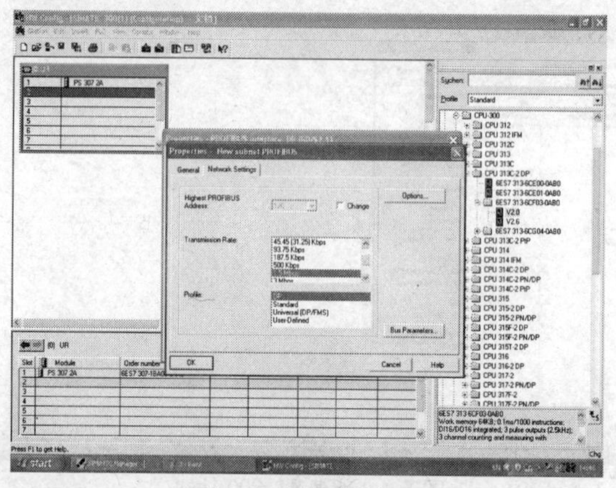

图7-4　网络参数设置

（5）双击CPU下的“DP”项，会弹出PROFIBUS-DP的属性菜单。在网络属性窗口选择顶部菜单“Operating Mode”，选择“DP slave”操作模式，如图7-5所示。

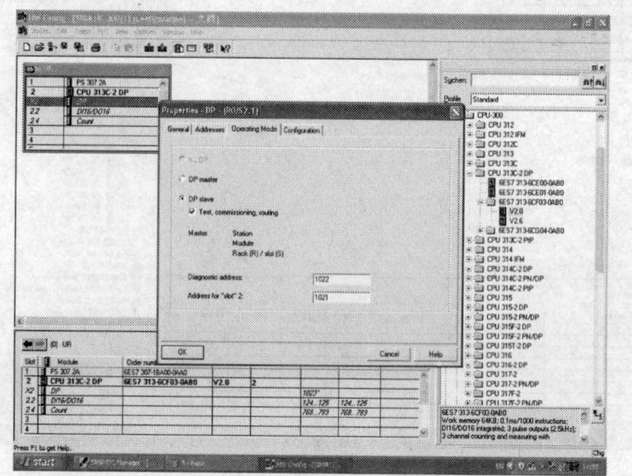

图7-5　PROFIBUS-DP属性

（6）选择标签“Configuration”，单击“New”按钮新建一行通行的接口区，如图7-6所示。

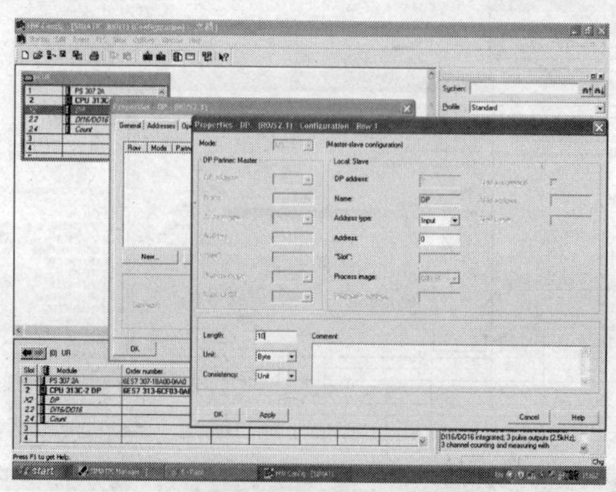

图7-6　配置S7-300从站

（7）本例中分别建一个“Input”和“Output”区，如图 7-7 所示。

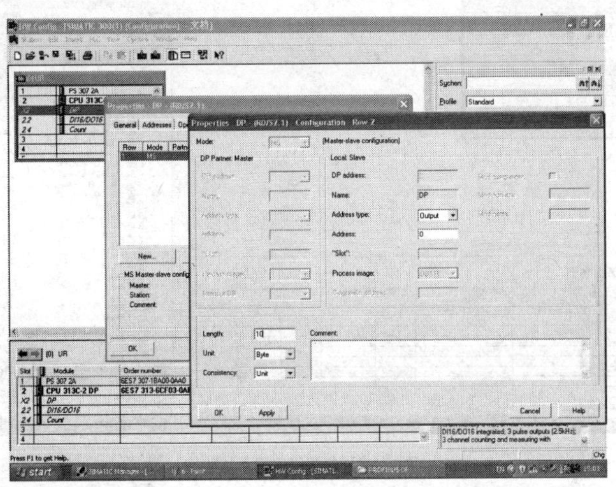

图 7-7 通信接口

2. 组态主站

（1）和组态从站一样的步骤组态主站。地址在本例中为 4，选择和从站一样的 PROFIBUS 网络，如图 7-8 所示。

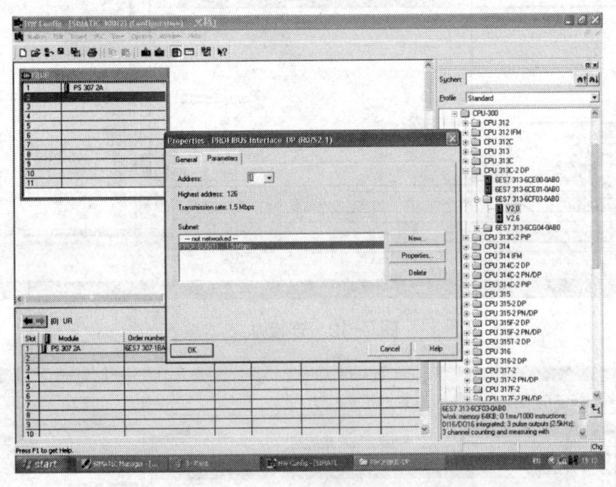

图 7-8 主站地址

（2）单击“OK”按钮后，会出现一条 PROFIBUS-DP 总线，如图 7-9 所示。

（3）打开硬件目录，选择“PROFIBUS DP”下的“Configuration Station”文件夹，选择 CPU31x，将其拖拽到 DP 主站系统的 PROFIBUS 总线上，从而将其连接到 DP 网络上。此时自动弹出“DP-slave Properties”，在其中的“Connection”标签中选择已经组态过的从站，单击“Connect”按钮将其连接至网络，如图 7-10 所示。

（4）单击“Configuration”标签，设置主站的通信接口区，如图 7-11 所示。

（5）从站的输入对应主站的输出，如图 7-12 所示。

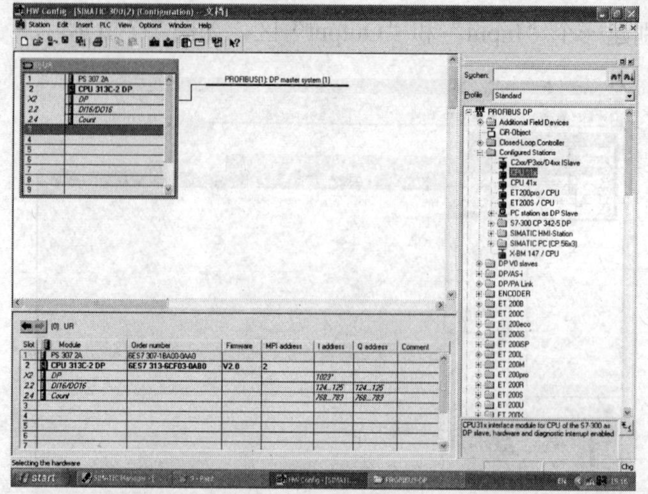

图 7-9 PROFIBUS 网络

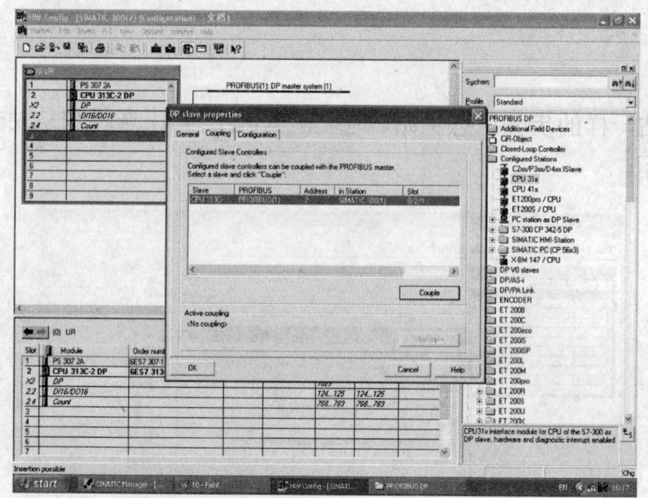

图 7-10 连接从站

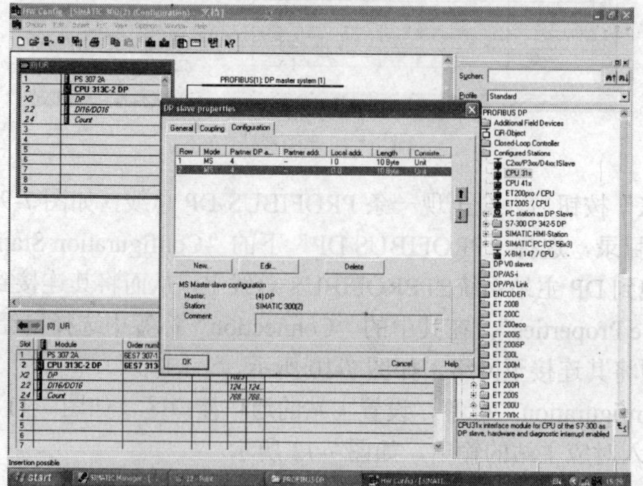

图 7-11 主站通信接口

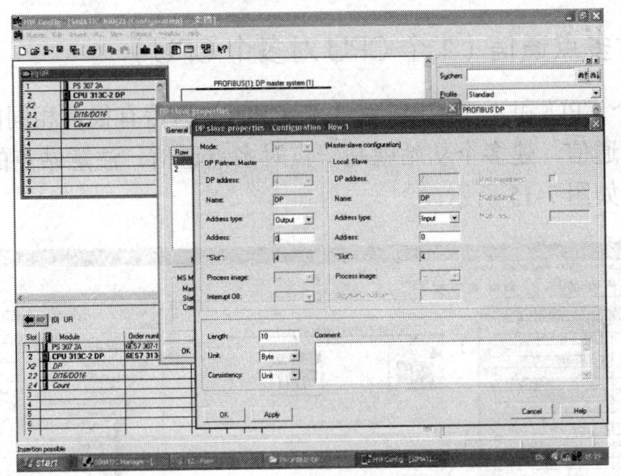

图 7-12 从站输入对应主站输出

（6）从站的输出对应主站的输入，如图 7-13 所示。

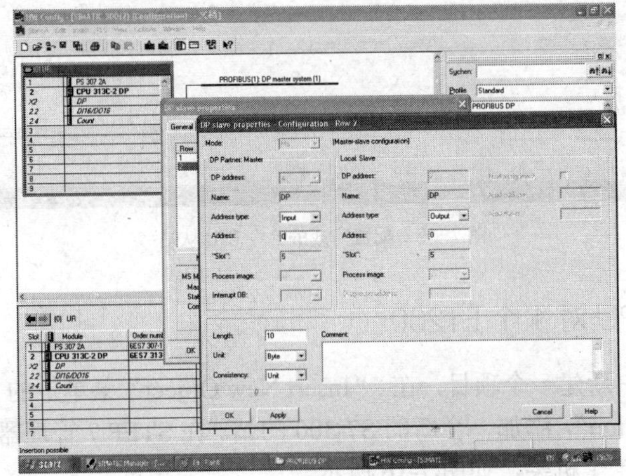

图 7-13 从站输出对应主站输入

（7）完成的配置，如图 7-14 所示。

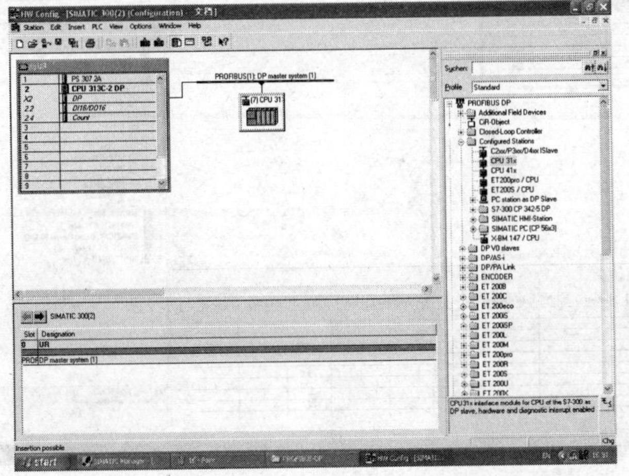

图 7-14 配置完成的 1 个 CPU 从站

7.2.2 一点对多点通信（1 个 CPU 对多个 CPU）

1 个 CPU 对多个 CPU 和 1 个 CPU 对 1 个 CPU 的通信有很多相同的地方。区别是建 1 个从站，就是点对点通信，建多个从站就是一点对多点通信。注意站点的地址不能相同。配置完后的两个从站，如图 7-15 所示。

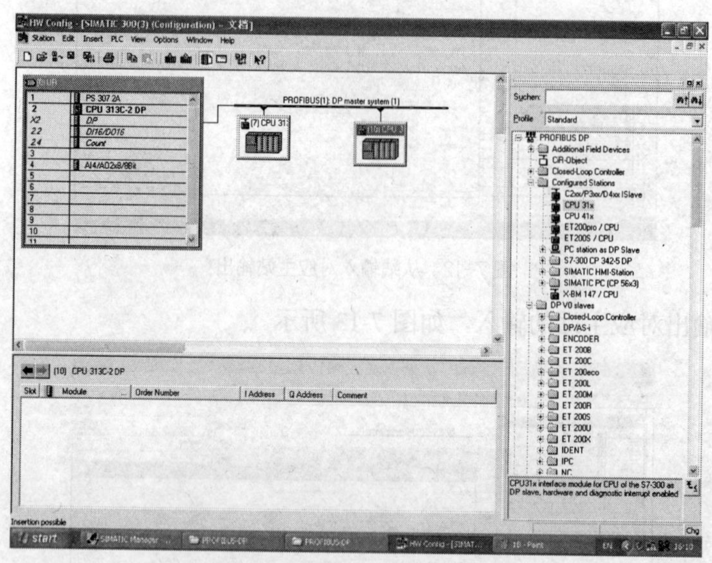

图 7-15 配置完成的 2 个 CPU 从站

7.2.3 1 个 CPU 对 1 个 ET200

（1） 在 STEP7 中新建一个项目，在 “Insert New Object” 菜单下的“Station”选项中选择“SIMATIC 300 Station”，添加一个新的 S7-300 的站。在 STEP 7 管理器中双击“Hardware”打开硬件配置，添加一个机架，如图 7-16 所示。

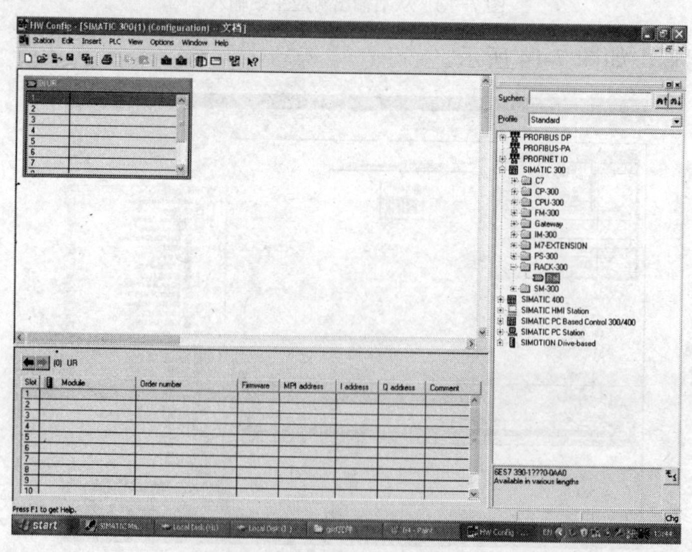

图 7-16 插入一个机架

（2）添加电源和CPU模块，单击“MPI/DP”设定CPU的PROFIBUS-DP地址，并添加网络，本例的DP地址设为2，如图7-17所示。

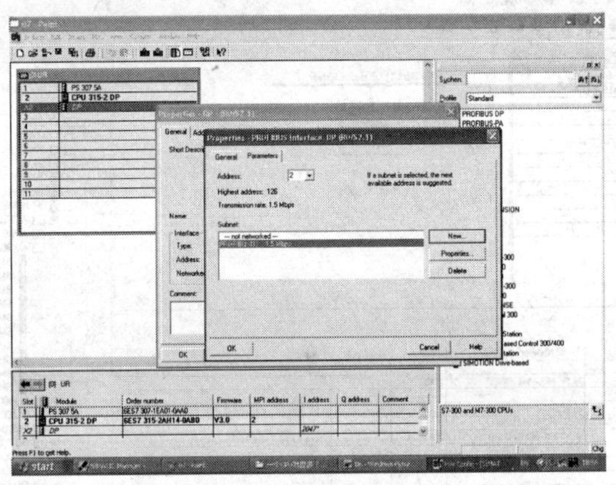

图7-17　DP地址设置

（3）添加所需的输入/输出模块，如图7-18所示。

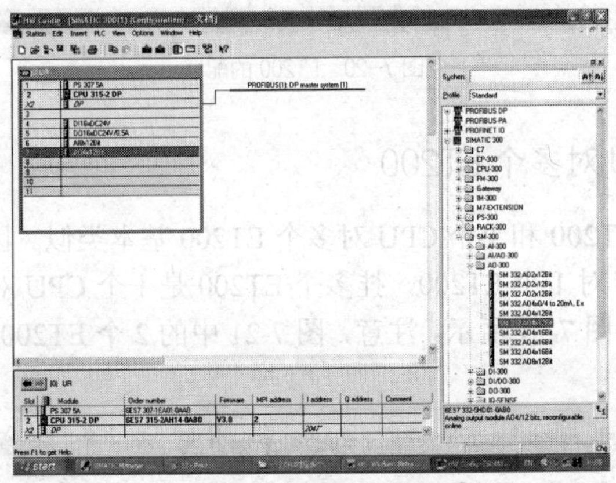

图7-18　输入/输出模块

（4）在“PROFIBUS DP”下的“ET200M”中找到对应的型号，将其拖曳到DP总线上，地址在本例中设为4，如图7-19所示。

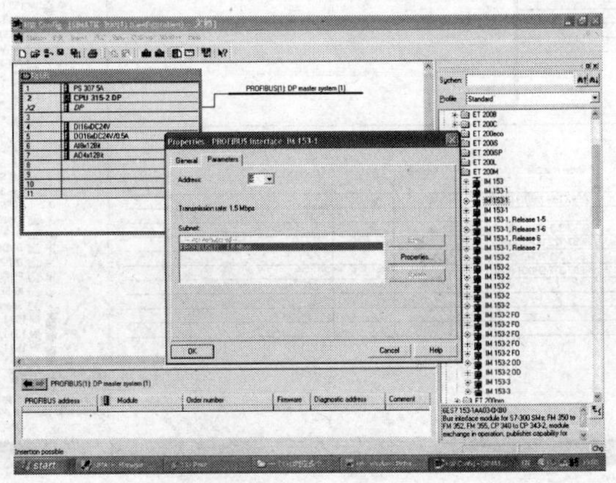

图7-19　ET200的地址

（5）在对应 ET200 型号下找到所需输入/输出模块，并添加，如图 7-20 所示。

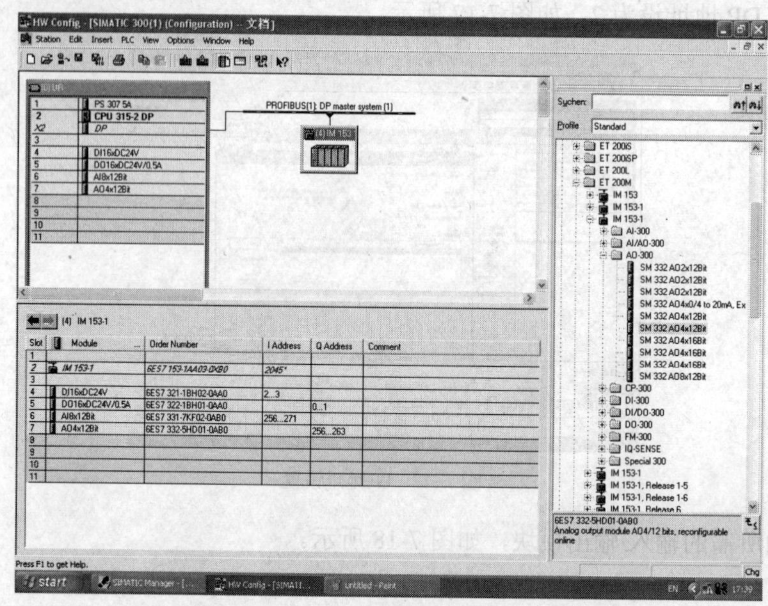

图 7-20　ET200 的配置

7.2.4　1 个 CPU 对多个 ET200

1 个 CPU 对 1 个 ET200 和 1 个 CPU 对多个 ET200 基本类似。区别是，在 DP 总线上挂 1 个 ET200 是 1 个 CPU 对 1 个 ET200，挂多个 ET200 是 1 个 CPU 对多个 ET200。1 个 CPU 对 2 个 ET200 的情况如图 7-21 所示。注意，图 7-21 中的 2 个 ET200 的地址不同，一个为 4，一个为 6。

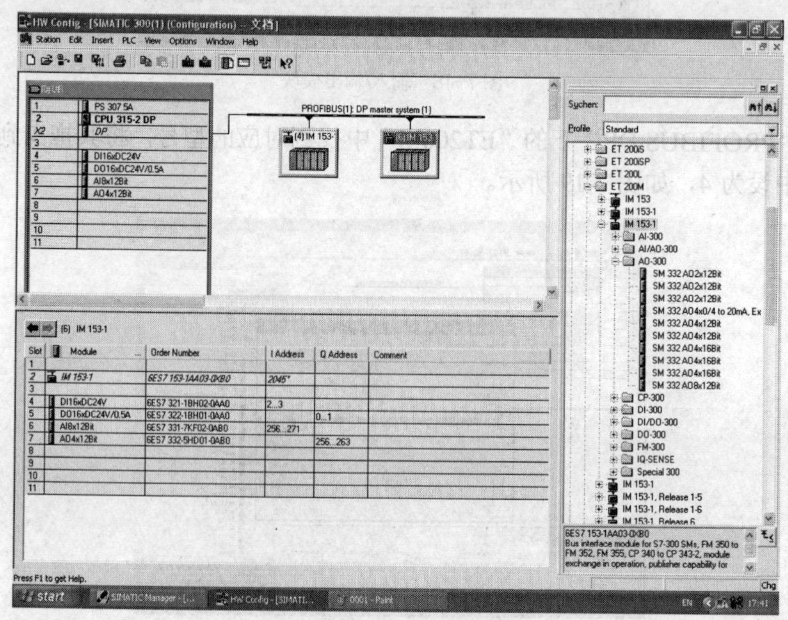

图 7-21　2 个 ET200

7.3 PROFINET 通信

PROFINET 是由 PROFIBUS 国际组织推出的，是新一代基于工业以太网的自动化总线标准。PROFINET 使用 TCP/IP 协议和 IT 标准。

响应时间作为衡量一个系统实时性的标准。由于响应时间的不同，PROFINET 有 3 种通信方式。第一种是 TCP/IP 标准通信，其响应时间大概在 100ms 的量级。第二种是实时（RT）通信，其响应时间在 5～10ms。第三种是等时同步实时（IRT）通信，其响应时间要小于 1μs。

PROFINET 主要有两种应用形式。一种是 PROFINET IO，适合模块化分布式应用，有 IO 控制器和 IO 设备。另一种是 PROFINET CBA，适合分布式智能站点之间通信的应用。

PROFINET IO 的组建类似 PROFIBUS 和工业以太网，区别在于模块的选择。PROFINET CBA 是将控制功能模块化，在每一个模块内部，系统软件、硬件的配置是常规的，经过封装以后，所有模块通过 PROFINET CBA 接口与其他组件交换信息。

下面以 RFID 射频识别读写为例子介绍 PROFINET IO 组态过程。

1. 例子需要的硬件和软件

（1）一套 S7-300 315F-2 PN/DP PLC，包括：

- 1 个电源模块 PS307 5A
- 1 个 CPU 模块 CPU315F-2PN/DP
- 1 个 SM323 数字量输入输出模块
- 1 个 SM323 数字量输入输出模块
- 1 张 MMC 存储卡

（2）一套 RFID 射频识别组件，包括：

- 1 个 RF180C 以太网通信模块
- 2 个 RF340R 读写器
- 1 个数字量输出模块
- 1 个模拟量输入模块
- 1 个模拟量输出模块

（3）附件，包括：

- 1 个交换机 X005
- PROFIBUS-DP 总线连接器
- PROFIBUS-DP 电缆
- 以太网连接器
- 以太网电缆
- 一个 PC Adapter 编程电缆

（4）软件：STEP7 V5.4 标准版（已集成冗余选件包）或更高版本。

2. 软件组态

（1）在 STEP7 中新建一个项目，在“Insert New Object”菜单中选择“SIMATIC 300 Station”添加一个新的 S7-300 的站，如图 7-22 所示。

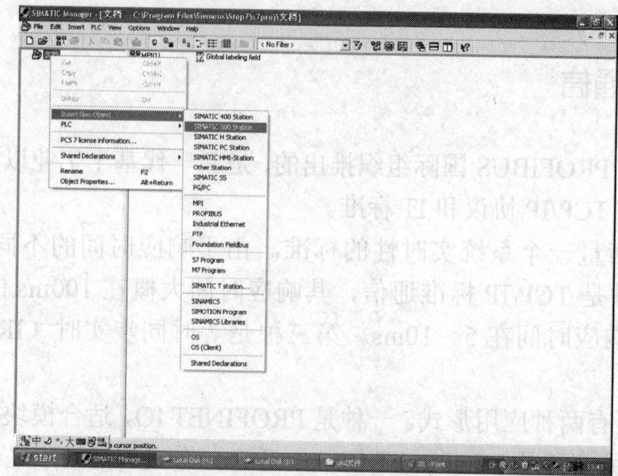

图 7-22 新建 S7-300 站

（2）在 STEP7 管理器中双击“Hardware”打开硬件配置，如图 7-23 所示。

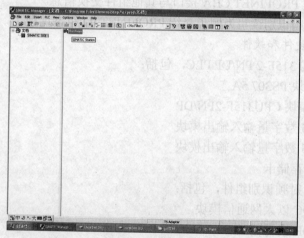

图 7-23 硬件配置

（3）添加一个机架，如图 7-24 所示。

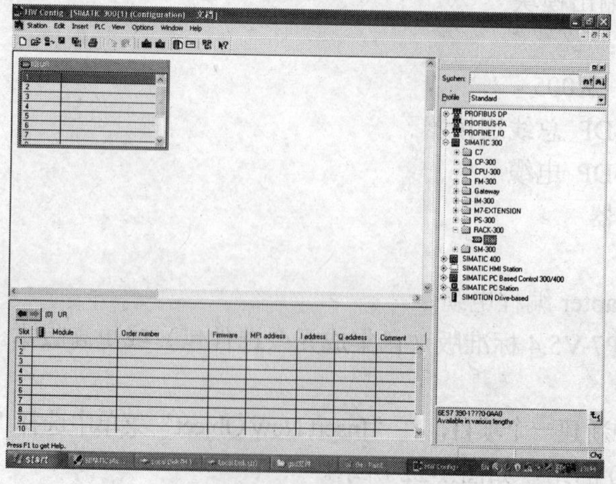

图 7-24 添加机架

（4）添加电源和CPU模块，单击“MPI/DP”设定CPU的PROFIBUS-DP地址，并添加网络，本例的DP地址设为2，如图7-25所示。

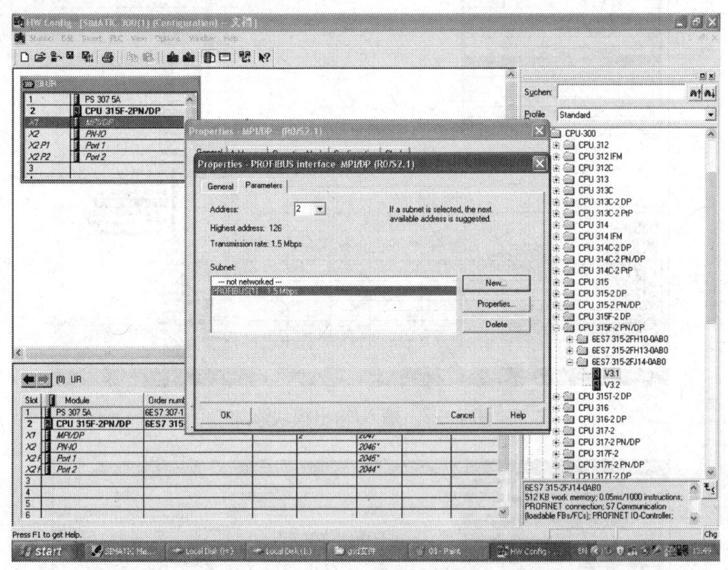

图7-25 DP地址设置

（5）为CPU设置以太网IP地址，在CPU的槽中双击PN-IO，在弹出的界面中单击“properties”，在其中设置IP地址，在本项目中我们设为192.168.0.1，子网不变，然后单击“new”新建以太网络，如图7-26所示。

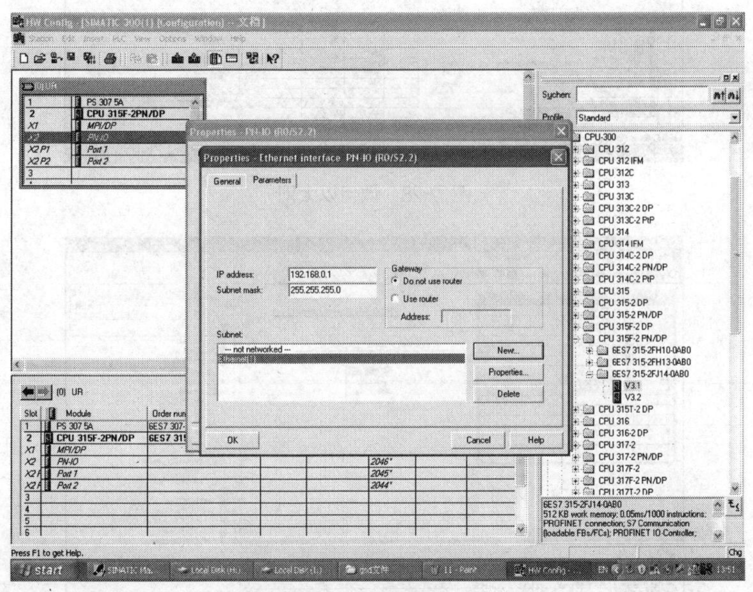

图7-26 IP地址设置

（6）添加系统配置需要的数字量输入输出模块及模拟量输入/输出模块，如图7-27所示。

（7）将以太网线调用出来，如图7-28所示。

（8）在右侧菜单中找到RF180C模块，并添加到以太网，如图7-29所示。

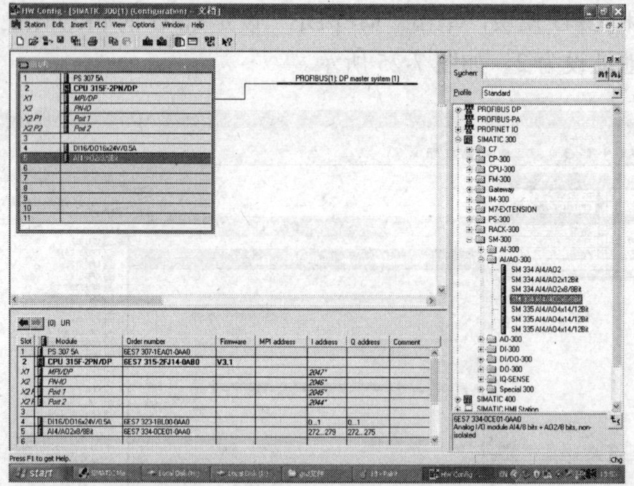

图 7-27　输入/输出模块添加

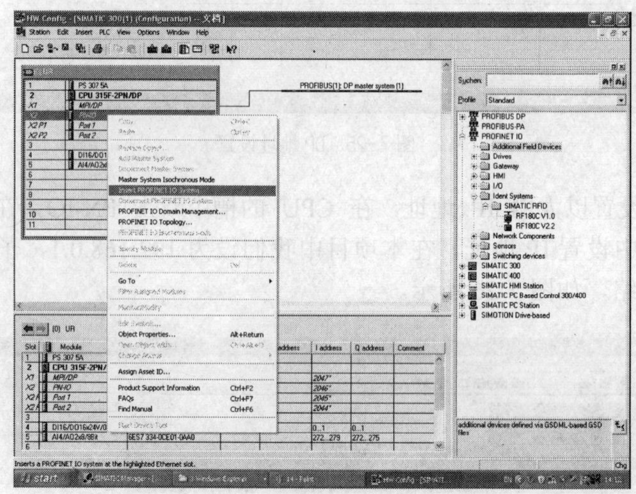

图 7-28　调用以太网

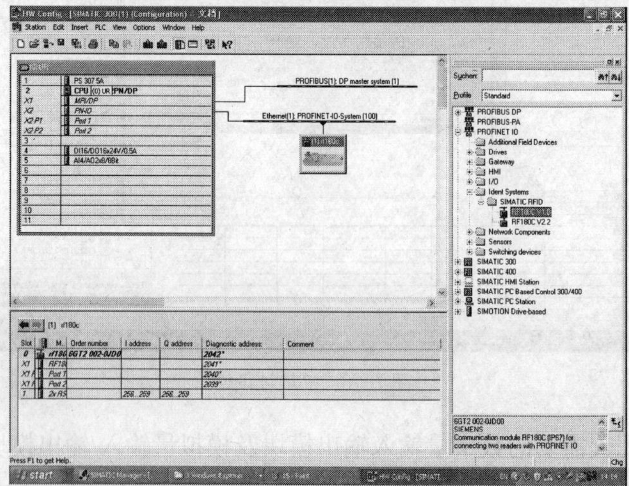

图 7-29　插入 RF180C 模块

（9）设置 RF180C 与 PLC 间的输入/输出地址，这里地址设置为 256～259，如图 7-30 所示。组态编辑完成，单击 ，保存并编译。

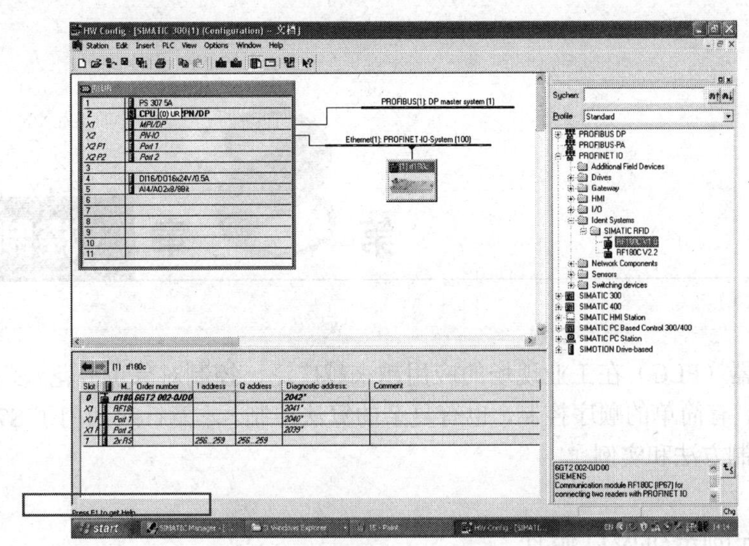

图 7-30 设置 RF180C 与 PLC 间的输入/输出地址

7.4 习题

1．西门子的网络通信主要有哪些？
2．PROFIBUS 通信主要由哪些构成？
3．如何利用 PROFIBUS-DP 通信组态一个主站和从站的通信。
4．如何利用 PROFIBUS-DP 通信组态一个主站和 ET200 的通信。
5．PROFINET 通信有几种应用方式，分别是什么？

第8章 控制实例

可编程控制器（PLC）在工业现场的应用越来越广泛，控制对象也五花八门，根据不同对象和工艺过程，有简单的顺序控制，也有复杂的算法控制。本章针对西门子S7-300系列的PLC讲述一些控制方法和实例。

8.1 S7-300控制系统设计概述

8.1.1 PLC控制系统的设计原则

任何一个电气控制系统所要完成的控制任务，都是为了满足被控对象（生产控制对象、自动化生产线、生产工艺过程等）提出的各项性能指标，最大限度地提高劳动生产率，保证产品质量，减轻劳动强度和危害强度，提高自动化水平。因此，在设计PLC控制系统时，应遵循如下几个基本原则。

1. 满足要求

最大限度地满足被控对象的控制要求，是设计控制系统的首要前提。这就要求设计人员在设计前就要深入现场进行调查研究，收集控制现场的资料，收集控制过程中有效的控制经验，进行系统设计，同时注意要和现场的管理人员、技术人员、工程操作人员紧密配合，共同解决设计中的重点问题和疑难问题。

2. 安全可靠

控制系统长期运行中能否达到安全、可靠、稳定，是设计控制系统的重要原则。为了能达到这一点，要求在系统设计、器件选择、软件编程上全面考虑。比如说，在硬件和软件的设计上应该保证PLC程序不仅在正常条件下能正确运行，而且在一些非正常情况下（如突然掉电再上电，按钮按错等），也能正常工作。程序只能接受合法操作，对非法操作程序能予以拒绝等。

3. 经济适用

一个新的控制工程固然能提高产品的质量，提高产品的数量，从而为工程带来巨大的经济效益和社会效益。但是，新工程的投入、技术的培训、设备的维护也会导致工程的投入和运行资金的增加。在满足控制要求的前提下，一方面要注意不断地扩大工程的效益，另一方面也要注意不断地降低工程的运行成本，这就要求不仅应该使控制系统简单、经济，而且要使控制系统的使用和维护既方便又低成本。

4. 适应发展

社会在不断地前进，科学在不断地发展，控制系统的要求也一定会不断地提高、完善。因此，在控制系统的设计时要考虑到今后的发展、完善。这就要求选择 PLC 机型和输入/输出模块要能适应发展的需要，适当留有余量。

8.1.2 PLC 控制系统的设计内容

在进行可编程控制器控制系统设计时，尽管有着不同的控制对象和设计任务，设计内容可能涉及诸多方面，又需要与大量的现场输入/输出设备相连接，但是基本内容应包括以下几个方面。

1. 选择机型

（1）根据系统类型选择机型。

① 单体控制的小系统。

这种系统一般使用一台可编程控制器就能完成控制要求，控制对象常常是一台设备或多台设备中的一个功能。这种系统对可编程控制器间的网络要求不高，甚至没有要求。但有时功能要求全面，容量要大，有些还要与原设备系统的其他机器连接。对这类系统的机型选择要注意 3 种情况。

一是设备集中情况：设备的功率较小，如机床。这时需选用局部式结构，低电压高密度输入/输出模板。

二是设备分散情况：设备的功率大，如料场设备。这时需选用离散式结构，高电压密度输入/输出模板。

三是有专门要求的设备情况：如飞剪。输入/输出容量不是关键参数，重要的是控制速度功能，选用高速计数功能模板等。

② 慢过程大系统。

对运行速度要求不高但设备间有连锁关系，设备距离远，控制动作多，如大型料场、高炉、码头、大型车站信号控制；也有的设备本身对运行速度要求高，但是部分子系统要求并不高，如大型热连续轧钢厂、冷连续轧钢厂中的辅助生产机组和供油系统、供风系统等。

对这一类型对象，一般不选用大型机，因为它编程、调试都不方便，一旦发生故障，影响面也大。一般都采用多台中小型机和低速网相连接。

由于现代生产的控制多为插件式模板结构，它的价格是随输入/输出板数和智能模板的多少决定的。同一种机型输入/输出点数少，则价格便宜，反之则贵。所以一般使用网络连接后就不必选大型机。这样选用一台中小型可编程控制器控制一台单体设备，功能简化，程序好编，调试容易，运行中一旦发生故障影响面小，且容易查找。

③ 快速控制大系统。

随着可编程控制器在工业领域应用的不断扩大，在中小型的快速系统中，可编程控制器不仅仅完成逻辑控制和主令控制，它已逐步进入了设备控制级，如高速线材、中低速热连轧等速度控制系统。

在这样的系统中即时选用输入输出容量大、运行速度快、计算功能强的一台大型可编程序器也难以满足控制要求。如用多台可编程控制器，则有互相间信息交换与系统响应要求快的矛盾。

采用可靠的高网速能满足系统信息快速交换的要求。高网速一般价格都很贵，适用于有大量信息交换的系统。

对信息交换速度要求高，但交换的信息又不太多的系统，也可以采用可编程控制器的输出端口与另一台可编程控制器的输入端口硬件互联，通过输出/输入直接传送信息，这样传送速度快而且可靠。当然传送的信息不能太多，否则输入/输出点占用太多。

（2）根据控制对象选择机型。

根据控制对象要求的输入/输出点数的多少，可以估计出 PLC 的规模。

根据控制对象的特殊要求，可以估计出 PLC 的性能。

根据控制对象的操作规则可以估计出控制程序所占内存的容量。

有了这些初步的估计，会使得机型的选择的可行性更大了。为了对控制对象进行粗估，首先要了解下列问题。

① 对输入/输出点数的估计。

对开关量输入，按参数等级分类统计。

对开关量输出，按输出功率要求及其他参数分类统计。

对模拟量输出/输入，按点数进行粗估。

② 对 PLC 性能要求的估计。

是否要特殊控制功能要求，如高速计数器等。

机房离现场的最远距离为多少？

现场对控制器响应速度有何要求？

在此基础上选择控制器时尚需注意两个问题。

一是 PLC 可带 I/O 点数。有的手册或产品目录单上给出的最大输入点数或最大输出点数，常意味着只插输入或输出模块的容量，即实际给出的是输入输出容量之和。有时也称为扫描容量，需格外注意。

二是 PLC 通信距离和速度。手册上给出的覆盖距离，有时叫最大距离，包括远程 I/O 板在内达到的距离。但远程 I/O 板的 I/O 反应速度大大下降，一般速率为 19.2kbit/s。

③ 对所需内存容量的估计。

用户程序所需内存与下列因素有关。

- 逻辑量输入输出点数的估计
- 模拟量输入输出点数的估计
- 内存利用率的估计
- 程序编程者的编程水平的估计

综合上面的内容可以选择合适的机型。

2. 选择接口设备

目前 PLC 的产品很多，在选择机型和接口设备时要注意选择质量好、控制可靠的产品。这里所说的接口设备包含两类。一类是 PLC 自身的 I/O 模块、功能模块，另一类是和接口模块相连的外部设备。对于 PLC 自身的模块选择主要注意两个问题。

（1）接口设备和 PLC 模块对接。

这一点请注意模块的型号、规格要配套。最好类型、型号一致，这样才能使对接方便、可靠、稳定。

（2）PLC 模块和外部设备对接。

这就考虑到模块和外部设备要匹配，要性能匹配，速度匹配，电平匹配。不仅要注意它们的稳态特性，也要注意它们的动态特性。在系统的硬件选定之后，主要的问题是程序设计。为了能够便于程序设计，便于日常维护，合理地分配输入/输出点，恰当地对输入/输出点进行命名，完整地编制输入/输出变量表是必要的。

3. 分配输入输出点

输入输出定义是指整体输入/输出点的分布和每个输入输出点的名称定义，它们会给程序编制、系统调试和文本打印等带来很多方便。

（1）单台 PLC 系统的输入/输出点的分配。

一台可编程控制器完成多个功能，若把输入输出点统一按顺序排列，则会给编写程序与调试程序带来不便。如果把输入/输出点分组按控制设备把输入、输出点分组，同一个设备的输入/输出点相对集中，会给程序编写与调试带来方便。

（2）多台 PLC 系统中输入/输出点的分配。

多台可编程控制器系统中，应根据整体要求，按控制类别统一分组，规定出每台可编程控制器都要遵循的原则，对其多道工序进行控制。这些工序虽然控制内容不同，所用设备也很不相同，但是所控制的对象总结起来可以分几类，比如各工序的控制器都有控制台、电源、电机、输入检测信号、输出控制信号等。能按类对各台 PLC 的输入/输出统一分组，统一编号，则可以十分有利于编程和维修。

4. 建立输入/输出变量表

（1）输入输出点信号名称定义。

输入/输出点名称定义要简短、明确、合理。下面是逻辑变量在名称定义时应当注意的问题。

① 信号的有效状态。

有些信号在“1”状态有效，有些信号在“0”状态有效。在名称定义上也有对“1”信号有效还是对“0”信号有效的问题。

② 信号有效方式。

持续状态有效，在编程序时，使用的是信号的状态。例如，I0.0=1 时系统启动，I0.1=0 时系统停止。

信号状态变化有效是指信号由一种状态向另一种状态变化时发出的控制要求。当一个电机的启动和停止由两个按钮完成的时候，就是这种情况。电机启动按钮是能自动回位的常开节点，按下启动按钮时，I2.0 的状态由“0”变为“1”，发出电机启动要求，抬起启动按钮，I2.0 自动复位由“1”变“0”，已不再影响对电机的控制，如表 8-1 所示。

表 8-1　输入输出变量表

模块号	输入端子号	输出端子号	地址号	信号名称	说明
CPU314			2		
SM321—1	1		I0.0	一号电机启动，上升沿有效	按钮 1 控制
SM322—1		1	Q4.0	一号电机输出，ON 有效	一号电机输出
……	……	……	……	……	……

（2）建立内存变量分配表。

输入输出点占用 PLC 的一部分内存单元，即输入输出映像区。此外，一个应用程序还会用到定时器、计数器和一系列的 PLC 内部变量，在编制程序之前，对于程序可能用到的各种变量都要充分考虑，并建立内存变量分配表。内存变量分配表包含了程序中所用到的全部元件和变量，它是阅读程序、查找故障的依据。如果把内存变量分配表写到S7-300的符号表内，就可以用变量名称代替变量地址编写程序。内存变量表如表8-2所示。

表8-2　　内存变量表

模块号	输入端子号	输出端子号	地址号	信号名称	说明
CPU314			2		
SM321—1	1		I0.0	一号电机启动，上升沿有效	按钮1控制
SM322—1		1	Q4.0	一号电机有效，ON有效	一号电机输出
CNT			C9	一号电机输出转数	整数
……	……	……	……	……	……

8.1.3 PLC控制系统的设计方法与过程

1. 设计方法

① 时序流程图法。

时序流程图法是首先画出控制系统的时序图，再根据时序关系画出对应的控制任务的程序框图，最后把程序框图写成PLC程序。时序流程图法是很适合于以时间为基准的控制系统的编程方法。

② 步进顺序法。

一般比较复杂的程序，都可以分成若干个功能比较简单的程序段，一个程序段可以看作整个控制过程的第一步。从这个角度去看，一个复杂的系统的控制过程是由这样若干个步组成的。系统控制的任务实际上可以认为在不同的时刻或者在不同进程中去完成对各个步的控制。

③ 经验法编程。

经验法是运用自己或者别人的经验进行设计。多数是设计前先选择与自己工艺要求相近的程序，把这些程序当成是自己的"试验程序"。结合自己工程的情况，对这些"试验程序"逐一修改，使之适合自己的工程要求。这里所说的经验，有的是来自自己的经验总结，有的可能是别人的设计经验。

④ 计算机辅助设计编程。

计算机辅助设计是通过PLC编程软件在计算机上进行程序设计、离线火灾险编程、离线仿真和在线调试等。S7-300的编程软件"STEP7"、仿真软件"PLCSIM"和"WINCC"等都是S7-300系列PLC编程专用软件。使用这些编程软件可以十分方便地在计算机上离线或在线编程、在线调试。

2. 设计过程

① 对系统任务分块。

分块的目的就是把一个复杂的工程，分解成多个比较简单的小的任务。这样就把一个复杂的大的问题化为多个简单的小的问题。这样便于编制程序。

② 编制控制系统的逻辑关系图。

从逻辑关系图上可以反映出某一逻辑关系的结果是什么，这一结果又应该导出哪些动作。这个逻辑关系可以是以各个控制活动为基准，也可以是以整个活动的时间节拍为准。逻辑关系图反映了输入与输出的关系。

③ 绘制各种电路图。

在绘制 PLC 的输入电路时，要考虑到输入端的电压或者电流是否合适，也要考虑到在特殊条件下运行的可靠性与稳定条件等问题，特别要考虑到能否把高压引导到 PLC 的输入端，把高压引导到 PLC 的输入端会对 PLC 造成比较大的伤害。

在绘制 PLC 的输出电路时，不仅要考虑到 PLC 输出模块的负载能力和耐电压能力，还要考虑到电源的输出功率和极性问题。在整个电路的绘制中还要考虑设计的原则，努力提高稳定性和可靠性。在电路的设计上需要谨慎、全面。在绘制电路图时要考虑周全，何处该装按钮，何处该装开关，都要一丝不苟。

- 编制 PLC 程序并进行模拟调试
- 制作控制台与控制柜
- 现场调试
- 编写技术文件并现场试运行

经过现场调试以后，控制电路和控制程序基本被确定了。这时就要全面整理技术文件，包括整理电路图、PLC 程序使用说明及帮助文件。

8.2 S7-300PLC 的开关量控制

开关量控制是指控制系统的输入信号和输出信号都是只有两个状态的开关量。这类系统包含手动、单动和自动控制。这类系统的设计要特别注意 I/O 模块的隔离接口的匹配和功率的消耗问题。

1. 手动控制

手动控制在调试维修过程中是不可少的。

2. 单动控制

这种控制的特点是一旦控制被启动起来以后，控制过程将自动完成一个周期。如果系统需要再次启动，则必须再次人工启动。这种系统更便于参数的修改、调整。

3. 自动控制

系统启动以后，可以按照工程要求进行控制。整个控制过程无人工干预。系统对输入/输出要求都很严格，系统的可靠性、安全性尤为重要。

例 8-1：机械手控制系统线性程序设计。

1. 控制要求

机械手一个循环周期可分为 8 步。

2. 控制方式

自动、单动和手动，如图 8-1 所示。下面讨论自动控制过程。

输入/输出地址分配表如表 8-3 所示。

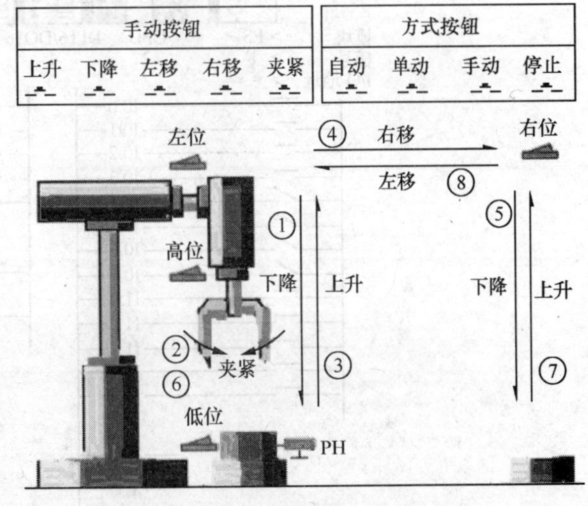

图 8-1 机械手控制示意图

表 8-3　　输入/输出地址分配表

模块号	输入端子号	输出端子号	地址号	信号名称	说明
CPU314	1		I0.0	自动启动，“1”有效	按钮
	2		I0.1	单动启动，“1”有效	按钮
	3		I0.2	手动启动，“1”有效	按钮
	4		I0.3	停止，“1”有效	按钮
	5		I0.4	高位，“1”有效	限位开关
	6		I0.5	低位，“1”有效	限位开关
	7		I0.6	左位，“1”有效	限位开关
	8		I0.7	右位，“1”有效	限位开关
	9		I1.0	手动下降，“1”有效	按钮
	10		I1.1	手动上升，“1”有效	按钮
	11		I1.2	手动夹紧，“1”有效	按钮
	12		I1.3	手动左移，“1”有效	按钮
	13		I1.4	手动右移，“1”有效	按钮
	14		I1.5	A 台有工作，“1”有效	光电耦合器
		1	Q0.0	下降，“1”有效	电磁阀
		2	Q0.1	上升，“1”有效	电磁阀
		3	Q0.2	右移，“1”有效	电磁阀
		4	Q0.3	左移，“1”有效	电磁阀
		5	Q0.4	夹紧，“1”有效	电磁阀

硬件接线原理如图 8-2 所示。

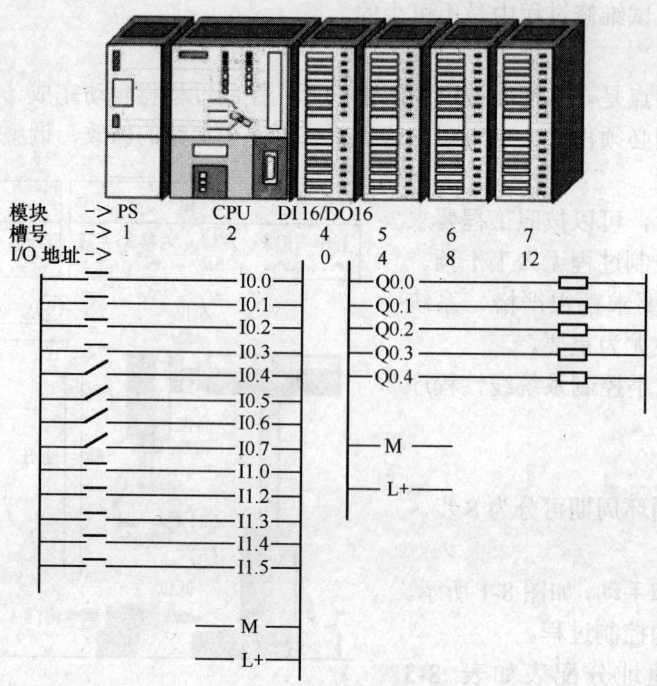

图 8-2　硬件接线原理图

逻辑流程如图 8-3 所示。

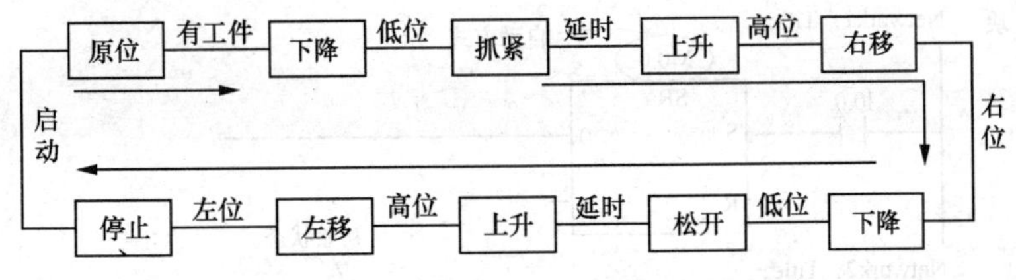

图 8-3 机械手逻辑流程图

内存变量分配表如表 8-4 所示。

表 8-4 内存变量分配表

序 号	名 称	地 址	注 释
1	自动启动	I0.0	按钮
2	单动启动	I0.1	按钮
3	手动启动	I0.2	按钮
...	...	...	...
18	左移	Q0.3	电磁阀
19	夹紧	Q0.4	电磁阀
20	抓紧定时器	T1	定时器
21	放松定时器	T2	定时器
22	自动方式标志	M0.0	Bool
23	单动方式标志	M0.1	Bool
24	手动方式标志	M0.2	Bool
25	一周期结束标志	M0.3	Bool

由时序流程图设计程序，首先要把整个工程的各个任务分成多个时序，在不同的时序中完成不同的任务。例如，本例中可分成 8 个时序，用 M1.0、M1.1…M1.7 分别表述各个时序的特征位，当 M1.0=1 时为机械手下降 1 时序，M1.1 为机械手抓紧时序等。线性结构软件设计如图 8-4 所示。

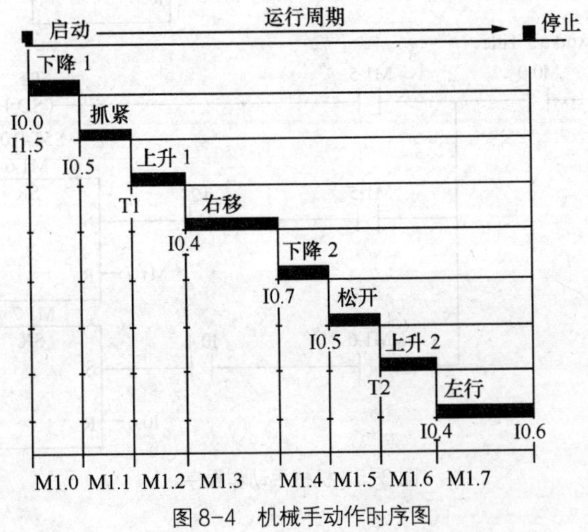

图 8-4 机械手动作时序图

机械手动作程序全部在 OB1 块中，如图 8-5 所示。

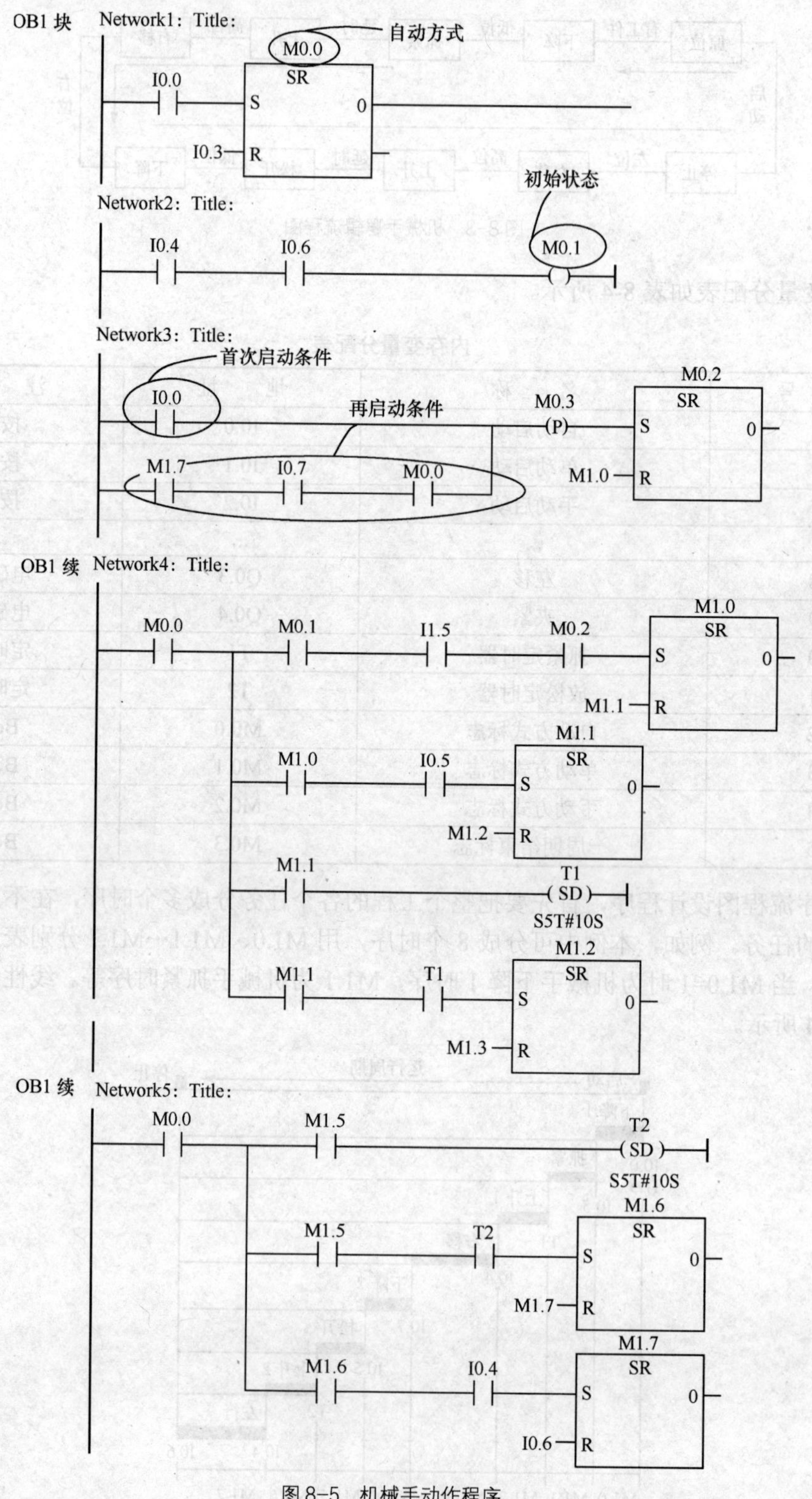

图 8-5　机械手动作程序

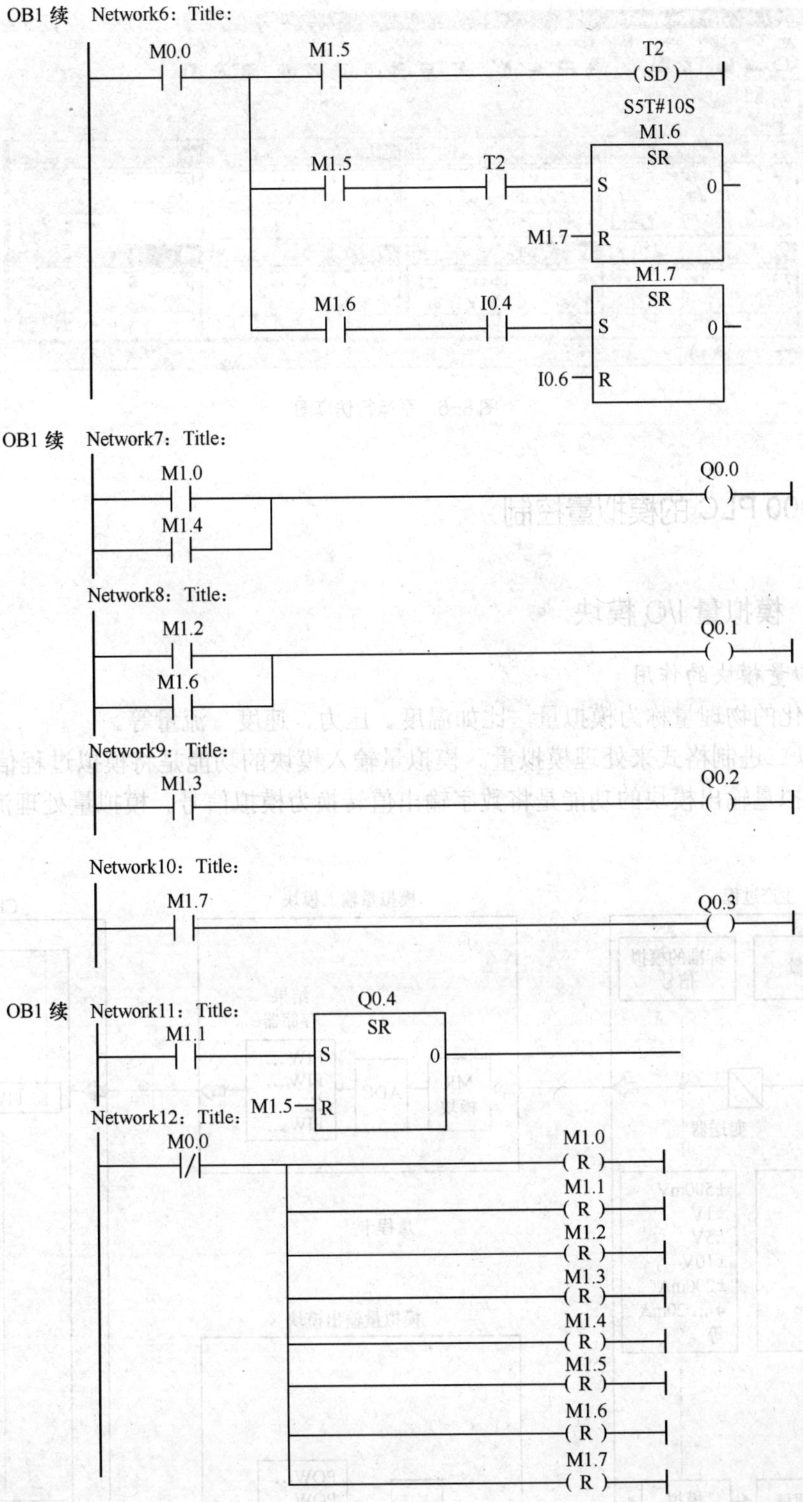

OB1 续 Network6：Title：

M0.0 M1.5 T2 (SD) S5T#10S

M1.5 T2 M1.6 SR S 0 M1.7 R

M1.6 I0.4 M1.7 SR S 0 I0.6 R

OB1 续 Network7：Title：

M1.0 M1.4 Q0.0 ( )

Network8：Title：

M1.2 M1.6 Q0.1 ( )

Network9：Title：

M1.3 Q0.2 ( )

Network10：Title：

M1.7 Q0.3 ( )

OB1 续 Network11：Title：

M1.1 Q0.4 SR S 0 M1.5 R

Network12：Title：

M0.0 M1.0 (R) M1.1 (R) M1.2 (R) M1.3 (R) M1.4 (R) M1.5 (R) M1.6 (R) M1.7 (R)

图 8-5 机械手动作程序（续）

系统运行仿真如图 8-6 所示，图中所示为当按下停止按钮 0.3 时，所有输出都为 0 时的情况。

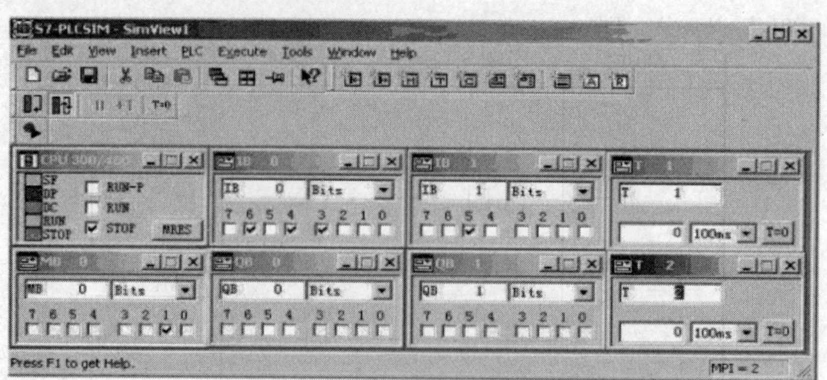

图 8-6　系运行仿真图

8.3　S7-300 PLC 的模拟量控制

8.3.1　模拟量 I/O 模块

1. 模拟量模块的作用

连续变化的物理量称为模拟量，比如温度、压力、速度、流量等。

CPU 以二进制格式来处理模拟量。模拟量输入模块的功能是将模拟过程信号转换为数字格式。模拟量输出模块的功能是将数字输出值转换为模拟信号。模拟量处理流程如图 8-7 所示。

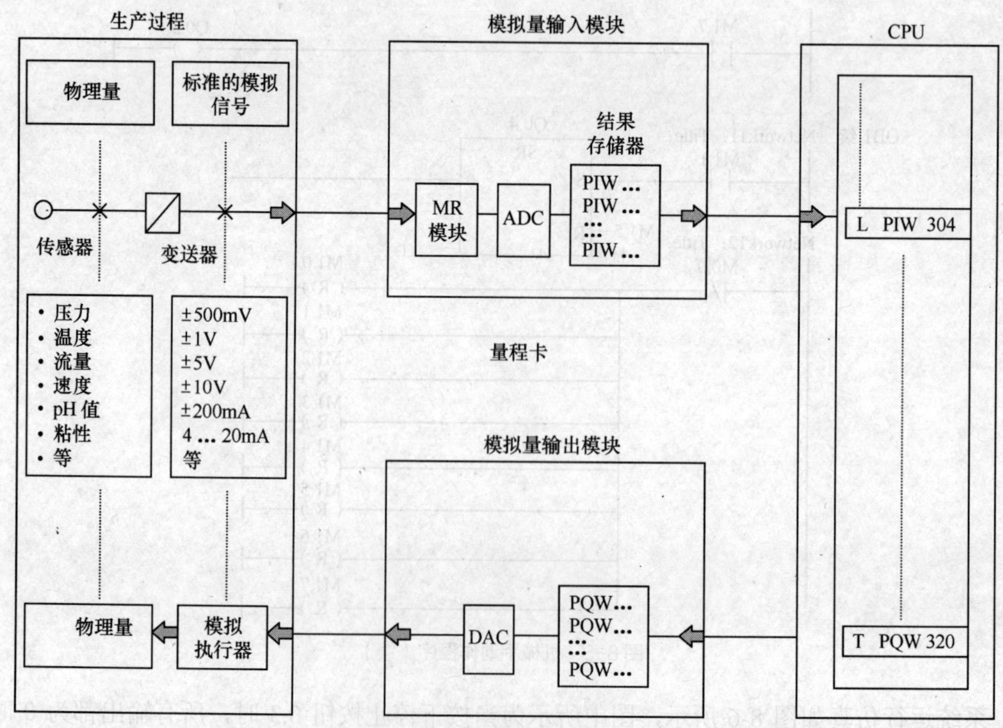

图 8-7　模拟量模块

模拟量输入流程是：通过传感器把物理量转变为电信号，这个电信号可能是离散性的电信号，需要通过变送器转换为标准的模拟量电压或电流信号，模拟量模块接收到标准的电信号后通过A/D转换，转变为与模拟量成比例的数字信号，并存放在缓冲器里，CPU通过“L PIWx”指令读取模拟量模块缓冲器的内容，并传送到指定的存储区中待处理。

模拟量输出流程是：CPU通过“T PQWx”指令把指定的数字量信号传送到模拟量模块的缓冲器中，模拟量模块通过D/A转换器，把缓冲器的内容转变为成比例的标准电压或电流信号，标准电压或电流驱动相应的执行器动作，完成模拟量控制。

2. 模拟量I/O模块

可以在STEP7中为模拟量模块定义全部参数，然后将这些参数从STEP7下载到CPU。CPU在STOP→RUN切换过程中将各参数传送至相应的模拟量模块。另外，还要根据需要设置各模块的量程卡。

可以选择两种方法设置模拟量输入通道的测量方法和量程。

（1）使用量程模块和在STEP7中定义模拟量模块全部参数。

（2）通过模拟量模块上的接线方式，并在STEP7中定义模拟量模块全部参数。

量程模块连接在模拟量输入模块旁。在安装模拟量输入模块之前，应先检查量程模块的测量方法和量程，并根据需要进行调整。模拟量模块的标签上提供了各种测量方法和量程的设置。量程模块的可选设置为“A”、“B”、“C”和“D”，如表8-5所示。

表8-5　量程模块的可选设置

量程模块设置	测 量 方 法	测 量 范 围
A	电压	-1000～1000mV
B	电压	-10～10V
C	电流：4线传感线	4～20mV
D	电流：2线传感器	4～20mV

模拟量输出模块的参数可以在STEP 7中设置。如果未在STEP 7中设置任何参数，系统将使用默认参数。

模拟量输出模块的参数有诊断中断、组诊断、输出类型选择（电压、电流或禁用）、输出范围选择及对CPU STOP模式的响应。

模拟量输出模块可为负载和执行器提供电源。模拟量输出模块使用屏蔽双绞线电缆连接模拟量信号至执行器。辅设QV和S+以及M和S-两对信号双绞线，以减少干扰，电缆两端的任何电位差都可能导致在屏蔽层产生等电位电流，进而干扰模拟信号。为防止发生这种情况，应只将电缆一端的屏蔽层接地。

3. S7-300模拟量模块的寻址

对于模拟量I/O模块，CPU为每个槽位分配了16字节（8个模拟量通道）的地址，每个模拟量I/O通道占用一个字地址（2字节）。S7-300对模拟量I/O模板默认的地址范围如表8-6所示。

表 8-6　　S7-300 对模拟量 I/O 模板默认地址范围

机架 3	PS		IM	640 To 654	656 To 670	675 To 686	688 To 702	704 To 718	720 To 734	736 To 750	752 To 766
机架 2	PS		IM	512 To 526	528 To 542	544 To 558	560 To 574	576 To 590	592 To 606	608 To 622	624 To 638
机架 1	PS		IM	384 To 398	400 To 414	416 To 430	432 To 446	448 To 462	464 To 478	480 To 494	496 To 510
机架 0	PS	CPU	IM	256 To 270	272 To 286	288 To 302	304 To 318	320 To 334	336 To 350	352 To 366	368 To 382

在实际应用中，要根据具体的模板确定实际的地址范围。如果在机架 0 的 4 号槽位安装的是 4 通道的模拟量输入模板，则实际使用的地址范围为 PIW256、PIW258、PIW260 和 PIW262；如果在机架 0 的 4 号槽位安装的是 2 通道的模拟量输出模板，则实际使用的地址范围为 PQW256 和 PQW258。

8.3.2 模拟量控制系统设计

1. 关于模拟量控制系统

模拟量控制系统是指输入信号为模拟量的控制系统。控制系统的控制方式可分为开环控制和闭环控制。

闭环控制根据其设定值的不同，又可分为调节系统和随动系统两种。调节系统的设定值由控制系统的控制器给出，控制器的作用就是使反馈值向给定值靠近，以反馈值对设定值的偏差最小为目的。随动系统的设定值是由被控制对象给出的，控制器的作用就是使控制目标不断地向被控对象靠近。各种跟踪系统都是随动系统。

模拟量控制系统设计中应该注意抗干扰问题。解决干扰的办法有 4 个。

其一是接地问题。这里包括 PLC 接地端的接地，要真接地不要假接地。这里所说的接地就是接大地。

其二是模拟信号线的屏蔽向题，屏蔽线的始端和终端都要接地。信号线的屏蔽是防止干扰的重要措施。

其三是对某些高频信号要解决匹配问题。如果不匹配很容易在信号传送中引进干扰，使信息失真。

其四是对信号进行滤波。

2. 模拟量控制系统设计举例

（1）搅拌控制系统线性程序设计。

① 初始状态及操作工艺如图 8-8 所示。

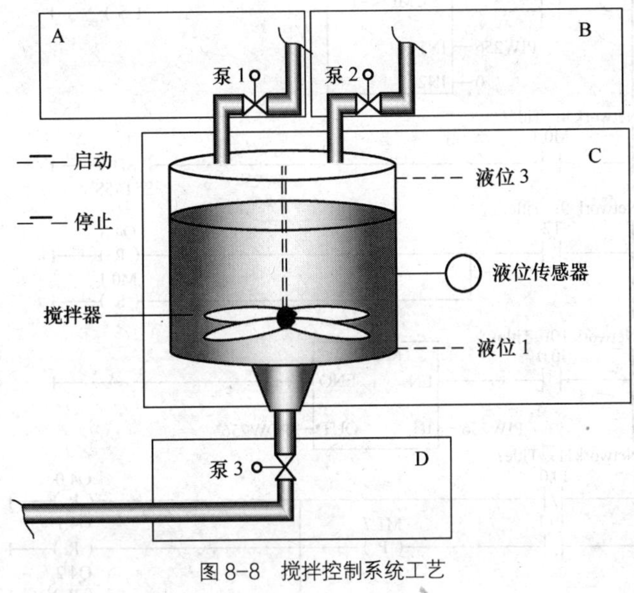

图 8-8 搅拌控制系统工艺

② 软件系统结构如图 8-9 所示。

OB1 块

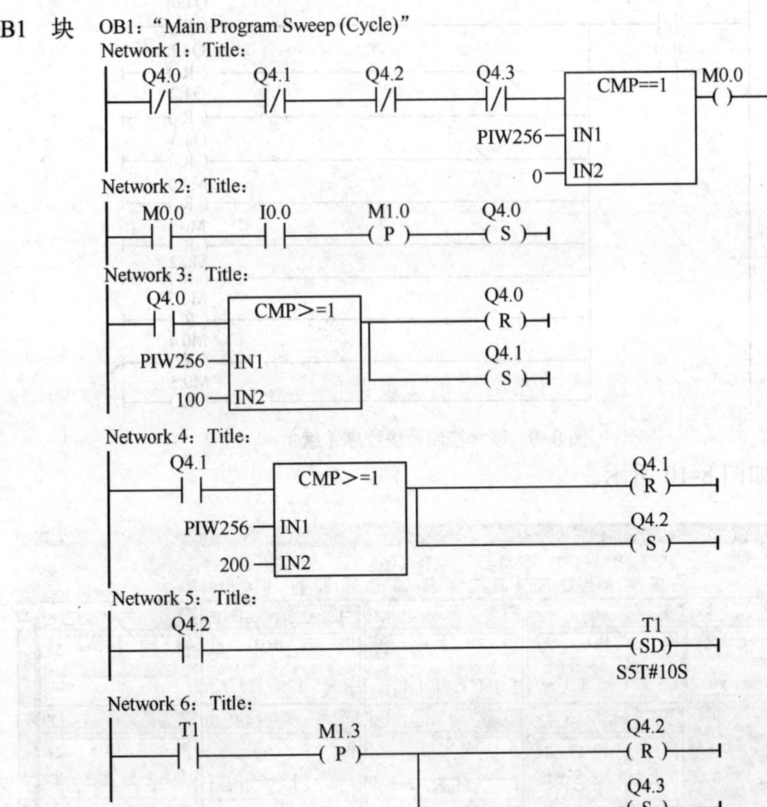

图 8-9 搅拌控制系统程序

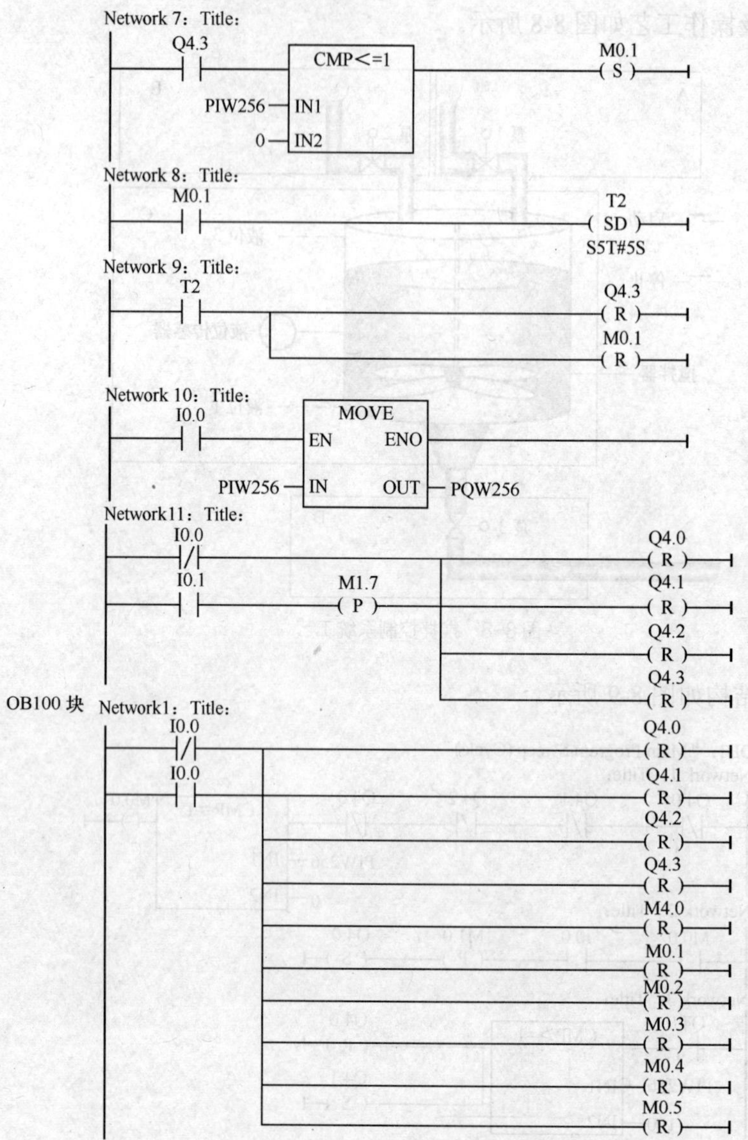

图 8-9 搅拌控制系统程序（续）

③ 系统仿真如图 8-10 所示。

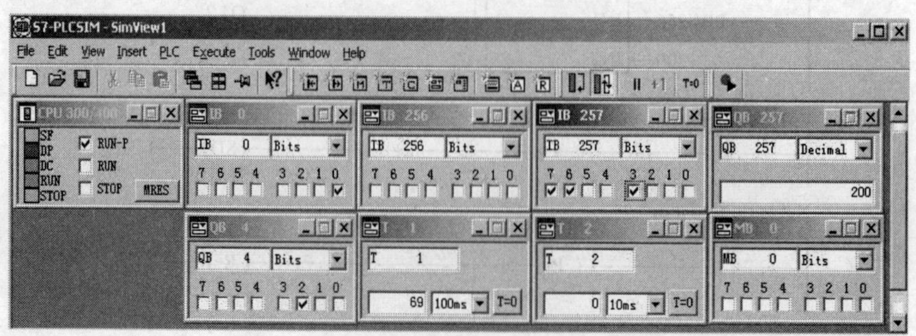

图 8-10 搅拌系统仿真

在图 8-10 中，I0.0 为启动按钮，PIW256 为搅拌器液位传感器的采集信号，Q4.0、Q4.1

和 Q4.3 分别为水泵 1、2 和 3 的开关量输出信号，T1 和 T2 分别为水泵 1 和 2 的工作时间。

（2）结构化软件设计。

① 系统结构如图 8-11 所示。

图 8-11 系统结构图

② 搅拌控制系统程序如图 8-12 所示。

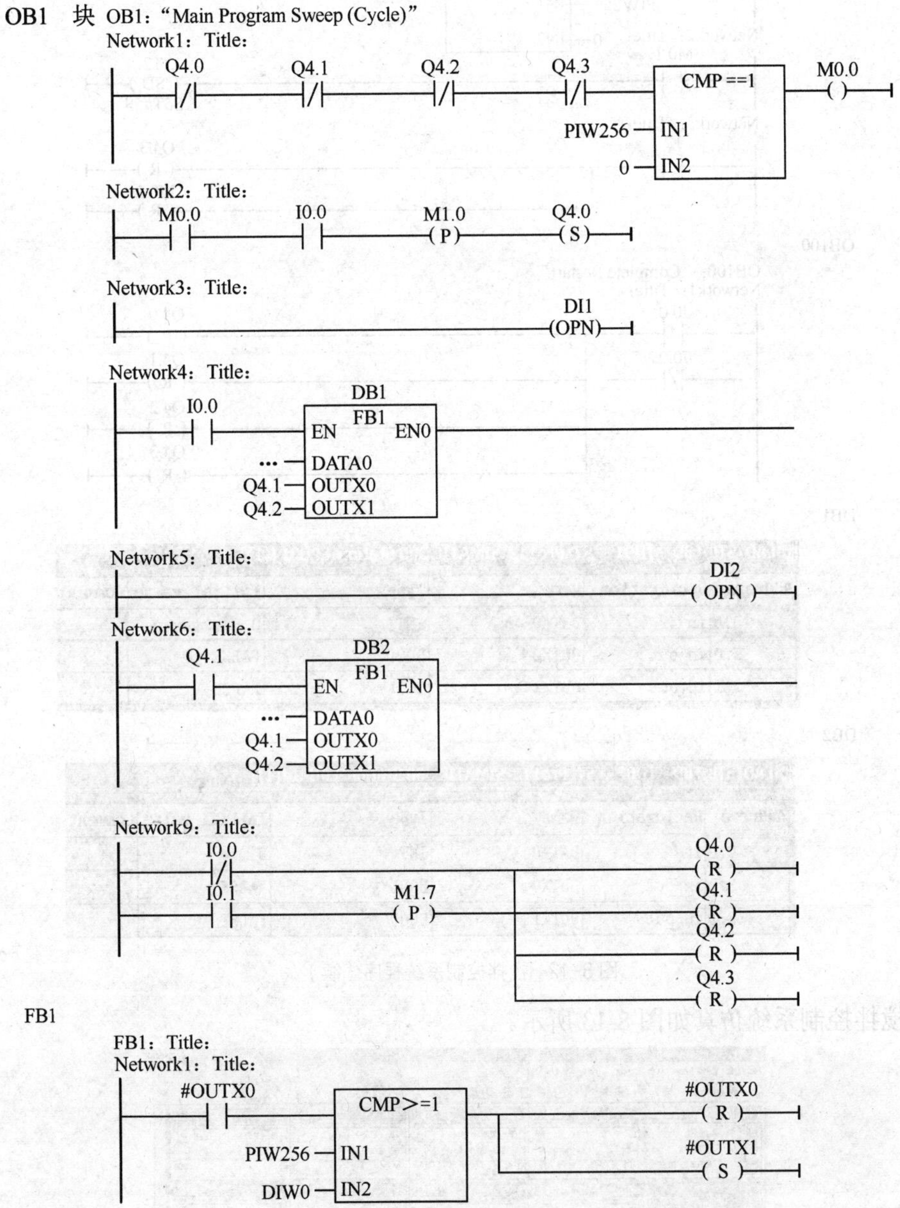

OB1 块 OB1："Main Program Sweep (Cycle)"

Network1：Title：

Q4.0 Q4.1 Q4.2 Q4.3 CMP ==1 M0.0

PIW256 IN1

0 IN2

Network2：Title：

M0.0 I0.0 M1.0 (P) Q4.0 (S)

Network3：Title：

DI1 (OPN)

Network4：Title：

I0.0 DB1 FB1 EN EN0

… DATA0

Q4.1 OUTX0

Q4.2 OUTX1

Network5：Title：

DI2 (OPN)

Network6：Title：

Q4.1 DB2 FB1 EN EN0

… DATA0

Q4.1 OUTX0

Q4.2 OUTX1

Network9：Title：

I0.0 Q4.0 (R)

I0.1 M1.7 (P) Q4.1 (R)

Q4.2 (R)

Q4.3 (R)

FB1

FB1：Title：

Network1：Title：

#OUTX0 CMP>=1 #OUTX0 (R)

PIW256 IN1 #OUTX1 (S)

DIW0 IN2

图 8-12 搅拌控制系统程序

FC1

```
FC1: Title:
Network1: Title:
    Q4.2                                              T1
|---| |-------------------------------------------(SD)--|
                                                 S5T#10S
Network2: Title:
    T1              M1.1                              Q4.2
|---| |-------------( P )----+-------------------------( R )--|
                             |                        Q4.3
                             +-------------------------( S )--|
```

FC2

```
FC2: Title:
Network1: Title:
    Q4.3       +----------+                           M0.1
|---| |--------| CMP>=1   |----------------------------( S )--|
       PIW256--| IN1      |
Network2: Title:
            0--| IN2      |
    M0.1       +----------+                           T2
|---| |--------------------------------------------( SD )--|
                                                  S5T#5S
Network3: Title:
    T2                                                Q4.3
|---| |------+------------------------------------------( R )--|
             |                                        M0.1
             +------------------------------------------( R )--|
```

OB100

```
OB100: "Complete Restart"
Network1: Title:
    I0.0                                              Q4.0
|---| |--------+----------------------------------------( R )--|
    I0.0       |                                      Q4.1
|---|/|--------+----------------------------------------( R )--|
               |                                      Q4.2
               +----------------------------------------( R )--|
               |                                      Q4.3
               +----------------------------------------( R )--|
```

DB1

LAD/STL/FBD - [DB1 -- S7_Pro112\SIMATIC 300 Station\CPU314(1)]

Address	Declaration	Name	Type	Initial value	Comment
0.0	in	DATA0	INT	0	
2.0	in_out	OUTX0	BOOL	FALSE	
2.1	in_out	OUTX1	BOOL	FALSE	

DB2

LAD/STL/FBD - [DB2 -- S7_Pro112\SIMATIC 300 Station\CPU314(1)]

Address	Declaration	Name	Type	Initial value	Comment
0.0	in	DATA0	INT	0	
2.0	in_out	OUTX0	BOOL	FALSE	
2.1	in_out	OUTX1	BOOL	FALSE	

图 8-12　搅拌控制系统程序（续）

③ 搅拌控制系统仿真如图 8-13 所示。

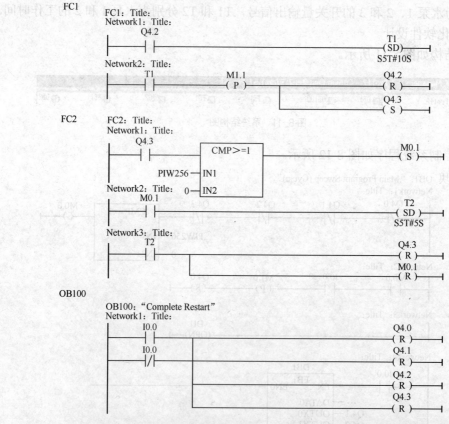

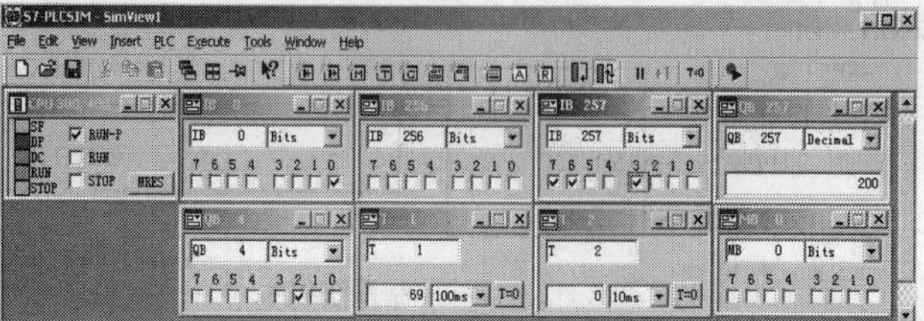

图 8-13　搅拌控制系统仿真图

在图 8-13 中，I0.0 为启动按钮，PIW256 为搅拌器液位传感器的采集信号，Q4.0、Q4.1 和 Q4.3 分别为水泵 1、2 和 3 的开关量输出信号，T1 和 T2 分别为水泵 1 和 2 的工作时间。

8.4 乒乓控制和 PID 控制

8.4.1 乒乓控制

在控制领域，乒乓控制器（开关控制器）也被称为滞回控制器，这是一种在两种状态之间转换的控制器，可以通过任何存在滞回的元素实现。乒乓控制经常应用于二元输入的情况下，例如，控制一个要么开要么关的炉子。最常见的家里用的恒温控制器就是乒乓控制器。

乒乓控制的信号可以是离散状态的阶跃响应函数，由于控制信号不是连续的，使用乒乓控制器的系统一般是变结构系统，乒乓控制器也就成了变结构控制器。

（1）乒乓控制算法如图 8-14 所示。

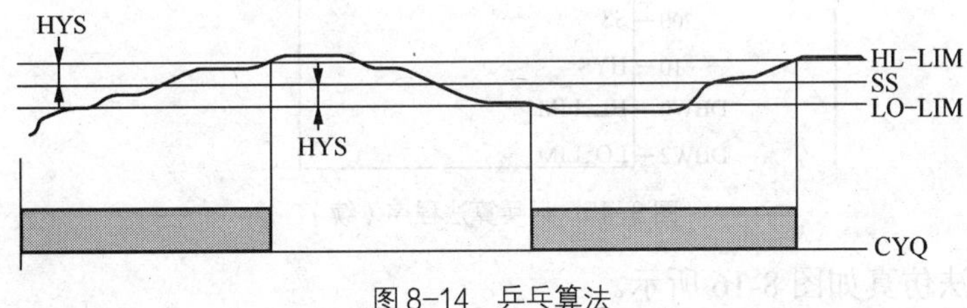

图 8-14 乒乓算法

（2）乒乓控制算法的实现如图 8-15 所示。

FC1 块

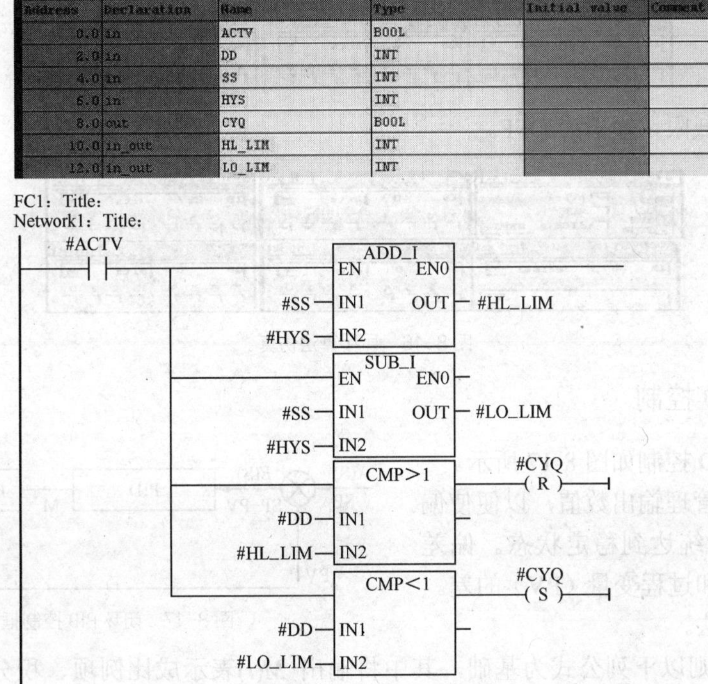

LAD/STL/FBD - [FC1 -- S7_Pro113\SIMATIC 300 Station\CPU314(1)]

Address	Declaration	Name	Type	Initial value	Comment
0.0	in	ACTV	BOOL		
2.0	in	DD	INT		
4.0	in	SS	INT		
6.0	in	HYS	INT		
8.0	out	CYQ	BOOL		
10.0	in_out	HL_LIM	INT		
12.0	in_out	LO_LIM	INT		

图 8-15 乒乓算法程序

DB1 块

LAD/STL/FBD - [DB1 -- S7_Pro113\SIMATIC 300 Station\CPU314(1)]

Address	Name	Type	Initial value	Comment
0.0		STRUCT		
+0.0	HL_LIM	INT	0	
+2.0	LO_LIM	INT	0	
=4.0		END_STRUCT		

OB1 块

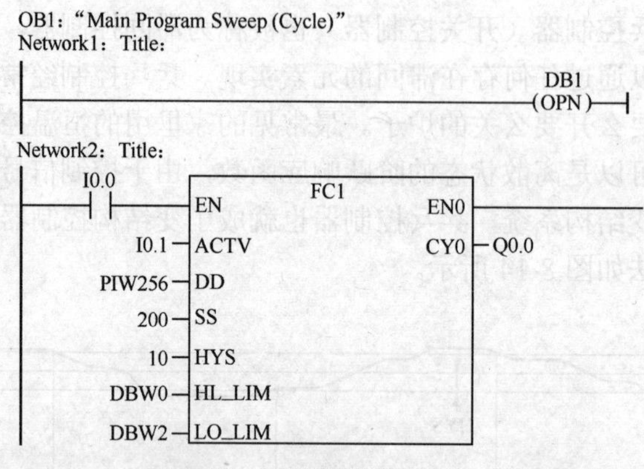

图 8-15　乒乓算法程序（续）

（3）乒乓算法仿真如图 8-16 所示。

检测值小于低限，输出为 ON。

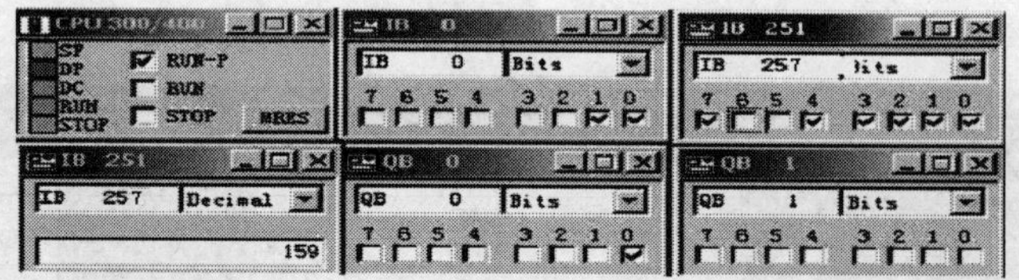

检测值大于低限，输出为 OFF。

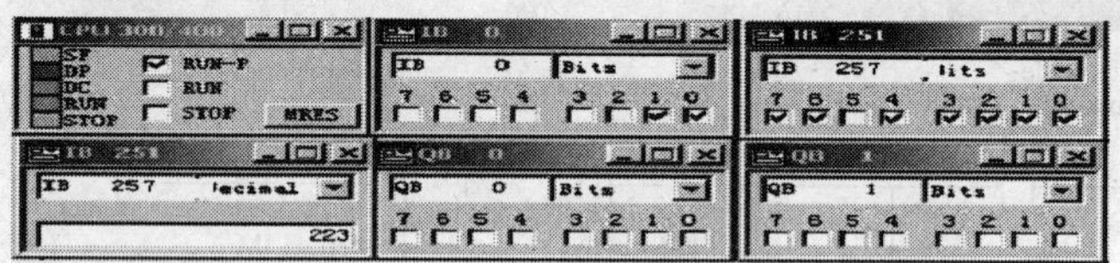

图 8-16　乒乓算法仿真

8.4.2　PID 控制

（1）闭环 PID 控制如图 8-17 所示。

PID 控制器管理输出数值，以便使偏差(e)为零，使系统达到稳定状态。偏差是给定值（SP）和过程变量（PV）的差。

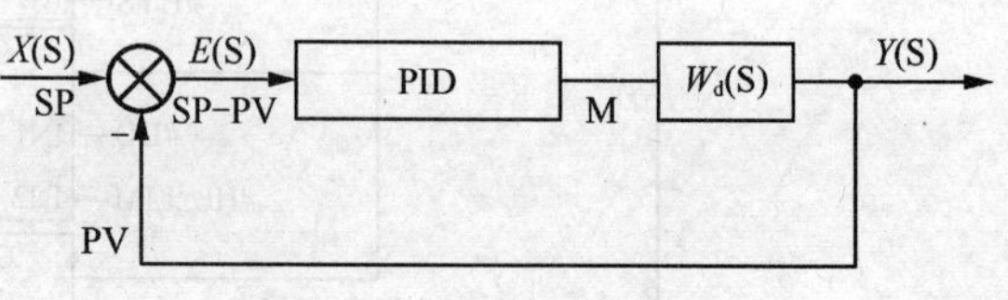

图 8-17　闭环 PID 控制框图

（2）PID 算法。

PID 控制原则以下列公式为基础，其中将输出 $M(t)$表示成比例项、积分项和微分项的函数。

$$M(t) = K_p \times e + K_i \int_0^t e\mathrm{d}t + K_d \times \frac{\mathrm{d}e}{\mathrm{d}t} + M_{inital}$$

其中：$M(t)$ 为 PID 运算的输出，是时间的函数

K_p 为 PID 回路的比例系数

K_i 为 PID 回路的积分系数

K_d 为 PID 回路的微分系数

e 为 PID 回路的偏差（给定值和过程变量之差）

M_{inital} 为 PID 回路输出的初始值

为了在数字计算机内运行此控制函数，必须将连续函数化成偏差值的间断采样。数字计算机使用下列相应公式为基础的离散化 PID 运算模型。

$$M_n = K_p \times e_n + K_i \sum_{l=1}^{l=n} e_l + M_{inital} + K_d \times (e_n - e_{n-1})$$

其中：M_n 为采样时刻 n 的 PID 运算输出值

K_p 为 PID 回路的比例系数

K_i 为 PID 回路的积分系数

K_d 为 PID 回路的微分系数

e_n 为采样时刻 n 的 PID 回路的偏差

e_{n-1} 为采样时刻 n−1 的 PID 回路的偏差

e_l 为采样时刻 l 的 PID 回路的偏差

M_{inital} 为 PID 回路输出的初始值

在此公式中，第一项叫做比例项，第二项由两项的和构成，叫积分项，最后一项叫微分项。比例项是当前采样的函数，积分项是从第一采样至当前采样的函数，微分项是当前采样及前一采样的函数。在数字计算机内，这里既不可能也没有必要存储全部偏差项的采样。从第一采样开始，每次对偏差采样时都必须计算其输出数值，因此，只需要存储前一次的偏差值及前一次的积分项数值即可。利用计算机处理的重复性，可对上述计算公式进行简化。简化后的公式如下。

$$M_n = K_p \times e_n + (K_i \times e_n + MX) + K_d \times (e_n - e_{n-1})$$

其中：M_n 为采样时刻 n 的 PID 运算输出值

K_p 为 PID 回路的比例系数

K_i 为 PID 回路的积分系数

K_d 为 PID 回路的微分系数

e_n 为采样时刻 n 的 PID 回路的偏差

e_{n-1} 为采样时刻 n−1 的 PID 回路的偏差

MX 为积分项前值

- 计算回路输出值

CPU 实际使用对上述简化公式略微修改的格式。修改后的公式如下。

$$M_n = MP_n + MI_n + MD_n$$

其中：M_n 为采样时刻 n 的回路输出计算值

MP_n 为采样时刻 n 的回路输出比例项

MI_n 为采样时刻 n 的回路输出积分项

MD_n 为采样时刻 n 的回路输出微分项

- 比例项

比例项 MP 是 PID 回路的比例系数（K_p）及偏差（e）的乘积，为了方便计算取 $K_p=K_c$。CPU 采用的计算比例项的公式如下。

$$MP_n=K_c\times(SP_n-PV_n)$$

其中：
MP_n 为采样时刻 n 的输出比例项的值
K_c 为回路的增益
SP_n 为采样时刻 n 的设定值
PV_n 为采样时刻 n 的过程变量值

- 积分项

积分项 MI 与偏差和成比例。为了方便计算取，CPU 采用的积分项公式如下。

$$MI_n=K_c\times T_s/T_i\times(SP_n-PV_n)+MX$$

其中：
MI_n 为采用时刻 n 的输出积分项的值
K_c 为回路的增益
T_s 为采样的时间间隔
T_i 为积分时间
SP_n 为采样时刻 n 的设定值
PV_n 为采样时刻 n 的过程变量值
MX 为采样时刻 $n-1$ 的积分项（又称为积分前项）

积分项（MX）是积分项全部先前数值的和。每次计算出 MI_n 以后，都要用 MI_n 去更新 MX。其中 MI_n 可以被调整或被限定。MX 的初值通常在第一次计算出输出之前被置为 M_{initai}（初值）。其他几个常量也是积分项的一部分，如增益、采样时刻（PID 循环重新计算输出数值的循环时间）以及积分时间（用于控制积分项对输出计算影响的时间）。

- 微分项

微分项 MD 与偏差的改变成比例，方便计算。计算微分项的公式如下。

$$MD_n=K_c\times T_d/T_s\times(SP_n-PV_n)-(SP_{n-1}-PV_{n-1})$$

为了避免步骤改变或由于对设定值求导而带来的输出变化，对此公式进行修改，假定设定值为常量（$SP_n=SP_{n-1}$），因此将计算过程变量的改变，而不计算偏差的改变，计算公式可以改进如下。

$$MD_n=K_c\times T_d/T_s\times(PV_{n-1}-PV_n)$$

其中：
MD_n 为采用时刻 n 的输出微分项的值
K_c 为回路的增益
T_s 为采样的时间间隔
T_d 为微分时间
SP_n 为采样时刻 n 的设定值
SP_{n-1} 为采样时刻 $n-1$ 的设定值
PV_n 为采样时刻 n 的过程变量值
PV_{n-1} 为采样时刻 $n-1$ 的过程变量值

- 回路控制的选择

如果不需要积分运算，即在 PID 计算中不需要积分运算，则应将积分时间（T_i）指定为无限大，由于积分和 MX 的初始值，即使没有积分运算，积分项的数值也可能不为零。

这时积分系数 $K_i = 0.0$

如果不需要求导运算，即在 PID 计算中不需要微分运算，则应将求导时间（T_d）指定为零。

这时微分系数 $K_d = 0.0$

如果不需要比例运算，即在 PID 计算中不需要比例运算，而需要积分（I）或积分微分（ID）控制，则应将回路增益数值（K_c）指定为 0.0，这时比例系数 K_p=0.0。回路增益（K_c）是计算积分及微分项公式内的系数，将回路增益设定为 0.0，将影响积分及微分项的计算。因而，当回路增益取为 0.0 时，在 PID 算法中，系统自动地把在积分和微分运算中的回路增益取为 1.0，此时

$$k_i = T_s/T_i$$

$$k_d = T_d/T_s$$

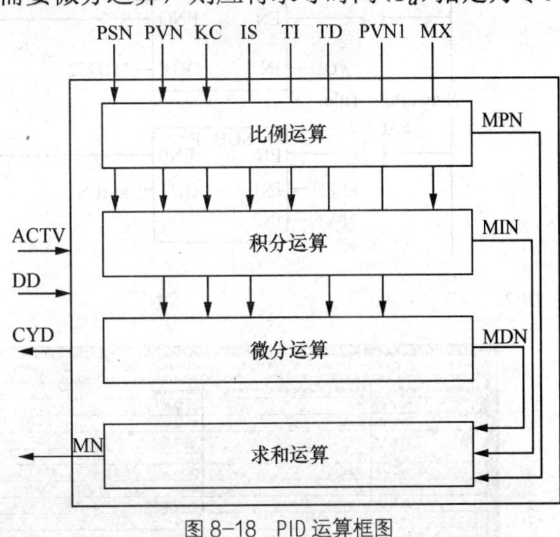

图 8-18 PID 运算框图

（3）PID 算法的实现如图 8-18 所示。

① PID 控制软件（S7_Pro4）如图 8-19 所示。

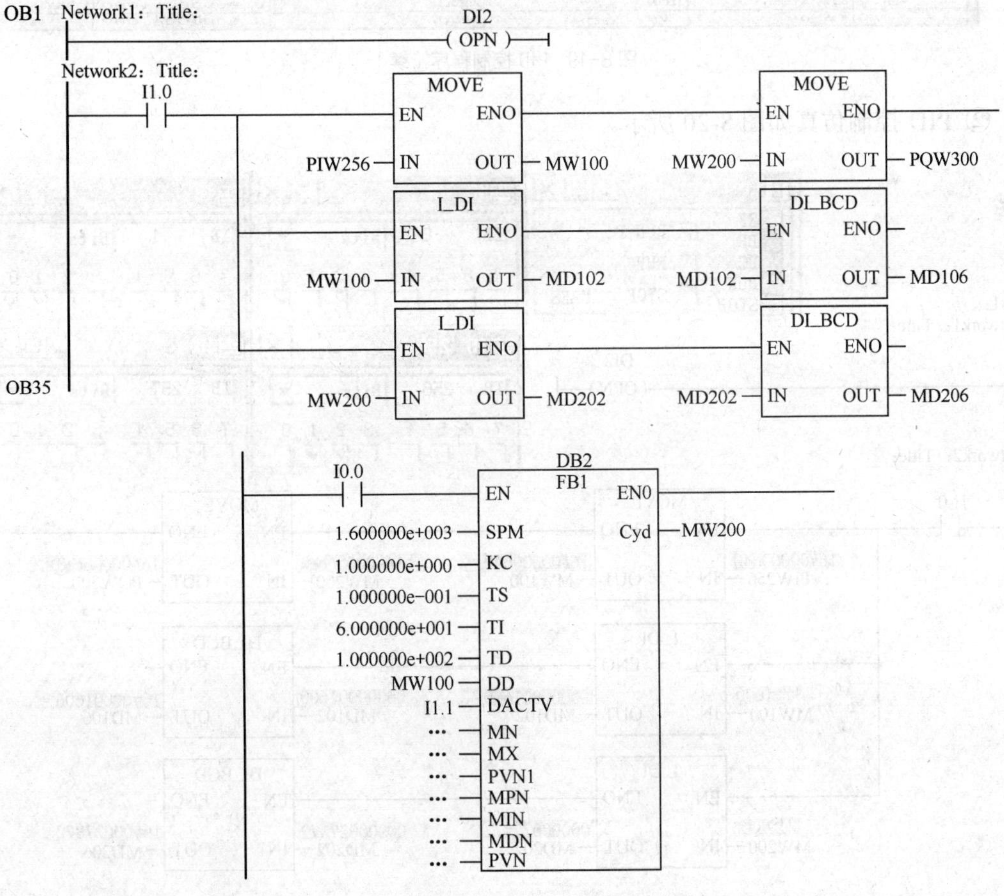

OB1 Network1：Title：
DI2
(OPN)
Network2：Title：
I1.0
MOVE
EN ENO
PIW256 IN OUT MW100
MOVE
EN ENO
MW200 IN OUT PQW300
I_DI
EN ENO
MW100 IN OUT MD102
DI_BCD
EN ENO
MD102 IN OUT MD106
I_DI
EN ENO
MW200 IN OUT MD202
DI_BCD
EN ENO
MD202 IN OUT MD206
OB35
I0.0
DB2
FB1
EN EN0
1.600000e+003 SPM
Cyd MW200
1.000000e+000 KC
1.000000e-001 TS
6.000000e+001 TI
1.000000e+002 TD
MW100 DD
I1.1 DACTV
… MN
… MX
… PVN1
… MPN
… MIN
… MDN
… PVN

图 8-19 PID 控制程序

FB1

FB1：Title:
Network1：Title:
#ACTV
L_DI
EN ENO
#DD— IN OUT — MD252
DI_R
EN ENO
MD252 — IN OUT — #PVN

Network2：Title:
#ACTV
SUB_R
EN EN0
#SPN— IN1 OUT — #MPN
#PVN— IN2
MUL_R
EN EN0
#KC — IN1 OUT — #MPN
#MDN — IN2

DB2

LAD/STL/FBD - [DB2 -- YYY\SIMATIC 300(1)\CPU 314]
File Edit Insert PLC Debug View Options Window Help

Address	Declaration	Name	Type	Initial value	Comment
0.0	in	SPN	REAL	0.000000e+000	
4.0	in	KC	REAL	0.000000e+000	
8.0	in	TS	REAL	0.000000e+000	
12.0	in	TI	REAL	0.000000e+000	
16.0	in	TD	REAL	0.000000e+000	
20.0	in	DD	INT	0	
22.0	in	ACTV	BOOL	FALSE	
24.0	out	cyd	INT	0	
26.0	in_out	MN	REAL	0.000000e+000	
30.0	in_out	MX	REAL	0.000000e+000	
34.0	in_out	PVN1	REAL	0.000000e+000	
38.0	in_out	MPN	REAL	0.000000e+000	
42.0	in_out	MIN	REAL	0.000000e+000	
46.0	in_out	MDN	REAL	0.000000e+000	
50.0	in_out	PVN	REAL	0.000000e+000	

图 8-19 PID 控制程序（续）

② PID 控制仿真如图 8-20 所示。

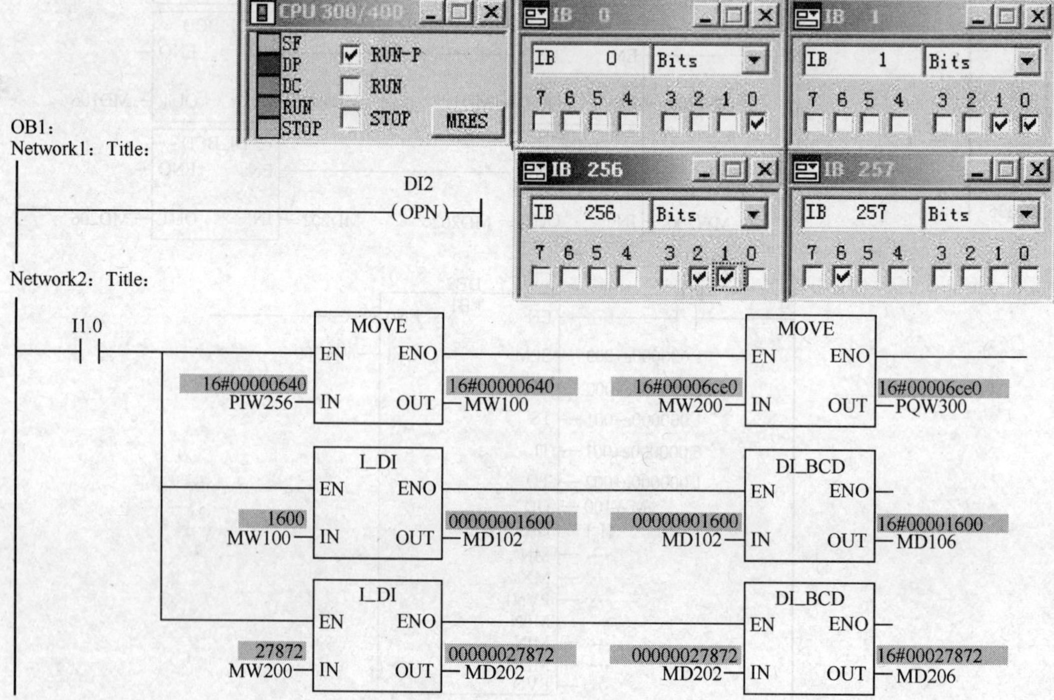

图 8-20 PID 控制仿真

观察过程量 PIW256 的变化，PID 输出控制 PQW350 的改变。

（4）PID 控制模块。

① PID 模块的工作原理如图 8-21 所示。

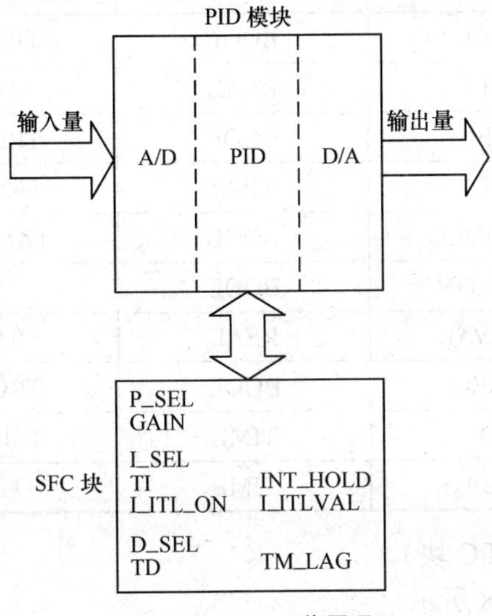

图 8-21 PID 工作原理

② PID 模块。

FM355：4 路闭环控制，模块内含 4AI+8DI+4DI，如图 8-22 所示。

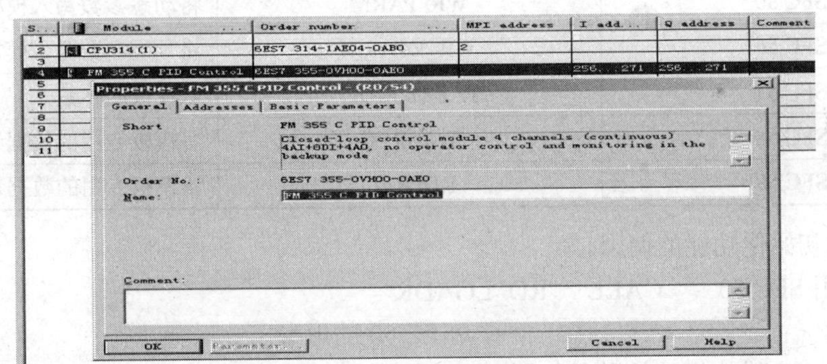

图 8-22 FM355 模块

③ FM355（续）：输入地址 PIW256-257，输出地址 PQW256-257，如图 8-23 所示。

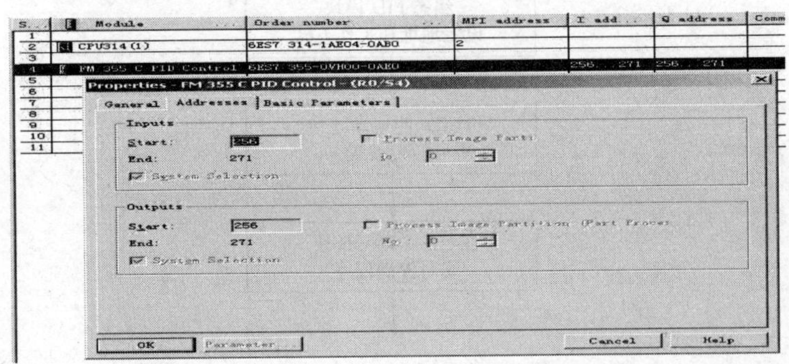

图 8-23 FM355 地址

PID 参数如表 8-7 所示。

表 8-7　PID 参数表

	名　称	数据类型	默认值	功　能
比例项	P_SEL	BOOL	TRUE	比例项使能控制
	GAIN	REAL	2.0	放大倍数
积分项	I_SEL	BOOL	TRUE	积分项使能控制
	TI	TIME	T#20S	积分时间
	INT_HOLD	BOOL	FALSE	积分输出保持控制
	I_ITL_ON	BOOL	—	积分输出再输入允许
	I_ITLVAL	REAL	0.0	积分初值
微分项	D_SEL	BOOL	TRUE	微分项使能控制
	TD	TIME	T#10S	微分时间
	TM_LAG	TIME	T#2S	微分滞后时间

④ 模板初始化功能（SFC 块）。

模板初始化功能如表 8-8 所示。

表 8-8　模板初始化功能

	名　称	功　能
SFC 50	WR_PARM	将动态参数写入模板
SFC 56	WR_DPARM	将预定参数写入模板
SFC 57	PARM_MOD	赋模板的参数
SFC 58	WR_REC	写模板专用的数据记录
SFC 59	RD_REC	读模板专用的数据记录

⑤ 模板初始化功能的调用。

例：调用 SFC 50　　CALL　"RD_LGADR"

　　　　　　　　　…　　　　　　//SFC 50 的形参

⑥ 利用 PID 模块设计的过程如图 8-24 所示。

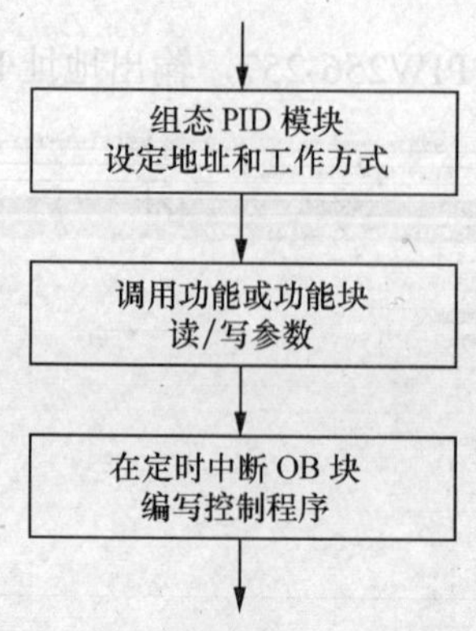

图 8-24　利用 PID 模块设计过程

（5）闭环控制系统功能块。

① 系统功能块。

SFB 41 用于连续控制。

SFB 42 用于步进控制。

SFB 43 用于脉冲宽度控制。

② SFB 41～SFB 43 的调用。

指令树→LIBRARY →STANDARD LIBRARY，SYSTEM FUNCTION BLOCKS 如图 8-25 所示。

Status bits
Timers
Word logic
FB blocks
FC blocks
SFB blocks
SFC blocks
Multiple instances
Libraries
Standard Library
System Function Blocks
S5-S7 Converting Blocks
IEC Function Blocks
Organization Blocks
PID Control Blocks
Communication Blocks
TI-S7 Converting Blocks
fc 3

图 8-25 PID 指令树

（6）闭环控制软件包。

① 功能块。

FB41、FB42、FB43 与 SF41、SF42、SF43 兼容，用于 PID 控制。

② FB 41～FB 43 的调用。

… →STANDARD LIBRARY →PID CONTROL BLOCKS →

③ SFB41（连续控制）的输入参数如表 8-9 所示。

表 8-9 SFB41（连续控制）的输入参数

参数名称	数据类型	地址	说　明	默认值
CON_RET	BOOL	0	完全重新启动，为 1 小时执行初始化	FALSE
CYCLE	TIME	2	采样时间，20MS	T#1S
SP_INT	REAL	6	内部设定值，100 或物理值	0
PV_IN	REAL	10	过程变量输入	0
PVPER_ON	BOOL	0.2	使用外围设备输入过程变量	FALSE
PV_PER	WORD	14	外围设备输入的过程变量值	16#0000
PV_FAC	REAL	48	输入的过程变量系数	1
PV_OFF	REAL	52	输入过程变量的偏移量	0
DEABD_W	REAL	36	死区宽度，0.0 或物理值	0
GAIN	REAL	20	比例增益	2
TI	TIME	24	积分时间，CYCLE	T#20S
TD	TIME	28	微分时间	T#10S
TM_LAG	TIME	32	微分操作的延迟时间	T#2S
P_SEL	BOOL	0.3	打开比例操作	TRUE
I_SEL	BOOL	0.4	打开积分操作	TRUE
D_SEL	BOOL	0.7	打开微分操作	TRUE
I_ITLVAL	REAL	64	积分初值	0
I_ITL_ON	BOOL	0.6	积分初化，为 1 时用 I_ITLVAL	FALSE
INT_HOLD	BOOL	0.5	积分操作保持，为 1 时积分输出保持	FALSE
DISV	REAL	68	扰动输入变量	0
MAN_ON	BOOL	0.1	使手动值被置为操作值	TRUE
MAN	REAL	16	操作员输入的手动值，100 或物理值	0

续表

参数名称	数据类型	地址	说　明	默认值
LMN_HLM	REAL	40	输出上限，LMN_LLM～100%或物理值	100
LMN_LLM	REAL	44	输出下限，-100%～LMN_HLM 或物理值	0
LMN_FAC	REAL	56	控制器输出量的系数	1
LMN_OFF	REAL	60	控制器输出量的偏移值	0

④ SFB41（连续控制）的输出参数如表 8-10 所示。

表 8-10　　SFB41（连续控制）的输出参数

参数名称	数据类型	地址	说　明	默认值
PV	REAL	0.7	格式化的过程变量输出	0
ER	REAL	64	死区处理后的误差输出	0
LMN_P	REAL	0.6	控制器输出值中的比例输出	0
LMN _I	REAL	0.5	控制器输出值中的积分输出	0
LMN _D	REAL	68	控制器输出值中的微分输出	0
QLMN_HLM	BOOL	40	控制器输出超过上限	FALSE
QLMN_LLM	BOOL	44	控制器输出小于下限	FALSE
LMN	REAL	56	控制器输出值	0
LMN_PER	WORD	60	I/O，O/I 格式的控制器输出值	16#0000

具体控制时，需要把上述参数输入相应的数据块。

⑤ 连续控制软件包（FB 41）的参数，也与上述参数相同。

8.5 单回路液位控制系统

S7-300PLC 广泛应用于大中型控制系统。本节和第 8.6 节将在前面学习的 S7-300 编程方法和编程软件运用的基础上，针对两个工程实例进行具体分析，帮助读者进一步掌握如何运用 S7-300 PLC 来完成控制任务。

8.5.1 系统组成

单回路反馈控制系统简称单回路控制系统。在所有反馈控制系统中是最基本的一种，单回路控制系统有 4 个基本组成环节：被控对象或被控过程、测量变送装置、控制阀和控制器。一般是指用一个控制器来控制一个被控对象，其中控制器只接收一个测量信号，其输出也只控制一个执行机构。单回路液位控制系统中系统的输出变量为阀门开度，输入变量为水箱液位。典型的单回路液位控制系统如图 8-26 所示。

在图 8-26 单回路液位控制系统中，控制系统的任务是使水箱液位等于给定值所要求的高度（液位为被控量），同时尽可能减小或消除来自系统内部或外部扰动的影响。其中，测量电路主要功能是测量对象的液位并对其进行归一化等处理。PID 控制器是整个控制系统的核心，它根据设定值和测量值的偏差信号来进行调节，进而控制单回路的流量，使其达到期望的设定值。

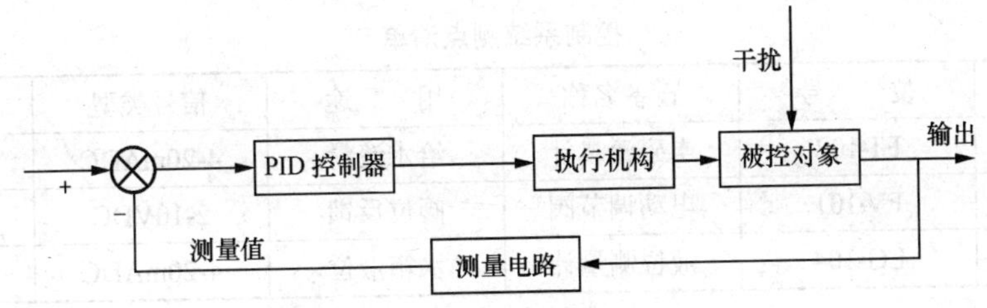

图 8-26 单回路液位控制系统方框图

单回路液位控制为典型的有反馈的闭环控制系统，控制作用持久的取决于被控变量的测量结果。测量电路中变送器把传感器输出的信号转换成可被控制器识别的电信号，如DC4-20mA 的电流信号。这里的执行机构为电动式调节阀，调节阀一般配套安装阀门定位器，PLC 输出电信号，给阀门定位器提供 4～20mA 的控制信号，阀门控制器根据 4～20mA 信号控制阀门开度来控制液位。

单回路调节系统可以满足大多数工业生产的要求，只有在单回路调节系统不能满足生产更高要求的情况下，才采用复杂的调节系统。

在过程控制中，按偏差的比例（P）、积分（I）和微分（D）进行控制的 PID 控制器是应用最广泛的一种自动控制器。它具有原理简单，易于实现，适用面广，控制系统相互独立，参数选定比较简单，调整方便等优点。对于过程控制的典型对象——“一阶滞后+纯滞后”的控制对象，PID 控制器是一种最优控制。PID 调节规律是连续系统动态品质校正的一种有效方法，它的参数整定方式简便，结构改变灵活，如可为 PI 调节、PD 调节等。

PID 控制器就是根据系统的误差，利用比例、积分、微分计算出控制量来进行控制。当被控对象的结构和参数不能完全掌握或得不到精确的数学模型，控制理论的其他技术难以采用时，系统控制器的结构和参数必须依靠经验和现场调试来确定，这时应用 PID 控制技术最为方便。

8.5.2 硬件系统设计

在水箱液位控制系统中，液位是被控参数，液位变送器将反映液位高低的检测信号送往液位控制器，控制器根据实际检测值与液位设定值的偏差情况，输出控制信号给执行器（调节阀），改变调节阀的开度，调节水箱输出流量以维持液位稳定。

如图 8-27 所示，水介质由泵 P102 从水箱 V104 中加压获得压头，经由流量计 FT-102、调节阀 FV-101 进入水箱 V103，通过手阀 QV-116 回流至水箱 V104 而形成水循环；其中，给水流量由 FT-102 测得。本例为定值自动调节系统，FV-101 为操纵变量，FT-102 为被控变量，采用 PID 调节完成。

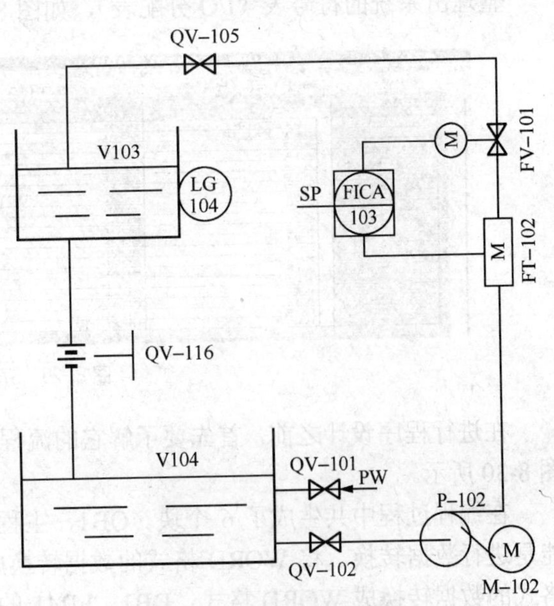

图 8-27 单回路液位控制系统

系统测点清单如表 8-11 所示。

表 8-11　　　　控制系统测点清单

序　　号	位　　号	设备名称	用　　途	信号类型	工程量
1	FT-102	电磁流量计	给水流量	4-20mADC	0-3mmm/h
2	FV-101	电动调节阀	阀位反馈	2-10VDC	0-100%
3	LG-104	液位测量计	水箱液位	4-20mADC	0-3mmm/h

系统 S7-300 硬件组态如图 8-28 所示。导轨 UR 上安装了以下模块：负载电源模块（PS），用于将 SIMATIC S7-300 连接到 120/230V AC 电源；中央处理单元（CPU），CPU313C-2DP 集成了数字量输入和输出，以及 CPU 模块集成的通信接口：PROFIBUS-DP 主站/从站接口、开关量的输入输出和高速计数器；模拟量输入输出模块（SM），用于模拟量信号输入/输出。

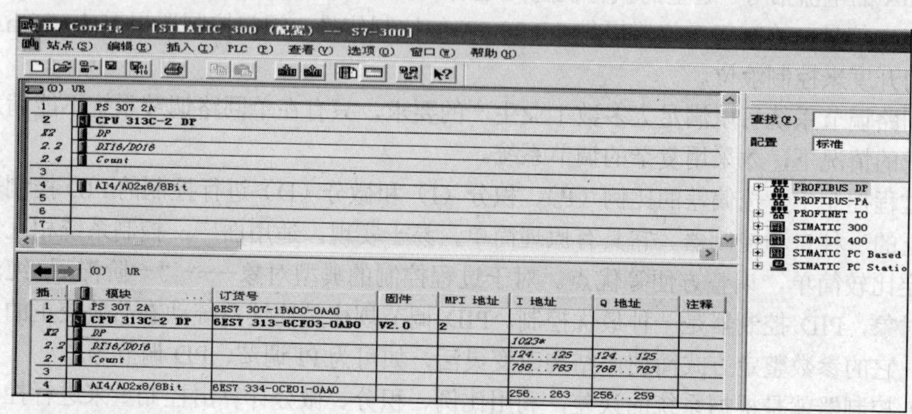

图 8-28　S7-300 硬件组态图

8.5.3　软件系统设计

整理出系统的符号表（I/O 分配表），如图 8-29 所示。

"MYDATA" -- S7-300\SIMATIC 300\CPU 313C-2 DP\...\DB31

地址	名称	类型	初始值	注释
0.0		STRUCT		
+0.0	SET_TRUE	BOOL	TRUE	总是TRUE
+0.1	SET_FALSE	BOOL	FALSE	总是FALSE
+2.0	AI0	REAL	0.000000e+000	AI0
+6.0	AI1	REAL	0.000000e+000	AI1
+10.0	AI2	REAL	0.000000e+000	AI2
+14.0	AI3	REAL	0.000000e+000	AI3
+18.0	AO0	REAL	0.000000e+000	AO0
+22.0	AO1	REAL	0.000000e+000	AO1
+26.0	EXP	INT	202	实验选择
+28.0	K	REAL	1.800000e+000	前馈系数，实际可以测量
+32.0	LS105	BOOL	FALSE	低限液位
+32.1	LS106	BOOL	FALSE	高限液位
+32.2	XV101	BOOL	FALSE	1#电磁阀
+32.3	XV102	BOOL	FALSE	2#电磁阀
+34.0	A11	REAL	0.000000e+000	解耦系数
+38.0	A12	REAL	0.000000e+000	解耦系数
+42.0	A21	REAL	0.000000e+000	解耦系数
+46.0	A22	REAL	0.000000e+000	解耦系数
+50.0	LOW	REAL	0.000000e+000	位式控制低限
+54.0	HIGH	REAL	1.000000e+002	位式控制高限
=58.0		END_STRUCT		

图 8-29　S7 符号表

在进行程序设计之前，首先要了解它的流程，单回路流量控制系统的 PID 调节流程图如图 8-30 所示。

在编程过程中共生成了 6 个块。OB1，主程序组织块；FB41，PID 控制块；FC201，功能是进行数据转换，将 WORD 格式的数据转换成 REAL 格式（0～100）；FC202，将 REAL 格式的数据转换成 WORD 格式；DB1，FB41 的背景数据块，PID 控制所涉及的所有参数都在这个数据块中，可以通过组态软件控制这些参数，PID 的输入输出、手自动切换、参数、控制功能都能通过 DB1 中的数据进行控制；DB3，用户数据存储块，便于 OB1 主程序存储使用，也可供组态软件进行监控访问。

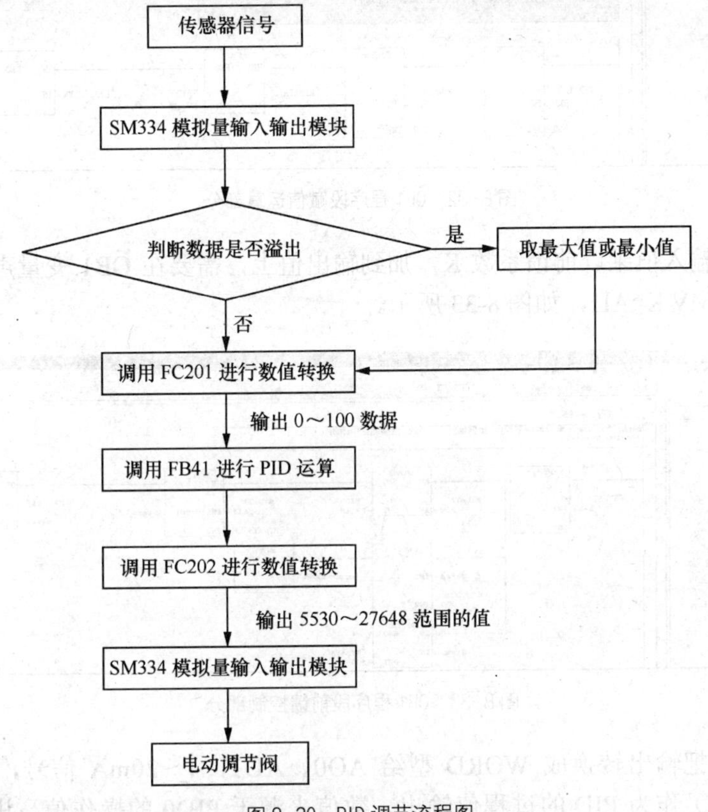

图 8-30 PID 调节流程图

主程序 OB1 部分主要是由以下几个程序段组成。

输入部分：主要作用是将检测到的 4～20mA 的信号转换成 0～100 之间的数据输入 PID 模块。SM334 通道 0（PIW256：AI0）作为 PID 的过程值输入，通道 1（PIW258：AI1）可以用来监控某些过程值，比如流量，如图 8-31 所示。

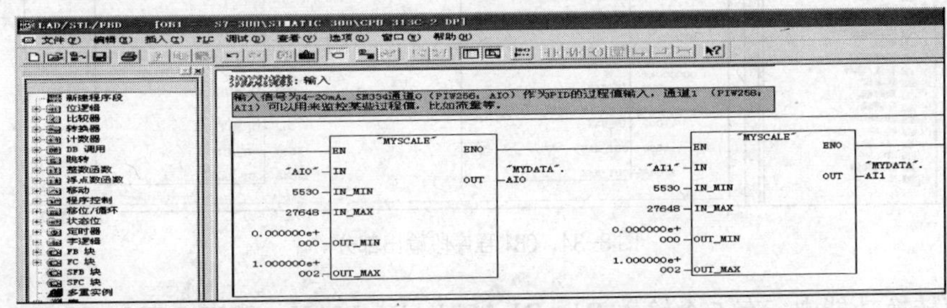

图 8-31 OB1 程序段输入部分

PID 运算：AI0 作为 PID 的过程输入值，MYDATA.AI0 赋值给 PID0.PV，如图 8-32 所示。

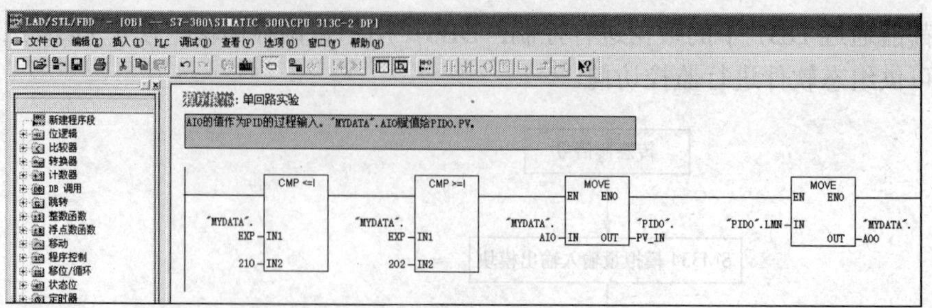

图 8-32　OB1 程序段赋值运算部分

前馈控制：输入值乘以前馈系数 K，加到输出值上，需要在 OB1 变量声明区 TEMP 中声明 MV=PID0_MV-K*AI1，如图 8-33 所示。

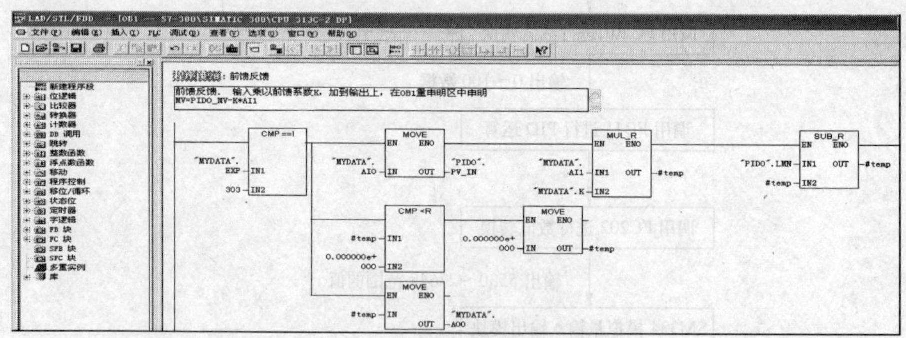

图 8-33　OB1 程序段前馈控制部分

输出部分：把输出转换成 WORD 型给 AO0、AO1，4～20mA 信号，SM334 通道 5（PQW256：AO0）作为 PID 的过程值输出。数值来源于 PID0 的操作值，进行转换，如图 8-34 所示。

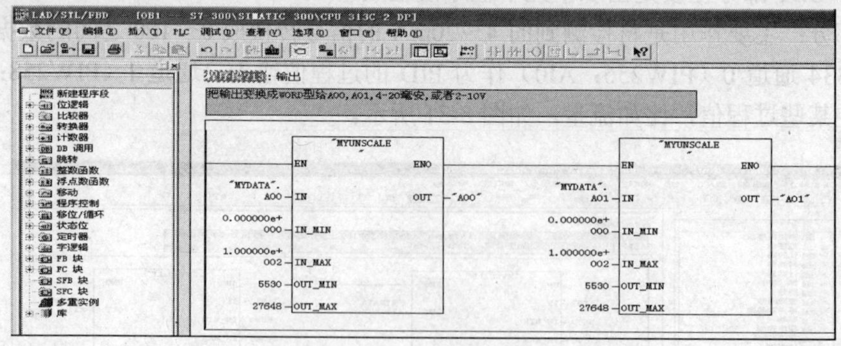

图 8-34　OB1 程序段输出部分

在数值转换功能中，有 5 个输入 IN、IN_MIN、IN_MAX、OUT_MIN、OUT_MAX 和一个输出 OUT。其中，IN，需要进行转换的原始输入变量；IN_MIN，原始变量的下限值；IN_MAX，原始变量的上限值；OUT_MIN，转换成的目标变量的下限值；OUT_MAX，转换成的目标变量的上限值；OUT，输出目标变量。将 AI0 转化成 0～100 的数，存储到"MYDATA".AI0 (DB3.DBD0)中，再将 AI1 转换成 0～100 的数存储到"MYDATA".AI1 中，进行转换的公式是：

$$OUT = \frac{IN - IN\_MIN}{IN\_MAX - IN\_MIN} \cdot (OUT\_MAX - OUT\_MIN) + OUT\_MIN$$

图 8-35 所示是数据转化的流程图，通过这个流程图，并且结合上面的公式与分析，可以很好地理解数据转换和运算过程。

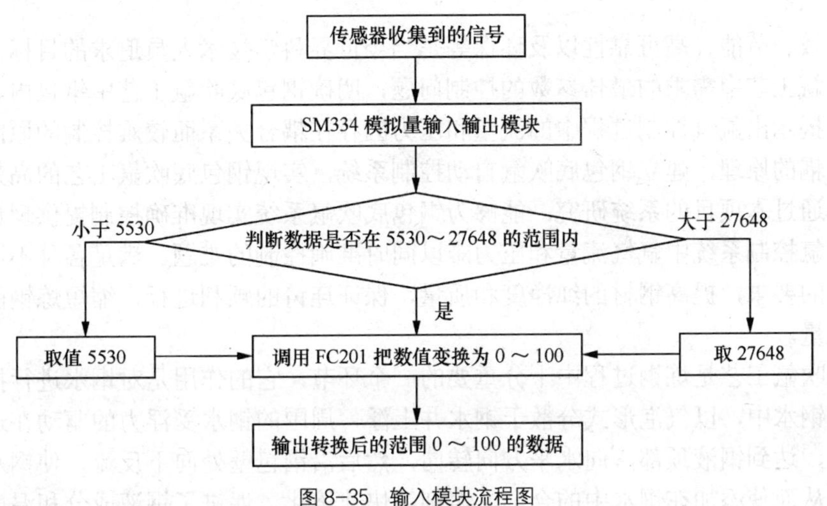

图 8-35 输入模块流程图

有关 PID 模块的主要参数的介绍如表 8-12 所示。

表 8-12　　命令类型表

参　数	数 据 类 型	默 认 值	描　述
PVPER_ON	BOOL	FALSE	过程变量直接从外设输入
P_SEL	BOOL	TURE	为真则比例控制起作用
I_SEL	BOOL	TURE	为真则积分控制起作用
D_SEL	BOOL	FALSE	为真则微分控制起作用
CY_CLE	T#1S	0.0	采样时间
PV_IN	REAL	0.0	过程变量以浮点形式输入的值
SP_INT	REAL	0.0	内部设定点
PV_PER	WORD	—	I/O 格式过程变量输入
MAN	REAL	0.0	手动值
PV_FAC	REAL	0.0	输入过程变量的比例因子

8.6 钢包底吹氩控制系统

随着现代尖端技术的问世、工业技术的发展，对钢材的冶金质量和使用性能要求越来越严格，为满足市场对钢材的要求，一般的炼钢工艺分两步走，即炉内（转炉、电炉）初炼和炉外精炼。其中钢材冶金质量主要取决于炉外精炼技术，而钢包底吹氩搅拌混合效果的好坏直接影响着炉外精炼的效果。吹氩在炼钢工艺中具有均匀钢液成分和温度、去除钢中非金属夹杂物、脱氧和脱硫等的重要作用，因此对氩气准确控制直接影响钢的纯净度和质量、连铸能否顺利进行、炼钢时间的长短、氩气用量的大小。由于气体具有可压缩性，不容易实现准确控制，但炼钢工艺中对氩气的压力和流量控制有较高要求，所以对氩气进行准确控制一直是个控制的难点，也是个热点问题。

8.6.1 工艺流程分析

既然高效、节能、高可靠性以及环保等是当今世界科学技术人员追求的目标，本项目论证钢包底吹氩工艺中需求的最佳参数的控制问题，明确钢包底吹氩工艺中钢包内、外搅拌功率的关系，揭示出氩气控制过程中的流量和压力因存在耦合关系而较难控制的原因，阐明双闭环控制解耦的原理，建立钢包底吹氩自动控制系统，实现钢包底吹氩工艺的高效、节能的控制目标。通过本项目的系统研究，能够为钢包底吹氩系统实现准确控制提供理论依据。解决钢包底吹氩控制系统中氩气流量和压力难以同时准确控制的难题。满足各种不同钢种对底吹氩的工艺的要求，提高钢材的纯净度和质量，保证连铸的顺利进行，缩短炼钢的时间，节约氩气的用量。

钢包底吹氩工艺是炼钢过程中十分重要的一个环节，它的作用是对钢水进行搅拌。钢包底氩气吹入钢水中，以气泡形式分散于钢水并上浮，周围的钢水受浮力的驱动在透气砖上方形成上流股，达到钢液顶部，向水平方向转向，然后沿钢包壁处向下反流，使钢水在钢包内循环流动，从而使添加在钢水中的合金、熔剂等快速熔化，促进了钢液成分和温度的均匀以及钢液中夹杂物的上浮，去除了钢中的非金属杂质和有害气体，达到精炼钢液的目的。

对工艺有以下 3 点要求。

（1）据工况条件实现不同压力的调节。

（2）随时调整氩气流量，实现“软吹”，即根据工况条件适时地缓慢增加或减少氩气流量，以达到均匀成分和温度、去除杂质、便于脱去有害气体的目的。根据不同钢种、精炼目的来调节总耗氩量。

（3）各种异常情况的报警。

氩气流量最佳值的设定。氩气流量过大，会吹穿液面，甚至发生喷溅，致使钢水裸露氧化，夹杂物增加；氩气流量过小，则不能满足快速均匀温度、去除气体和夹杂的目的。同时由于钢水温度及透气砖透气性的不同，氩气流量和压力的最佳期工作点也是变化的，因此，在整个吹氩周期中，如何调整氩气的压力和流量成为影响最终冶炼效果的重要因素。

底吹氩的任何操作情况同时受约束条件的制约，因此，在考虑精炼炉底吹氩的控制方案时一定要把这些因素考虑进去。开始启动吹氩时，必须使出口压力足以吹开透气砖，并在开吹后能及时将出口压力迅速减小至略大于钢水的静压力，以使正常的底吹氩能顺利进行；由于精炼炉底吹氩过程是一个较为复杂、惯性大、滞后大，具有非线性、分布参数和时变特性的系统，因此，要求在系统受到干扰时，仍能够保证吹入精炼炉的氩气量恒定，同时，还要满足精炼时氩气流量能随工艺的要求快速、准确地得到调整。

8.6.2 控制方案的确定

在实际工业过程中，常常遇到的多变量系统具有不确定性，也就是系统的某些参数未知或时变，或受到未知的随机干扰。其原因有：现代工业过程的复杂性，系统所处的外部不确定性环境的影响，不确定变化的运行条件等。钢包底吹氩系统结构如图 8-36 所示。主要组成包括进/出口球阀、主/旁通球阀、过滤器、压力调节阀、稳压储气罐、电磁阀、可调电磁阀和压力传感器。氩气从进气口经过滤后进入主通道的稳压储气罐中，避免压力过大吹穿液面。通常情况下旁通球阀是关闭的，在主通道进行氩气流量的调节，在主通道有 7 路电磁阀，2 路 2.0MPa 和 5 路 0.4MPa。操作可根据出气口的气压要求以任意组合方式设定电磁阀的通断，以实现不同的流量输出，这样可以满足不同现场的不同气压控制要求。当主通道出现故障或者气压控制要求低的时候，关闭主通球阀，打开旁通球阀，利用旁路电磁阀即可满足出口气压要求。控制过程中各路压力传感器会实时地反馈各通道气压，确保做到安全控制。

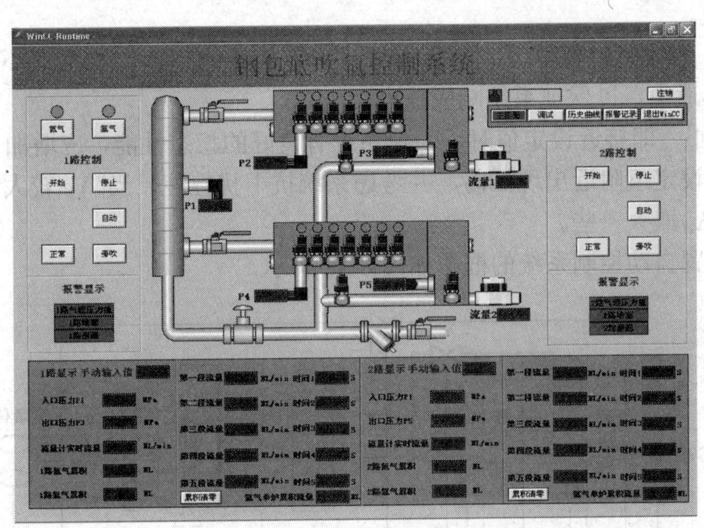

图 8-36 钢包底吹氩系统结构图

针对上述被控对象的特点，本系统采用模糊控制理论的控制方案。在全自动控制模式下，原则是根据检测到的压力、流量数值，参考以往熟练操作人员的经验，分阶段实时地调节不同算法和控制策略。控制原则是根据不同的工况条件实现不同的压力调节，在开始运行时，自动启动高压支路，待吹开破后，自动转换到正常曲线上来。如发生堵塞现象，反复高压吹氩，30s 内未吹开，再报警。根据工况条件，适当地缓慢增加或减少氩气的流量，以实现均匀成分、温度，去除杂质，脱去有害气体。其流量控制方案如图 8-37 所示。

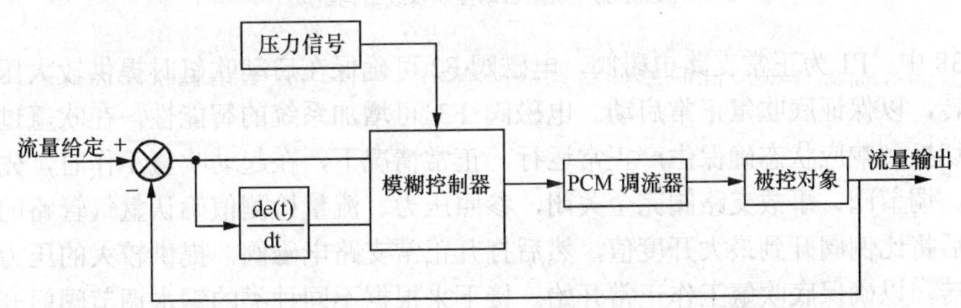

图 8-37 流量控制方案图

8.6.3 硬件系统设计

钢包底自动吹氩装置，原则是根据检测到的压力、流量数值，参考以往熟练操作人员的经验、通常转炉钢水出炉的温度和透气砖透气的性能，实时地调节控制的算法和控制的策略。核心技术采用质量流量控制器 、恒压差调节单元、模糊控制理论等，大大提高设备的反应速度，实现精确小流量范围的调整，同时考虑到钢包透气砖性能的影响，在系统中又增加了稳流装置。

系统中PID参数自调整的规则如下。

（1）当|e|较大时，为加快系统响应速度应取较大K_p；为避免由于开始时e的瞬时变大可能出现的微分过饱和而使控制作用超出许可范围，应取较小K_p；为防止出现较大超调，产生积分饱和，应对积分加以限制，取K_I为零。K_p、K_I、K_d分别表示比例（P）、积分（I）、微分（D）作用的参数。

（2）当|e|和|Δe|处于中等大小时，为使系统具有较小的超调，K_p应取小一些，K_I取值要适当，K_d要大小适中，以保证系统响应速度。

（3）当|e|较小，即接近设定值时，为使系统有良好的稳态性能，应增加K_p、K_I取值，同时为避免系统在设定值附近出现振荡，并考虑系统抗干扰性能，当|Δe|较大时，K_p可取小一些，|e|较小时，K_d取大一些。

整个吹氩装置自动控制系统的框图如图8-38所示。

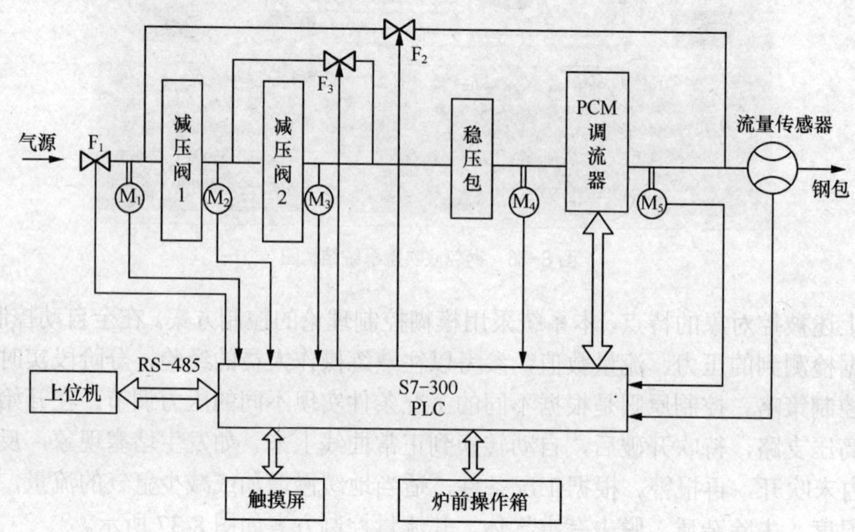

图8-38　吹氩自动控制系统结构组成

图8-38中，F1为正常支路电磁阀，电磁阀F2可确保在启动吹氩时提供较大压力吹开堵塞的透气转，以保证底吹氩正常启动。电磁阀F3可增加系统的智能性，在吹氩过程中根据流量偏差切换到响应状态确保生产正常运行。正常情况下，在起动吹氩工作时，先将正常支路电磁阀、调节阀、事故支路阀完全关闭，参照压力、流量检测值确认氩气管路的密闭性。检查无误后将比例阀开到最大开度值，然后打开正常支路电磁阀，提供较大的压力来吹开堵塞的透气砖，以确保底吹氩工作正常开始。接下来根据不同种类的钢水调节阀门开度，保证底吹气体流量的均匀性和连续性。

减压阀1、2是保证系统压力恒定和间接稳流的作用。

稳压包（储气罐），经过2级减压后，可缓冲外界环境的冲击和干扰，起到低通滤波器的作用，使阀组得到较平稳的压力，对要进入钢包的气体得到比较平稳的压力，防止钢水喷溅。

PCM调流器是由节流电磁阀组组成的，是气压控制系统的执行装置，采用PCM技术来控制和调节氩气流量的大小，有相当于“D/A”的作用。

传感器，主要包括压力传感器（M_1、M_2、M_3、M_4、M_5）和流量传感器，可以将压力测量值、流量测量值以标准电信号输出。此环节主要向 PLC 提供压力、流量的数值，既为调用相应的算法提供依据，又为上位机、触摸屏上显示提供数据，可实现压力、流量的自动控制。

S7-300PLC 作为控制器，向上通过工业以太网和上位机通信，接受上位机命令，并将现场工况（流量、压力、吹氩时间、累计流量、钢水温度、钢种等）向上位机传送，向下能接受炉前操作箱和触摸屏的命令，采集现场工况的信息，并根据程序的控制发布命令，控制阀组的阀开关状态，达到完全的自动控制。操作人员还可通过计算机在操作室内手动控制当前吹氩流量、吹氩时间、累积流量等工艺参数的设置，在堵塞、气源压力低、管道漏气等故障时，系统报警，便于操作人员及时了解工况并快速排除故障，同时，还可以从计算机上了解设备状态和历史曲线。

系统 S7 硬件组态如图 8-39 所示。

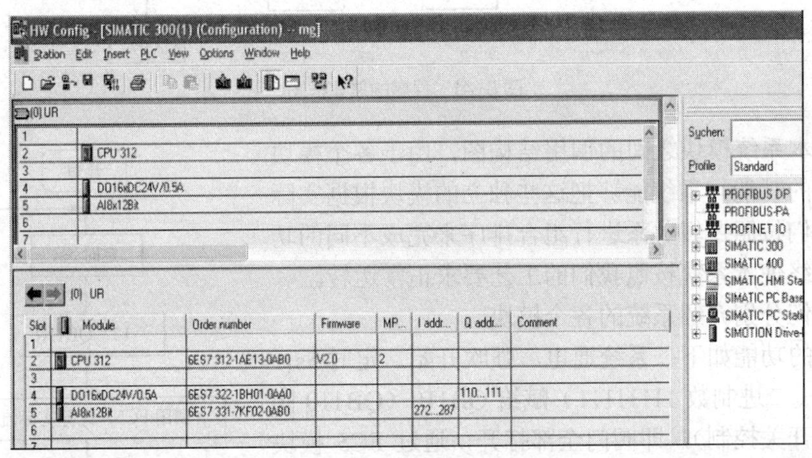

图 8-39 系统硬件组态

8.6.4 软件系统设计

系统 S7 符号表如图 8-40 所示。

Symbol Editor - [S7 程序(1) (符号) -- mg\SIMATIC 300(1)\CPU 312]

	Statu	Symbol	Address		Data typ	Comment
1		[illegible]	FC	5	FC 5	
2		2#流量调节	FC	6	FC 6	
3		CY_booltype	DB	3	DB 3	
4		CY_caculateDB	DB	6	DB 6	
5		CY_K1value_in...	DB	1	FB 1	
6		CY_K2value_in...	DB	4	FB 1	
7		CY_K值计算	FB	1	FB 1	
8		CY_流量计算数据	DB	7	DB 7	
9		CY_数值转换	FC	2	FC 2	
10		CY_压力采集	FC	7	FC 7	
11		VAT_	VAT	1		
12		VAT_1	VAT	3		
13		画面控制	FC	3	FC 3	
14		流量计算	FC	4	FC 4	

图 8-40 系统符号表

根据数控吹氩装置的动作特点以及它的工艺流程进行编程。本程序的结构包括如下几个模块：OB1 为系统块；FB1 是 *K* 值的计算；FC1 为总的工艺过程块；FC2 为数值转换，即把压力信号转变为电压或电流信号；FC4 为流量计算；FC5 为流量调节；FC7 为压力采集，在本系统中使用的压力传感器。

程序的总体框图如图 8-41 所示。

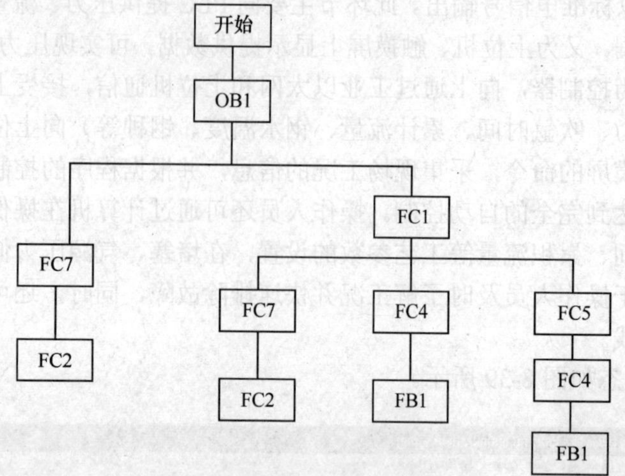

图 8-41 程序的总体框图

这就是本系统模块之间的调用结构图，由于各个模块都有它自己的功能，系统能够把这些独立的模块根据实际需要并将它们按照逻辑关系进行组合排序来完成不同的功能需求，最终使本系统按照我们的工艺要求正常运转。

下面我们分别介绍系统的各个模块。

FC1 块的功能如下：系统通电，强吹开始，定时 5s，然后把 127（二进制数 11111111）赋给 QB110（QB110 阀岛的电磁阀开关控制），即阀门全部打开，通过 FC5 模块并调用 FC4 模块计算出实际流量，根据计算出来的实际流量值来判断系统是否正常工作，如图 8-42 所示。

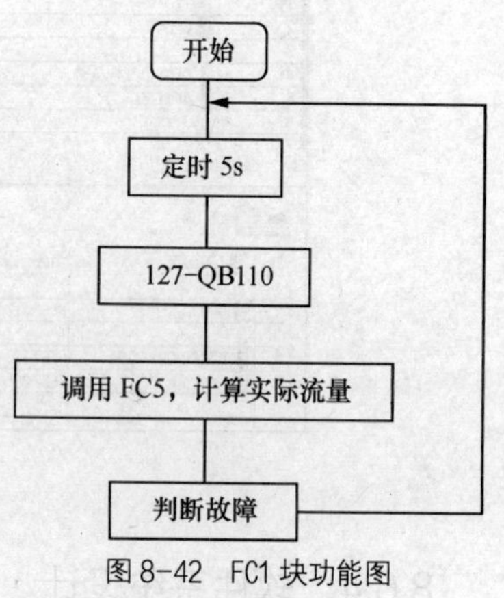

图 8-42 FC1 块功能图

吹氩启停程序如图 8-43 所示。

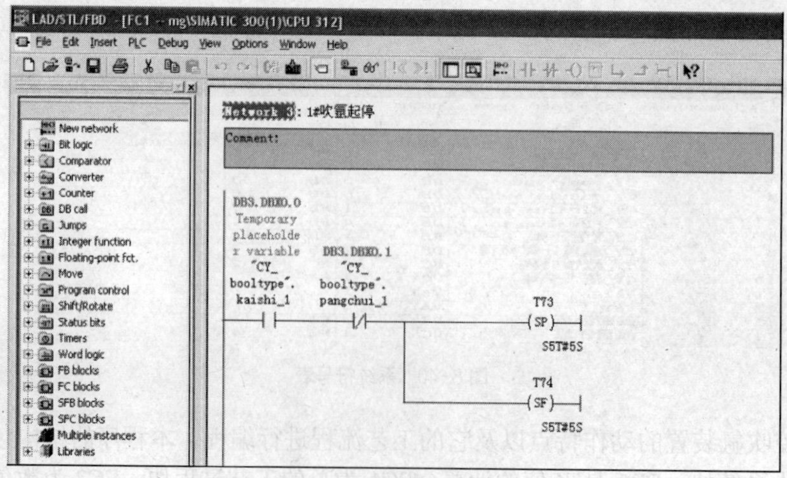

图 8-43 FC1 吹氩启停程序

旁吹控制程序如图 8-44 所示。

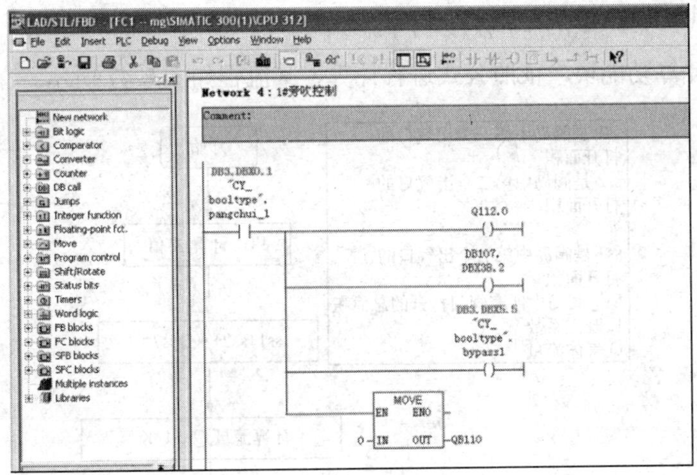

图 8-44 FC1 旁吹控制程序

FC1 块中还包括故障分析的功能。当 DB6.DBD0<0.8，即 P1 压力值小于 0.8MPa 时，可判断气源压力低；当 DB6.DBD8>0.65，即 P3 压力值大于 0.65MPa 时，可判断出气管道堵塞；当 DB6.DBD8<0.1 即 P3 压力值大于 0.65MPa 时，可判断出气管道漏气。如图 8-45 所示。

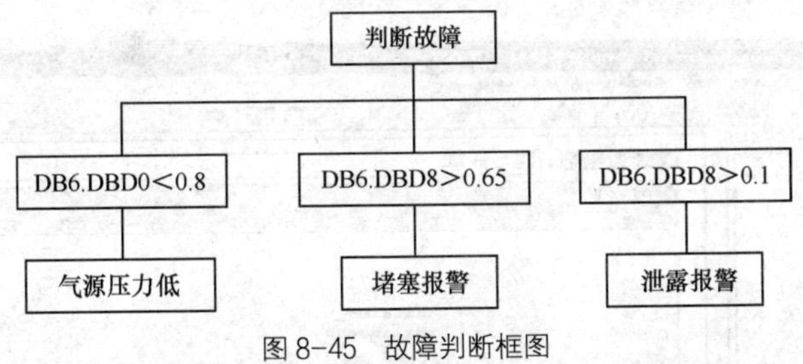

图 8-45 故障判断框图

FB1 的功能如下：根据传感器采集的压力值，依照公式进行 *K* 值的计算。FB1 功能块的流程如图 8-46 所示。

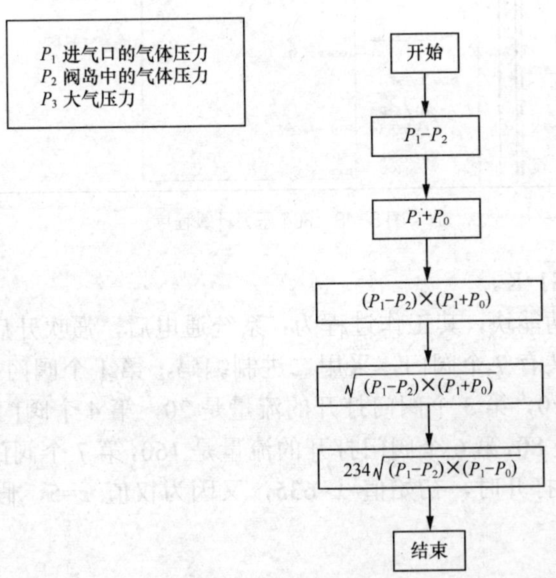

图 8-46 *K* 值计算流程图

K 值计算公式：$K=234\sqrt{(P_1-P_2)\times(P_1+P_0)}$。

FC4 为流量计算功能块，依照公式进行计算，其流程如图 8-47 所示。

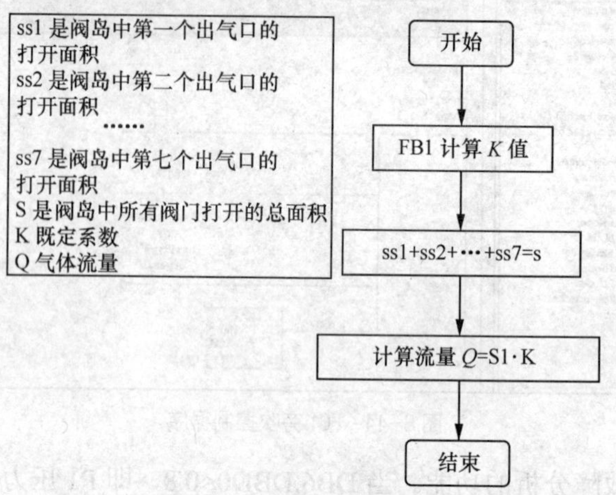

图 8-47 流量计算流程图

流量计算部分程序如图 8-48 所示。

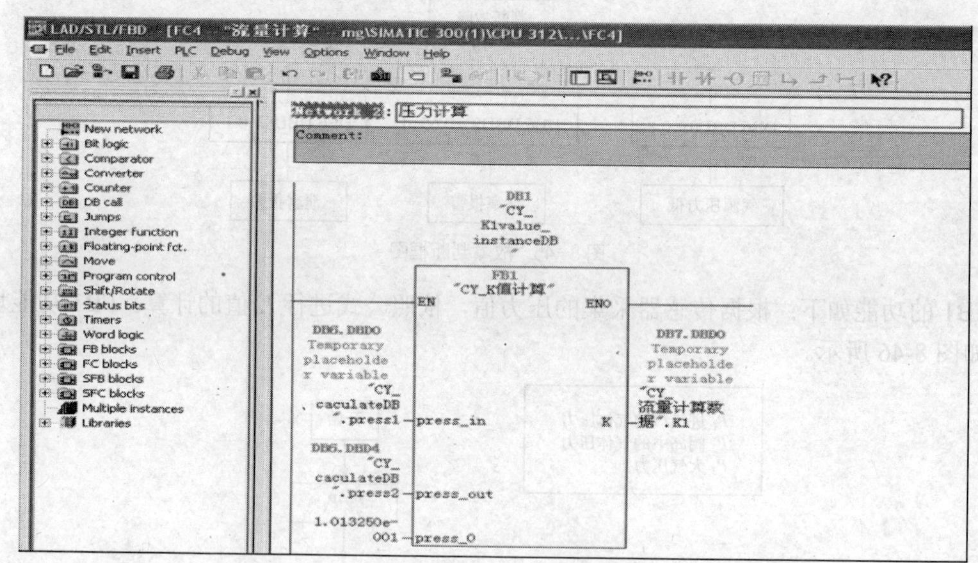

图 8-48 FC4 压力计算程序

流量计算公式 Q=S1•K。

FC5 为流量调节功能块，其工作过程为：系统通电后，强吹开启，接着阀岛内的阀门全部打开（阀岛上一共有 7 个阀门，采用二进制编码，第 1 个阀门打开的流量是 5，第 2 个阀门打开的流量是 10，第 3 个阀门打开的流量是 20，第 4 个阀门打开的流量是 40，第 5 个阀门打开的流量是 80，第 6 个阀门打开的流量是 160，第 7 个阀门打开的流量是 320），所以当 7 个阀门全部打开时，初始值 x=635，又因为权值 z=5，假设我们的设定的流量 y=300。

$$x-y=635-300=335\neq0$$

$$x-y=335>30$$

$$z+0.2=5.2$$

$$n=300\div5.2\approx58$$

在此要调用进行流量的计算，得 $x=290$。

$$x-y=-10\neq0$$

$$x-y<0$$

$$x-y>-30$$

$$x-y<-5$$

$$n+1=59$$

在此要调用进行流量的计算，得 $x=295$。

$$x-y=295-300=-5\geqslant-5$$

符合要求，输出 $x=295$。

然后假设我们的设定的流量 $y=330$，

$$x-y=295-330=-35\neq0,$$

$$x-y<-30,$$

$$z-0.2=4.8,$$

$$n=330\div4.8\approx69$$

在此要调用进行流量的计算，得 $x=345$。

$$x-y=345-330=15\neq0$$

$$x-y>0$$

$$x-y<30$$

$$x-y>5$$

$$n-1=68$$

在此要调用进行流量的计算，得 $x=340$。

$$x-y=340-330=10\neq0$$

$$x-y>0$$

$$x-y<30$$

$$x-y>5$$

$$n-1=67$$

在此要调用进行流量的计算，得 $x=335$。

$$x-y=335-330=5\leqslant5$$

符合要求，输出 $x=335$

……

其流程如图 8-49 所示。

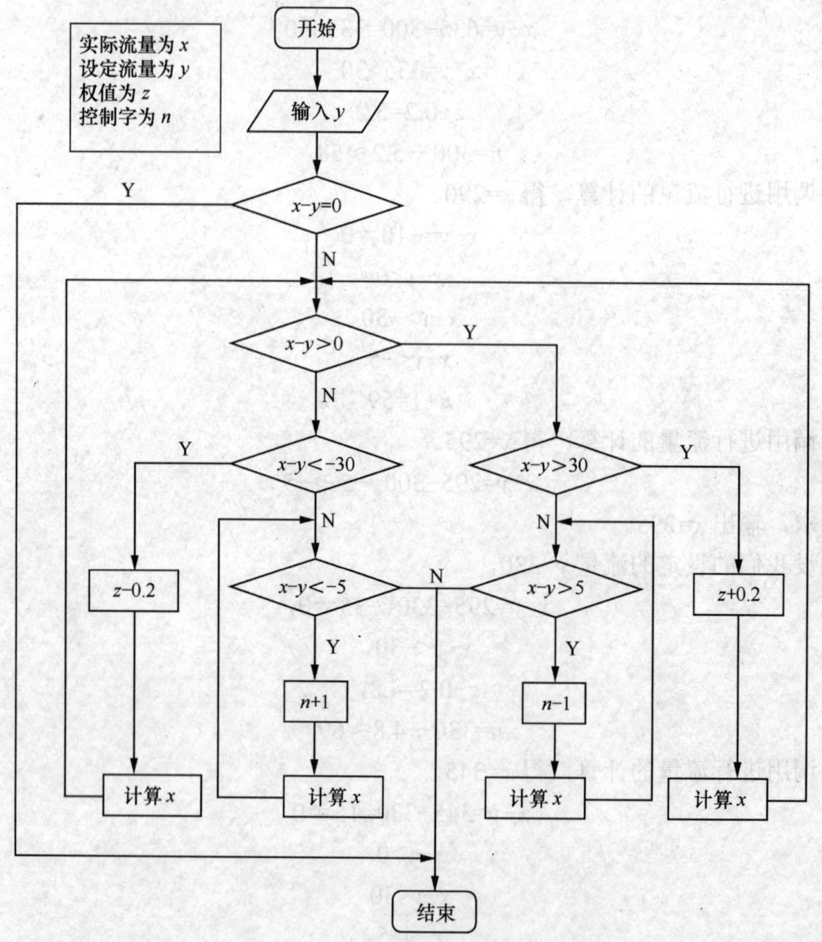

图 8-49　流量计算流程图

FC6 为数值转换功能块，主要配合 FC7 把采集的模拟量转换为系统计算所用的数字量。程序如图 8-50 所示。

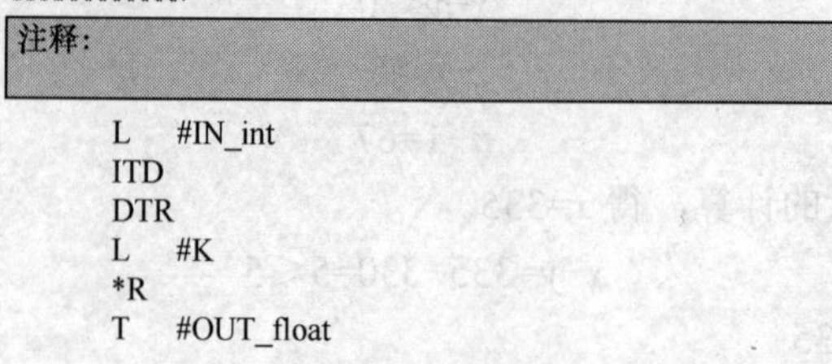

```
程序段?1 : 标题:
注释:
L    #IN_int
ITD
DTR
L    #K
*R
T    #OUT_float
```

图 8-50　FC2 数据转换程序

FC7 为压力采集功能块，主要是通过压力传感器完成压力数据的采集，程序如图 8-51 所示。

FC7 通过压力传感器，根据压力传感器的类型采集传来的电压或电流信号，通过 FC2 的数值转换，把模拟信号转变为计算机能够识别的数字信号，然后进行相关的计算。

例如，如果 4～20mA 对应 5530～27648，那么 12mA 对应 16589，即：

$$y=\frac{11059}{8}x+\frac{1}{2}$$

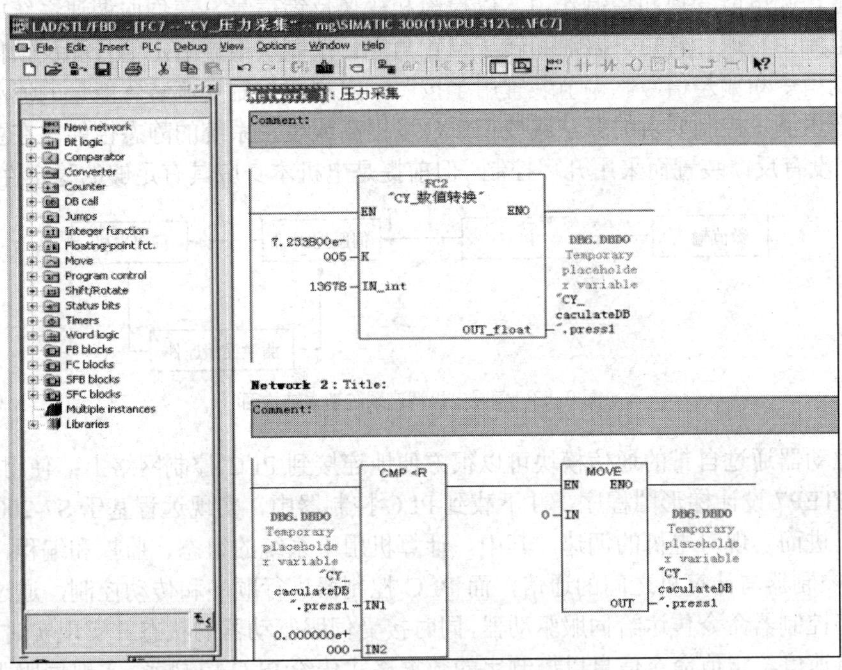

图 8-51 FC7 压力采集部分程序

8.7 伺服电机控制系统

8.7.1 控制方案的确定

伺服电机调速系统由伺服驱动器、电动机及其控制系统构成。伺服调速工作原理如图 8-52 所示。

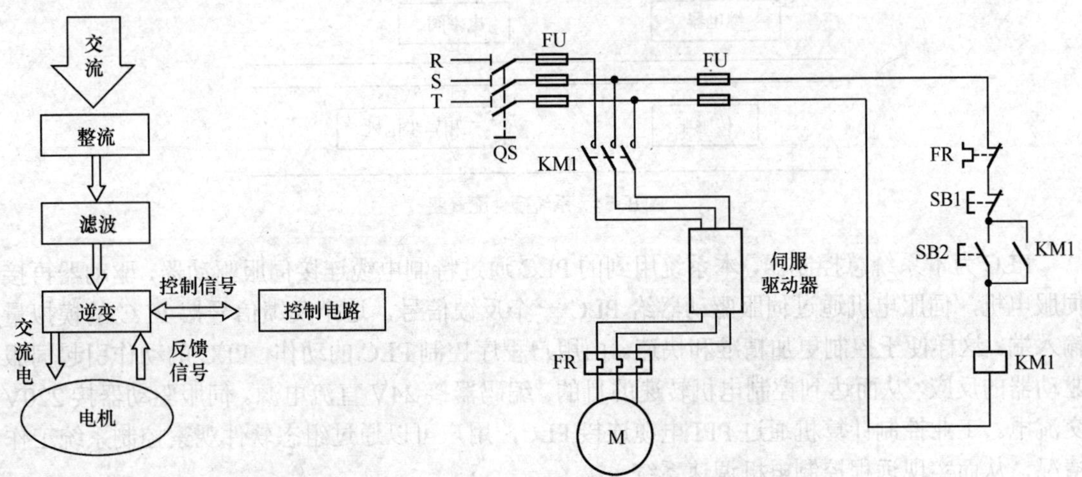

图 8-52 伺服驱动器以及调速系统原理图

伺服调速系统的主要组成部分如图 8-53 所示。其中伺服电机是受控对象和传动装置，伺服驱动器将具有一定电压、电流和频率的电源能量变换为具有可调电压、可调电流或可调频率电源能量，起电能变换和控制作用，以检验和变换反馈信号。在伺服调速系统中主要反馈量有电、电流、转速、转矩、磁通和转子位置角等。控制层根据给定信号和反馈信号产生所需要的控制指令和偏差信号。调节装置用于按照一定规律控制变流装置能量的流动，通过硬件或软件产生满足控制要求的算法或校正量，以提高或校正系统的静态性能。在要求不是很高的场合，没有反馈装置而采用开环控制，但前提是电机本身应具有足够的稳定性和可调性。

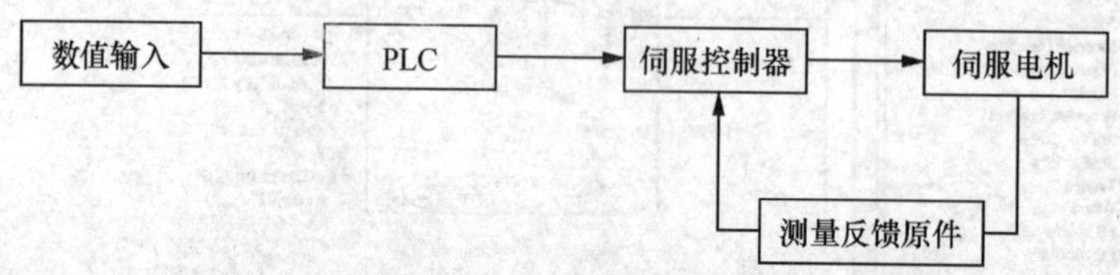

图 8-53　伺服电机调速系统基本结构图

伺服驱动器通过自带的通信模块可以很方便地连接到 PLC 控制网络上；使用 S7-200 的编程软件 STEP7 设计梯形图程序，并下载到 PLC 控制器中，实现远程基于 S7-200 对伺服驱动器控制，进而实现对电机的调速。其中，计算机用于系统的组态、监控和编程，PPI 电缆负责 PLC 控制器与计算机之间的通信，而 PLC 控制器进行顺序和传动控制，通过伺服驱动器专用线将控制器命令传达给伺服驱动器，同时接受伺服驱动器的状态并实现实时反馈信息。控制程序将速度给定值命令信息以控制字的数据格式传给 PLC 控制器，实现伺服驱动器的自动控制。

8.7.2　硬件系统设计

图 8-54 是 S7-200 的硬件布局图，该图规划了电器的布局，方便接线和控制。

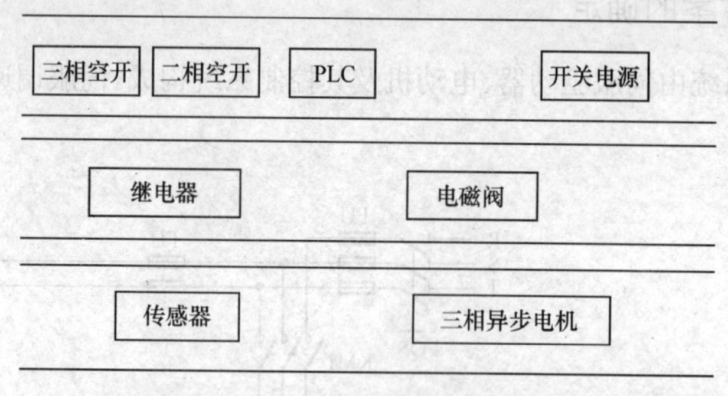

图 8-54　系统硬件配置图

PLC 为本系统总控制器，本系统用到的 PLC 通过特制电缆连接伺服驱动器，驱动器再接伺服电机，伺服电机通过伺服驱动器给 PLC 一个反馈信号，这个反馈信号接 PLC 的模拟量输入端。这样便于控制更加精准和快速。由用户程序控制 PLC 的动作，PLC 的动作引起伺服驱动器的反应，从而达到控制电机转速的目的。编码器接 24V 直流电源。伺服驱动器接 220V 交流电。工业控制计算机通过 PPI 电缆连接 PLC，用户可以通过组态软件观察控制系统工作情况，从而实现远程控制电机调速系统。

S7-200 系统不需要硬件组态，由系统指定，在编程计算机和 CPU 实际联机时，使用

Micro/WIN 的菜单命令“PLC > Information”，可以查看 CPU 和扩展模块的实际 I/O 地址分配。新建工程项目如图 8-55 所示。

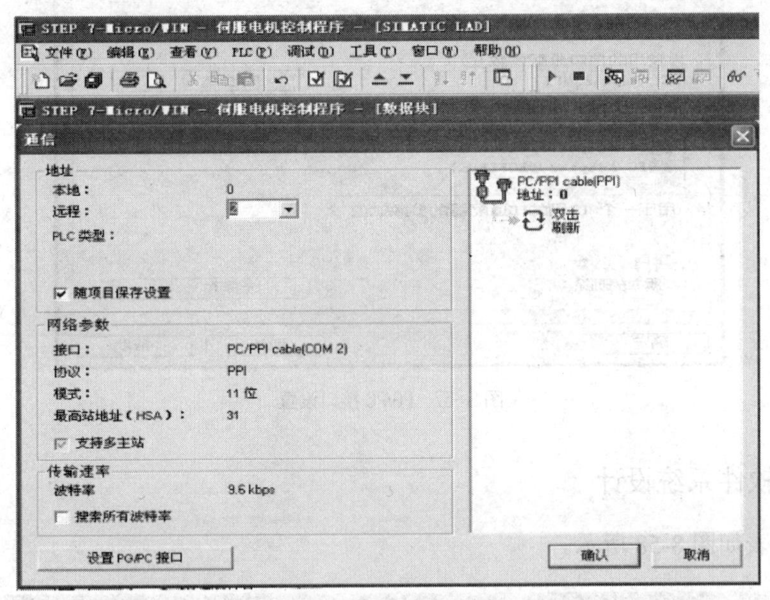

图 8-55 新建项目向导

根据实际的硬件配置硬件通信，设置硬件组态完毕后，生成的设定硬件通信如图 8-56 所示。

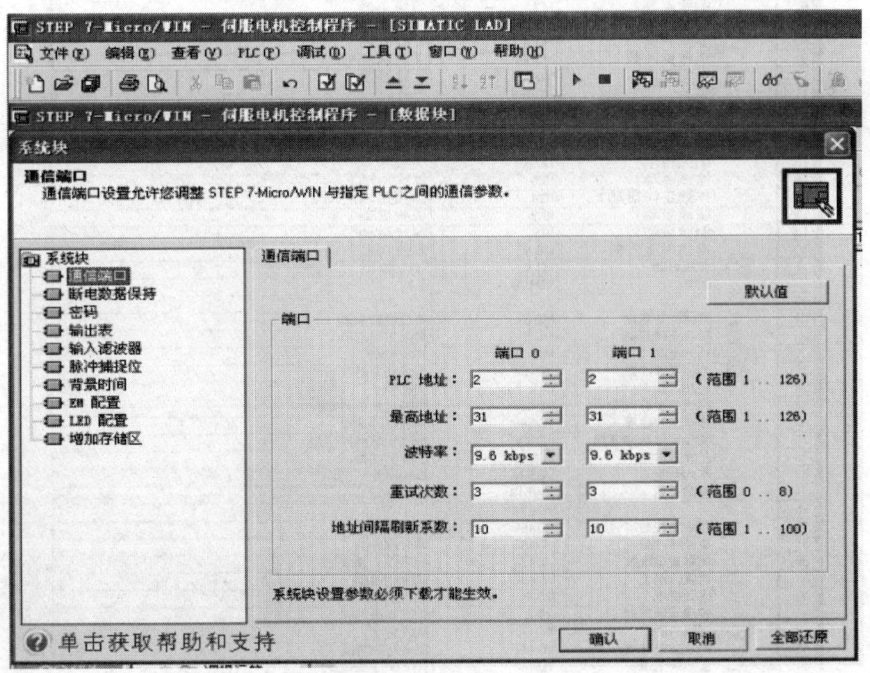

图 8-56 硬件通信设置

选择通信协议，设置 PG/PC 接口，如图 8-57 所示。

设置 PG/PC 接口
访问路径 LLDP
应用程序访问点 (A)：
Micro/WIN --> PC Adapter (MPI)
(Standard for Micro/WIN)
为使用的接口分配参数 (P)：
PC Adapter (MPI)
ISO Ind. Ethernet -> Marvell
PC Adapter (Auto)
PC Adapter (MPI)
PC Adapter (PROFIBUS)
属性 (R)...
复制 (Y)...
删除 (L)
(用于一个MPI网的PC适配器的参数赋值)
接口
添加/删除：
选择 (C)...
确定 取消 帮助

图 8-57 PG/PC 接口设置

8.7.3 软件系统设计

系统符号表如图 8-58 所示。

符号表

			符号	地址	注释
1			绕线匝数清零	M4.2	绕线匝数清零
2			所需圈数	VD290	所需圈数
3			已倒匝数	VD280	已倒匝数
4			排线伺服故障	I0.7	排线伺服故障
5			绕线伺服故障	I0.6	绕线伺服故障
6			倒线点动	M3.1	倒线点动
7			倒线清零	M2.0	倒线清零
8			参数有误	M1.4	参数有误
9			绕线脉冲数	VD800	绕线脉冲数
10			主轮速度	VD328	主轮速度
11			弧长	VD664	弧长
12			内圆周长	VD264	内圆周长
13			节距	VD130	节距
14			绕线指示	Q0.6	绕线指示
15			倒线指示	Q0.5	倒线指示
16			排线点动1	I0.5	排线点动1
17			排线正转启动1	I0.4	排线正转启动1
18			绕线启动1	I0.3	绕线启动1
19			倒线启动1	I0.2	倒线启动1
20			排线伺服方向	Q0.3	排线伺服方向
21			绕线启动	M1.0	绕线启动
22			匝数	VD120	匝数
23					
24			排线反转启动	M0.6	排线反转启动
25			排线正转启动	M0.5	排线正转启动
26			排线点动	M0.4	排线点动
27			倒线需脉冲数	VD754	倒线所需脉冲数
28			自动停止	I0.1	自动停止
29			排线已发脉冲数	VD628	排线已发脉冲数
30			排线脉冲速度	VD566	排线脉冲速度
31			绕线伺服脉冲速度	VD608	绕线伺服脉冲速度
32			已发脉冲数	VD600	已发脉冲数
33			平均间距	VD534	平均间距
34			匝数设定	VW514	匝数设定
35				VD494	
36			剩余脉冲数	VD486	剩余脉冲数
37			单件脉冲数	VD482	单件脉冲数
38			伺服设定速度	VD474	伺服设定速度
39			绕线线速度	VD456	绕线线速度
40			运行指示	Q0.4	运行指示
41			绕线伺服方向	Q0.2	绕线伺服方向
42			倒线启动	M0.0	倒线启动
43			剩余绕线时间	VD442	剩余绕线时间
44			实际绕线速	VD438	实际减速绕线速

图 8-58 系统符号表

系统部分程序如图 8-59 所示。

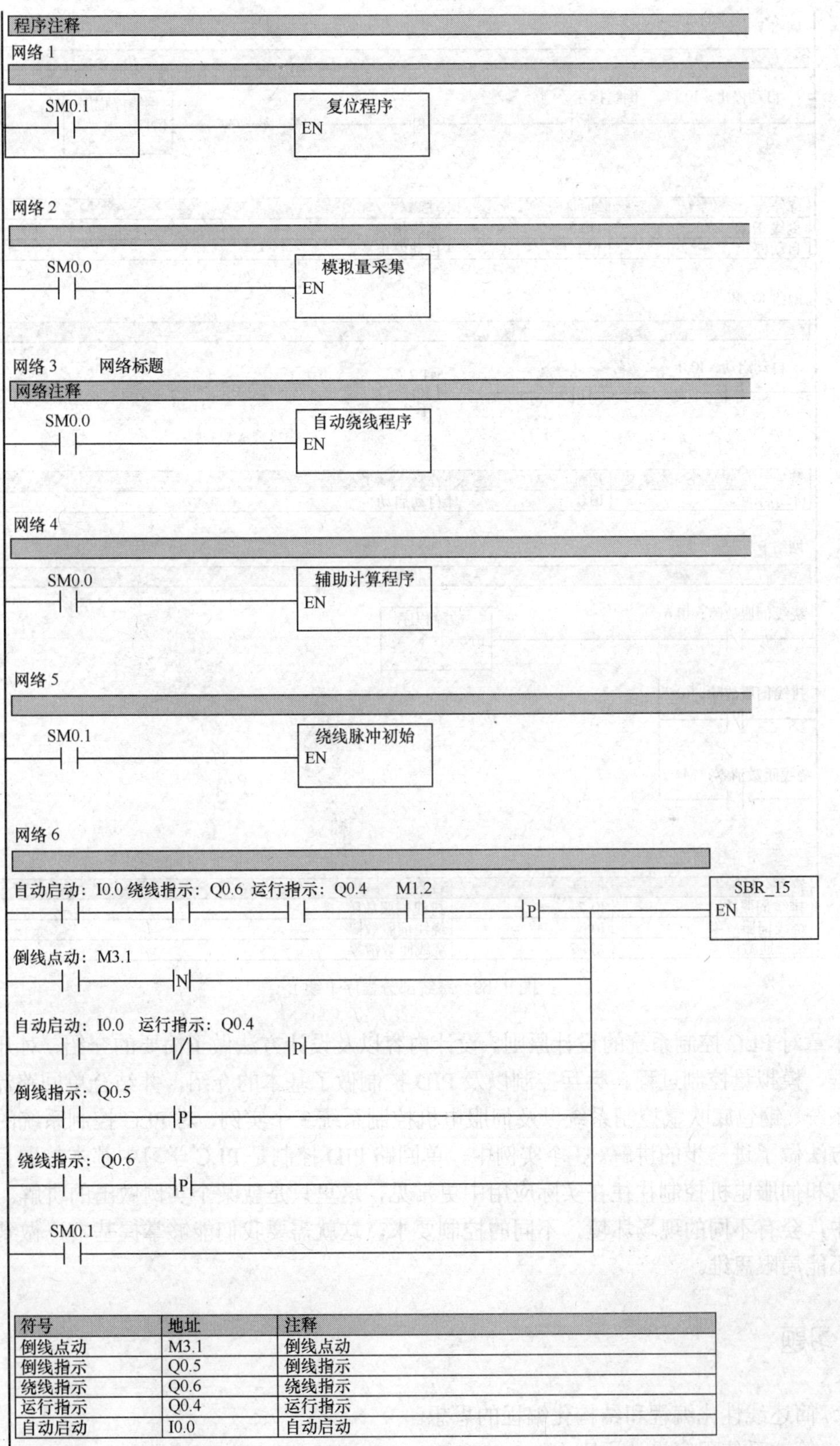

符号	地址	注释
倒线点动	M3.1	倒线点动
倒线指示	Q0.5	倒线指示
绕线指示	Q0.6	绕线指示
运行指示	Q0.4	运行指示
自动启动	I0.0	自动启动

图 8-59 系统部分程序

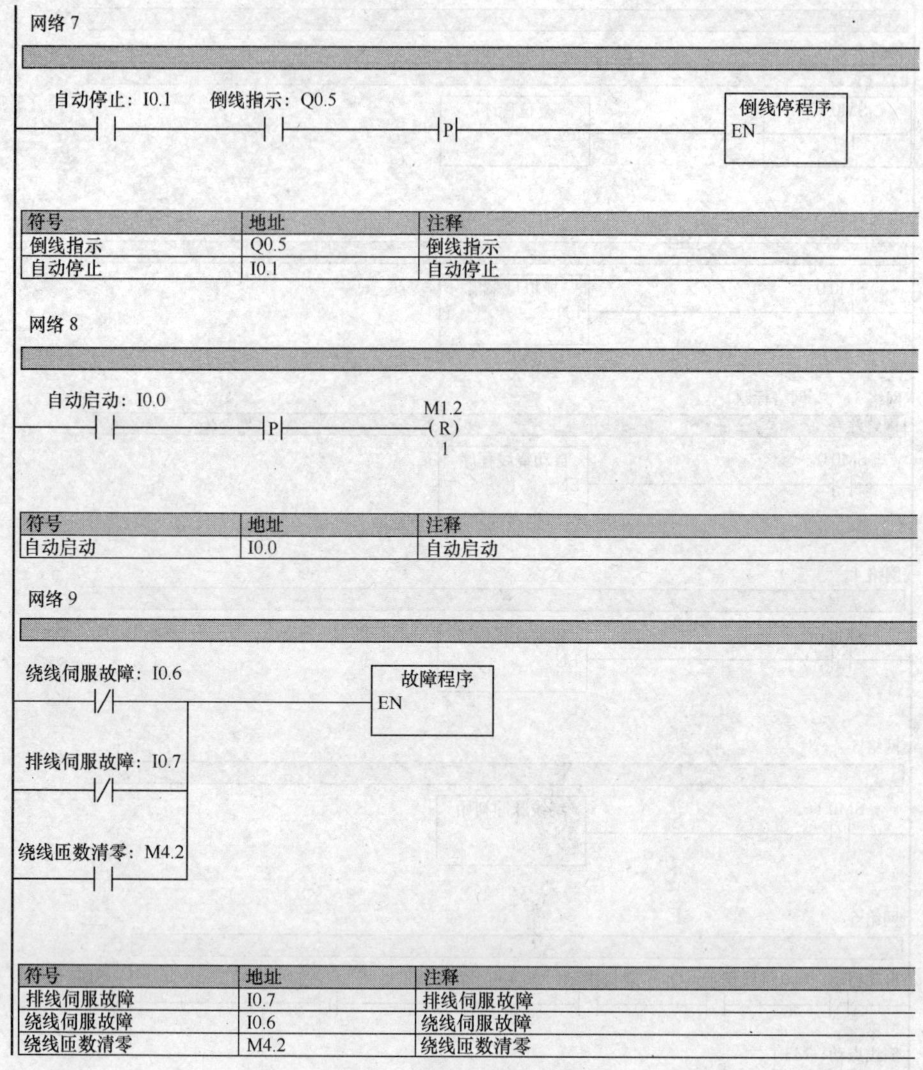

符号	地址	注释
倒线指示	Q0.5	倒线指示
自动停止	I0.1	自动停止

符号	地址	注释
自动启动	I0.0	自动启动

符号	地址	注释
排线伺服故障	I0.7	排线伺服故障
绕线伺服故障	I0.6	绕线伺服故障
绕线匝数清零	M4.2	绕线匝数清零

图 8-59　系统部分程序（续）

本章对 PLC 控制系统的设计原则、设计内容以及设计方法做了简要的介绍，对开关量控制过程、模拟量控制过程、乒乓控制以及 PID 控制做了基本的介绍，并结合单回路流量 PID 控制系统、钢包底吹氩控制系统以及伺服电机控制系统 3 个实例，对 PLC 控制系统的设计及控制方法做了进一步的讲解。3 个实例中，单回路 PID 控制是 PLC 学习中基本的题目。钢包底吹氩和伺服电机控制往往在实际应用中更常见，这里只是就某个实例做出的讲解。在实际工程中，会有不同的现场坏境，不同的控制要求，这就需要我们能够掌握基本，做到举一反三，不能局限思维。

8.8 习题

1．简述线性化编程和结构化编程的思想。

2．简述系统程序设计原则。

3. 简述开关量控制系统的设计过程。
4. 简述模拟量控制系统的设计过程。
5. 画出单回路流量 PID 控制图，并简述其控制过程。
6. 编程实现 4～20mA 电流信号转换成 0～100 之间的数据。
7. 简述钢包底吹氩工艺要求。
8. 分析伺服调速系统的控制方案。

第9章 PLC选型与可靠性设计

在 PLC 系统设计时，首先应确定控制方案，下一步工作就是 PLC 工程设计选型。工艺流程的特点和应用要求是设计选型的主要依据。PLC 及有关设备是集成的、标准的，按照易于与控制系统形成一个整体、易于扩充其功能的原则选型，所选用 PLC 应是在相关工业领域有投运业绩、成熟可靠的系统，PLC 的系统硬件、软件配置及功能应与装置规模和控制要求相适应。熟悉可编程控制器、功能表图及有关的编程语言有利于缩短编程时间，因此，工程设计选型和估算时，应详细分析工艺过程的特点、控制要求，明确控制任务和范围确定所需的操作和动作，然后根据控制要求，估算输入输出点数、所需存储器容量，确定 PLC 的功能、外部设备特性等，最后选择有较高性能价格比的 PLC 和设计相应的控制系统。

9.1 选型的基本原则

通常在满足控制要求的前提下，选型时应选择最佳的性能价格比，具体应考虑到：功能合理，PLC 的处理速度能满足实时控制的要求，PLC 应用系统结构合理、机型系列统一，在线编程和离线编程的选择。

1. 合理的结构型式

整体式 PLC 的每一个 I/O 点的平均价格比模块式的便宜，且体积相对较小，所以一般用于系统工艺过程较为固定的小型控制系统中；而模块式 PLC 的功能扩展灵活方便，I/O 点数、输入点数与输出点数的比例、I/O 模块的种类等方面，选择余地较大。维修时只要更换模块，判断故障的范围也很方便。因此，模块式 PLC 一般适用于较复杂系统和环境差（维修量大）的场合。

2. 安装方式的选择

根据 PLC 的安装方式，系统分为集中式、远程 I/O 式和多台 PLC 联网的分布式。集中式不需要设置驱动远程 I/O 硬件，系统反应快，成本低。大型系统经常采用远程 I/O 式，因为它们的装置分布范围很广，远程 I/O 可以分散安装在 I/O 装置附近，I/O 连线比集中式的短，但需要增设驱动器和远程 I/O 电源。多台联网的分布式适用于多台设备分别独立控制，又要相互联系的场合，可以选用小型 PLC，但必须要附加通信模块。

3. 相当的功能要求

一般小型 PLC 具有逻辑运算、定时、计数等功能，对于只需要开关量控制的设备都可满足。对于以开关量控制为主，带少量模拟量控制的系统，可选用能带 A/D 和 D/A 单元，有加减算术运算、数据传送功能的增强型低档 PLC。

如控制较复杂，要求实现PID运算、闭环控制、通信联网等功能，则可视控制规模大小及复杂程度，选用中档或高档PLC。但是中、高档PLC价格较贵，一般大型机主要用于大规模过程控制和集散控制系统等场合。

4. 响应速度的要求

PLC的扫描工作方式引起的延迟可达2～3个扫描周期。对于大多数应用场合来说，PLC的响应速度都可以满足要求，这不是主要问题。然而对于某些个别场合，则要求考虑PLC的响应速度。为了减少PLC的I/O响应的延迟时间，可以选用扫描速度高的PLC、具有高速I/O处理功能指令的PLC，或具有快速响应模块和中断输入模块的PLC等。

5. 系统可靠性的要求

对于一般系统PLC的可靠性均能满足。对可靠性要求很高的系统，应考虑是否采用冗余控制系统或热备用系统。

6. 机型统一

同一机型的PLC，其编程方法相同，有利于技术力量的培训和技术水平的提高。其模块可互为备用，便于备品备件的采购和管理；其外围设备通用，资源可共享，易于联网通信，配上位计算机后易于形成一个多级分布式控制系统。

7. 外部设备

PLC实现对系统的控制可以不用外部设备，配置合适的模块就可以实现。然而，对PLC编程，要监控PLC及其所控制的系统的工作状况，以及存储用户程序、打印数据等，就得使用外部设备。主要的外部设备有编程设备、监控设备、存储设备以及输入输出设备。

机型的选择可从以下6个方面进行考虑。

1. PLC的类型

PLC按结构分为整体性和模块性两类，按应用环境分为现场安装和控制室安装两类，按CPU字长分为1位、4位、8位、16位、32位、64位等。从应用角度出发，通常可按控制功能或输入/输出点数选型。

整体性PLC的I/O点数固定，因此用户选择的余地较小，用于小型控制系统；模块型PLC提供多种I/O卡件或插件，因此用户可较合理地选择和配置控制系统的I/O点数，功能扩展方便灵活，一般用于大中型控制系统。

2. 输入/输出模块的选择

输入输出模块的选择应考虑与应用要求的统一。例如，对输入模块，应考虑信号电平、信号传输距离、信号隔离、信号供电方式等应用要求。对输出模块，应考虑选用的输出模块类型。通常继电器输出模块具有价格低、应用电压范围广、寿命短、响应时间较长等特点；可控硅输出模块适用于开关频繁、电感性低功率因数负荷场合，但价格较贵，过载能力较差。输出模块还有直流输出、交流输出和模拟输出等，与应用要求应一致。可根据应用要求，合理选用智能型输入输出模块，以便提高控制水平和降低应用成本。

3. 电源的选择

PLC的供电电源，除了引进设备时同时引进PLC应根据产品说明书要求设计和选用外，一般PLC的供电电源应设计选用220VAC电源，与国内电网电压一致。重要的应用场合，应采用不间断电源或稳压电源供电。

如果PLC本身带有可使用电源时，应核对提供的电流是否满足应用要求，否则应设计外接供电电源。为防止外部高电压电源因误操作而引入PLC，对输入和输出信号的隔离是必要的，有时也可采用简单的二极管或熔丝管隔离。

4. 存储器的选择

由于计算机集成芯片技术的发展，存储器的价格已下降，因此，为保证应用项目的正常投运，一般要求 PLC 的存储器容量按 256 个 I/O 点至少选择 8K 存储器。需要复杂控制功能时，应选择容量更大、档次更高的存储器。

5. 冗余功能的选择

对于较重要的过程单元，CPU（包括存储器）及电源均应 1 比 1 冗余；需要时也可选用 PLC 硬件与热备软件构成的热备冗余系统、二重化或三重化冗余容错系统等；制回路的多点 I/O 卡应冗余配置，重要检测点的多点 I/O 卡可冗余配置；根据需要对重要的 I/O 信号，可选用二重化或三重化的 I/O 接口单元。

6. 经济性的考虑

选择 PLC 时，应考虑性能价格比。考虑经济性时，应同时考虑应用的可扩展性、操作性、投入产出比等因素，进行比较和兼顾。输入输出点对价格有直接影响。当点数增加到某一数值后，相应的存储器容量、机架、母板等也要相应增加。因此，点数的增加对 CPU 选用、存储器容量、控制功能范围等选择都有影响。在估算和选用时应充分考虑，使整个控制系统有较合理的性能价格比。

通常在控制比较复杂、控制功能要求比较高的工程项目中（如要实现 PID 运算、闭环控制、通信联网等），可视控制规模及复杂程度来选用中档或高档机。其中高档机主要用于大规模过程控制、全 PLC 的分布式控制系统以及整个工厂的自动化等。根据不同的应用对象，表 9-1 列出了 PLC 的几种功能选择。

表 9-1　　PLC 的功能选择

序　号	应用对象	功 能 要 求	应 用 场 合
1	替代继电器	继电器触点输入/输出、逻辑线圈、定时器、计数器	替代传统使用的继电器，完成条件控制和时序控制功能
2	数字运算	四则数学运算、开方、对数、函数计算、双倍精度的数学运算	设定值控制、流量计算；PID 调节、定位控制和工程量单位换算
3	数据传送	寄存器与数据表的相互传送	数据库的生成、信息管理、BAT-CH（批量）控制、诊断和材料处理等
4	矩阵功能	逻辑与、逻辑或、异或、比较、置位（位修改）、移位和变反等	这些功能通常按“位”操作，一般用于设备诊断、状态监控、分类和报警处理等
5	高级功能	表与块间的传送、校验和、双倍精度运算、对数和反对数、平方根、PID 调节等	通信速度和方式、与上位计算机的联网功能、调制解调器等
6	诊断功能	PLC 的诊断功能有内诊断和外诊断两种。内诊断是 PLC 内部各部件性能和功能的诊断，外诊断是中央处理机与 I/O 模块信息交换的诊断	—
7	串行接口	一般中型以上的 PLC 都提供一个或一个以上串行标准接口（RS-232C），以连接打印机、CRT、上位计算机或另一台 PLC	—
8	通信功能	现在的 PLC 能够支持多种通信协议。比如现在比较流行的工业以太网等	对通信有特殊要求的用户

9.2 选型实例

S7-300 PLC 的选型原则是据生产工艺所需的功能和容量进行选型，并考虑维护的方便性、备件的通用性，以及是否易于扩展和有无特殊功能等要求。

1. I/O点数的估算

根据功能说明书，可统计出PLC系统的开关量I/O点数及模拟量I/O通道数，以及开关量和模拟量的信号类型。应在统计后得出I/O总点数的基础上，增加10%～15%的裕量。选定的PLC机型的I/O能力极限值必须大于I/O点数估算值，并应尽量避免使PLC能力接近饱和，一般应留有30%左右的富裕量。表9-2为典型传动设备及元器件所需的可编程控制器I/O点数，可根据表9-2进行估算。

表 9-2 I/O点统计

序号	电气设备/元件	输入点数	输出点数	I/O总点数
1	可逆行的笼型电机	5	2	7
2	单向运行的笼型电机	4	1	5
3	单线圈电磁阀	2	1	3
4	双线圈电磁阀	3	2	5
5	按钮开关	1	/	1
6	光电开关	2	/	2
7	信号灯	/	1	1
8	行程开关	1	/	1
9	接近开关	1	/	1
10	位置开关	2	/	2

2个可逆电动机，1个单向电动机，1个双线圈电磁阀，6个按钮，4个信号灯，7个行程开关，4个位置开关，可计算得I/O总点数2×7+5+5+6+4+7×2=49，I/O点数大于32小于256点，所以要选用小型PLC。

49×(1+30%)=63.7，PLC机型的I/O点数一般大于63.7即可。

2. 存储器容量估算

每个I/O点及有关功能器件占用的内存大致如下。

(KB)＝(1～1.25)×(DI×10＋DO×8＋AI/AO×100＋CP×300)/1024

(KB)＝(1～1.25)×(21×10+28×8+2×300)/1024=1.01K

对数字量进行估算，设CP=2。其中：DI为数字量输入总点数，DO为数字量输出总点数，AI/AO为模拟量I/O通道总数，CP为通信接口总数。

3. I/O模块的选择

模拟量输入模块接收电量或非电量变送器提供的标准量程的电流信号或电压信号，因此模拟量输入模块的选型与变送器有很大的关系。选型时应考虑以下问题。

模拟量输入模块的分辨率：分辨率用转换后的二进制数的位数来表示，PLC的模拟量输入/输出模块的分辨率一般有8位和12位两种。8位的模拟量模块的分辨率低，一般用在要求不高的场合；12 位二进制数能表示的数的范围为 0～4095。满量程的模拟量（例如 0～10V）对应的转换后的数据一般为 0～4000，以 0～10V 的量程为例，12 位模拟量输入模块的分辨率为 10V/4000。分辨率与模块的综合精度是两个不同的概念，综合精度除了与分辨率有关外，还与很多别的因素有关。PLC 的模拟量模块的转换速度一般都较低。由于转换速度和扫描工作方式的原因，PLC 一般不能直接对工频信号做交流采样，需要选用直流输出的电量变送器。PLC 的输入模块的量程应包含选用的变送器的输出信号的量程。有的模拟量输入模块没有 4～20MA 的量程，输出信号为 4～20MA 的变送器也可以选用量程为 0～20MA 的模拟量输入模块，只是分辨率要低一点。PLC 的模拟量输入模块的 A/D 转换过程一般是周期性地自动进行的，不需要用户程序来启动 A/D 转换过程，用户程序只需要直接读取当前最新的转换结果就可以了。如果想用较长的时间间隔读取模拟量的值，对采样周期性要求不高时可以用定时器来对读取的时间间隔定时，对定时精度要求较高时可以用中断来定时。在硬件组态时应关闭未用的通道，以减小模块总的 A/D 转换周期。

热电偶与热电阻的选择：热电阻的测量温度，建议使用在-200～+450℃。热电偶的测量温度，建议使用在 0～1600℃。被测量对象的正常温度范围在 300℃以下的选用热电阻，被测量对象的正常温度范围在 300℃以上的选用热电偶。

热电阻是中低温区最常用的一种温度检测器。它的主要特点是测量精度高，性能稳定。其中铂热电阻的测量精确度是最高的，它不仅广泛应用于工业测温，而且被制成标准的基准仪。

热电偶测量温度时要求其冷端（测量端为热端，通过引线与测量电路连接的端称为冷端）的温度保持不变，其热电势大小才与测量温度呈一定的比例关系。若测量时，冷端的（环境）温度变化，将严重影响测量的准确性。在冷端采取一定措施补偿由于冷端温度变化造成的影响称为热电偶的冷端补偿。

热电偶的冷端补偿通常采用在冷端串联一个由热电阻构成的电桥的方法。电桥的 3 个桥臂为标准电阻，另外有一个桥臂由（铜）热电阻构成。当冷端温度变化（比如升高），热电偶产生的热电势也将变化（减小），而此时串联电桥中的热电阻阻值也将变化，并使电桥两端的电压发生变化（升高）。如果参数选择得好，且接线正确，电桥产生的电压正好与热电势随温度变化而变化的量相等，整个热电偶测量回路的总输出电压（电势）正好真实反映了所测量的温度值。这就是热电偶的冷端补偿原理。

4. 输出方式的选择

输出方式有继电器输出、晶闸管（SSR）输出和晶体管输出。其中，继电器输出型的特点是由 CPU 驱动继电器线圈，令触点吸合，使外部电源通过闭合的触点驱动外部负载，其开路漏电流为零，响应时间慢（约 10ms），可带较大的外部负载；晶体管输出型的特点是由 CPU 通过光耦合使晶体管通断，以控制外部直流负载，响应时间快（约 0.2ms），可带外部负载小；可控硅输出型的特点是 CPU 通过光耦合使三端双向可控硅通断，以控制外部交流负载，开路漏电流大，响应时间较快（约 1ms）。

5. 输出电流的选择

模块的输出电流必须大于负载电流的额定值，如果负载电流较大，输出模块不能直接驱动，则应增加中间放大环节。

6. 安全回路的选择

安全 PLC（安全可编程系统）指的是在自身或外围元器件，或执行机构出现故障时，依然能正确响应并及时切断输出的可编程系统。与普通 PLC 不同，安全 PLC 不仅可提供普通

PLC的功能，还可实现安全控制功能，符合EN ISO 13849-1以及IEC 61508等控制系统安全相关部件标准的要求。市场主流的安全PLC有皮尔磁（pilz）的PSS 3000和PSS 4000等，其中PSS 4000除了可以处理安全程序外还可以处理标准控制程序。安全PLC中所有元器件采用的是冗余多样性结构，两个处理器处理时进行交叉检测，每个处理器的处理结果储存在各自内存中，只有处理结果完全一致时才会进行输出，如果处理期间出现任何不一致，系统立即停机。

此外，在软件方面，安全PLC提供的相关安全功能块，如急停、安全门、安全光栅等，均经过认证并加密，用户仅需调用功能块进行相关功能配置即可，防止用户在设计时因为安全功能上的程序漏洞而导致安全功能丢失。

当你构建一个安全系统时，可以有很多方式来安排安全系统部件。有些安排考虑的是对成功操作有效性的最大化（可靠性或可用性）。有些安排考虑的是防止特殊失效的发生（失效安全，失效危险）。

控制系统部件的不同安排可以从它们的体系结构中看出来。这节内容将介绍市场上几款常见的可编程电子系统（PES）的体系结构，讲解它们的安全特性，以及在安全和关键控制的应用。它们是已经在实践中存在的多种结构的代表，真正现场使用的系统就是这些结构的不同组合。

7. 中央处理单元模块的选择

CPU312 IFM是带集成的数字输入/输出的紧凑型CPU，用于带或不带模拟量的小系统，最多8个模块。

CPU313用于有更多编程要求的小型设备。

CPU314IFM是带有集成的数字和模拟输入/输出的紧凑型CPU。

CPU 314用于安装中等规模的程序以及中等指令执行速度的程序。

CPU 315/315-2DP用于要求中到大规模的程序和通过PROFIBUS-DP进行分布式配置的设备。

CPU316用于有大量编程要求的设备。

CPU318-2用于有要求极大规模的程序和通过PROFIBUS-DP进行分布式配置的设备。

对于上面的传动系统来说，很明显CPU318-2、CPU316、CPU 315/315-2DP这3种CPU适用于大、中型的PLC里面，因此不符合这里的要求。而CPU312 IFM已经限制模块数，以后可能需要更多的扩展，所以这个型号的CPU也不是那么的适合。CPU313是一个大容量的CPU，而系统并不需要大量的编程。这样就只剩下CPU314IFM和CPU 314这2种。系统的I/O点数比较少，而且只需一个小型的PLC，所以，CPU314IFM更符合要求。

表9-3、表9-4综述了西门子系列模拟量模块的主要特性，以方便模块选型。

表9-3　　模拟量输入模块特性

特性＼模块	SM331；AI8*16位（-7NF00-）	SM331；AI8*16位（-7NF10-）	SM331；AI8*14位（-7NF0X-）	SM331；AI8*13位（-1KF01-）
输入数量	8AI 4通道组	8AI 4通道组	8AI 4通道组	8AI 8通道组

续表

模块 特性	SM331； AI8*16 位 （-7NF00-）	SM331； AI8*16 位 （-7NF10-）	SM331； AI8*14 位 （-7NF0X-）	SM331； AI8*13 位 （-1KF01-）
测量方法	每个通道组可调： 电压 电流	每个通道组可调： 电压 电流	每个通道组可调： 电压 电流	每个通道组可调： 电压 电流 电阻 温度
电位关系	光电隔离 CPU	光电隔离 CPU	光电隔离 CPU 负载电压（不适用于 2-DMU）	光电隔离 CPU
输入之间的允许电位差/V	50（直流）	60（直流）	11（直流）	2（直流）
诊断中断	可调整	可调整	可调整	不可调整
精度	每个通道组可调： 15 位+符号	每个通道组可调： 15 位+符号	每个通道组可调： 13 位+符号	每个通道组可调： 12 位+符号
模块 特性	SM331； AI8*12 位 （-7KF02-）	SM331； AI8*RTD （-7PF00-）	SM331； AI8*TC （-7PF10-）	SM331； AI2*12 位 （-7KB02-）
输入数量	8AI 4 通道组	8AI 4 通道组	8AI 4 通道组	2AI 1 通道组
测量方法	每个通道组可调： 电压 电流 电阻 温度	每个通道组可调： 电阻 温度	每个通道组可调： 温度	每个通道组可调： 电压 电流 电阻 温度
电位关系	光电隔离 CPU 负载电压（不适用于 2-DMU）	光电隔离 CPU	光电隔离 CPU	光电隔离 CPU 负载电压(不适用于 2-DMU）
输入之间的允许电位差/V	2.5（直流）	75（直流）/60（交流）	75（直流）/60（交流）	2.5（直流）
诊断中断	可调整	可调整	可调整	可调整
精度	每个通道组可调： 9 位+符号 12 位+符号 14 位+符号	每个通道组可调： 15 位+符号	每个通道组可调： 15 位+符号	每个通道组可调： 9 位+符号 12 位+符号 14 位+符号

表 9-4　　模拟量输出模块特性

特性＼模块	SM332；AI8*12 位（-7NF00-）	SM332；AI4*16 位（-7NF10-）	SM332；AI8*12 位（-7NF0X-）	SM332；AI2*12 位（-1KF01-）
输出数量	8AO 8 通道组	4AO 4 通道组	4AO 4 通道组	2AO 2 通道组
输出方式	按通道输出： 电压 电流	按通道输出： 电压 电流	按通道输出： 电压 电流	按通道输出： 电压 电流
电位关系	光电隔离 CPU 负载电压	光电隔离 CPU 和通道之间 通道之间 输出和 L+、M 之间 CPU 和 L+、M 之间	光电隔离 CPU 负载电压	光电隔离 CPU 负载电压
诊断中断	可调整	可调整	可调整	不可调整
精度	12 位	16 位	12 位	12 位

9.3 PLC 系统可靠性设计

9.3.1 PLC 系统中干扰的主要来源

1. 电源的干扰

电源是干扰进入 PLC 控制系统的主要途径之一。PLC 系统的正常供电电源均由电网供电，由于电网内部的变化，大型电力设备起停、负载的变化、交直流传动装置引起的谐波、电网短路暂态冲击等，都通过输电线路传到电源，引起电网电压的波动，产生低频干扰。PLC 电源采用隔离电源，通常是以交流 220V 为基本工作电源，然后通过隔离变压器、开关电源、交流稳压器或 UPS 电源供电。实际上，由于分布电容等参数的存在，绝对隔离是不可能的。

2. 信号线引入的干扰

与 PLC 控制系统连接的各类信号传输线，除了传输有效的各类信息之外，总会有外部干扰信号侵入。由信号引入干扰会引起 I/O 信号工作异常和测量精度大大降低，严重时将引起元器件损伤。对于隔离性能差的系统，还将导致信号间互相干扰，引起共地系统总线回流，造成逻辑数据变化、误动作和死机。

3. 接地系统不规则引起的干扰

PLC 控制系统的地线包括数字地（逻辑地）、模拟地、信号地、交流地、直流地、屏蔽地（机壳地）等。PLC 控制系统的接地一般都采用一点接地，接地系统混乱对 PLC 系统的干扰主要是各个接地点电位分布不均，不同接地点间存在地电位差，引起地环路电流，影响系统正常工作。例如，电缆屏蔽层必须一点接地，如果电缆屏蔽层接地点有一个以上时，会产生噪声电流，形成噪声干扰源。另外，如果电缆屏蔽层两端 A、B 都接地，就存在地电位差，有电流流过屏蔽层，当发生异常状态如雷电现象时，地线电流将更大。

4. PLC系统内部的干扰

主要由系统内部电路的结构本身、元器件参数的环境离散性及电路间的相互电磁辐射产生的各种干扰。例如，逻辑电路相互辐射及其对模拟电路的影响，模拟地与数字地的相互影响及元器件间的相互不匹配使用，电子器件内部存在的热噪声、散粒噪声、寄生振荡等。

9.3.2 PLC系统的抗干扰设计

1. 电源和感性负载的处理

在干扰较强或对可靠性要求很高的场合，可以在可编程控制器的交流电源输入端加接带屏蔽层的隔离变压器和低通滤波器。隔离变压器可以抑制从电源线窜入的外来干扰，提高抗高频共模干扰能力，屏蔽层应接地。PLC 供电系统一般采用以下几种方案。

使用隔离变压器供电系统。本方案是传统的抗干扰措施，对电网脉冲干扰有很好的效果。

使用 UPS 供电。UPS 是个人 PC 上常用的有效保护装置。当输入交流电失电时，UPS 根据不同的容量能继续向 PLC 控制器供电 10～30 分钟。采用 UPS 供电不仅能提高 PLC 的供电安全可靠性，也能有较强的抗干扰隔离。

2. 安装与布线

PLC 控制系统的布线应远离强干扰源，如大功率晶闸管、变频器和大型动力设备等，不能与高压电器安装在同一个控制柜内。输入与输出最好分开走线，开关量与模拟量也要分开走线，以防外界信号干扰。交流输出线和直流输出线不要用同一根电缆，输出线应尽量远离高压线和动力线，且避免并行。输入接线一般不要超过 30m。但是如果环境干扰较小，电压降不大时，输入接线可适当延长。当数字量输入、输出线不能与动力线分开布线时，可用继电器来隔离输入、输出线上的干扰。当信号线距离超过 300m 时，应采用中间继电器来转接信号，或使用 PLC 的远程 I/O 模块。I/O 线与电源线应分开走线，并保持一定距离。如要在同一线槽中布线，应使用屏蔽电缆。交流线与直流线应分别使用不同电缆，如果 I/O 线的长度超过 300m 时，输入线与输出线应分别使用不同的电缆。数字量、模拟量 I/O 线应分开走线，后者应采用屏蔽线。如果模拟量输入/输出信号距离 PLC 较远，应采用 4～20mA 或 0～10mA 的电流传输方式，而不是电压传输方式，因为电压传输方式非常容易受到干扰。

3. 系统接地方案

良好的接地是 PLC 安全可靠运行的重要条件。常用的接地方式有浮地、直接接地和电容接地 3 种方式。PLC 控制系统属高速低电平控制装置，应采用直接接地方式。由于信号电缆分布电容和输入装置滤波等的影响，设备之间的信号交换频率一般都比较小，所以 PLC 控制系统接地线大多采用并联一点接地方式。部件的中心接地点以单独的接地线引向接地极。由于是并联接地，各个电路的地电位只与自身的地线阻抗和地电流有关，互相之间不会造成耦合干扰，故有效地克服了公共地线阻抗的藕合干扰问题。需要提出的是在选择地线的时候，应该选择较粗的，以减小各点之间的电位差。接地线要采用较粗的铜导线，接地极的接地电阻小于 100Ω，接地极最好埋在距建筑物 10～15m 远处，接地点必须与强电设备接地点相距 10m 以上。

9.3.3 提高 PLC 控制系统可靠性的有效措施

显然硬件措施不一定能完全消除干扰的影响，采用一定的软件措施加以配合，对提高 PLC 控制系统的抗干扰能力和可靠性有很好的作用。

1. 设计故障检测程序

时间故障检测法：控制系统工作循环各步的运行一般都有严格的时间规定，以这些时间为参数，在要检测动作开始的同时，起动一个定时器，监测其工作状态。定时器的设定值为该动作所需要的最大可能时间。动作在规定时间内完成，发出一个完成信号，使定时器清零，表明监控对象工作正常。否则，发出报警信号，停止正常工作循环程序。

逻辑错误检测法：在PLC控制系统工作正常时，各输入、输出信号和中间记忆装置之间存在确定的逻辑关系。一旦出现异常逻辑关系，必定是控制系统有故障。因此，可以预先编写一些常见故障的异常逻辑程序，加进用户程序中。

关键部位应双重保护：为了提高PLC控制系统的可靠性，对关键的故障，或者关键的部位要在硬件和软件上设置双重保护。以某自动焊接机的燃烧供气系统控制为例，燃气（乙炔或丙烷）的关火顺序（先关燃气，后关氧气）不能颠倒，否则可能回火引起爆炸。通常氧气延时关断的时间由外接的时间继电器来调定。

2. 合理配置PLC及硬件和软件资源的冗余

在设计中、大型PLC控制系统时，可能要采取多种方式的冗余，以确保系统运行可靠。另外双系统冗余，即中央处理器和全部输入/输出、组网通信完全冗余，有时也是必不可少的。对于设计的新系统，硬件和软件资源不能占用耗尽，硬件上至少保留15%左右的冗余。在编制软件时，同样要注意估计用户软件对PLC和计算机资源的需要与用量，尤其是中间继电器、中间数据。例如，计数器、定时器的使用，要留有余地。程序在调试运行后，难免还会提出修改、补充意见，有时甚至要重新编写，故适当的冗余是必要的。

9.3.4　系统通信网络的搭建

西门子PLC的网络是适合不同的控制需要制定的，也为各个网络层次之间提供了互联模块或装置。西门子S7系列PLC网络如图9-1所示，它采用3级总线复合型结构，最底一级为远程I/O链路，负责与现场设备通信，在远程I/O链路中配置I/O通信机制。中间一级为Profibus现场总线或主从多点链路。最高一层为工业以太网，它负责传送生产管理信息。在工业以太网通信协议的下层中配置以802.3为核心的以太网协议，在上层向用户层提供TF接口，实现AP协议与MMS协议。

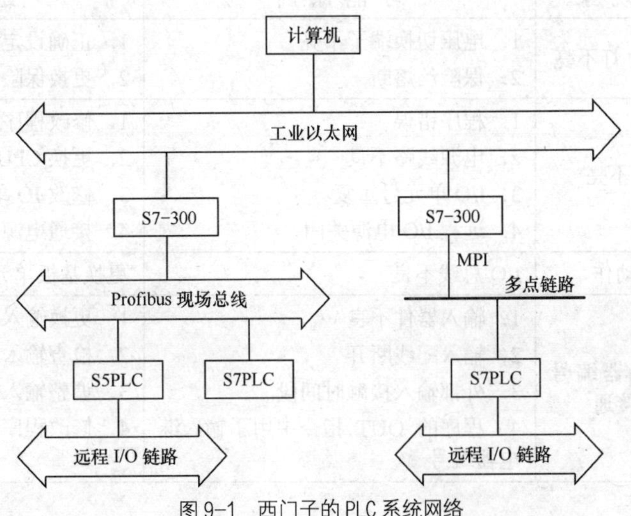

图9-1　西门子的PLC系统网络

Profibus 现场总线层有两种主从站方式，来实现 PLC 系统的 I/O 扩展。一般对于输入输出模块较多但只需要一个 CPU 单元的情况下，使用 ET200 系列进行主从站分布，通过 Profibus-DP 总线和扩展柜的远程 I/O 单元进行通信。但是，有的现场需要将整个 PLC 控制系统分成两个部分，单独进行控制、监控等，则需要 CPU 单元之间进行通信。Profibus-DP 从站不仅仅是 ET200 系列的远程 I/O 站，还可以搭建智能从站。只要是带集成 DP 接口和 Profibus 通信模块的 S7-300 站、S7-400 站（V3.0 以上）都可以作为 DP 的从站，进行数据通信。

9.4 常见故障分析

对于一般 PLC，外部故障是由外部传感器或执行机构的故障等引发 PLC 产生的故障，可能会使整个系统停机，甚至烧坏 PLC。内部错误是 PLC 内部的功能性错误或编程错误造成的，可能会使整个系统停机。

S7-300 具有很强的错误（故障）检测和处理能力。CPU 检测到某种错误后，操作系统调用相应的组织块，用户可以在组织块中编程，对发生的错误采取相应的措施。对于绝大多数错误，如果没有对相应的组织块编程，出现错误时 CPU 将进入 STOP 模式。

被 S7CPU 检测到并且用户可以通过相应的组织块对其进行处理的错误可分为两类。

1. 异步错误

异步错误是与 PLC 的硬件或操作系统密切相关的错误，与程序执行无关，但异步错误后果一般比较严重。

2. 同步错误

同步错误是与执行用户程序有关的错误，程序中如果有不正确的地址区、错误的编号或错误的地址，都会出现同步错误，操作系统将调用同步错误 OB 块。

不同故障产生的原因不同，处理方法也不同，表 9-5 所示为系统常见故障及其处理方法。

表 9-5　常见故障及处理方法

序号	异常现象	可能原因	处理方法
1	[POWER] 灯不亮	1．电压切换端子不亮 2．保险丝熔断	1．正确设定切换端子 2．更换保险丝
2	[RUN] 灯不亮	1．程序错误 2．电源线路不良 3．I/O 单元号重复 4．远程 I/O 电源关闭	1．修改程序 2．更换 CPU 单元 3．修改 IO 单元号 4．接通电源
3	继电器不动作	I/O 总线不良	更换基板单元
4	特定继电器编号的输入不接通	1．输入器件不良 2．输入配线断开 3．外部输入接触时间段 4．程序的 OUT 指令中用了输入继电器编号	1．更换输入器件 2．检查输入线路 3．调整输入组件 4．修改程序

续表

序号	异 常 现 象	可 能 原 因	处 理 方 法
5	输出出现不规则的 ON/OFF 现象	1．电源电压低 2．程序 OUT 指令的继电器编号重复 3．噪声引起的误动作 4．端子连接接触不良	1．调整电压 2．修改程序装抑制器、绝缘变压器用屏蔽线配线 3．调整端子连接
6	输出全部不接通	1．未加负载电源 2．负载电源电压低 3．保险丝熔断 4．端子连接接触不良 5．I/O 总线接触不良	1．加电源 2．使用电压额定值 3．更换保险丝 4．调整端子连接 5．更换单元
7	输出指示灯不亮	LED 灯坏	更换单元

故障的检查步骤如下。

（1）总体检查，根据总体检查找出故障点的大致方向，然后逐渐细化，以找到具体故障。

（2）电源故障检查，若电源灯不亮，则需对供电系统进行检查。

（3）运行故障检查，电源正常，运行指示灯不亮，说明系统已因某种异常而终止了正常运行。

（4）输入/输出故障检查，输入/输出是 PLC 与外部设备进行信息交流的信道，其是否正常工作，除了和输入/输出单元有关外，还与连接配线、接线端子、保险管等组件状态有关。

（5）外围环境检查，影响 PLC 工作的环境因素主要有温度、湿度、噪声以及粉尘，还有腐蚀性酸碱等。

本章对 PLC 的选型以及可靠性设计做了详细的介绍，通过举例结合现场经验，针对 PLC 在应用中会出现的各种故障，以及如何避免出现各种不必要的问题，系统地做出了分析，本章内容在 PLC 的学习中很容易被大家忽略，但是，这里所讲到的是所有从事 PLC 工程的人都会遇到的问题，这部分内容很基础，但很重要，希望读者朋友能够掌握。

9.5 习题

1．简述 PLC 选型的基本原则。

2．若有 2 个可逆电动机，5 个双线圈电磁阀，6 个按钮，8 个信号灯，7 个行程开关，试计算 I/O 点数。

3．简述 PLC 系统中的主要干扰来源。

4．简述异步错误和同步错误的区别。

5．常见的系统故障和处理方法有哪些？

参考文献

[1] 廖常初．S7-300/400 PLC 应用技术（第 3 版）[M]．北京：机械工业出版社，2011.
[2] Siemens AG．STEP 7 V5.5 编程手册. 2010.
[3] 王曙光，杨春杰，魏秋月等．S7-300/400 PLC 入门与开发实例[M]．北京：人民邮电出版社，2009.
[4] 甄立东，何纯玉，牛文勇等．西门子 WinCC V7 基础与应用[M]．北京：机械工业出版社，2011.
[5] 胡学林．可编程控制器原理及应用[M]．北京：电子工业出版社，2010.
[6] 西门子（中国）有限公司．S7-300 模块数据手册．2005.
[7] 西门子（中国）有限公司．S7-300CPU31xC 和 CPU31x 技术数据手册．2006.
[8] 西门子（中国）有限公司．S7-300 和 S7-400 的梯形图(LAD)编程参考手册．2004.
[9] Siemens AG．S7-400 可编程控制器 CPU 及模板规范手册．2003.
[10] 柴瑞娟，陈海霞．PLC 编程技术及工程应用[M]．北京：机械工业出版社，2006.
[11] 北京华晟高科教学仪器有限公司．A3000 过程控制实验系统．2006.
[12] 梁绵鑫，罗艳红，边春元等．WinCC 基础及应用开发指南[M]．北京：机械工业出版社，2009.
[13] 向晓汉．S7-300/400 PLC 基础与案例精选[M]．北京：机械工业出版社，2010.
[14] 西门子（中国）自动化与驱动集团．深入浅出西门子 S7-300PLC[M]．北京：北京航空航天大学出版社，2004.
[15] 陈章平等．西门子 S7-300/400 PLC 控制系统设计与应用[M]．北京：清华大学出版社，2009.
[16] 崔坚，李佳．西门子工业网络通信指南[M]．北京：机械工业出版社，2004.
[17] 陈建明，王亭岭，孙标等．电气控制与 PLC 应用[M]．北京：电子工业出版社，2010.
[18] 苏昆哲，何华. 深入浅出西门子 WinCC V6[M]. 北京：北京航空航天大学出版社，2004.